No.155

フルカラー解説　次世代輸送インフラの実際

宇宙ロケット開発入門

インターステラテクノロジズ 著

CQ出版社

フルカラー解説 次世代輸送インフラの実際

宇宙ロケット開発入門

インターステラテクノロジズ 著

CONTENTS

表紙／扉デザイン：ナカヤ デザインスタジオ（柴田 幸男）
本文デザイン：株式会社コイグラフィー

▶本書は，トランジスタ技術，トラ技ジュニア，Interfaceに掲載された以下の記事をベースに加筆・再編集したものです．
トランジスタ技術 2019年 1月号 特集「物理大実験！ 宇宙ロケットの製作」
トランジスタ技術 2019年3月号～2020年3月号 連載「宇宙ロケットMOMO 開発深堀り体験」
トラ技ジュニア 2019年冬号 No.36 第1特集「宇宙ロケットMOMO 無線交信システム」
Interface 2021年7月号「頑張れ新人さん…もの作りの楽しさ厳しさ」

Color Preview

カラープレビュー

提供：インターステラテクノロジズ

宇宙空間に到達した後，地球に帰還するロケットを「観測ロケット」という（MOMO 初号機）

◀これから注目！超小型人工衛星を打ち上げられるロケット（実機サイズのZEROのモックと推進剤タンク試作）

国内の民間企業で初めて宇宙空間に到達した観測ロケット「宇宙品質にシフト MOMO 3号機」（表紙の写真は，MOMO 3号機から撮影）

打ち上げは失敗することもあるが次に向けた貴重な実測データが得られれば着実に前進する

さまざまなデータをモニタしなければ，安全に打ち上げることはできない

民間ロケットに求められる「安い」「早い」「高信頼」を実現するために，工場で内製する部品も多い

ロケットは「軽い」と「強い」を両立した機体を設計・製造・検査しないといけない

ロケット・エンジンは原理的に形が似てくる(左がMOMOのv0エンジン，右が改良版MOMO v1エンジン)

▶ロケットは「エンジン燃焼試験」などの各種実験やシミュレーションを駆使して開発する

◀東側も南側も海のため，軌道の面で打ち上げにとても有利な北海道大樹町

▶打ち上げは気象条件(特に上空の風)がとても重要なので，影響をシミュレーションで繰り返しチェックすることになる

ロケットの射点ってこんな感じ(宇宙への港「北海道スペースポート」内 Launch Complex-0)

ロケットの先端「フェアリング」にはさまざまな電子機器(アビオニクス)が搭載されている(MOMO ねじのロケット)

ロケットや航空機に搭載される電子機器のことを「アビオニクス」という

◀飛行中の姿勢制御系の動作も実験で確認する

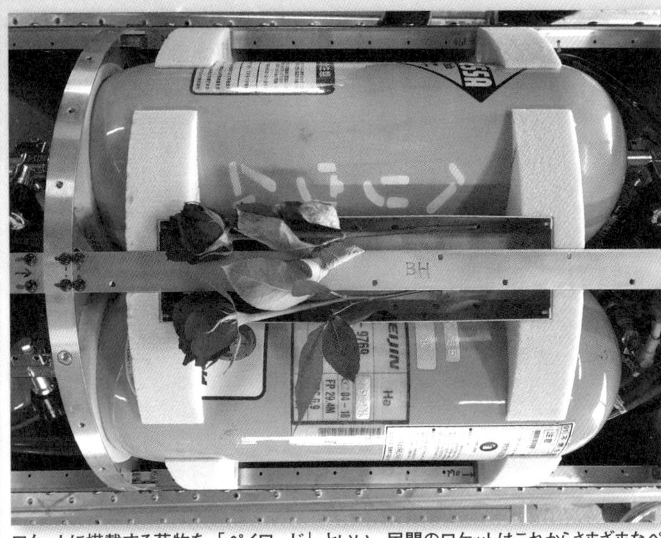

ロケットに搭載する荷物を「ペイロード」といい，民間のロケットはこれからさまざまなペイロードを宇宙に運ぶことが期待される

ロケット開発は大変だけど，関係者の熱意の結晶として宇宙に打ち上げられる

第1章 民間の小型ロケットMOMOで見る

宇宙ロケットはこうなっている！

稲川 貴大 Takahiro Inagawa/thgrace(イラスト)

人工衛星を打ち上げるのではなく，観測を行いながら宇宙から地上に戻ってくる小型ロケットのことを観測ロケット(Sounding Rocket)といいます．国内初の民間宇宙飛行に成功したMOMOは観測ロケットです．地上に戻ってくる飛行経路は弾道飛行とかサブオービタル飛行といい，高層大気の観測や無重力(専門用語では微小重力)の科学実験用やイベントに使えます．

国内だとJAXA宇宙科学研究所のS-310，S-520，SS-520があるほか，海外だと米国のNASAや欧州の宇宙機関ESAにもあります．ほとんどの観測ロケットは固体ロケットですが，MOMOは液体ロケットです．推進剤はエタノールと液体酸素です．

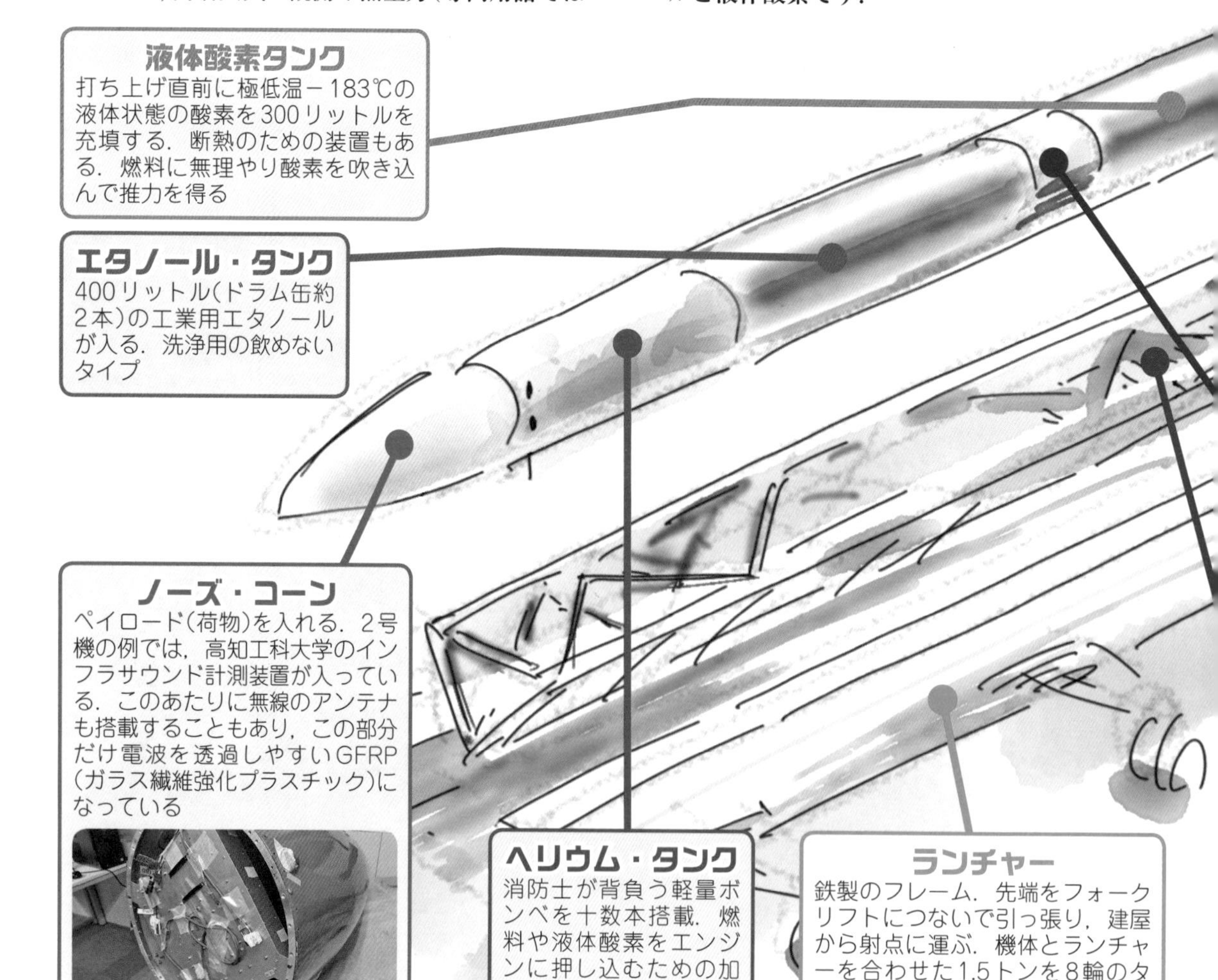

ホット・ガス・サイド・ジェット
600℃の燃焼ガスを出し，その方向を傾けることでロール軸の制御をしている．ガスの出口の先にパドルと呼ぶ部品を付けている．パドルは市販のラジコン用サーボ・モータで動かしている

ロケット・エンジン
メイン・エンジン．1秒間に7kgもの推進剤(燃料と酸素合わせたもの）を超音速で噴出する

尾翼
機体を安定させる4枚の尾翼．CFRP（炭素繊維強化プラスチック）とアルミ・ハニカム・パネルの軽量サンドイッチ構造になっている

エンジン付近
下向きカメラを搭載．打ち上げ前はここからアンビリカル・ケーブルを通じて電源を供給する．打ち上げ後はバッテリで駆動する．液体酸素もここから充填する．打ち上げ直前にロックを外すと，勢いでケーブルが外れる

煙道の下
30cmほどの隙間から炎を逃がす構造になっている

煙道(えんどう)
炎や衝撃波の逃げ道．炎や激しい空気の揺れ(音響振動）から機体を守る

デフレクタ
エンジン直下に，ピラミッド型の厚い鉄板がある．炎を逃がす部品をデフレクタと呼ぶ

レールを持ち上げる油圧アクチュエータ
2本をきちんと同期させてゆっくりと動かす

タンクとタンクの間
一番大きな力が加わるからとてもガッチリ作られている．1号機はここから壊れてしまった…

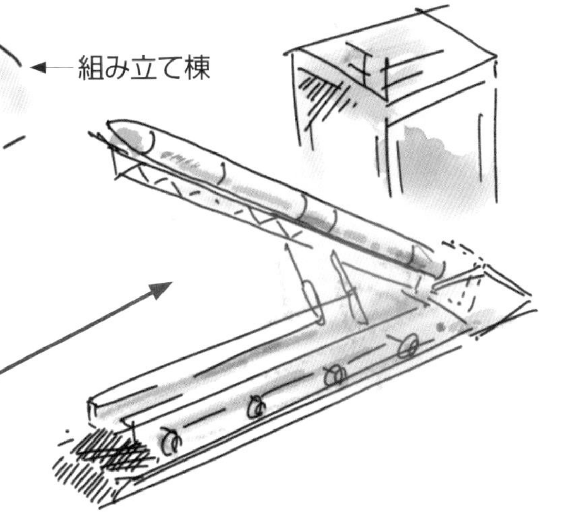

組み立て棟と縦型スタンド
打ち上げの6時間ほど前に，組み立て棟からフォークリフトを使ってゴロゴロ引っ張ってくる．H-IIAロケットは立てたまま運んでくるけれど，MOMOは寝かせて運んできて，2基の油圧アクチュエータで持ち上げる

小型宇宙ロケットの基本構造

● 外装

図1に観測ロケットMOMO 2号機の外観と内部の構成を，また**表1**に基本スペックを示します．

MOMOの先端の赤く塗装された部分は，電子回路やユーザの荷物を積む部分(ペイロードという)です．電柱ほどの高さがあっても，荷物スペースは少しです．

無線機を搭載するため，外装は電波透過性のある材料GFRP(Glass Fiber Reinforced Plastics)を使っています．先端部はベークライトです．その他の部分はCFRP(Carbon Fiber Reinforced Plastics)とアルミニウムで作られています．

MOMOでは，広告塗装がされている部分には，バルブ駆動用の窒素ガス・タンクと推進剤を押し出すためのヘリウム・ガス・タンクを搭載しています．このタンクはCFRP製の市販品を使っています．消防士が背負う酸素タンクとして開発されたものなので，軽量で，入手性もよいです．比較的安価ですが，私たちには無視できないコストです．

● 内装

MOMOのバルブ駆動方式には，空気圧で動かすタイプと電動タイプの2種類を用いています．空気圧タイプの空気源は窒素タンクです．

その下にエタノール・タンクと液体酸素タンクがあります．タンク自体がロケットの構造を兼ねるインテグラル・タンク構造です．

その下には姿勢を制御する電子回路やコンピュータが搭載されており，エンジンの向きを調整するジンバル機構や機体の回転を止めるためのサイド・ジェット機構を制御します．この箇所にはバルブ類もたくさんあり，電子装置もかなり密に入っています．最下部にエンジンがあります．

表1　小型宇宙ロケットの諸元
MOMO 2号機の例．ドライ重量と全備重量の差は，タンクに搭載される液体窒素，エタノール，窒素ガス，ヘリウム・ガスなど

項目	値など
長さ	10 m
ドライ重量	300 kg
全備重量	1150 kg
直径	500 mm
燃料	エタノール
酸化剤	液体酸素
推力	12 kN
目標到達高度	100 km

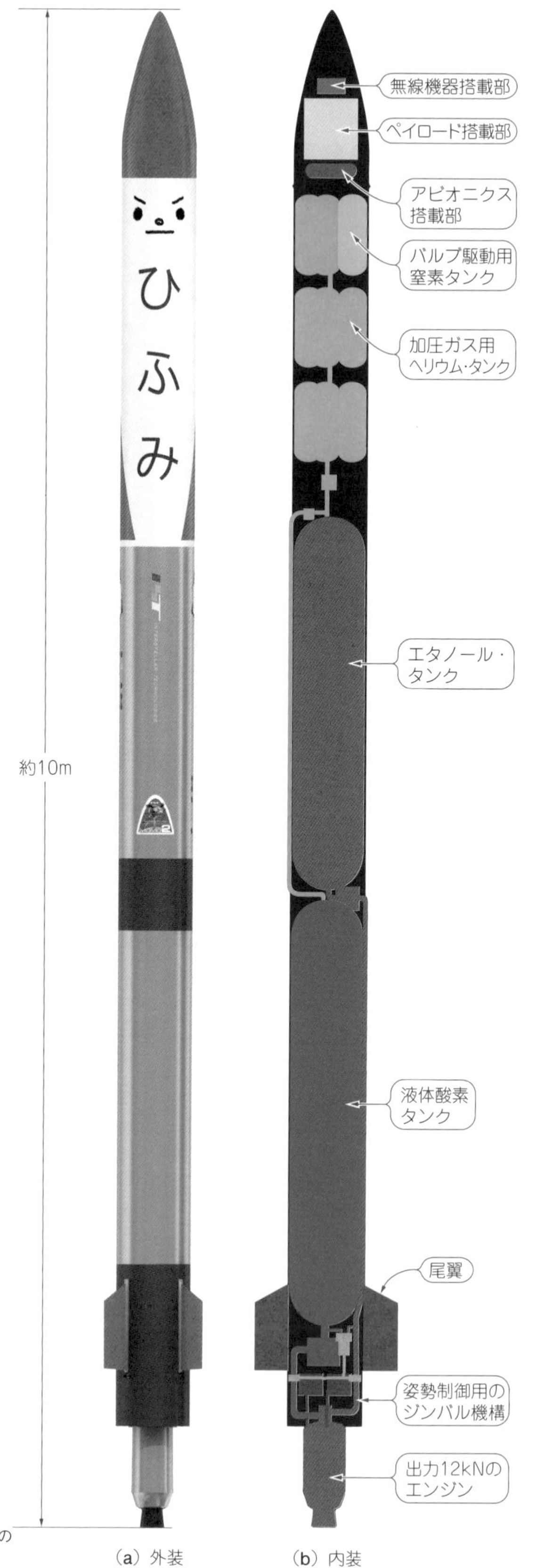

▶図1　小型宇宙ロケットの基本構造
観測ロケットMOMO 2号機の外装と内装．中味のほとんどはタンク．これはどのロケットでも同じ

第2章 国も民間も大型も小型も大競争時代

注目が集まる小型宇宙ロケットの世界

稲川 貴大 Takahiro Inagawa

読者の皆さんには，宇宙開発は身近ではないかもしれません．私も学生のころまではほとんどなじみがありませんでしたし，それほど強い興味ももってはいませんでした．ところが草の根的に宇宙の技術に関わるうちに，その底知れない深さと面白さに関心をもつようになりました．気づけば，ロケット開発のベンチャ企業を経営するほどのドハマリ人間になってしまいました．本書で，世界が大注目しているロケットの魅力を伝えることができたらと思います．

理由①…商用化・民営化のトレンド

● はじまり…不幸な戦争の道具としてのロケット

「宇宙開発」という言葉からどのようなものを想像するでしょうか？

宇宙飛行士の宇宙遊泳でしょうか．スペース・シャトルやアポロ計画の月面着陸でしょうか．ファッション通販 ZOZOタウンの前澤社長が月旅行を予約したというニュースもありました．

それでは，宇宙開発の歴史を振り返ってみましょう．第2次世界大戦中の1940年代，ロケットはドイツにおいて，ミサイル用として実用化されました．米ソ冷戦の当時，代理戦争として，米国とソ連のどちらが先に宇宙に行くのか？　月に行くのか？という宇宙開発競争もありました．ロケット技術は，これらの政治的出来事をきっかけに飛躍的に発展しました．不幸にも，戦争の道具として利用されてきた歴史があるのです．

● 徐々に進む人工衛星の商業利用

冷戦時代が終わると，商業的に使われるようになりました．身近な例では，GPSや気象衛星，BS/CS放送があります．飛行機の中でWi-Fiが使えるようになったのも人工衛星を利用した通信サービスのおかげです．とはいえ，今でも宇宙の利用の半分は安全保障，例えば偵察衛星(日本では情報収集衛星と呼ばれている)などに利用されています．

BS/CS放送など通信衛星の商業利用の拡大にともなって，国家事業としての宇宙開発だけでなく，民間企業にも活躍の場が出てきました．その方向は次の2つです(**図1**)．

(1)国家事業の民営移管
(2)新規民間企業の参入

● ロケットの民営化は世界的な傾向

(1)のロケットの国家事業の民間移管といえば，H-IIAが代表的です(**写真1**)．

H-IIAロケットは，JAXA(国立研究法人宇宙航空研究開発機構)が主体となって開発しました．現在は民間の三菱重工が，営業活動から製造，打ち上げまでを行っています．

日本の固体ロケットであるイプシロン・ロケットも同じくJAXAが開発を主導しましたが，IHIエアロスペースに製造が移管される予定です．つまり，日本の大型中型ロケット(基幹ロケットと呼ぶ)は民営化されつつあります．

米国でも同様です．NASA(航空宇宙局)が開発したロケットは現在，ULA(United Launch Alliance)というロッキード マーティンとボーイング，どちらも国

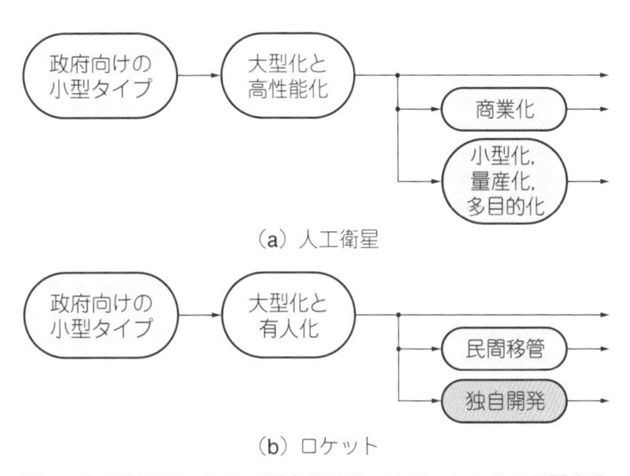

図1　宇宙開発はこれまで国家だけだったがこれからは民間企業も関わっていく

写真1　代表的な国産大型ロケットH-IIA(撮影：NASA/Bill Ingalls)
気象観測衛星「ひまわり」など数多くの人工衛星を打ち上げている

防にも関わる超巨大企業の合弁会社が商業用の打ち上げを行っています．

● 米国ではすでに大型ロケットまで商業化

(2)の新規民間企業のロケット開発は，1990年代にさかのぼります．

米国の複数のベンチャ企業が，独自企画のロケットを打ち上げるプロジェクトを立ち上げました．その多くは開発を断念しました．しかし，国際宇宙ステーション(ISS；International Space Station)への輸送を民間企業のロケットで行う，というNASAプロジェクト(COTS；Commercial Orbital Transportation Services)への資金援助の政策のおかげで，民間企業が開発段階から運用まで行う大型ロケットが2つ開発されました(**写真2**)．

(1)Antaresロケット(Orbital Sciences社)
(2)Falcon9ロケット(SpaceX社)

Orbital Sciences社は現在，買収や合併の結果，ノースロップ・グラマン・イノベーション・システムズという会社になっています．

理由②…人工衛星の小型・高性能化

● 半導体の進化によって人工衛星が小型・高性能化

新規民間企業参入の面白い流れに，超小型人工衛星があります．

みなさん，人工衛星の大きさをイメージできるでしょうか．例えば，大型衛星の代表である気象衛星「ひまわり」の大きさはどれほどだと思いますか？

実は，太陽電池パネルを広げる前でもマイクロバス程度の大きさがあります．しかも，数百億円もの開発費用がかかります．

● 小型衛星なら誰でも手を出しやすい

このような大型衛星は高価ですから，頻繁に開発できる代物ではありませんでした．ところが，半導体の進化のおかげで，十分宇宙空間の仕事をこなせる小型衛星を作れるようになってきています．

現在，特に注目されているのが，超小型人工衛星です．超小型衛星と一口に言っても定義はいろいろですが，だいたい100 kg以下のものを指すことが多いようです．

100 kg以下と緩い定義なので，手のひらに載るような10 cm四方で1 kg程度の衛星から，60 cm四方で100 kg程度の衛星まで幅があります．1 k～5 kgの小型衛星は，企業や大学がたくさん開発しています．100 kgの衛星でも，大型衛星の100分の1の費用と，2年程度という短期間で開発できます(**写真3**)．

● 年間1万機以上の小型衛星が打ち上げられる時代に

今や，超小型衛星は流行(はやり)といえるほどですが，これまでにどのくらいの数の人工衛星が宇宙に行ったのでしょうか？

2015年までに国内で開発され宇宙に行った人工衛星の数は，約150機です．世界では約3500機と言われています．

執筆時点では，世界中で60社以上が衛星の打ち上げを計画し，その総計は1万機を超えるそうです．衛星コンステレーション(コンステレーションは星座の意味)と言って，複数の人工衛星を使って1つの目的を達成するような計画があることから，数が増えています．実際に1万機の打ち上げが行われることはないかもしれませんが，たくさんの人工衛星が打ち上げを待っているのは事実です．

OneWeb社(米国)は，2000～3000機の人工衛星を地球周辺に放ち，衛星回線網の基地局として利用する

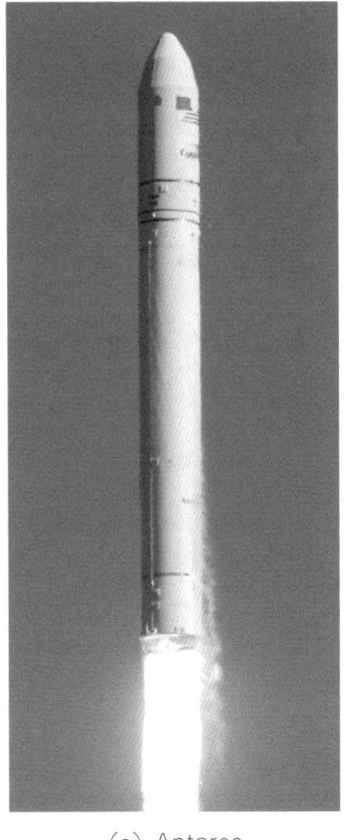

(a) Antares
(米国Orbital Sciences社,
撮影：NASA/Bill Ingalls)

(b) Falcon9(米国SpaceX社,
撮影：NASA/Tony Gray and
Robert Murray)

写真2　米国は大型ロケットまで民間開発
民間開発ロケットの金字塔

写真3　国内でも小型衛星を開発するベンチャ企業が登場
東大，東工大発のベンチャ企業アクセルスペースの超小型衛星とその開発スタッフ

ことで，全地球規模でのインターネット接続を構想しています．このような計画をメガ・コンステレーションと呼びます．超小型人工衛星は，従来とはけた違いの数で打ち上げが計画されています．まさに大きなパラダイム・シフトが起きようとしています．

● これから大注目の輸送手段「小型ロケット」

人工衛星は地上で作られて，宇宙空間で働きます．働きに行くためには宇宙に運ばれる必要があり，現状の科学技術では人工衛星を宇宙へ運ぶ手段はロケットしかありません．

次世代の産業として期待されている超小型衛星を宇宙空間に運び届けるミニ・ロケットを私たちは開発しています．世界との厳しい競争に勝っていけば大きな事業になる，と確信しています．

column 01 宇宙はアマチュアの熱意で切り開かれた

稲川 貴大

原始的なロケットの発祥地は，黒色火薬が誕生した中国だと考えられています．今で言うロケット花火に近いものだったようです．

表Aに，宇宙ロケットの開発で著名な人物を示します．SFに刺激された科学技術者たちが理論を学び，実物を作ってきたというのが宇宙ロケット開発の歴史です．宇宙開発は研究者ではなく，SFマニアや技術マニアを始めとするアマチュアの熱意によって切り開かれたのです(**写真A**)．

写真A　若き日のフォン・ブラウン(右側)
世界最大のロケットの主任設計者もはじめは小さい手作りロケットから始めた

表A　熱意で宇宙を切り開いたロケット開発の偉人

人　名	国	内　容
ジュール・ヴェルヌ	仏	SF作家．1865年に月旅行小説がヒット．世界中の多くの科学者を刺激．小説はロケットではなく，巨大な大砲で3人の人を月まで運ぶという内容．実際には物理的に不可能．
コンスタンティン・ツォルコフスキー	露	科学者．1900年代に多段式の液体ロケットや人工衛星の構想を発表．物理的に宇宙に行くことが可能な方法が考案される．
ロバート・ゴダード	米	発明家．液体燃料ロケットを製造し打ち上げ実験を行ったり，ロケットの姿勢制御装置を作ったりするなど近代ロケットの父と呼ばれている．
ヘルマン・オーベルト	独	ゴダードと同時期に独立してロケットに関する論文を書き，その影響でドイツで宇宙旅行協会という民間団体が設立された．
フォン・ブラウン	独	若くしてドイツ宇宙旅行協会に入り独自に液体ロケットの開発を進める．月に行くことを目標としながらもナチス政権でV-2ロケットという世界初の実用ロケット(兵器としての利用なのでミサイル)を開発．第二次世界大戦後には米国に亡命し，後にアポロ計画で現在でも世界最大のサターンVロケットの開発を指揮し，月面に人類を送り，夢を叶えた．
セルゲイ・コロリョフ	露	ソ連でV-2ロケットのリバース・エンジニアリングから開始し，世界初の人工衛星スプートニクの打ち上げを行うR-7ロケットを開発．R-7はその後も改良されソユーズ・ロケットとして現代でも貴重な有人ロケットとして大活躍．フォン・ブラウンのライバル．

世界はロケット大競争時代

● 米国のロケット開発の停滞

米ソ冷戦の影響で予算がつき，アポロ計画によって人類は月面までたどり着きましたが，それ以降は国家事業としての予算が得にくくなり，極端に盛り上がったロケット開発はいったん停滞しました．

アポロ計画後，米国はコスト削減のためにロケットを再利用できたほうがよいだろうと考えて「スペース・シャトル」を開発しました．使い捨て部分と，有翼の再使用できる部分(オービタと呼ぶ)を組み合わせたものです．しかし，思ったように製造コストを安くできず，2011年に退役します．

● 国も民間も大競争時代に突入

スペース・シャトルが退役したために，米国は有人ロケットを失いました．一方ロシアは，ソ連時代にコロリョフらが開発した「ソユーズ」を使い続けていたため，世界でも貴重な有人ロケットをもつ国になっています．

日本は，米国，ロシアからはやや後れをとりましたが，独自の固体ロケットや，米国から技術提供を受けて水素を燃料にした液体ロケットを開発するなど，しっかりとしたロケット技術をもつ国です．

欧州も独自のロケット技術を発展させています．アリアン5は商業用として世界の1，2を争う優秀なロケットです．

中国では，国を挙げて宇宙開発を推進しています．

図2　国内初の宇宙空間に到達した民間開発ロケットMOMO

日本をとっくに抜き去り，米国と並ぶほどの高い技術をもっています．インドも，独自のロケット開発技術をもち，大きな存在感を示しています．

＊

このように国家レベルでのロケット開発が進む一方で，現在では世界中でロケットの民営化と新規参入企業による開発が活発になっています．私たちの会社インターステラテクノロジズでは，独自の小型ロケットを開発しています．

国内初の民間宇宙ロケット「MOMO」の道のり

● 緊張感半端ない…1号機の打ち上げ秘話

私たちの狙いは当初から，超小型衛星を宇宙空間まで送り届けるロケットの開発です．開発の第1歩として，技術の獲得と実績作りを目指しました．そして誕生したのが「観測ロケットMOMO(**図2**)」です．

MOMOは2014年から開発を開始し，2017年7月に1号機の打ち上げ実験を行いました(**写真4**)．打ち上げ当日のようすはYouTubeで公開しています．

ロケットは，地元住民の方々や関係各所と調整し，許可が得られた期日の中で打ち上げています．MOMO 1号機は2017年7月30日に打ち上げました．打ち上げができるのは7月29日と30日の2日間だけでした．しかも7月29日は気象条件が悪く，延期しました．30日の打ち上げ当日は準備中に不具合が出て，打ち上げが許されている日時ギリギリになってしまいました．

打ち上げ結果は「部分的成功」でした．目標と目的は，新規部品や技術の検証と，宇宙空間である高度100 kmを超えることでした．技術実証の実験データはたくさん得られましたが，高度は20 km弱にしか到達できませんでした．

打ち上げ直後は正常に飛行していましたが，打ち上げから14秒後に機体の姿勢が期待値から外れ，66秒

写真4　日本の民間宇宙ロケットはここから始まった…MOMO1号機の打ち上げ(2017年7月30日)
当日のようすはYouTubeで公開している．途中で通信が途絶したため，海に落下させることになった

後にロケットに搭載した無線機器が出すデータを受信できなくなりました．空気の力が一番かかるタイミング(*MaxQ*と呼ぶ)で，機体が真ん中から折れてしまったと考えています．機体が少しでも破損したらエンジンが自動的に止まるように設計しているので，機体破損と同時にエンジンも止まり，そのまま海面に落下しました．

● MOMO 2号機の打ち上げ失敗…そして初の宇宙へ

1号機の失敗を分析し，次の点を改良した2号機を再設計し，11カ月後の2018年6月にリベンジを企てました．

- 構造の強化
- ロール方向の制御力の強化
- 科学ミッションのペイロード搭載

(a) 1号機のリベンジを目指したが…

(b) 失敗(衝撃映像として話題になった)

写真5　打ち上げは失敗することがあっても安全を確保しながら技術実証を積み重ねていく「ロケット開発」
MOMO 2号機打ち上げ(2018年6月30日早朝). 当日のようすはYouTubeで公開されている

2号機は当初, 2018年5月に打ち上げる予定でしたが, 設計不良が原因でガス圧力に関わる部品の故障が発生したため延期し, 6月30日早朝に打ち上げました(**写真5**).

結果は失敗でした. 打ち上げ後4秒でエンジン推力がなくなり, 7秒後に落下し, 炎上してしまいました. 入念に準備して臨んだこともあり, とても無念で, がっくり肩を落としました.

でも私たちは, これしきのことで夢を諦めることはしませんでした. 原因を究明し, 対策を行った3号機でついに国内初の民間ロケットによる宇宙空間に到達することができました.

◆参考文献◆

(1) 内閣府宇宙戦略事務局　小型・超小型衛星の打ち上げ需要調査.

Appendix 1 みんなが開発に携わるオープンなロケットを目指して

民間インターステラテクノロジズの低コスト小型ロケット

稲川 貴大 Takahiro Inagawa

民間ロケット企業 インターステラテクノロジズとは

● はじまり

インターステラテクノロジズ(IST, Interstellar Technologies)は，数名の宇宙好きから始まりました．2005年，宇宙機エンジニア，科学ジャーナリスト，作家らが，日本国内で民間宇宙開発を目指す「なつのロケット団」を結成し，活動が始まりました．

途中，堀江 貴文氏(あのホリエモン!)が参加し，資金面や人材ネットワークのサポートが得られ，実験と開発に勢いがつきました．ライブドア事件で一時期堀江氏の関わりは弱くなりましたが，開発拠点を北海道に移すなど，打ち上げ実験は継続的に行われました．

● 特徴…エンジンも機体もエレキも全部独自開発

Interstellar Technologiesという社名は「恒星間技術」という意味です．将来は，地球の低軌道だけではなく，月面や火星・小惑星も，輸送ビジネスが成り立つのではないかと私たちは考えています．

ISTの大きな特徴は，エンジンからアビオニクス(ロケットや航空機に搭載される電子機器のこと)までを独自に開発していることです．独自に開発するのには理由があります．

1つ目は，ロケットの部品は入手できなかったり，値段が法外だったりするからです．各国の輸出規制も厳しく，見つけることはできても買えないものもたくさんあります．

2つ目は，痒いところに手が届いたサービスを提供するためには，基盤技術をもっている必要があるからです．私たちは，開発した技術を実証するために，地上の試験だけでなく，必ず打ち上げ実験を行っています．エンジンの性能検証から，パラシュートや機体の姿勢制御まで，毎回さまざまな技術テーマに取り組み，データを取り，開発を続けています．

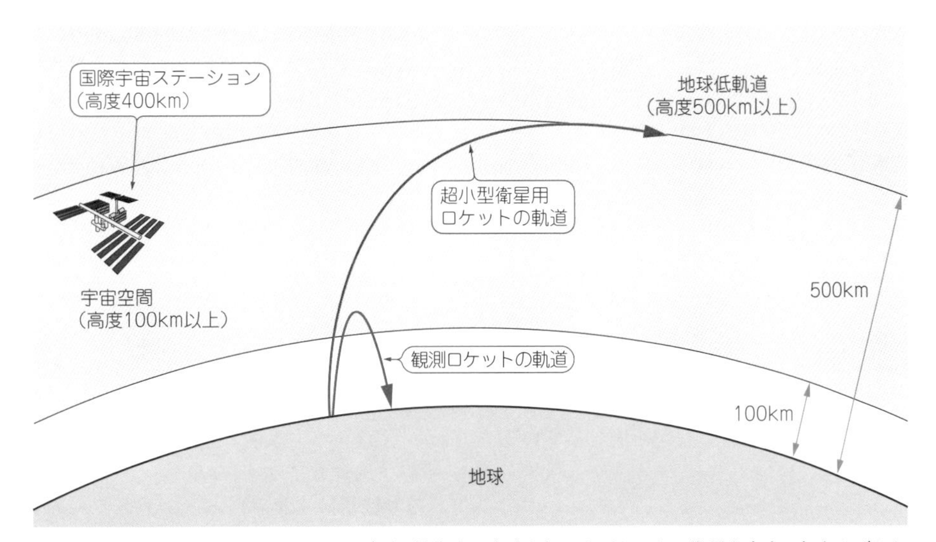

図1 民間企業インターステラテクノロジズは技術実証実験を行いながら，人工衛星を宇宙に打ち上げられる低コストな小型ロケットを開発している

図2　人工衛星を打ち上げられるロケット“ZERO”も開発

打ち上げで目指していること

● いつでも安く人工衛星を打ち上げられる世界

超小型衛星の打ち上げ需要が増しています．このニーズに対応する方法に，次の2つがあります．

(1)大型ロケットに複数の超小型衛星を詰めて打ち上げる
(2)たくさんの小型ロケットを打ち上げる

私たちは民間企業ですので，1回の打ち上げ当たりのコストが低く，いつでも打ち上げられる小型ロケットの開発を目指しています．

言うは易し…みんなの小型ロケットの開発は，簡単ではありません．人工衛星を打ち上げるロケットには，7.9 km/s(時速ではなく，秒速です!)で勢いよく速度で飛ぶ能力が必要です(この速度を「第1宇宙速度」と呼ぶ)．

技術的なハードルはたくさんありますが，宇宙空間に到達する観測ロケットから人工衛星を打ち上げられるロケットまで，技術実証を行いながら開発しています(図1)．

● 人工衛星を打ち上げられるロケットZEROも開発

ISTの目標は，超小型人工衛星を地球周回軌道に届けるロケットの開発です．開発コード・ネームは“ZERO”です(図2)．MOMOとZEROの新規開発を同時並行で進めています．

「みんなが開発に携わるロケット」に

私たちのロケット開発資金の多くは，株式を投資家に引き受けてもらう出資で調達しています．

「みんなが開発に携わるロケット」にしたいとの思いもあり，クラウド・ファンディングも利用しています．

MOMO 1号機では，クラウド・ファンディング出資者(パトロンと呼ぶ)に，Tシャツやグッズのお返しのほか，1000万円で打ち上げ発射ボタンを押す権利を提案しました．その結果，合計734名から2700万円の支援をしていただくことができました．

さらに，電車やレース・カーのラッピング広告のように，ロケット表面に企業広告を掲載することで，スポンサ出資も募りました．

2号機以降もクラウド・ファンディングで資金を集めており，これからもみんなが開発に携わることができるロケットを目指していきます．

第1部

小型宇宙ロケットの
メカ系

第1部 小型宇宙ロケットのメカ系

第3章 宇宙まで飛ぶために必要なこと

ロケットの推進メカニズム

稲川 貴大 Takahiro Inagawa

写真1 ロケットを高く飛ばすためにはガスを高速で噴出する必要がある

重量1トンのMOMOの機体を目標である100 km上空まで運ぶには，どんなエンジンが必要なのでしょうか．

本章では，エンジンや燃料，燃焼の基礎を解説します．

〈編集部〉

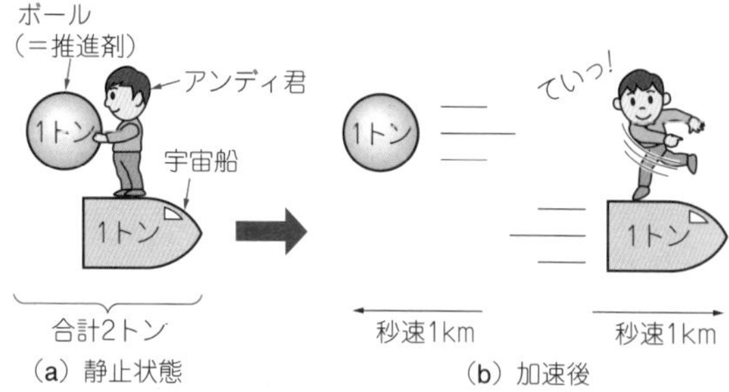

図1 ロケットは作用反作用の法則を使って加速する

ロケットが加速するメカニズム

ロケットが宇宙に行くためには何が必要なのでしょうか？ 高い高度まで上げることが一番大切と思われるかもしれませんが，実は，いかに速度を稼ぐかを第一に考えます．

ロケット推進の基本原理は，作用反作用の法則によって力を受けて，速度を出すことです．材料(推進剤)を機体から放り出して，速度を得ます(**写真1**)．ですから，ロケットを設計するエンジニアは，エンジンから噴出されるガスの速度をいつも気にしています．そして，地球の重力があまりに大きいことと，空気が邪魔なことを嘆いているのです．みなさんに少しでも，このやるせない気持ちをわかってもらえたらと思います．

● 基本…ロケットは作用反作用の法則で加速する

図1(a)に示すのは，秒速1 kmという剛速でボール(＝推進剤のイメージ)を投げることができる人が，宇

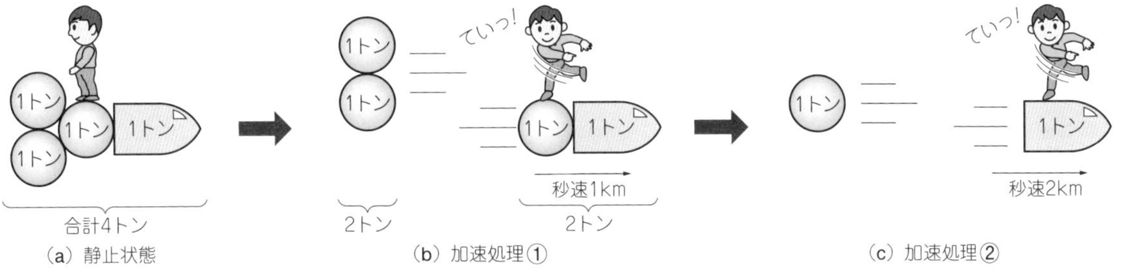

1トン 1トン 1トン 1トン
合計4トン
(a) 静止状態

てぃっ!
2トン 秒速1km 2トン
(b) 加速処理①

てぃっ!
秒速2km
(c) 加速処理②

宇宙船を秒速2kmに加速するには，アンディにまず2トン，次に1トンのボール(＝推進剤)を投げてもらう必要がある

図2 投射速度は同じでも推進剤を増やせば得られる速度も増す

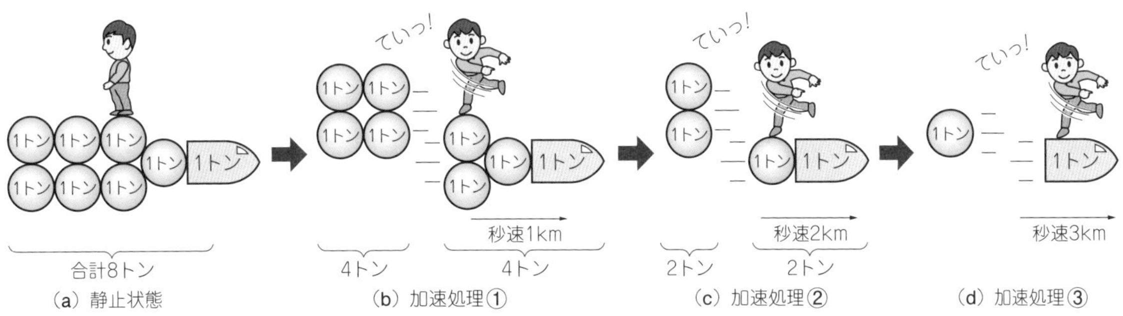

(a) 静止状態　(b) 加速処理①　(c) 加速処理②　(d) 加速処理③

宇宙船を秒速3kmに加速するには，アンディに合計7トンのボール(＝推進剤)を投げてもらう必要がある

図3 投射速度より大きな速度を得るには最初に大量の推進剤を持つ必要がある

宙船に乗っていて，作用反作用の法則だけで自分を加速させようとしているところです．

図1(b)に示すように，1トンの宇宙船に乗って，1トンのボールを積載した状態から1トン分のボールを秒速1 kmで投げると，宇宙船は秒速1 kmで前進しはじめます．

では，秒速2 kmに加速したい場合はどうしたらよいでしょうか．

まず，1トンのボールを3個用意します［**図2(a)**］．最初に2個のボールを秒速1 kmで投げ出します．すると「宇宙船と1個のボール」が秒速1 kmまで加速されます［**図2(b)**］．次に，残った1個のボールを投げ出すと，宇宙船はもう秒速1 km加速します．合計，秒速2 kmに加速されました［**図2(c)**］．

さらに秒速3 kmまで加速した場合はどうしたらよいでしょうか．まず1トンのボールを7個用意します［**図3(a)**］．最初に4個のボールを投げて「宇宙船と3個のボール」を秒速1 kmまで加速します［**図3(b)**］．あとは上と同じように追加で秒速2 km加速する［**図3(c)**］と，合計で秒速3 kmになります［**図3(d)**］．

＊

このように，作用反作用の法則で加速する場合は，投げることができる速度(ロケットでは排気速度と言う)がとても重要です．少し加速量を増そうとすると，倍々で自重が増します．この感覚がロケットの推進設計では重要です．

● ロケットが獲得する速度を求める大事な式「ツィオルコフスキーの公式」

ここからは数式を使って説明します，難しいと感じる人は飛ばしてください．

どれだけ速度を獲得できるかを求める，ロケット工学で一番大事な式を紹介します．その名も「ツィオルコフスキーの公式」です．ロシアの物理学者コンスタンチン・エドゥアルドヴィチ・ツィオルコフスキーが考えました．

ロケットは，作用反作用の法則で力を受けながら推進します．**図4**に示すように，ロケットが速度wで推進剤を放り出したときの微小時間(dt)の変化を運動量保存の法則から見ると，次式が成立します．

$$(m + dm)v = m(v + dv) + dm(v - w) \quad \cdots\cdots(1)$$

変形して積分すると次のようになります．

$$+\int dv = -w\int \frac{1}{m}\,dm \quad \cdots\cdots(2)$$

初期質量をm_0，t秒後の質量をm_tとすると，t秒後の速度の増速分Δvは次式で表されます．

$$\Delta v = w\log_e \frac{m_0}{m_t} \quad \cdots\cdots(3)$$

(獲得速度) (排気速度) (最初と最後の質量の比率)

このようにツィオルコフスキー式が導出されます．

式だけではわかりにくいですが，ロケットが獲得する速度は「排気速度」と「最初と最後の質量の比率」だけで決まるという法則です．

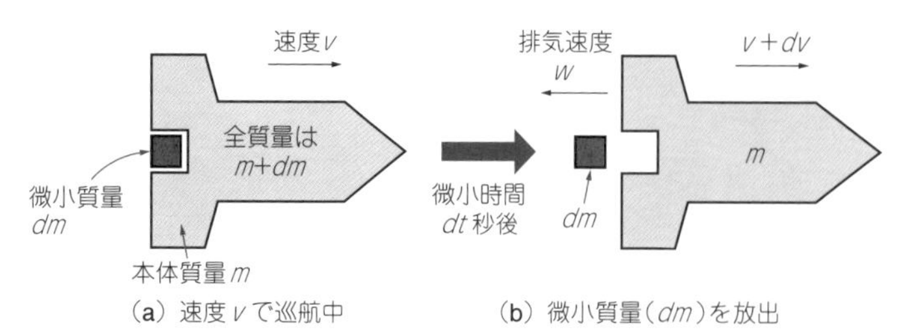

図4 ロケットの最終的な速度の増分は排気速度・初期質量・最終質量の3つで決まる
ツィオルコフスキーの公式

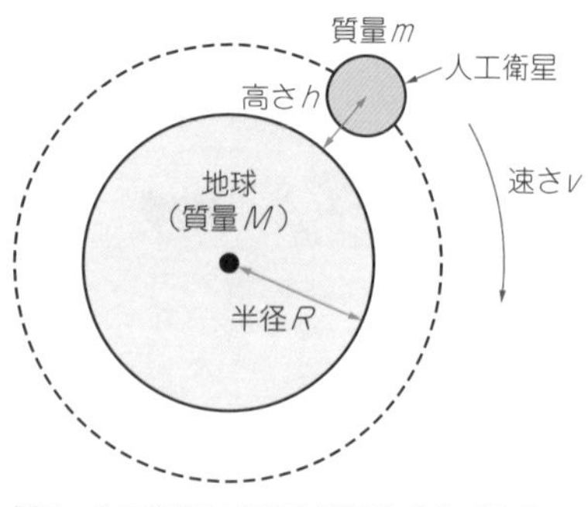

図5 人工衛星に必要な速度を求めてみる

● ツィオルコフスキーの公式で水ロケットの速度を求める

水の入ったペットボトルに空気を圧縮して入れた水ロケットを考えます．水の排出速度を20 m/s一定とします(実際には圧力が時々刻々と変わる)．

ペットボトルの重量の3倍の水を入れて全部放出すると，初期重量と空のときの重量比は4です．すると，ツィオルコフスキーの式から，

$$\Delta v = 20 \log_e 4 \fallingdotseq 27.7 \text{ m/s}$$

になり，秒速27.7 mつまり時速約100 kmが得られます．実際には重力の影響で，水が排出される前に減速しますが，水ロケットでもかなりのスピードが得られることがわかります．この速度が得られるから，空高く舞い上がることができます．

● 人工衛星を軌道に乗せるために必要な速度

図5に示すように，人工衛星は地球を周回しています．人工衛星を軌道に乗せるためには，ロケットに一体どのぐらいの速度が要求されるのでしょうか．

人工衛星は宇宙に浮いているわけではありません．重力に引かれて落ちています．その落ちる分と地球の丸み分が同じになるほど超高速に移動していれば，人工衛星になります．この速度を「第1宇宙速度」といいます．

第1宇宙速度とは，地面に接触することなく，地球を周回できる速度のことです．これはどれほどでしょうか？

次に示すのは，極座標系における半径方向軸の遠心力と万有引力の釣り合いの式に，**図5**の変数を当てはめると次のようになります．

$$m\frac{v^2}{R+h} = G\frac{mM}{(R+h)^2}$$

ただし，M：地球の質量，R：地球の半径，m：地球を周回する物体の質量，h：高度，v：速度，G：万有引力定数

$h = 0$としてvについて解くと，次式が得られます．

$$v = \sqrt{\frac{GM}{R}}$$

この式に，万有引力定数G(6.67×10^{-11} m^{3}kg^{-1}s^{-2})，地球の質量M(5.97×10^{24} kg)，地球の半径R(6.36×10^6 m)を代入すると，第1宇宙速度が次のように求まります．

$$v = 7.9 \times 10^3 \text{ m/s}$$

このように，人工衛星になるためにはかなりのスピードが必要です．理由は地球の質量があまりに大きいからです．**図6**は，第1宇宙速度が自動車や飛行機，音速と比べていかに速いかを示しています．

参考までに，第2宇宙速度は地球の重力圏を振り切って太陽の周りを回る人工惑星になるための速度，第3宇宙速度は太陽系を脱出できる速度です(**表1**)．

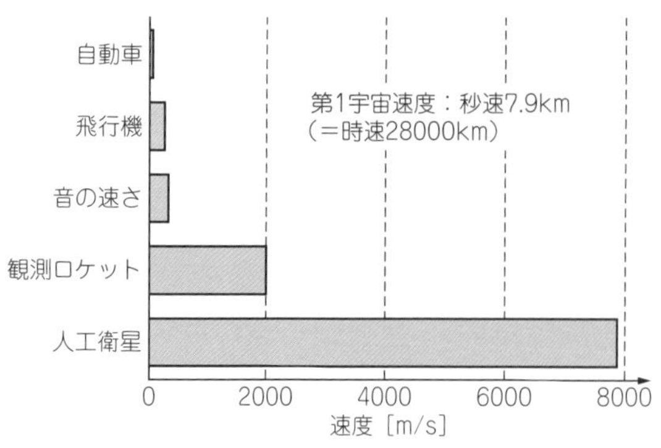

図6 人工衛星の速度と身の回りのものの速度を比較
宇宙に出るにはとにかく速度が必要

表1 遠くの宇宙に行くにはさらに速度が必要

種 類	値
第1宇宙速度(人工衛星)	7.9 km/s
第2宇宙速度(地球重力圏脱出)	11.2 km/s
第3宇宙速度(太陽系脱出)	16.7 km/s

ロケットの速度損失と実際に到達できる高度

● 失う速度

エンジンによって得られる速度だけではなく，失われる速度も重要です．速度損失と呼び，種類があります．

▶重力損失

ロケットが上昇する際，重力に逆らって上向きに加速しようとします．このとき推進力で得られる速度が重力分だけ差し引かれます．ロケットは，長時間，重力に逆らって推力を発生させます．このとき重力損失は特に大きな損失です．地上から打ち上げるロケット(ブースタ・ロケット)を作るときは，排気速度よりも，推進剤運動量(＝排気速度×推進剤量)の最大化を優先します．

▶空気損失

空気抵抗によって減速させられることによる損失です．

▶推力損失

地上では，真空中と違い周りに空気があり，ノズルからの排気が減速します．その分の損失です．

▶制御損失

狙ったところまで蛇行したときに発生する損失です．

● 計算①人工衛星を軌道に投入するために必要な速度

地球の自転を利用するために東側に打ち上げて，高度500 kmの地球低軌道に乗せるケースを考えて大雑把に計算すると，**表2**の結果が得られます．

損失を考えると，エンジンと機体で約9500 m/sの速度を獲得する必要があります．軌道速度の7700 m/sは音速の20倍以上です．第1宇宙速度より多少遅いのは，高度が高いからです．

空気の薄いところまで飛行機などでもち上げて打ち上げるエア・ローンチという方式のロケットも考案されています．**表2**の空気損失がほぼゼロになるので300 m/s程度楽になります．

ただ，初速をつけるために飛行機から投下したとしても，400 m/sほど楽になるだけです．軌道速度が圧倒的に大きすぎて，上空から打ち上げるぶん楽にはなりますが，その効果は大きくありません．

私は「地球の重力が少しでも小さくなれば，軌道速度は小さくてすむのに」と，重力を恨めしく思っています．

表2　衛星を軌道に投入するのに必要な速度

損失速度	値
軌道速度	7700 m/s
重力損失	1500 m/s
空気損失	400 m/s
その他損失	300 m/s
自転速度	－400 m/s

● 計算②観測ロケットMOMOに必要な速度

MOMO(IST：インターステラテクノロジーズ)のような観測ロケットの場合は，軌道速度が不要です．単に高度のことだけを考えればOKです．軌道速度が必要ないため，技術実証として難しすぎないレベルです．

MOMOの排気速度(約2000 m/s)，初期重量(1100 kg)，燃焼終了時重量(300 kg)から，エンジンで獲得できる速度を計算すると，次のとおり2600 m/sです．

$$\Delta v = 2000 \log_e (1100/300) \fallingdotseq 2600 \text{ m/s}$$

表3のように損失速度を考慮すると，エンジン燃焼終了時のMOMOの速度は900 m/sと求まります．このときの高度は約40 kmです．この先は運動エネルギと位置エネルギが変換されて高度が上がっていきます．

$$\frac{1}{2}mv^2 = mgh$$

ただし，m：機体重量，v：速度，g：重力加速度，h：高度

運動エネルギが変換されることによる高度の増加分hは83 kmになり，高度120 kmまで届きます．MOMOの目標高度は100 km以上ですから，計算上は問題ありません．

表3　目標最高高度100 kmの観測ロケットMOMOに必要な速度

獲得速度と損失速度	値
獲得ΔV	2600 m/s
軌道速度	0 m/s
重力損失	1200 m/s
空気損失	300 m/s
その他損失	200 m/s
自転速度	0 m/s

ロケット・エンジンの基礎知識

● 飛行機のジェット・エンジンとロケット・エンジンの大きな違い

飛行機のジェット・エンジンはロケット・エンジンに似ています．つまり，どちらも作用反作用の法則を利用して力を受ける力(推力)を発生させます．

ジェット・エンジンや多くのロケット・エンジンは燃焼を利用しています．燃焼とは，燃料が酸素などと反応する化学反応のうち，特に急激な反応で光や熱が出るものを言います．単なる酸化還元反応です．

ジェット・エンジンは，周りの空気を酸化剤として利用しますが，ロケット・エンジンは宇宙でも使えるように酸化剤を自分の機体の中にもっています．

ジェット・エンジンの推力は吸い込める空気の量に制約を受けますが，ロケット・エンジンは無理やり酸素を吹き込むので，けた違いに大きな推力が得られます．

column 01 人工衛星用ロケットが多段式なのにはわけがある

稲川 貴大

人工衛星衛星を打ち上げるロケットはすべて多段式です．多段とは，途中で燃焼が終わったエンジンを切り捨てて，上の部分を残すロケットの構成法です．過去，4段式ぐらいまで実例があります．

多段式が採用される理由は，ツィオルコフスキーの公式からわかります．単段ロケットに必要な獲得速度を比推力300秒と400秒，質量比25以下で計算すると，**図A**のようになります．比推力とは排気速度を重力加速度で割った値で，単位は速度を加速度で割るので［秒］です．現在の技術で実現できる質量比は2～7倍，良くても10倍ですから，単段ロケットでは，第1宇宙速度にギリギリ足りるかどうかです．損失を含めると足りません．

そこで，段数を重ねて合計の獲得速度を多くしているというわけです．

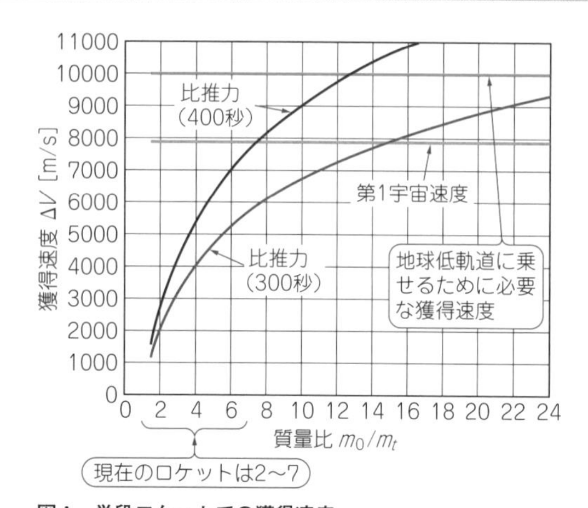

図A 単段ロケットでの獲得速度
現在の技術では，単段では衛星軌道に乗れない．多段ロケットにして質量を徐々に減らしていくことが必要

● ロケット・エンジンのいろいろ

ここまでロケット・エンジンとは，化学反応を利用するものを指しましたが，推進剤を高速で放り投げられるものならば,エネルギ源はなんでもありです(**図7**).

電気をエネルギ源とするイオン・エンジンや核分裂や核融合をエネルギ源とするエンジンが検討されています．本体はエネルギをもたず，外部から供給するレーザ推進も検討されています．

ツィオルコフスキーの式が示しているように，大事なのは排気速度と重量比です．つまり，エネルギ密度と推進剤の密度でロケット・エンジンの性能が決まります．

● 推進剤のいろいろ

燃焼によって排気速度が得られればよいので，燃料と酸化剤の選択肢はたくさんありそうですが，実用化されているものは限られます．

MOMOは液体燃料ロケットです．液体燃料ロケットで多く使われているのは灯油系，水素，エタノール，メタン，ヒドラジン系です．酸化剤として多く使われているのは，液体酸素，亜酸化窒素，四酸化二窒素，硝酸，過酸化水素です．

MOMOでは，燃料にエタノール，酸化剤に液体酸素を採用しています．液体酸素は，酸化剤の中では能力が高く，沸点は-183℃と低いのですが，他の酸化剤に比べると取り扱いやすいほうです．

エタノールには次のような長短所があります．世界初の実用ロケットV-2もエタノールを使っていました．

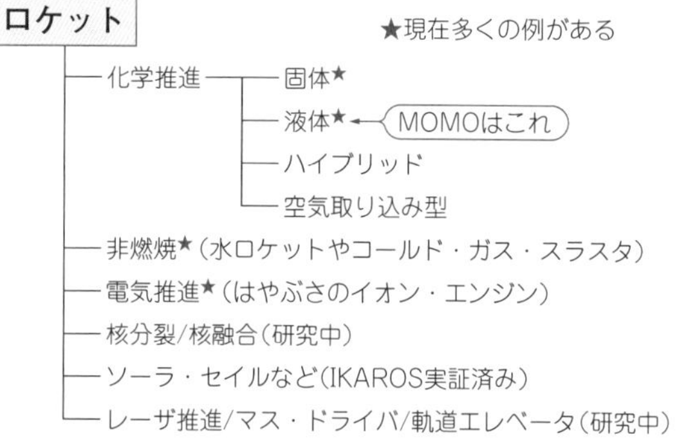

図7 ロケット推進の種類
現在では固体ロケットと液体ロケット，非燃焼ロケット（主に姿勢制御用），電気推進が実用化されている

▶メリット
- 純物質であり密度変化がない
- 無害・揮発性であり，土壌や海洋汚染の心配がない
- 広く産業利用されていて調達が容易

▶デメリット
- 比推力が高いわけではない

参考に，液体燃料と固体燃料，およびハイブリッド燃料を使ったロケット・エンジンの特徴を**表4**にまとめます．

エンジンからガスを高速に噴出するための「ノズル」のメカニズム

● 燃焼ガスは高速のガス流に変換しないといけない

繰り返しますが，ロケット・エンジンの性能は，排気速度で決まります．この排気速度を加速するデバイ

column 02 ロケットのなかは電気回路などの機器には超過酷

稲川 貴大

ロケットの中はさまざまな要因で振動します(**表A**). 電子回路にとっては過酷な環境です. 振動を発生するタイミングと強度を考えながら地上で試験します. 振動試験器(**写真A**)に電子部品などを載せて, ランダム振動やサイン振動を加えます. 簡易的には圧電素子の上に載せて試験することもあります.

表A ロケットで発生する振動の要因

振動の種類	原因
音響振動	エンジンの炎が周辺空気を擦って出る猛烈な音が原因. 打ち上げ初期だけ影響が大きい
燃焼振動	エンジンの炎の圧力と温度が不安定になることが原因. エンジン設計時に抑えるべきもの
分離時の振動	多くのロケットはフェアリングの分離に火薬を使う. 火薬が爆発するときに衝撃振動が出る
空気力の振動	音速を超えると空気の乱流が機体を揺らす. 空気のあるところを高速で飛ぶときに受ける液体ロケットでは, 機体と供給配管とエンジンの間で構造と流体が影響し合う. 大きなロケットの燃焼終了時付近に発生する
ポゴ振動	液体ロケットでは機体と供給配管とエンジンの間で構造と流体の連成振動が起こることがある. 大きなロケットの燃焼終了時付近で発生

写真A 振動試験装置
本格的な振動試験は工業試験場や振動試験のレンタルを行っている試験場に出向いて行う

表4 地上からの打ち上げに使われる化学推進ロケットは燃料のタイプで分類できる

項目＼種類	**液体燃料**	**固体燃料**	**ハイブリッド燃料**
構造	複雑	比較的単純	比較的複雑
構造性能(質量比)	大型(高い), 小型(低い)	大型(低い), 小型(高い)	低くできる可能性あり
エンジン性能	高い	中程度	中程度
推進力方向制御	容易	可能	可能
推進力中断	容易	不可能	容易
再着火	可能	不可能	可能性あり
推進剤充填後保存期間	短期間～長期間	長期間	短期間～長期間
発射準備期間	長期間	短期間	長期間かかる可能性あり
安全性	危険	危険	比較的安全

スが「ノズル・スカート」です(**写真1**).

化学推進ロケット・エンジンは, 固体または液体の推進剤を燃焼させて, 高温高圧のガスに変化させます. 燃焼直後のガスは高温高圧の高エネルギ状態ですが, 速度をもっているわけではありません. ノズル・スカートは高温高圧低速のガスを低圧高速のガス流に変換する部品です.

● イメージと逆? ロケットでは出口が広いほど高速に噴出する

ホースから出る水をビューっと勢いよく出すために, 先端を潰して出口を狭めます. これは液体の話ですが, ガスの流れ方は想像と異なります. ガスの場合は, 音速以下のときは, 出口が狭いほど流れが速くなります. ところが音速を超えると, 逆に面積が広くなるほど速度が上がるのです(**図8**).

この特性を利用したものがラバール・ノズル方式です. これは, 音速までは出口の面積を狭めて, 音速を超えたら面積を広げてスピードアップする方式です. 超音速領域で理想的に加速できるタイプもあり, ベル型ノズルと呼びます.

ロケット・エンジンのノズル・スカートは固定で, 出口の面積を変えることはできません. 推進剤の量や圧力によって理想的に加速できる面積や形状は異なるので, いつも最適なノズルを選ぶことはできません. つまり, 推進剤の量や圧力が変わると, もっているエネルギを十分に排気速度に変換することができません.

したがってロケット・エンジンの多くは, 推力ゼロか全開の2者択一で動かします. 中途半端に燃やすと, ノズルの効率が悪くなるからです.

column 03　あの「大気圏突入で熱くなる」の原理と対策

稲川 貴大

● 緊張の一瞬…大気圏突入時の火の玉

宇宙から大気圏に進入する宇宙機が，火の玉に包まれる映像を見たことがある方も多いと思います．この現象は「空力加熱」が原因です．

空気の摩擦で熱くなるというのは間違った説明です．実際は，断熱圧縮による空気の温度上昇が原因です．

宇宙機が超音速で飛行すると，周りの空気は逃げ場がなく圧縮されます．これによって圧縮された空気の温度が上昇します．周りの空気の温度が上昇することによって，機体自体が加熱されます．

隕石は秒速18 km(時速6万5000 km)，つまりマッハ約50の超高速で大気圏に突入します．空力加熱はマッハ数の2乗に比例しますから，計算すると，圧縮された空気の温度は100000℃にもなります．

スペース・シャトルは第1宇宙速度であるマッハ20で大気圏に再突入します．圧縮された空気の温度は10000℃を超える計算です．太陽表面温度である6000℃より高温です．

● ロケット先端部の対策

この空力加熱を心配する人が多いのですが，打ち上げロケットでは，それほど高温にはなりません．もちろん入念に検討しています．

MOMOが地上から宇宙に出るとき，つまり空気が濃いところを抜けるときの速度はマッハ3です．圧縮された空気の温度はせいぜい300～400℃です．とは言っても高温なので対処しています．

戦闘機では，機体の先端に高価なチタン合金を使って空力加熱から保護しています．それに対してMOMOの機体先端部は，ベークライトまたはフェノール樹脂と呼ばれるプラスチックです．空力加熱を受ける時間が短いので，一番厳しいところだけ気化熱で冷やしつつ，熱を機体に通さなければよい，という思想です．この材料はプリント基板でも絶縁用に利用されています．ロケットでは断熱性や耐熱性を利用しています．

大気圏を上昇して通過するか，降下して通過するか(大気圏再突入)によっても熱環境は大きく異なります．

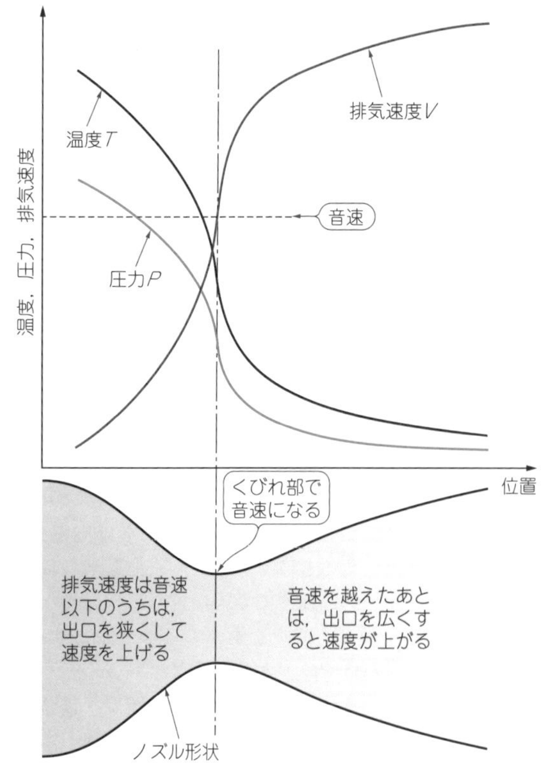

図8　効率良く噴射速度を上げるためのラバール・ノズル
ある程度以上の圧力と流量を入力すると，効率的に排気速度が上がるしくみ

MOMOの場合，ロケット・エンジン内部の燃焼温度は3000 K(ケルビン)，圧力は10気圧です．これがノズル出口で2000 K，1気圧で2000 m/sに加速されます．

● 衝撃波は美しい！ ショック・ダイヤモンド

ノズルからは超音速で燃焼ガスが排気されています．超音速流体がノズルから出ると，ショック・ダイヤモンドと呼ばれるキレイな円錐状の模様ができます(**写真2**)．エンジンや戦闘機のアフタ・バーナーでも見られる衝撃波による現象です．ロケット・エンジンのパワーはスゴイですね．

写真2　ロケット・エンジンといえばノズル・スカート
燃焼で得られる温度と圧力を噴射速度に変換するために必要な形状

エンジンに燃料を高速抽入するメカニズム

タンクに入れた推進剤(燃料と酸化剤)をロケット・エンジンに強く流し込む方法は2通りあります(**図9**).

- ガス押し式
- ポンプ式

ガス押し式は,高圧の不活性ガス(MOMOはヘリウム・ガスを採用)で押す方式です.ポンプ式は,動力源でポンプを駆動して推進剤の圧力を上げる方式です.

ポンプ式は,ポンプの動力源やエネルギ源をどこからもってくるかで,ガス発生器サイクル,2段燃焼サイクル,エキスパンダ・ブリード・サイクルなどさまざまな方式があります.駆動源がモータの電動ポンプ式も実用化例があります.ポンプに必要な動力は小さなエンジンでも100 kW前後,大型ロケットでは数千kWになるため,最新のモータ技術と高性能電池が必要です.

ガス押し式はシンプルで信頼性が高いのですが,重くなります.ポンプ式はエンジンの高性能化が可能で軽量です.MOMOはガス押し式ですが,衛星打ち上げを目指すZERO(Appendix 1参照)ではガス発生器サイクルのポンプ式です.

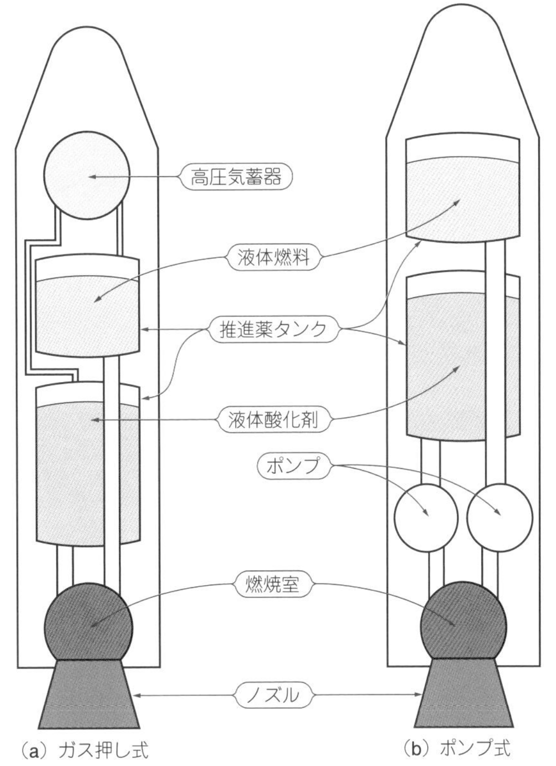

図9 燃料をエンジンに送り込む方法にガス押し式とポンプ式がある
ポンプという複雑な機械がない分だけガス押し式は簡単だが重くなりがち.MOMOはガス押し式

3000 ℃もの高温になるエンジンの冷却対策

● 熱に強いグラファイト素材の採用

ロケット・エンジンの炎は3000℃にもなります.この高温に耐えることができて,しかも軽い材料は限られます.材料と冷却の工夫が必要です.

MOMOのエンジンが採用する材料はグラファイトです.この材料は炭素の結晶の一種で,鉛筆の芯と同じ素材です.モノが燃えたあとに出る炭を密に固めたものです.しっかり作られたグラファイトは酸素が少ない条件で3000℃近くまで耐えられます.さらに高級なものとして,グラファイトに似た素材でC/Cコンポジットと呼ばれる材料もロケットに使われています.

● 冷却法

ロケットによく利用されている冷却技術には次の3種類あります.

(1)アブレーション冷却
(2)再生冷却
(3)フィルム冷却

一番多い例は(2)の再生冷却です.高温の炎から薄皮1枚挟んだところにタンクから出たばかりの冷たい推進剤を流し込み,熱を奪う方式です.熱を奪って温まった推進剤はそのままエンジンに噴射します.いったん奪った熱をエンジンで使うので,再生という単語が使われているようです.

(1)のアブレーションというのは「昇華」のことです.昇華とは,固体から液体を飛ばして気体へと,一気に相変化する現象です.固体が気体になるときに周りが冷やされる打ち水と同じ原理です.

MOMOではアブレーション冷却方式を応用しています.材料はフェノール樹脂を利用しています.

◆参考文献◆

(1) 宇宙兄弟Official Web,第6回〈一千億分の八〉なぜロケットは巨大なのか?ロケット方程式に隠された美しい秘密.
https://koyamachuya.com/column/voyage/24461/
(2) 宮澤 政文;宇宙ロケット工学入門,朝倉書店.
(3) George P. Sutton, Oscar Biblarz;Rocket propulsion elements. WILEY.
(4) COSMOTEC 宇宙こぼれ話 ロケット射場の話(4).
(5) 和田 浩二;千葉工業大学 惑星探査研究センター(PERC)ホームページ.
http://www.perc.it-chiba.ac.jp/kiji/20130220-RussiaMeteor-wada/Russian_meteorite_FAQ_20130220.htm

第4章 とにもかくにもロケットはエンジン

ロケット・エンジン入門

金井 竜一朗，植松 千春(コラム4) Ryuichiro Kanai，Chiharu Uematsu

本稿で解説すること…推進システムの全体像

● 重力に勝つための武器「ロケット・エンジン」

ロケット・エンジンは，人類が重力と戦って勝つために手に入れた，究極の機械です．

飛行機は重力とうまく付き合いながら空気の上を滑り，上手に効率よく移動距離を稼ぎます．ヘリコプタやVTOL(Vertical Take-Off and Landing)機は，重力とは引き分けかな，というところです．

ロケット・エンジンは違います．人工衛星は重力と引き分けていますが，ヘリコプタと違って人工衛星がエンジンで踏ん張らなくて済んでいるのは，その前にロケット・エンジンが死ぬほど頑張ったからです．ロケット・エンジンは空気がないところでも作動することが前提なので，他の機械と違って空気だってアテにできません．まあ，純粋な酸素に比べれば，所詮空気なんて窒素で20％に薄められ，ほとんど冷却材と化してしまっている存在なので，逆にこちらから願い下げです．むしろ，加速したいのに抵抗を生み出す邪魔者です．

図1 地上の内燃機関と異なり，ロケット・エンジンでは重力も空気も敵に回る

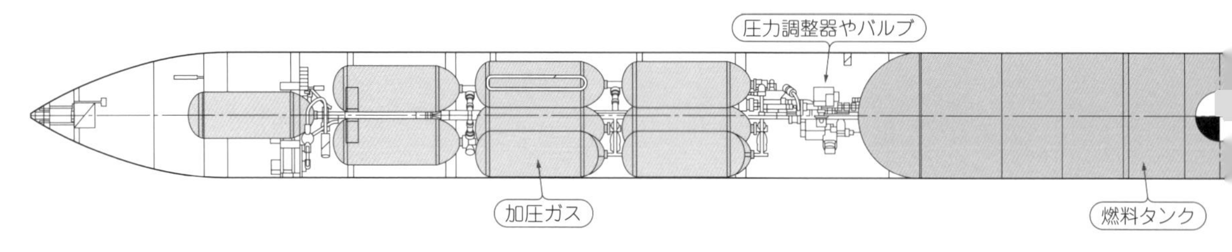

図2 ロケットの大部分は推進システム
センサ類はアビオニクスに含むが，推進システムの状態把握には不可欠

● 発想が他とはまるで異なるロケット・エンジン&推進システム

図1に示すように，ロケット・エンジンは地上の内燃機関(航空機も含む)と発想が根本的に異なります．

普通は利用するはずの重力が，そして空気が，完全に敵に回るわけですから，生半可なことをやっていては勝てるはずがありません．エネルギの利用効率が悪かろうがなんだろうが，膨大な推進剤を突っ込んで燃やし尽くすことで推力を生み出し，重力と空気の井戸の底である地表から一刻も早く脱出しないといけないのです．

私たちはロケット・エンジン，そしてエンジンに推進剤を送り込む供給システムを合わせて「推進システム」と呼んでいます．全機のうち推進システムに当てはまるところを**図2**に示します．

本章ではそんな推進システムについて，計算や実例を織り交ぜながら，「いかにして我々人類が重力と戦ってきて，これからも戦っていくのか」という戦略をお伝えします．

重力に勝つための戦略

ロケット推進システムの重要パラメータ

● その1：排気の速度

ロケット開発では各分野の担当者が「ロケットは○○がすべて」と思っているのと同様，もちろんエンジン屋さんも「ロケットはエンジンがすべて」だと思っています．

ただエンジンだけは，それを数式で証明することができます．ロケットの獲得できる速度を計算できるツィオルコフスキーの式があります(**図3**)．

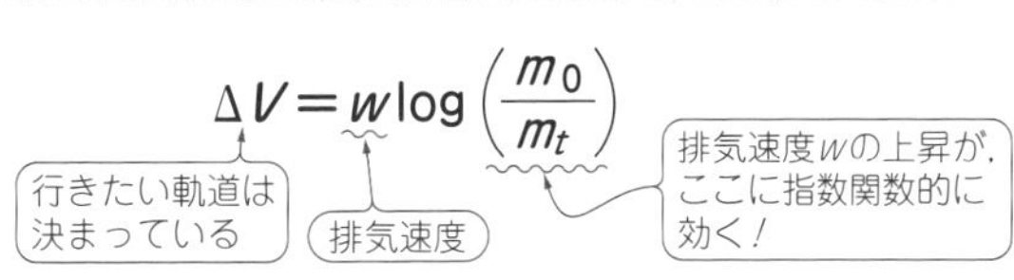

図3 ツィオルコフスキーの式をエンジン屋さん目線で翻訳する

ご覧のとおり，対数の外に出ているのは目標獲得速度とエンジンの排気速度だけで，質量比は対数の中に入っています．つまりツィオルコフスキーの式が言っていることは，

「排気速度をとにかく上げろ，そうすれば積む推進剤を指数関数的に軽くできる」

です．ロケット・エンジンは推進剤を排気速度に変換して吐き出すデバイスですから，ロケットの一番の基本式であるツィオルコフスキーの式が，「ロケットはエンジンがすべてだ」と言っているのです．

エンジンの性能は，一度に処理できる推進剤の量と，排気速度だけで評価されます．

実際には，これは極論です．細かい話を言うと「エンジン自体は軽いほうがいいよね」とか，「供給する圧力が低いほうが楽だよね」とかも評価基準になります．ただその重要度は，排気速度にかないません．

ロケットでは「比推力」という数字がとても重要です．これは排気速度のことです．単位系や式変形の都合上，排気速度を重力加速度(9.8 m/s^2)で割ったものを比推力と呼んでいるだけです．

● その2：推力(排気の流量)

一度に処理できる推進剤の量(＝推進剤流量)も重要です．というのは，エンジンの生み出す推力が推進剤

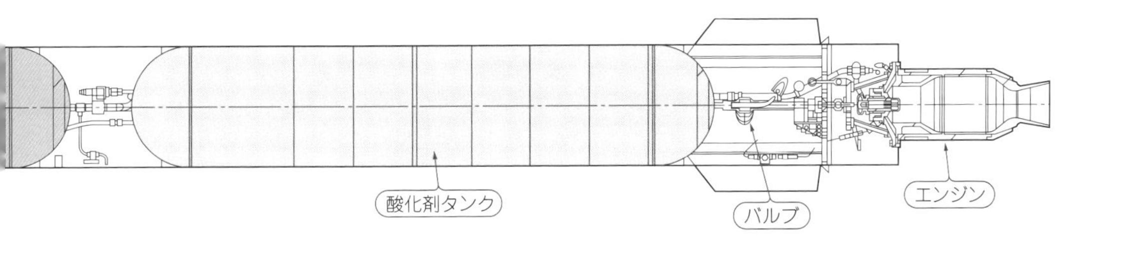

$$音速\alpha = \sqrt{\frac{kRT}{M}}$$

ただし，k：比熱比(シンプルな構造の分子ほど大きい)，R：気体定数，T：温度(高いほどよい)，M：分子量(小さいほどよい)

図4　音速の計算式
温度を高く，分子量を小さくすれば音速を上げられる

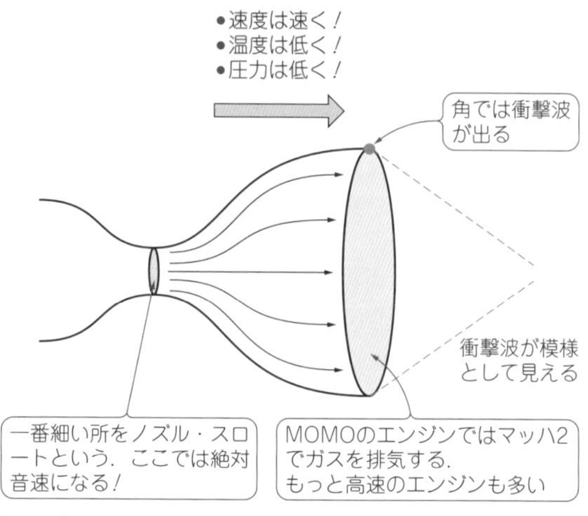

図5　膨張ノズルを使ってガスを加速する
どこまで加速できるかはノズル形状で変わる

流量に比例するからです．

いくら排気速度(≒比推力)の大きいエンジンでも，10トンの機体に対して1 kgの推力しか生み出せなければ，1 mmたりとも浮かび上がることはありません．比推力でいうとダントツに性能がいいイオン・エンジンが，地上では使われないのはこのためです．イオン・エンジンではなく化学反応を使うエンジンでないと，いかに比推力が高くて推進剤を軽くできても，最初に浮かび上がるための推力が足りないのです．とにかく高い比推力を生み出せるエンジンにとんでもない流量の推進剤を突っ込んで燃やす，これがロケットの推進システムの本質であり，人類が重力に勝つための唯一無二の戦略です．

排気速度を高めるには①…音速そのものを上げる設計にする

では実際に，比推力を高めるための作戦を練っていきましょう．「比推力が高い＝排気速度が大きい」というのは常に忘れないでいてください．キーワードは「音速」と「膨張ノズル」です．

● 基本法則：ガスの排気速度は音速で頭打ちになる

単純なロケット・エンジンのイメージとして，膨らませた風船の口から手を放してガスを排出させてみます．

ガスを排出するとき，内圧が大きければ大きいほどガスの排気速度は大きくなりますが，内圧が外圧の2倍以上になると，その排気速度は音速で頭打ちになります(普通の風船の内圧は2気圧には遠く及ばない)．

これは物理法則として決まってしまっているので，何をどうしても絶対に変えられません．音速の上限に到達することを「チョークする」とも言い，圧力を上げない限り流量も頭打ちになってしまいます．では，音速で頭打ちになる排気速度をどうやって上げればいいのでしょうか．

答えは「音速の方を高める」といういささかファンキーな手段になります．

● 音速の計算式を見てみる

音速を計算する式を図4に示します．

音速と言えば，秒速340 mという数字がパッと出てくるかと思いますが，これは1気圧，常温の地表での空気の値です．**図4**の式からわかるとおり，ガスの平均の分子量が小さいほど，そして温度が高いほど音速は高くなります．

● 作戦①-1：ガスの分子量を小さくする

燃焼器の中で行われているのは，この式に従い音速を高くすることです．燃料(水素，灯油，メタン，アルコールなど)と酸化剤(たいていは液体酸素)を組み合わせることで，少しでも温度が高く，分子量の小さい(≒軽い)ガスを作り出そうとしているのがロケット・エンジンです．

二酸化炭素(分子量44)から生成される炭素の燃焼よりも，水(分子量18)が生成される水素の燃焼のほうが，燃焼温度も高くなりますし，ガスも加速されやすくなります．炭化水素を燃料にする場合は，少しでも水素の割合が大きいもののほうが比推力が良くなります．

水素は燃やした後(分子量18)より燃やす前(分子量2)のほうが分子量がとても小さいですから，少し温度を下げてでも，わざと燃え残らせて水素を多くしたほうがいい，という設計も生まれてきます．

この化学反応を計算で確かめるのはたいへんですが，今はNASAの計算プログラムが公開されていて，多くの人がこれを使っています．本章後半で紹介します．

● 作戦①-2：ガスの温度をとにかく高くする

冒頭で述べた「空気は窒素で薄められて云々」の話が，燃焼温度を高めて，音速を上げるという観点からの発言であることが理解していただけたのではないかと思います．

具体的にどれくらい温度を高くするのでしょうか．MOMOの場合は，エタノールと液体酸素を組み合わ

写真1 超音速の証…MOMOのエンジンの排気に見られる周期構造ショック・ダイアモンド

せて燃焼器内の温度を3000℃近くにしています．鉄(1300℃でも融ける)だってなんだって融けてしまうほどの高温ですが，1500℃や1000℃で妥協することは不可能です．温度が高くないと音速は低いままで排気速度を上げられず，重力に勝つことはできません．

排気速度を高めるには②…さらに超音速まで加速する

● 膨張ノズルを使って最終的に超音速ガスを噴出する

もう1つのキーワードである膨張ノズルに着目しましょう．

音速を高める目的は「いかに速く燃焼室からガスを排気させるか」でした．膨張ノズルは，音速で排気されたガスをさらに超音速まで加速するためのデバイスです(**図5**)．音速のガスを，少しずつ広がるノズル(膨張ノズル)に入れてやると，気体は徐々に加速していきます．

加速するためには，もちろんエネルギが必要です．使われたエネルギの分だけ膨張したガスの温度は下がっていきます．超音速まで加速されたガスがノズルを出るときには衝撃波が出ます．この衝撃波が干渉すると，綺麗な周期的構造(ショック・ダイアモンドという)を排気火炎の中に見ることができます(**写真1**)．ショック・ダイアモンドの形状は計算で求めることができ，性能の公開されていないロケット・エンジンやジェット・エンジンの性能を推測する一助にもなります．

● ロケット・エンジンの排気速度はマッハ数で表す

ノズルを出るまでに，音速の何倍までガスが加速されたかを「マッハ数」と言います．航空機の世界でも速度がマッハいくつ，という言い方をしますが，マッハ数はロケットの世界でも非常に頻繁に出てきます．

後述しますが，音速を超えたガスの挙動を計算するときは，マッハ数で考えるのがとても便利です．音速のところで述べた，燃焼室からの排気の話は「燃焼室を飛び出すガスは必ずマッハ1になる」と言い換えることができます．

● ノズルの形の設計がとても重要

理論上は，膨張させればさせるほど燃焼ガスが加速して排気速度(＝比推力)は上がります．

ただし，機体サイズや重量の制限があることと，膨張させすぎると燃焼ガスがノズルの内壁に綺麗に沿わなくなってまっすぐに推力が出せなくなる問題があります．結果的に，ノズルの形状や膨張サイズはだいたい同じ形に落ち着きます．これが，ロケット・エンジンが同じような見た目のノズルを付けている理由です．

MOMOの場合，排気速度はとても控えめでマッハ2ちょっとです．軌道投入用ロケットではもっと高いマッハ数にしないと，比推力が低すぎて指数関数的に機体が重くなります．ガスをノズル内壁に綺麗に沿わせながら，もっと膨張させるための研究開発を進めています．

column 01 推進システムについて学ぶには

金井 竜一朗

宇宙開発を志す方から「ロケットを作るにはどういう大学に行けばいいですか？」とよく聞かれます.

推進システムについて言うと，航空宇宙工学科である必要はなく，必要となるほとんどの学問分野は機械工学科で触れることができます．私も機械系の大学院出身です.

推進システムで使用する学問分野は主に流体力学ですが，圧力変化や体積変化が少しでも生じると温度変化，相変化(例えば液体→気体へ変わる蒸発など)が起こります．こうなると熱力学や伝熱工学の知識が必要になり，これらを合わせた熱流体工学が主要な学問分野です．配管は当然圧力が加わっても破けないように設計しないといけないため，材料力学の知識も必要です．流体の制御はバルブを用いて行いますが，バルブの弁体(流体を止めたり流したり流量調整をしたりする部分)の動きは，駆動に必要な力と動きを妨げようとする力，そして弁体の動きやすさで決まり，これを記述する学問は機械力学と呼ばれます.

これら流体力学，熱力学，材料力学，機械力学の4つは総じて四力学，四力などと呼ばれ，機械工学の根幹をなす学問分野です.

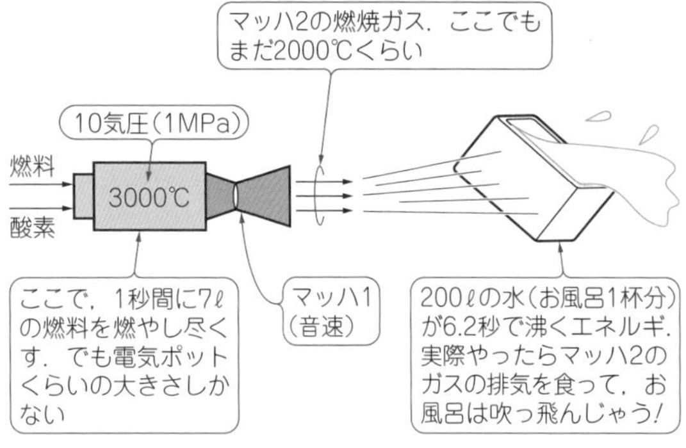

図6　MOMOのエンジンの出力はたった6秒でお風呂が沸くほどすごい

作戦②：推力を高めるには

● 作戦②-1：流量を大きくする

「いかに機体を軽くできるか＝いかに速いガスを排出できるか＝いかに高い比推力のエンジンにできるか」と述べてきました.

イオン・エンジンの例を出したように，比推力が高いだけではロケットは浮き上がりません．とても大事なのが推進剤を1秒に何kg流すか，つまり「流量」です.

この流量がまた曲者(くせ)で，普通のプラントやエンジンとは桁が1つも2つも違います．MOMOのエンジンの場合，だいたい1秒間に7kgくらいの推進剤を燃やします．この量の推進剤が全部燃え尽きると，1秒間に発生するエネルギは8万kW以上，馬力にすると11万馬力程度になります．200ℓのお風呂が6.2秒で沸く出力です(**図6**).

北海道電力全体の最大出力が800万kW程度です．MOMOのエンジン100基分の燃焼による出力が，北海道全体の発電出力と同じくらいということですね.

こんな流量を直径50cmのタンクから，親指くらいの太さの配管で，机の上に置けるような大きさのエンジンに供給して燃やしているのが，MOMOの推進システムです.

● 作戦②-2：燃焼室の圧力を上げる

もう1つ，推力を効果的に発生するためには，燃焼室の圧力も重要です.

「燃焼室からの排気速度は音速が上限になる」と書きました．となると「ガスの密度を上げる」か「排気口を広くする」かして推進剤の流量を増やし，一度に排気できる量を増やすしかありません.

後者はエンジンの大型化，重量増を招くので，たいていのエンジン屋さんは「いかにしてガスの密度を上げるか＝いかにして燃焼室の圧力を上げるか」ということを考えます.

燃焼室圧力を上げると燃焼温度が高くなるため比推力も上がります．さらにノズル出口での圧力も上がるため，その圧力がボーナスとして推力に加算されます.

このように燃焼室圧力は上げれば上げるほどいいことずくめなので，推進剤を供給できてエンジンが保たれるならば，少しでも圧力を上げたいのです(これが尋常じゃなくたいへん)．例えば，スペースシャトルのメイン・エンジン内は200気圧を超えています.

MOMOはガスで推進剤を送り出しているため，そんなに燃焼室の圧力を高くできませんが，それでも約10気圧，約1MPaの圧力が燃焼室に加わっています.

＊

ロケット・エンジンがいかにして重力と戦うのか，MOMOを例に述べてきました．次は，推進システムを作るという観点でもう少し実践的に見ていきます.

全体の推進システム設計

ロケットが総合工学たる所以(ゆえん)，「推進システム」

● ロケット・エンジンの開発は要求仕様が高くて広範囲

ロケット・エンジンの話に限ると，連続的かつ爆発的な化学反応を記述する燃焼工学の知識は不可欠です．

エンジンの燃焼室は，高温にさらされながらも数十気圧の高圧に耐える必要があるため，材料学の知識を駆使し，時には流通の少ない特殊材料を用いてでも，設計を成立させないといけません．

一般的な大型ロケットやMOMO次世代機では，燃料供給系にターボ・ポンプという部品が用いられます．ターボ・ポンプは，数万回転という超高回転数ガス・タービンとポンプの組み合わせです．扱われる学問分野はさらに広範に及びます．またその内容も一段と高度になります．

当然，これらのシステムはエレクトロニクスで制御・計測されます．推進システムだけをとっても，ロケットがいかに幅広い学問分野で成り立っているかがおわかりいただけるかと思います(コラム)．**図7**にこれらの学問分野と推進システムとの関連を示してみました．

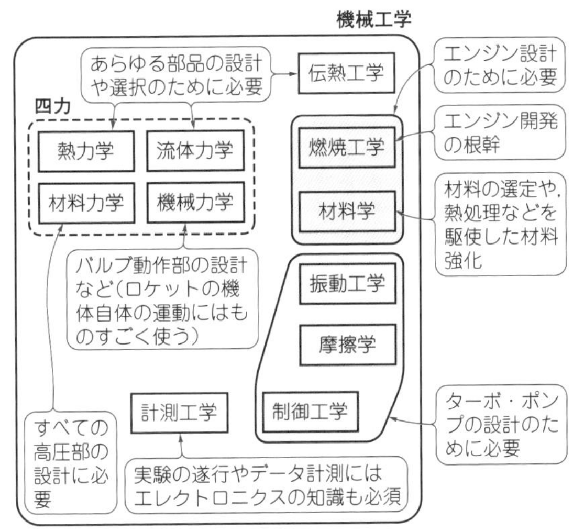

図7 ロケットの推進システムに関連する学問分野

● とは言っても基本的なエンジニアリングの積み重ね

たいていの機械製品，特に燃焼を伴う発電プラントや車，航空機なども，ロケットと同様に幅広い学問分野の知見を用いて設計されています．

ロケットは，前節で述べたとおり要求仕様が格段に厳しいため，設計上の余裕が少なく，コストも高くなりがちです．とは言っても，開発でやっていることは他の機械と変わらず，与えられた制約条件の中で性能と信頼性を最大化し，コストを最小化するようなバランス点を探す，というごくごく基本的なエンジニアリングの積み重ねです．

流体の流路設計≒回路設計

● 液体の供給は電気回路とかなり似ている

「流体力学」なんて言うと，とっつきにくいかもしれませんが，液体流路の挙動はかなり電気回路に似ています．電気回路で一番基本的な法則(支配方程式)といえば「オームの法則」です．液体力学の場合は「ベルヌーイの定理」がその役を果たします．

液体の流路と電気回路で，次のように置き換えると，定性的なイメージ(抵抗が増えると流量/電流が減る，など)がよく合致します(**図8**)．

- 圧力→電位
- 圧力差→電位差
- 流量→電流
- 流路抵抗→電気抵抗

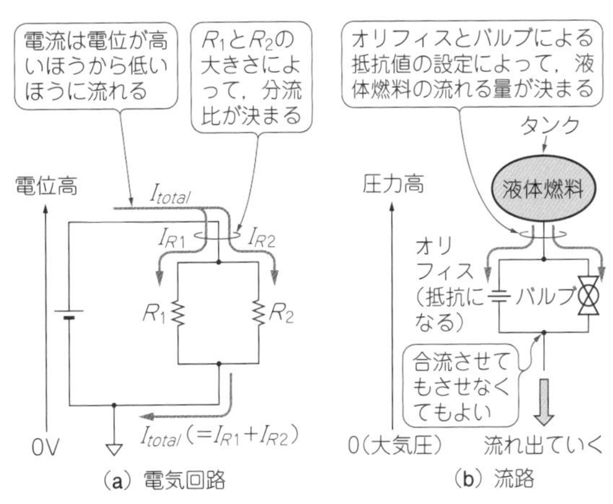

図8 流路設計と回路設計のアナロジ

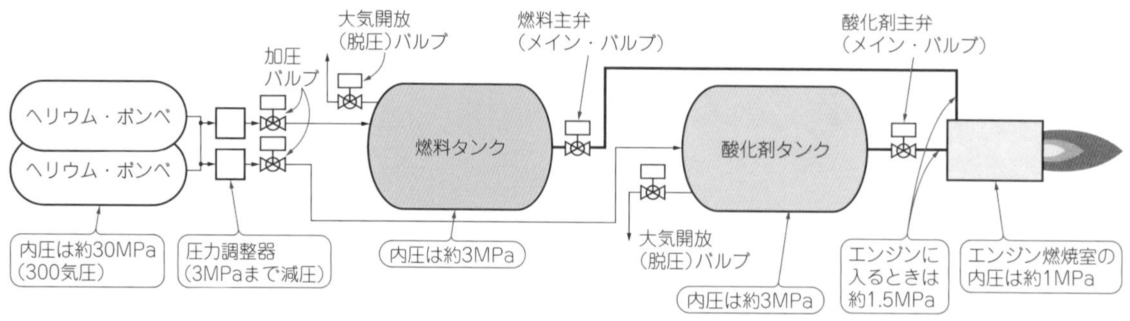

図9 MOMOの配管系統

● 電気回路と似て非なること

一方で，支配方程式をはじめ，電気回路とのアナロジで説明できない事象も多々あります．一番大きな違いは「流体システムは閉じていなくてもいい」という点です．特にロケットの場合，推進剤をどんどん消費して燃やしていくため，開いた回路が最終的にエンジンへと繋がり，そこで燃焼して機体外へ出ていきます．

しかし，どんな複雑な流路であっても，電位が高い所から低い所へ電流が流れるのと同様，圧力が高い所から低い所へ流体が流れるという原理原則は変わりません．メイン・エンジンまでの数多の流路抵抗，そして時には昇圧装置を駆使して，流れをコントロールするのが「推進システムを設計する」ということです．

● 気体＝圧縮性流体の難しさ

しきりに「液体」を強調してきました．

その理由は，気体になると電気回路とのアナロジが通用しなくなるからです．これは気体の圧縮性，つまり圧力によって体積を変える性質に由来し，現象はより複雑怪奇になります．大変やっかいな性質ですが，この圧縮性流体の性質こそが，ロケット・エンジンの超音速排気を作り出してくれます．そして，音速の何倍もの速さで飛ぶ機体に加わる高マッハ数の空力が構造設計者を苦しめます．

面白いことに「音速の何倍か」というマッハ数だけで，気体の種類やサイズを問わず，ある程度流れを分類，予測できます．ミニチュア・サイズの模型で風洞実験するときも，実際の状況をできるだけ再現するために，マッハ数を揃えます．

● 音速の上限をうまく使って流体を制御する

冒頭で述べたとおり，ロケット・エンジンは膨張ノズルによって超音速の火炎を作り出します．

同じような超音速の流れ(と，それに付随する衝撃波)が，配管のあちこちで発生していてはたまりません．衝撃波は強い圧力変化が伝わっていくもので，それが当たった箇所はとても強い力を受けて破損します．そこで，できるだけ低マッハ数，つまり音速よりも大幅に低い流速にするのが基本です．

例外もあります．わざと局所的に流路を絞って流れを音速の上限に到達させる，つまり意図的にチョークさせて，上流の圧力だけで流量をコントロールする場合です．この方法の利点は，下流の圧力が変化しても流量が変化しないことで，下流圧の変動が大きい流路で一定の流量を保ちたいときに重宝します．

実際の推進システム

● とても単純な「ガス押しサイクル」

ここからは，配管系統図(回路図のようなもの)を例に実際の推進システムを見ていきます．**図9**に簡略化したMOMOの配管系統図を示します．

MOMOは，高圧に溜めたヘリウム・ガスで推進剤をエンジンまで押し流す，ガス押し方式を採用しています．これは最もシンプルな推進システムで，上流から下流に向かってどんどん圧力が下がっていき，流体はそれに沿って流れ，最終的にエンジンで燃焼して燃焼室圧力と排気速度に変わる，というしくみです．

図9からわかるように，上流(ヘリウム・ボンベ)から最下流(燃焼室)まで，少しずつ圧力が下がっていきます．気を付けたいのは，燃焼室の圧力は燃料と酸化剤それぞれの供給状況によって変わり，どういう流量と配分で推進剤を供給したらどういう圧力になるかがわかっていないと，流路を設計できない点です．

● 性能と軽量化を両立する昇圧装置「ターボ・ポンプ」

MOMOのようなガス押し方式の液体燃料ロケットはまれです．大型化するほど，そして性能を上げようとするほど，ターボ・ポンプが必要になってきます．

図10に示すのは，私たちが開発中の軌道投入用ロケットの初期段階の配管系統です．昇圧装置であるターボ・ポンプの効果で，タンクの圧力が低くても，燃焼室の圧力を高めることができます．タンク圧力を低くできれば，特に重い推進剤タンクを軽量化でき，加圧ガスも大幅に軽量化できます．つまり，エンジンの性能も上がり小型軽量化できます．

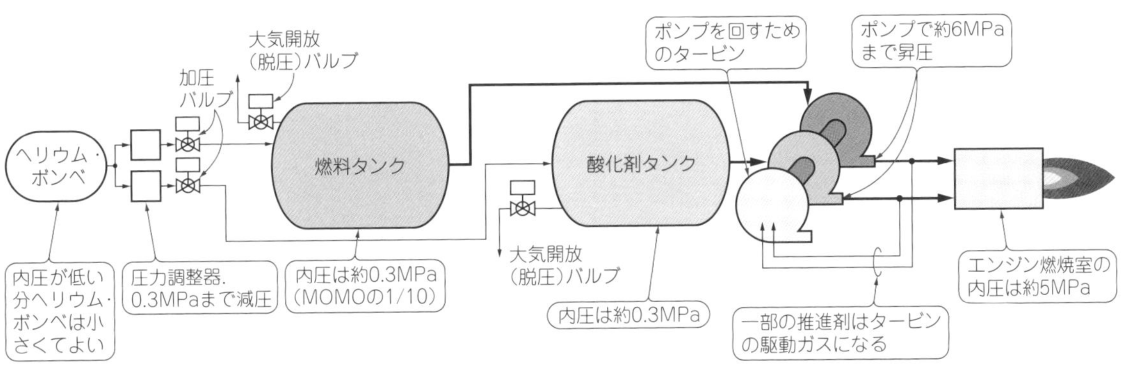

図10　軌道投入ロケットZEROの配管系統
(開発段階の情報)

エネルギが昇圧前後で保存される電気回路のトランスや昇圧レギュレータと違い，ターボ・ポンプは，自身が昇圧用のエネルギを必要とします．理由は，流量はそのままで，圧力だけ上げないといけないからです．**図10**では駆動用のミニ・エンジンを使っています．

燃焼室の冷却に使ったガスをタービン駆動に使う，一度低温で燃やしてタービンを駆動したガスをそのまま燃焼器に入れるなど，さまざまなサイクルがあります．ミニ・エンジンは，わざと温度を下げてタービン駆動ガスを発生させ，そのまま捨てるので，ガス発生器(＝ガス・ジェネレータ・サイクル)とも呼びます．

● いいことずくめだけど難しい

ターボ・ポンプは，エンジンの性能を上げるためにいいことずくめに見えますが，研究開発と運用の難しさがあります．

推進剤流量の大きさと圧力の高さは魅力ですが，実現するためには数万rpmの回転数が必要です．液体酸素が通るところなので，発火の可能性がある潤滑油は使えません．

このようなハードルの高さから，私たちはガス押し方式でMOMOの推進システム全体を開発しながら，ターボ・ポンプ単体での研究開発を並行して行っています．

ロケット・エンジンの設計の流れ

燃焼計算が試せる計算ソフトの活用

● NASAの燃焼計算ソフトについて

エンジンの性能を計算するときは，複雑な熱化学の方程式と熱力学の方程式を連成させ，さらに温度圧力の変化による化学平衡の移動を考慮して解く必要があります．

この複雑な計算をやってくれる非常に有用なソフトウェアが，NASAグレン研究所から公開されています．化学平衡計算プログラム(Chemical Equilibrium with Applications，以下CEA)です．

NASA CEAの化学平衡計算を例にしながら，推進システムの設計プロセスを追っていきます．

NASA CEAは，NASAグレン研究所Webページ(https://www1.grc.nasa.gov/research-and-engineering/ceaweb/)から利用可能です．

● 計算に必要な基本情報

NASA CEAを使った計算を紹介します．

リスト1に，もっとも単純な入力ファイル(ethanol.inp)を示します．拡張子はinpにする必要があります．

入力ファイルでは，主に酸化剤と燃料の質量比O/F(オー・バイ・エフと読む)，燃焼室の圧力，燃焼室と出口圧力の比，そして各推進剤の構成を指定します．

このファイルでは燃焼室を10.13 bar(＝1.013 MPa＝10130 hPa，ちょうど10気圧)にしています．ノズル出口の圧力を大気圧とピッタリ一致させるため，燃焼室と出口圧力の比を10にしてみました．

地上だけで燃やす場合は，このように大気圧とノズル出口圧力が一致する(適正膨張)膨張ノズルで最も良い性能が得られます．高空では空気が薄くなるので，

リスト1　NASA CEAへの入力ファイル(ethanol.inp)

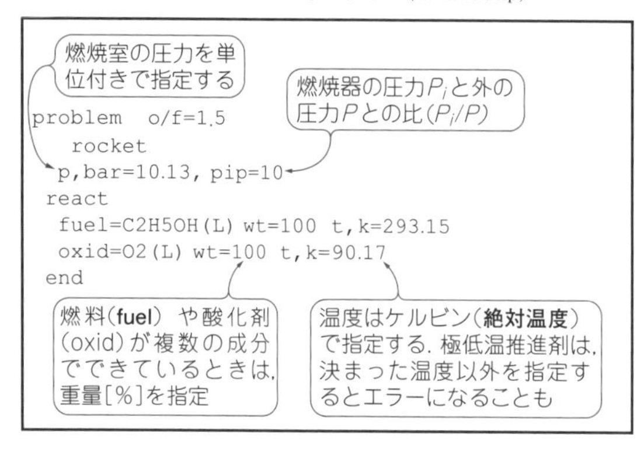

```
problem   o/f=1.5
   rocket
 p,bar=10.13, pip=10
 react
  fuel=C2H5OH(L) wt=100  t,k=293.15
  oxid=O2(L) wt=100  t,k=90.17
 end
```


地上から飛び立つエンジンであっても，少し高空で適正膨張になるように，この圧力比を大きめに取り，ノズル出口圧力を地表での大気圧よりも低くする(過膨張)例が多いです．その設定の場合，地表では大気圧からノズル出口が押されて，実際に得られる推力が計算値よりも小さくなります．これを補正する計算は複雑です．

ただし，ノズル出口圧力を0.2気圧などと下げすぎると，ノズル内壁から燃焼ガスの流れが剥離して，正しい大きさと向きの推力は得られません．

ロケット・エンジンの始動時のようすをハイ・スピード・カメラで撮影すると，始動直後はノズル出口圧力がとても低いので，剥離していた燃焼ガスの流れが，圧力が定格値まで上がっていくにつれて少しずつ内壁に付着していくようすを見ることができます(**図11**)．YouTubeで“Space shuttle Ultra Slow motion Launch”と検索して動画を見ると，よりわかりやすいでしょう(**図12**)．

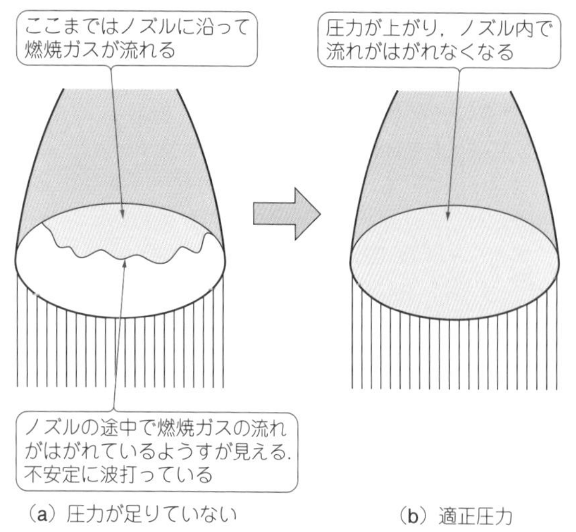

図11　エンジン圧力始動時のノズル内壁面をよく見ると，最初は燃焼ガスの流れが剥がれているのがわかる

● 比推力の計算

inpファイルをfcea2.exeと同じフォルダに入れて，exeファイルを実行すると，**図13**のような黒い画面にプロンプトが現れます．ファイル名を入力して(.inpは除く)［Enter］を押すと，ethanol.outというファイルが生成されました．これで計算は完了です．結構あっけないです．

英語ページですが翻訳サイト等を使えば内容は把握できます．

リスト2に結果の抜粋を示します．

まず比推力の“Isp, M/SEC”の値に着目します．これは重力加速度9.8 m/s^{2}で割られていない排気速度の値です．たいていのロケットでは，単位を[秒]で表します．そこで9.8で割ってそれに合わせると，この結果は216秒になります．“Ivac, M/SEC”は真空中での比推力です．これも9.8で割ると254秒になります．

エンジンの性能は空気の有無によって大きく変わり，燃焼室と出口圧力の比が大きいほど顕著になります．他にも，圧力比を決めると，ノズル開口比など設計に使う値が自動的に算出されます．ノズル開口比は，「ノズル出口面積」と「ノズル・スロート＝膨張ノズルの入口面積」との比です．

● 他のエンジンと比べてみる

216秒という比推力は，スペースシャトルのRS-25エンジン(SSME)の366秒，アポロ宇宙船を乗せたサターンVのF-1エンジンの260秒(いずれも地表面での値)と比べると，力不足感が否めません．RS-25と比べると1.7倍もの差があります．F-1の燃焼室圧力は約6.7 MPaですが，RS-25(燃焼室圧力は20.6 MPa)には100秒以上の差を付けられています．水素の比推力は炭化水素系燃料と比べると圧倒的に高く，燃焼室の圧力の高さも効いています．

図12　ノズル内壁を流れる燃焼ガスをハイ・スピード・カメラで撮影した動画を見ると燃焼のようすがわかる

リスト2 NASA CEA出力ファイル(ethanol.out)
リスト1を入力したときの計算結果

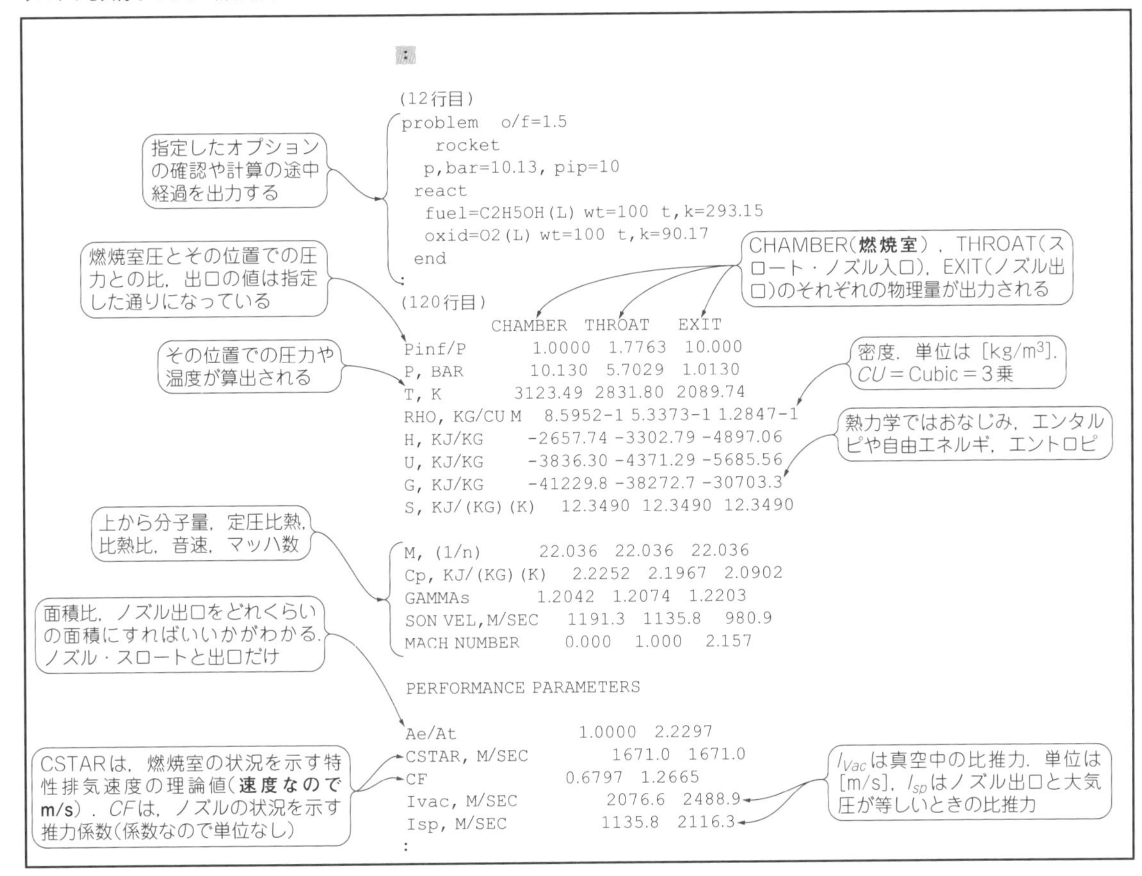

```
:
(12行目)
problem   o/f=1.5
    rocket
  p,bar=10.13, pip=10
 react
  fuel=C2H5OH(L) wt=100 t,k=293.15
  oxid=O2(L) wt=100 t,k=90.17
 end
:
(120行目)
            CHAMBER   THROAT   EXIT
Pinf/P         1.0000   1.7763   10.000
P, BAR         10.130   5.7029   1.0130
T, K          3123.49  2831.80  2089.74
RHO, KG/CU M   8.5952-1 5.3373-1 1.2847-1
H, KJ/KG      -2657.74 -3302.79 -4897.06
U, KJ/KG      -3836.30 -4371.29 -5685.56
G, KJ/KG      -41229.8 -38272.7 -30703.3
S, KJ/(KG)(K)   12.3490  12.3490  12.3490

M, (1/n)          22.036   22.036   22.036
Cp, KJ/(KG)(K)    2.2252   2.1967   2.0902
GAMMAs            1.2042   1.2074   1.2203
SON VEL,M/SEC     1191.3   1135.8    980.9
MACH NUMBER        0.000    1.000    2.157

PERFORMANCE PARAMETERS

Ae/At                   1.0000   2.2297
CSTAR, M/SEC            1671.0   1671.0
CF                      0.6797   1.2665
Ivac, M/SEC             2076.6   2488.9
Isp, M/SEC              1135.8   2116.3
:
```


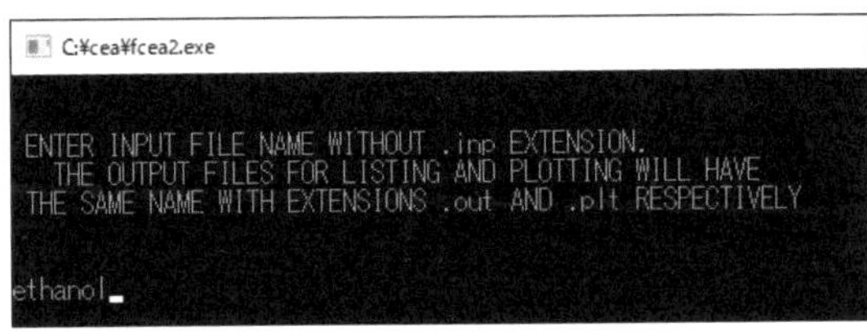

図13 NASA CEAの実行画面

稿末の参考文献(2)や(3)をたどり，CEAを使って自分でRS-25やF-1の数字を答え合わせできます．ただし，圧力比ではなくノズル開口比が与えられていることが多いですから，その場合は**リスト3**に示すように入力します．

いろいろ計算していくうちに，

水素＞ケロシン(RP-1などの灯油系燃料)＞エタノール(MOMO)

の順で比推力が大きいこと，酸燃比O/Fには最適値があることもわかってきます(**図14**)．

私のGitHubリポジトリ(https://github.com/rkanai/CEA4py)でも，Pythonからグラフ出力などができる汎用的なスクリプトを公開してます．

リスト3 ノズル開口比がわかっているときのNASA CEA入力ファイル例

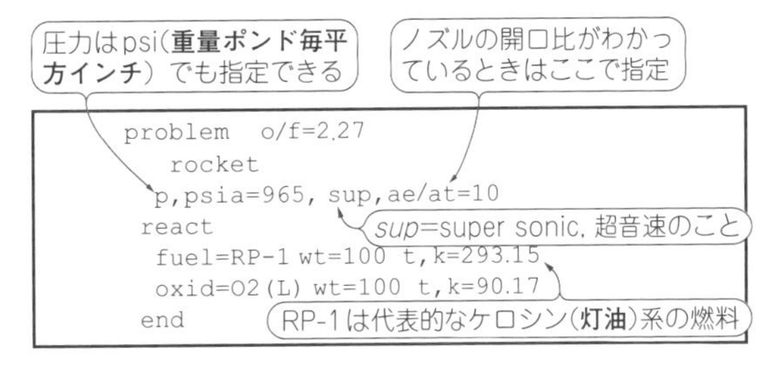

```
problem   o/f=2.27
    rocket
  p,psia=965, sup,ae/at=10
 react
  fuel=RP-1 wt=100 t,k=293.15
  oxid=O2(L) wt=100 t,k=90.17
 end
```


● 理論値と実際の値を比べてみる

NASA CEAを走らせると，計算値と参考文献の値(つまり実際のエンジンの値)が少し異なることに気付くはずです．地表(sea level)の比推力(I_{sp})は，前述の過膨張ノズルの補正が必要なので，真空中比推力(I_{Vac})で比べてみてください．

NASA CEAは，燃焼効率や燃焼室での熱損失，ノズルでの損失などを考慮していない理論値を出力しま

column 02 軌道投入への道

金井 竜一朗

MOMOのエンジンは，世界のロケット・エンジンと比べたらひよっこです．

MOMOは，衛星打ち上げロケットには普通利用されないエタノールを使っています，燃焼室の圧力を上げにくいガス押しシステムも採用しています．

MOMOのエンジンをこのように設計している理由は，「開発リソース」と「スピード」を重視しているからです．私たちは，過酷な小型ロケット開発競争の中で，ゼロからエンジンを作り，少しずつ大きくしてきました．

ライバルたちが開発を進める中，扱いやすい燃料，一般的な材料で成り立つ設計，ガス押しというシンプルなシステムにすることで，資金にも人数にも限りがある中，できるだけ開発スピードを落とさずに成果を出し続け，経験を積んできました．これが「観測ロケットというサービスを提供する」という目的を達成するための最適解と考えています．

超小型衛星を軌道投入するための新しいロケット・エンジンの開発は，MOMOのエンジンとは違うところがいっぱいありますが，今度はひよっこではなく，世界のロケット・エンジン・シリーズの末席に並べることができるでしょう．

今後は，もっと設備投資を進め，実験環境を整え仲間も増やして，より良いエンジンを開発していくつもりです．軌道投入に成功した暁には，本書を片手にMOMOとどこが変わったのか，そしてそれが性能にどう影響するのか，考えてもらえたらうれしいです．

す．RS-25の場合，実際のエンジンのほうが理論値より性能が良いことになりますが，これは物理法則上ありえません．参考文献に「109 % Power Level」と書いてある比推力を出すときは「定格値より燃焼室圧力が少し高かったり，比推力が高い側に酸燃比をずらしたりしているのだろうな」と想像できます．

このように，NASA CEAを使うとカタログ値からエンジンの動作範囲や理論値に対する効率を調べることもできます．実際私たちは，カタログ・スペックから競合他社のエンジンを解析して「ここは理論値を超えているぞ」とか「燃焼室圧力がいくつ以上のはずだからポンプの動力がほにゃららだ…」などと議論しています．

燃焼計算の次のステップ

● 燃焼室の形状の計算

化学平衡計算だけではエンジンは作れません．化学反応を起こす「燃焼室」の設計についても触れておきましょう．

燃焼室で絶対に守らなければいけないのは，ノズル・スロート，つまり燃焼室の出口で一番面積が小さい，膨張ノズルの入口部の面積です．前述のとおり，ここの音速は，推進剤の組み合わせと，酸燃比と燃焼室の圧力で決まります．あとはノズル・スロート面積を決めると，自動的に推力が決まります．実際には音

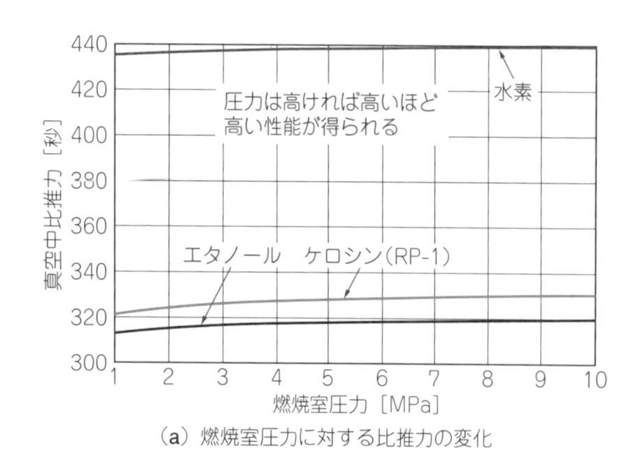

(a) 燃焼室圧力に対する比推力の変化

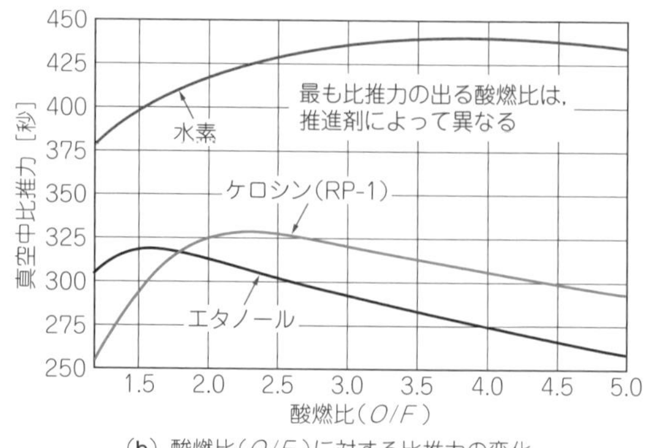

(b) 酸燃比(*O*/*F*)に対する比推力の変化

図14 燃料，*O*/*F*，圧力が比推力に与える影響

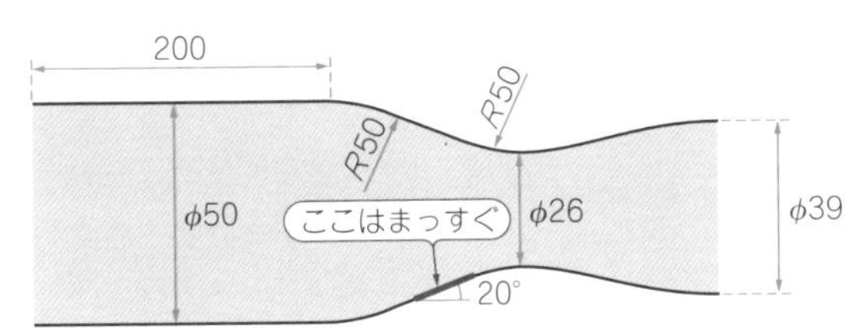

図15 燃焼室形状の一例

速ではなく「特性排気速度c^*(シー・スターと呼ぶ)」で評価します．これはNASA CEAの出力値にも含まれています(**リスト2**参照，CSTARと表記されている)．

まず推力F[N]を決め，次の関係式を使って推進剤流量m_{dot}[kg/s]を求めます．I_{sp}は比推力[s]です．

$$m_{dot}=\frac{F}{gI_{sp}}$$

比推力I_{sp}に重力加速度gを乗じて，排気速度に直しています．

推進剤流量の次は，次式でノズル・スロート面積(A_t)を求めます．

$$A_t=\frac{m_{dot}c^*}{P_C}$$

ただし，P_C：燃焼室圧力(Pressure of Chamber)

比推力と同様，特性排気速度c^*も実際の値は必ず理論値を下回ります．理論値に対する実際の値の比をc^*効率，ηc^*と言います．

ノズル・スロートの面積が決まったら，スロートよりも上流の形状を決めます．このときの形状や，燃焼室の平行部内径，燃焼室の体積にはある程度経験則があります．一例を**図15**に示します．稿末の参考文献(4)や(5)も参考にしています．後述の推進剤噴射器(インジェクタ)の様式によっても最適形状が変わるため，各社のノウハウです．

● 膨張ノズルの形状の計算

膨張ノズルの形状は，NASA CEAで算出されたノズル開口比を元に決定します．

代表的なノズル形状は，単純円錐のコニカル・ノズルとベル・ノズルです(**図16**)．

コニカル・ノズルは作るのが簡単で，ある程度までなら性能が出やすい利点があります．しかし，ノズル出口で必ず外向きの速度が発生するため，理論値より効率が落ち，構造も長くなります．

ベル・ノズルは設計に一工夫必要ですが，うまく作ればコニカル・ノズルよりも短く軽い構造で，コニカル・ノズル以上の性能が出ます．しかしへたに作ると，簡単にコニカル・ノズルを下回る性能になります．性能を突き詰めるためには，コンピュータを用いた数値計算が必要です．

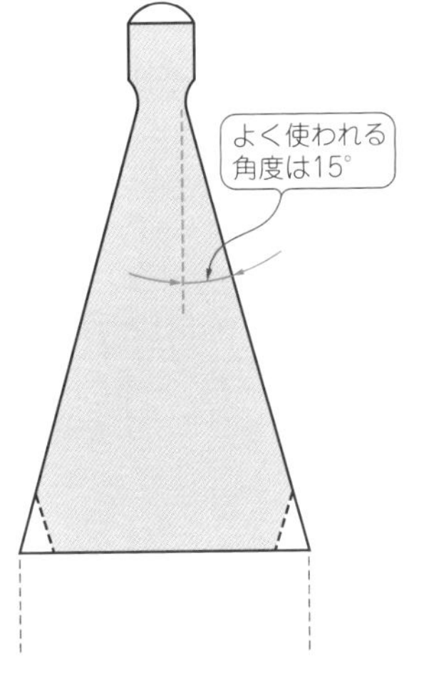

- 長くなりやすい
- 作るのが楽
- 性能はそこそこ

(a) コニカル・ノズル

- 小型化できる
- 作るのが大変
- 設計は難しいが，コニカル・ノズルの上限を超えた性能が得られる

(b) ベル・ノズル

図16 膨張ノズルの形状

● インジェクタの設計

燃焼室と同じくらい，液体ロケットの重責を担うのが噴射器(インジェクタ)です．

インジェクタの性能はc^*効率で評価します．噴射器の性能が悪くて推進剤が細かい液滴になってくれなかったり，酸化剤と燃料がうまく混ざらなかったりすると，燃焼器を大きくしてもまったくc^*効率が上がりません．

私は，入社したてのころにインジェクタの穴径を失敗して，6割の推進剤が未反応のままノズルから出てしまう，c^*効率40 %のエンジンを作ったことがあります．**写真2**にこのときのようすを示します．推進剤が液体のまま筋状になって火炎に混じっています．

写真2 インジェクタ設計不良による微粒化不足
燃料が燃えずに液体のまま噴出している

column 03 NASAの化学平衡計算ソフトウェアCEAのマニュアルについて

金井 竜一朗

CEA(Chemical Equilibrium with Applications)は，ロケット・エンジン以外にもさまざまな化学平衡計算ができるので，数値計算分野をはじめとする多くの方が，NASA CEAの導入や例題についてインターネット上で記事を書いています．稿末の参考文献には，私がお世話になったウェブサイトを載せておきます．

通常の燃焼や化学平衡の例はたくさんあるのですが，ロケット・エンジンの計算法はあまり日本語文献がなく，細かいことは原典の英語マニュアルを読むしかありません．ロケット・エンジンを学ぶなら英語は必須だ! ということで，本章に載っていない発展的な内容も試したい方は，ユーザーズ・マニュアル(NASA RP-1311P2)をネットから入手してみてはいかがでしょうか．

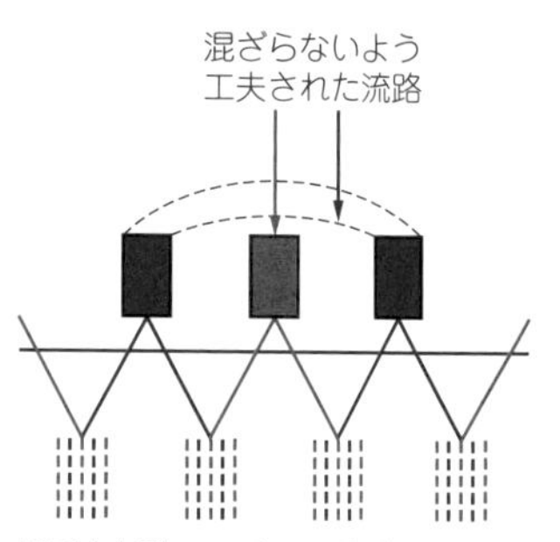

(a) ダブレット(doublet)

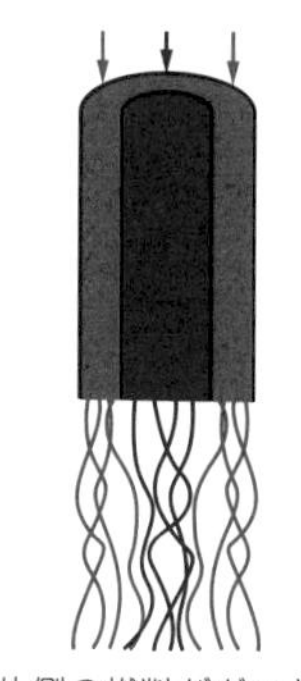

(b) 同軸型(coaxial)

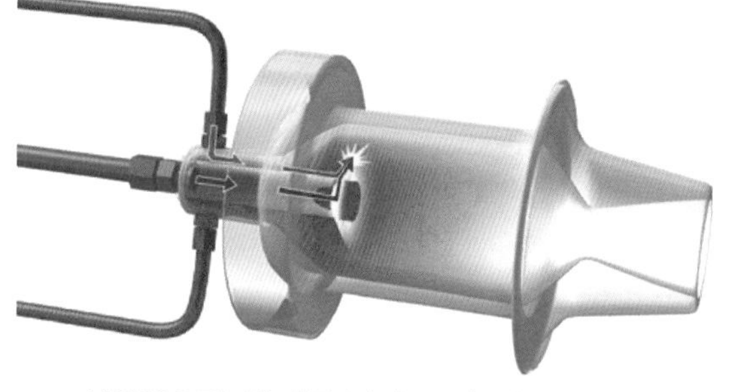

(c) MOMOで採用した方式

図17 噴射器のいろいろ

インジェクタの種類を**図17**に示します．オーソドックスな手法もありますが，各社のノウハウになっています．米国SpaceX社が躍進している理由の1つに，少ない部品で高性能なインジェクタ(ピントル型インジェクタ)を実現できている点が挙げられます．これはアポロ月着陸船の技術を応用したもので，MOMOも似た形状です．

機密解除されたアポロ時代の文献(6)をおおいに参考にしています．燃焼室の軸方向の長さ，長さと直径の比(アスペクト比)などが性能に影響するわりに，精度の高い数値計算が難しいため，燃焼実験を繰り返して性能を確かめるしかありません．私たちはこの分野で東京大学と共同研究をしています．燃焼のようすを可視化して高速撮影したり，いろいろなタイプのインジェクタを試作したりしています．

● インジェクタ上流とのバランス

噴射器では，推進剤を勢いよく高速噴射します．

これを衝突などの方法で微細な液滴を作り，さらに酸化剤と燃料をよく混ぜ合わせます．ホースを潰すと，水が遠くに飛びます．同じように流路を狭めて，そこに圧力を加えて流速を上げるわけです．

噴射圧力は高くするほど性能は上がりますが，性能ばかり追い求めてはダメです．エンジンより上流の供給部，特にガス押し方式の場合は加圧ガスとタンク，ターボ・ポンプを使う場合はターボ・ポンプそのものへの負担を減らすため，少しでも噴射圧力が小さくなるように努力します．といっても小さくし過ぎると，供給部とエンジンとの間で振動的な流れが発生します．

● 酸化剤と燃料供給部の設計

エンジンの仕様が決まったら，決まった圧力と流量で，酸化剤と燃料を流す供給部を一気に設計します．

燃焼室圧力と噴射圧力は最初はゼロです．徐々に推進剤が供給され始め，燃焼室の圧力が上がっていき，定格値に達します．この一連の流れを事前に試験で確かめる作業が大切です．試験での詰めの甘さが，MOMO 2号機の失敗の原因と考えています(本当に悔しい…)．

設計した推進システムの検証…燃焼実演

● 酸化剤や燃料が流れる配管のテスト

エンジンができたら，設計した推進システムが，期

column 04 実験の操作ミスで「大炎上」

植松 千春

人間は，間違う生き物だとつくづく思います．

MOMOのメイン・エンジンの燃焼実験で，操作を誤って，大惨事になった体験をお話ししましょう．

エンジンが正常に燃焼せず，異常燃焼を起こしていたのをカメラの映像で確認した私は，緊急停止操作をしました．ところが，自動シーケンス開始ボタンを戻さずに，緊急停止を解除するという大失敗をしました．異常燃焼後でまだ火が残る試験設備に向かってエタノールと液体酸素を噴射したのです．**写真A**がこのときの惨事です．

私はこのミスを教訓として「自動シーケンス開始ボタンが押されている間に緊急停止ボタンが解除されても緊急停止状態を維持する」という形にラダー・プログラムを作り変えました．誰かが同じ操作ミスをしても事故が起こらないしかけ(フールプルーフという)になっています．

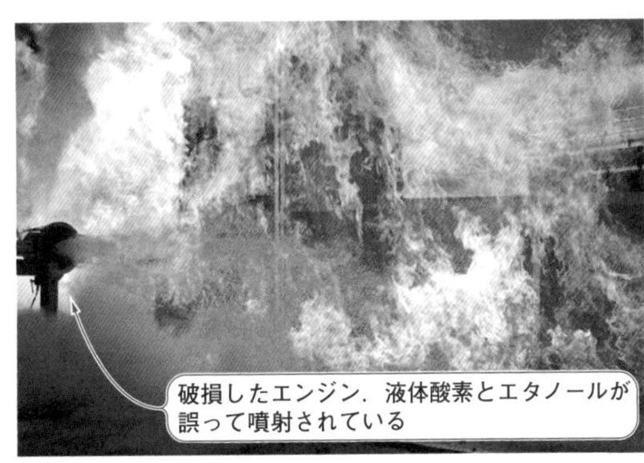

写真A　ああ無情…実験の誤操作で大炎上してしまった事故
ミスしても事故が起こらないしかけが大切

待どおりに動くかどうかチェックします．いわゆる燃焼実験です．

まず，オリフィス流量計という計測器を使って酸化剤と燃料の流量を測ります．流路抵抗が既知のところに流体を流して，前後の圧力差から流量を逆算します．電気抵抗の電圧降下で電流を測るのと同じです．液体酸素などの極低温推進剤は，温度で密度が変わるため，温度測定は重要です．

曲げ管，分岐継手，縮流/拡大継手などの流路抵抗も測ります．設計と違うものができると，そのまま圧力という結果になって出てきます．

配管の中を通る燃料などの液体は，どうなっているかわかりません．圧力は見えるわけではないので，推進システムの各所に設けた計測点から得られる圧力・温度データから推測するしかありません．ちなみに，水流しテストと実際の推進剤を流すテスト(実液流しテスト)があり，たいていは水で計測できますが，極低温環境における粘度を調べるときなどは実液流しテストを行います．

● 燃焼実験は爆発との戦い

エンジンは，火を着けなければ始まりません．簡単そうですが，とてもとても難しく，それはそれは苦労します．どれくらい大変かは，エンジン爆発の映像を見ていただくのが早いかもしれません．

爆発の原因の多くは，うまく火が着かないことです．推進剤の流量とそのエネルギを思い出してください．

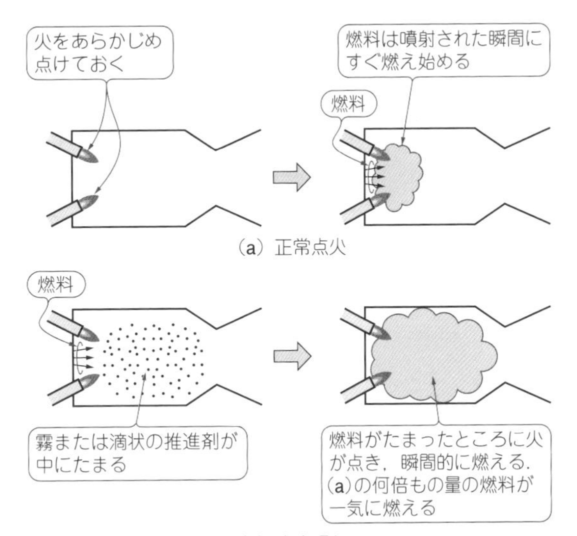

図18　着火遅れによるエンジン爆発

火が着くのが1秒でも遅れようものなら，ポリタンク1.5個分の水を一瞬で沸かし切るエネルギが未燃の状態で燃焼室に溜まります．空気中と違って酸素と混ざった燃料は一瞬で燃え尽き，エンジンの強度で留めておける力を何倍も上回る圧力が発生します．そして耐圧構造をもつエンジンを軽く破壊し，実験用のエンジン架台がズタズタになります．

図18に着火遅れによる爆発のメカニズムを，**写真3**に燃え上がるエンジンのようすを示します．定常的

(a) 着火前

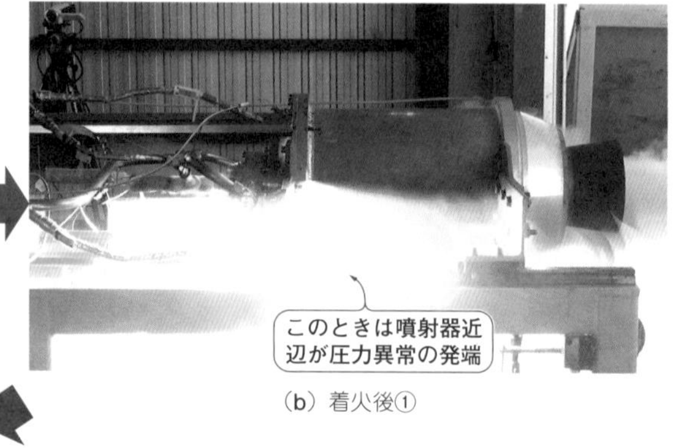

(b) 着火後①

(c) 着火後②

(d) 着火後③

写真3 着火不良によるエンジン爆発

に推進剤が燃えていれば圧力は一定値に保たれます.

私は，爆発する瞬間までの圧力や温度から，何がどこで遅れて燃えているかを類推して，少し条件を変えて燃やしてみて，また爆発させて…，という実験を心が折れないように繰り返しています．爆発する瞬間までのデータはなんとしても残したいのですが，エンジンと架台が壊れて実験終了…という苦い経験を何度も味わっています.

新しいエンジンを設計し試作するときは，バルブを開け，点火器を作動させるタイミング1つ1つに細心の注意を払い，おっかなびっくり始動手順を確立させていたりします.

● 終わりに

本章のほとんどは，文献や教科書に書いてあることをわかりやすく解説しただけです．ノウハウである核心部は説明できないので，もどかしいと思われた方も多いかもしれません．「ロケットの設計をしたから燃やさせてくれ！」という熱意のある方は，ぜひご連絡ください．一緒にロケット・エンジン作りましょう！

◆参考文献◆

(1) 三好 明；NASA-CEA 利用方法
http://akrmys.com/public/cea/cea_index.html.ja
(2) Aerojet Rocketdyne, "RS-25 Engine"
https://www.rocket.com/rs-25-engine
(3) NASAMarshall Space Flight Center History Office, "SATURN V NEWS REFERENCE F-1 ENGINE FACT SHEET".
https://history.msfc.nasa.gov/saturn_apollo/documents/F-1_Engine.pdf
(4) GEORGE P. SUTTON and OSCAR BIBLARZ(2016), "Rocket Propulsion Elements Ninth Edition", WILEY.
(5) Dieter K. Huzel and David H. Huang(1992), "Modern Engineeringfor Design of Liquid-Propellant Rocket Engines (Progress in Astronautics & Aeronautics) Revised, Subsequent Edition", Amer Inst of Aeronautics.
(6) Bornhorst, Bernard R；Powell, Michael F；Grimes, Donald A；Fleiszar, Jr, Mitchell J；Powell, Patrick W (1969), "Injector/Chamber ScalingEvaluation-TRW Injector Development", AIR FORCE ROCKET PROPULSION LAB EDWARDS AFB CA, AFRPL-TR-69-199.
(7) Leroy J. Krzycki(1967), "HOW to DESIGN, BUILD and TEST SMALL LIQUID-FUEL ROCKET ENGINES".

より実践的な設計製造，実験の知識は参考文献(7)を，さらに高度な大学の研究室レベルの知識は，稿末の参考文献(4)や(5)を参照してほしい．旧版であれば "NASA SP-125" という名称でオンライン入手できる．参考文献(4)と(7)は，特集冒頭で素敵な絵を描かれたT.H.grace氏が，それぞれ「ロケット推進工学」「小型液体ロケット・エンジンの作り方」という名前で翻訳版(ロケット推進工学のほうは6th edition版)をコミケなどで頒布していたけれど残念ながら品切れ(執筆時点)．Twitter上のthgraceさんに熱烈ラブコールを送ると，再販または噂の電子版の情報を提供してもらえるかも.

column 05 宇宙開発の第一歩…ロケット・イベント参加のススメ

金井 竜一朗

● その1：共同実験打ち上げイベント

皆さんもロケットを作って，燃焼実験や打ち上げ実験をしてみましょう! と簡単にはいきません．MOMOほど大きなロケットでなくても，航空法をはじめとする法律の遵守や，発射する場所の管理者など多くの関係者の理解が必要です．大事なことは，

- 第3者と自分の安全を確保する
- 実験の目的を理解してもらう
- 実験に伴う危険性を理解してもらう
- 実験時のあらゆる環境(保安距離，騒音，廃液など)を理解してもらう

ということです．「ただ打ち上げたい」という熱意だけで通る話ではありません．

私たちも含め，間口を広げたい人たちは「不特定多数には実験させられない」と「少しでもロケット開発を安全に広めたい」という気持ちの間で葛藤しています．まず1度実験しているところを見学する，できれば一緒に参加する，というのが近道ではないかと思います．大学であれば，オープン・キャンパスのときだけでなく，いつでも研究室見学を受け付けているところがたくさんあります．

共同実験イベントというものもあります．

- 能代宇宙イベント(秋田県能代市)
- 伊豆大島共同打ち上げ実験(東京都大島町)
- 加太宇宙イベント・共同打ち上げ実験(和歌山県和歌山市加太(かだ))

「宇宙イベント」の名の通り，地元自治体や観光協会などと協力の上で，一般のお客さんを招いて各種製作教室が行われることも増えています．「CanSat」と呼ばれる空き缶サイズ衛星や「ローバー」と呼ばれる小型探査機の実験モデルの共同実験やコンテストも一緒に行われることが多いです．

● その2：ハイブリッド・ロケット・イベント

安全性が高く学生でも気軽に着手できるハイブリッド・ロケットの打ち上げの共同実験の機会が増えています．参加団体数が10を超える共同実験イベントも珍しくありません．

研究室の活動の一環という団体もあれば，サークルまたは部活動の形で大学1年生も参加している団体，インカレの有志が集まった団体もあります．

多くは学生団体とその責任教員が加盟する，大学宇宙工学コンソーシアム(UNISEC)というNPOに参加しており，共同実験以外の技術交流機会として活用されています．

執筆者の植松 千春は，東海大学1年生のころから大樹町の打ち上げに参加し，上級生になってからはプロジェクト・マネージャとして大樹町や地元空港との調整を行っていたツワモノです．秋田大学は年1回の能代宇宙イベントの機会以外でも秋田県能代市で，また最近は千葉工業大学が千葉県御宿町で燃焼実験や打ち上げ実験を行っています．ISTの20～30歳代のメンバーの半数以上が学生ロケットの経験者です．

● その3：モデル・ロケット・イベント

小学生でも打ち上げられるモデル・ロケットは，NPO法人日本モデルロケット協会が，販売やライセンス整理を行っています．大樹町をはじめ，全国で教室も開かれています．

数千円で買える全長30 cm強の小型モデル・ロケットのキットでも，きちんと組み立てれば100 mは余裕で飛びます．到達高度が数kmを超える大型モデル・ロケットもありますが，購入時にライセンスが必要です．共同実験イベントで，高度1 kmを超える打ち上げが行われることもあります．

モデル・ロケットの良い点は，キットとエンジンを買ってきて，説明書のどおりに作って飛ばすところから，機体をすべて設計製造して飛ばすというところまで，幅広い技術開発ができることです(1)(2)．

● これからロケット開発に携わりたい方へ

これからロケット開発に携わりたいと考えている方は，プロとして開発を進めている団体にコンタクトすることをお勧めします．彼らは，反社会的な目的に転用されないようにネットワークを張り巡らせており，さまざまな団体からの信用も得ています．

＊

何事も一番大切なのは熱意です．加えてISTでは「自分で手を動かせるか」を重視しています．ぜひ，ロケット開発に参加していただき，宇宙開発のすそ野を一緒に広げませんか？

◆参考文献◆

(1) 日本モデルロケット協会；新版 手作りロケット入門：モデルロケットの基礎から製作ソフト「RockSim」の解説まで，誠文堂新光社，2013年．
(2) 久下 洋一；アマチュア・ロケッティアのための手作りロケット完全マニュアル，誠文堂新光社，2002年．

第5章 実験検証と改良の繰り返し

ロケット・エンジンの実際

金井 竜一朗 Ryuichiro Kanai

ロケット・エンジンを含めた推進系全体の設計と試験については，概要を前章で紹介しました．その中で，NASA CEAを用いたエンジンの化学平衡計算について触れましたが，化学平衡計算はあくまでも理論値であり，それと実物との乖離については詳述しませんでした．

また，インジェクタ(噴射器)や燃焼器についても，典型的なものを紹介したのみです．そこで，実際にはどのように実物の設計をしているのか，もう少し掘り下げてみましょう．

まずはロケット・エンジンの燃焼現象の理解から

● エンジン内では液体や気体が複雑な動きをする

設計するにはまず現象の理解からです．とりあえず，フル・スロットルで燃え盛るロケット・エンジンの中を覗いてみましょう．**図1**のような景色が見えてくるはずです．

インジェクタからは，秒間何リットルという推進剤が，家のシャワーくらいの穴から噴き出しています．ノズルからは，美しいダイヤモンド模様とともに，超音速のガスが空気を切り裂き轟(ごう)音を発しながら噴き出しています．

ここで起きている現象を上流から見ていくと，次のようになります．

- インジェクタから液体の燃料と酸化剤が噴出する(噴流・非圧縮性)
- 噴出した液柱同士が衝突して細かい液滴に分裂する(微粒化)
- 液滴が分裂しながら火炎に突入し，表面が蒸発する(気化)
- 蒸発した燃料と酸化剤がお互いに出会ったところで反応する(拡散燃焼)
- 反応した気体がノズルで超音速に加速されて出ていく(噴流・圧縮性)

この「微粒化」「気化」「拡散燃焼」「噴流」という現象のシミュレーションは，それぞれが学会でセッションの立つような最先端の研究分野です．さらにロケット・エンジンのような高速の流れでは，「乱流」といって細かい渦の枝分かれした，非常に複雑な流れとなります．雲の流れをイメージしていただくと少しわかりやすいかもしれません．

● 液体や気体など，流体の動きを予測するのは困難

流体のシミュレーションCFD(Computational Fluid Dynamics)解析では，ロケット・エンジンのように流体が流れる領域を**図2**のような「メッシュ」と呼ばれる格子に切り分けて計算します．実現象を完璧に模擬

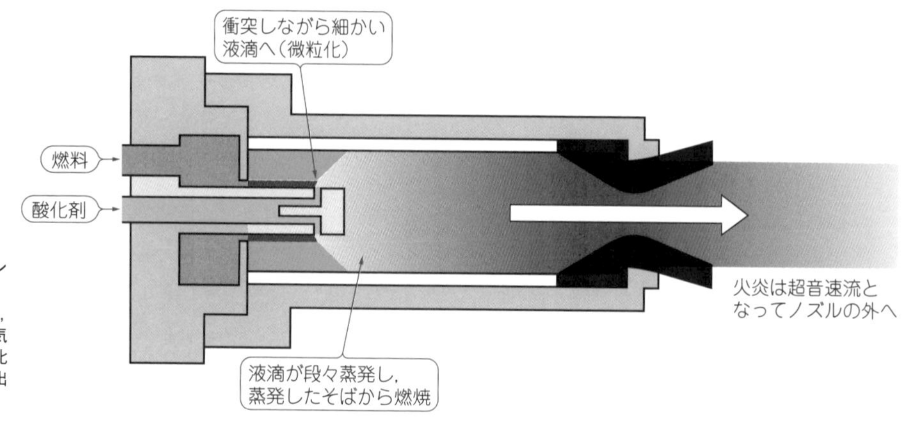

図1 ロケット・エンジン内部
液体の燃料と酸化剤が噴出，細かい粒になり，燃焼して気体に変化したあと，圧力変化しながら膨張して高速に噴出する

するには，どんどん細かく枝分かれしていく渦に合わせて，非常に細かくメッシュを切る必要があります．このメッシュのすべての格子について1つ1つ，時間区切りごとに時々刻々，基礎方程式を計算していくDNS(Direct Numerical Simulation)という計算手法があります．計算リソースの限界，初期条件の与え方の難しさなどから，非常にハードルが高い方法です．計算する基礎方程式の1つにナビエ・ストークス方程式(流体力学で超大事な基礎方程式)がありますが，複雑すぎて「3次元の解析解があるかどうか」が数学の未解決問題となっているような世界です．

▶モデル化や平均化を行ってなんとか計算する

多くの場合は，現実的な計算リソースでシミュレーションするために，モデル化や平均化を用います．計算資源はとても少なくて済む代わりに，乱流モデルを使って時間平均したナビエ・ストークス方程式を使うRANS(Reynolds Averaged Navier - Stokes equation Simulation)，RANSより計算量は増えますが，大きな渦については直接計算できるLES(Large Eddy Simulation)など，数多くの手法が提案されています．詳しくは参考文献(1)を参照してみてください．

● 液体が気体に変化することも考えるとさらに複雑

さて，計算手法の話を書きましたが，実はこれらは「液体だけ」「気体だけ」の計算についてでした．

図1では，液体がいつの間にか気体に変わっています．この液体と気体の違いは，専門用語では「相」の違いと言います．これがとんでもなく曲者(くせもの)です．

微粒化，気化，燃焼といった各現象について「液体だけ」「気体だけ」のときには不要だった新しい変数を加えないといけないからです．変数には例えば，蒸発するのに必要なエネルギ(潜熱)，化学変化で生じるエネルギ(発熱量)などがあります．

例えば，液体だけのときには6変数，6方程式だったのが，気液混相にすることで8変数8方程式に，さらに化学変化を加えることで12変数12方程式くらいの数には平気でなってしまいます(数字はイメージです)．変数が多くなると，計算資源は比例ではなく2乗や指数乗といったオーダで増えてしまいます．

● エンジンに合わせたシミュレータを作らないと計算すらできない!

ロケット・エンジン内部のシミュレーションがいかに大変かが想像できてきたかと思います．蒸発などの相変化や，燃焼などの化学変化に，かなり手を加えて簡単のためのモデル化を行ってすら，このくらいの数字です．モデルで簡単化するということは，推進剤の種類や噴射方式などに特化した計算手法になる，ということです．

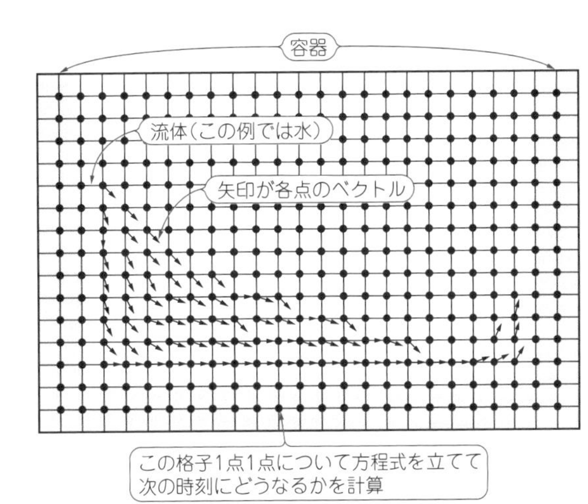

図2[2] 流体のシミュレーションは小さな領域に分割して動きを計算する
領域ごとに次の時刻での状態を計算していく．膨大な計算が必要

ガス水素と液体酸素を同軸インジェクタで燃やすLE-7Aの計算と，液体エタノールと液体酸素をピントル・インジェクタで燃やすMOMOのエンジンの計算，どちらも行える銀の弾丸のようなシミュレータは，私の知る限り存在しません．

極論すると，「エンジンの数だけシミュレータは存在」しますし，「シミュレータを作るためには実験からのフィードバックが不可欠である」ということです．

できるだけ作って試すという現実アプローチ

● 実験できる環境があるならエンジンを作って燃やしたほうが早い

専門家でもないのにあまり偉そうに書くとそろそろ出身大学の先生や取引先さんなどに怒られそうなのでこの辺に留めますが，ロケット・エンジンのシミュレーションは，超最先端かつスーパーコンピュータを使うような領域であること，そのハードルの高さと実験実施のハードルの低さから，インターステラテクノロジズ(以下，IST)では「燃やしちゃったほうが早い」という戦略をとっている理由がわかっていただけたかと思います．

● 過去の文献を頼りに実験用エンジンを試作して性能を改善していく

ということで，一番最初の，インジェクタの詳細な設計をどうするか，という問題に立ち戻ってしまいました．

ここは正直，経験に頼る部分がかなり多い分野です．経験といっても，これまで人類の歴史で数多の先人がたくさんのロケット・エンジンを開発してくれている[3][4]ので，自分たちで1から10まで開発する必要はありません．

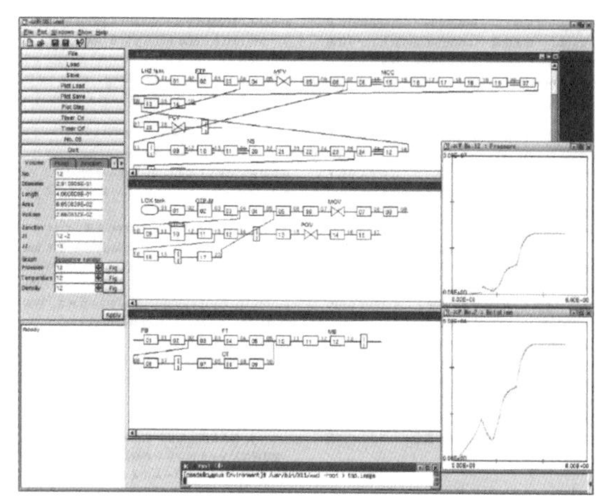

図3[7] JAXAで開発されたロケットエンジン動的シミュレータの画面例

特に液体水素と液体酸素の同軸型インジェクタに関しては，国家プロジェクトとして開発されるロケットでの採用が多いことなどから，シミュレーションを含め，多数の文献が出ています．

私たちが観測ロケットMOMOや軌道投入ロケットZEROで使っているピントル・インジェクタも，ある程度は文献があります．設計のあたりを付ける(この方針はよくなさそう，この値が性能にとても効く，という検討)には非常に役に立ちます．

しかし，最終的には燃やしてみないとわかりません．最高性能が出るはずのパラメータが文献の値と数割ずれる，というのはよくあることです．なので，ISTでは

- 性能に効きそうなパラメータに目をつける
- そのパラメータを実験で振ってみる
- よさげなパラメータの組み合わせを試す

という手法で開発を行っています．

複数パラメータ同士での連動はありますし，実験回数も十分に取れていませんが，パラメトリックな研究開発はIST，東京大学大学院 津江・中谷研究室，JAXAとの共同研究で実施しています[5][6]．

これからZEROのエンジンを作るにあたっては，これまでよりもっと実験が大変に，そして性能が重要になってきます．しっかり考えて研究開発を行い，たくさんの論文を世に出していきますのでご期待ください．

打ち上げ時のトラブルと解析

● ロケット・エンジンは始動と停止のときにトラブルを起こしやすい

ロケットの打ち上げが失敗するのがいつか，というランキングのうち，実に2つがエンジン由来です．始動(MEIG：Main Engine IGnition)と停止(MECO：Main Engine Cut Off)です．私たちの打ち上げたMOMO2号機は，MEIG直後に停止，失敗しました．

あともう1つの時期は$maxQ$＝最大動圧点で，MOMO初号機はここで機体構造が破壊し，燃焼が途中で中断したと推測しています．

MOMO2号機は始動過渡が失敗の原因になりましたが，ZEROではここに「ターボ・ポンプ」という回転機械が入るため，いろいろな故障モードがあり得ます．

回転をスタートさせた時にポンプに過負荷がかかり回転数が上がらない，燃料と酸素の流路の冷え具合の違いから温度が過度に上昇してしまう…，など，キリがありません．当然，作るエンジンは考えうる全てのモードに対して問題ない設計にする必要があります．

● 過渡現象で起きることを予想するシミュレータ

こういった過渡現象を設計段階で計算するシミュレータも，数多くの宇宙機関(と，表には出ませんがおそらく数多くのメーカ)で用いられています．

日本では「ロケットエンジン動的シミュレータ(REDS：Rocket Engine Dynamic Simulator)」が用いられており(**図3**)，JAXAから研究開発レポートも出ています[7]．

ESAで用いられているエンジン・シミュレータはWebページ[8]で紹介されています．

こういったソフトウェアはプラント業界で「プロセス・シミュレータ」と呼ばれ，市販品も多数存在しているそうです．

ISTではこれから，このエンジン・シミュレータを，必要に応じて，作り上げていきます．その中身も，可能な限り公開していければと思います．

実際の打ち上げ失敗原因の検証

● 実験で確認することが大事

シミュレーションによってロケット・エンジンの性能に当たりをつけ，実際に設計し，試験を行ったとして，その検証はどのようにすべきでしょうか．性能は定常値を見ればわかります．あとは，過渡的な現象，特に始動と停止においてエンジンが破壊されないか，ということはとても気にすべき項目です．

ロケット・エンジンの地上燃焼実験やフライト実験では，得られたデータから過渡現象が事前の見積もり通りに起こっているか，性能が予定通りに出ているか，などを毎回検証しますが，一番念入りに行うのはやはりトラブル時です．

● MOMO打ち上げ失敗データを例にした検証手法

データが公開できて(というか公開されていて)，一番わかりやすい事例がMOMOの2号機の打ち上げ実験の推力途絶です．一例として，調査報告書(第1報)[9]

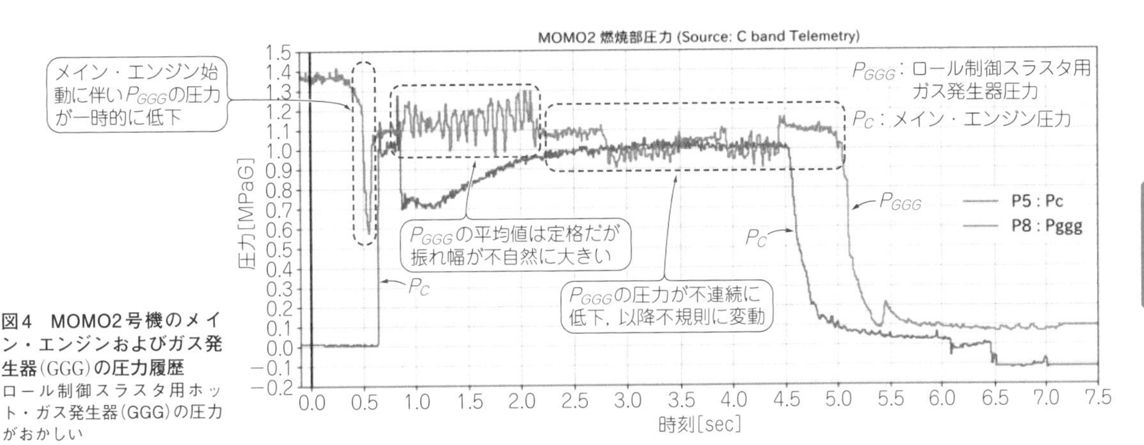

図4　MOMO2号機のメイン・エンジンおよびガス発生器(GGG)の圧力履歴
ロール制御スラスタ用ホット・ガス発生器(GGG)の圧力がおかしい

図5　MOMO2号機のガス発生器(GGG)の圧力と温度の履歴
ガス発生器では，圧力の変動にあわせて温度も上下し，設計値を大幅に越えている

のデータを見ていきます．

まず見るのは，報告書のp.18にある**図4**の燃焼室の圧力履歴です．このグラフでは，メイン・エンジンの圧力P_cと，ロール制御スラスタ用ホット・ガス発生器(通称GGG：Gas jet Gas Generator)の圧力P_{GGG}を同時に出しています．

燃焼室圧力≒推力なので，推力途絶が起きたこのときは真っ先に燃焼室圧力を確認しましたし，地上燃焼実験でも，推力と燃焼室圧力の整合をまず見ます．

次に出てくるのは報告書のp.19，**図5**の温度履歴です．ガス温度を直接計っているスラスタ用の燃焼器では，温度と圧力がわかれば大体の燃焼状況(燃料と酸化剤それぞれの量まで)がある程度推測できるので，とても大事です．

MOMO2号機のフライトの際は，この温度履歴データから，まずGGGの燃焼状況がおかしいこと，それは酸化剤と燃料とのバランス崩れに起因することを突き止めました．

MOMO2号機のフライト・データには，報告書のp.11～12，バルブの指示信号［**図6(a)**］およびバルブ位置情報［**図6(b)**］も記録されていました．このことから，バルブがOBC(On Board Computer)の指令に反して閉じてしまったことが，推力途絶の直接の原因だったと判明したのです．

このバルブの情報も非常に重要です．現在，地上の燃焼実験設備では，カメラを使って監視および記録をしていますが，機体搭載バルブと同様，バルブ位置情報もデータとして記録できるよう改良を進めています．

● 燃焼実験ではエンジン性能を正しく測ることが大事

MOMO2号機の報告書では出てきていませんが，地上燃焼実験では，性能を詳細に測定することが大事です．

ロケット・エンジンにおける性能とは，「流量あたりの推力」≒比推力であり，「流量あたりの燃焼室圧力」∝ c*(シー・スター，特性排気速度)です．

つまり，推力や燃焼室圧力だけでなく，流量をいかに精度よく測定できるかが，性能を測るためにとても重要です．－180℃にもなるような極低温流体の流量を精密に測るには，これも色々なテクニックがあります．こちらもそれだけで「計測工学」という工学の1分野を築いてしまうので，ここではこの辺りで….

◆参考文献◆

(1) ソフトウェアクレイドル：パッと知りたい! 人と差がつく乱流と乱流モデル講座
https://www.cradle.co.jp/tec/column04/
(2) プロメテック・ソフトウェア：粒子法・MPS法
https://www.particleworks.com/mps_particlebasedmethod_ja.html

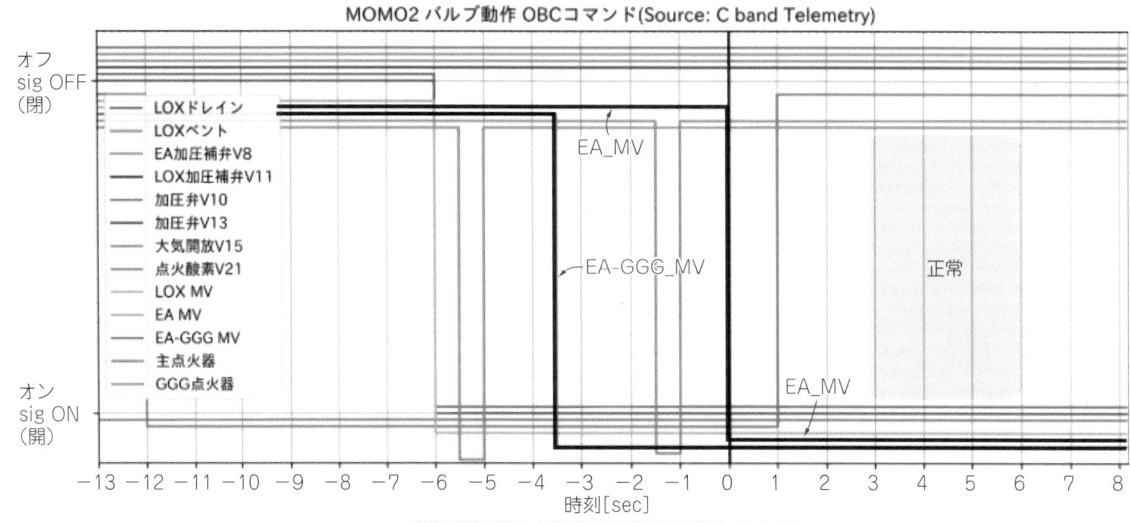

(a) バルブ指示信号

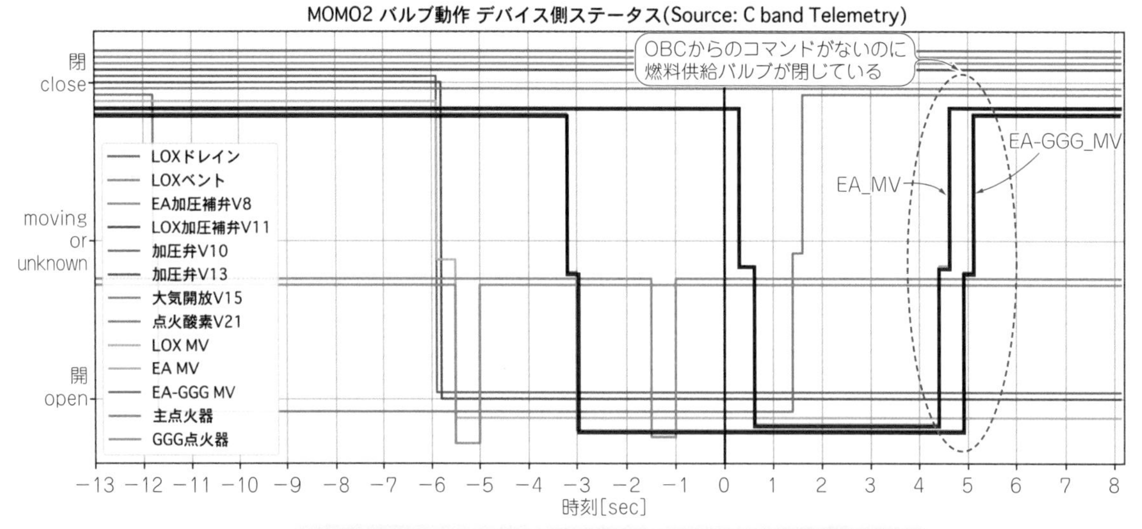

(b) バルブ位置情報

図6　MOMO2号機のバルブ指示信号とバルブ位置情報の履歴
搭載コンピュータ(OBC)からの指示がないのにバルブが閉じてしまった

(3) Dieter K. Huzel, David H. Huang；Modern Engineering for Design of Liquid-Propellant Rocket Engines, 1992.

(4) NASA：Liquid rocket engine injectors, NASA-SP-8089, 1976.

(5) 榊 和樹，角銅 洋実，中谷 辰爾，津江 光洋，五十地 輝，鈴木 恭兵，牧野 一憲，平岩 徹夫；「エタノール/液体酸素ロケットエンジン燃焼室における平面ピントル型噴射器の噴霧燃焼構造の光学計測」，日本航空宇宙学会論文集，2015年，63巻，6号，pp.271-278，日本航空宇宙学会.

(6) 角銅 洋実，榊 和樹，中谷 辰爾，津江 光洋，金井 竜一朗，稲川 貴大，平岩 徹夫；「エタノール/液体酸素ロケットエンジン燃焼室における平面ピントル型噴射器の推進剤噴射運動量比が燃焼挙動に及ぼす影響」，日本航空宇宙学会論文集，2017年，65巻，1号，pp.1-9，日本航空宇宙学会.

(7) 木村 俊哉，高橋 政浩，若松 義男，長谷川 恵一，山西 伸宏，長田 敦；ロケットエンジン動的シミュレータ(REDS)，JAXA-RR-04-010．ISSN 1349-1113，宇宙航空研究開発機構，2004年10月.

(8) EcosimPro | PROOSIS，EA Internacional.
https://www.ecosimpro.com/products/espss/

(9) インターステラテクノロジズ；MOMO2号機打上実験調査報告書(第1報)，2018年.
http://www.istellartech.com/archives/1797

Appendix 2 各種法律を守って安全第一に

ロケット開発の重い責任と安全対策

稲川 貴大 Takahiro Inagawa

● 安全第一! 守るべき法律や事前調整先がたくさん

当たり前のことですが，ロケットを打ち上げるためには，他の人に迷惑をかけないように，そして自分たちが事故を起こしたり怪我をしないように，法律を守らなければなりません．

法律は，地球を周回するロケットか，それとも弾道飛行するロケットかによって違います(**表1**)．

宇宙活動法，正式には「人工衛星等の打ち上げ及び人工衛星の管理に関する法律」は，車の車検や飛行機の型式認定，または無線機器の技適のようなしくみです．

これだけは守りなさいという基準と規制があって，政府(ロケットの場合は内閣府)の許認可を受ければ，ロケットを打ち上げることができます．許可なく打ち上げたら違法です．事業者の保険金額が安くなる産業振興の仕掛けが盛り込まれた法律で，万が一他国に損害を出してしまった場合に，一部，政府の補償を受けることができます．宇宙活動法は，私たちのプロジェクトを考慮して，2016年に成立された法律です．私はこの法律の成立前に政府の委員会に呼ばれるなどして，その内容について意見を伝えたりしました．ロケットづくりはモノづくりだけではなく，法律を作るところから必要になるのです．

打ち上げの際の基準として，宇宙活動法に計算式が示されています．MOMOは，TNT火薬相当で数十kgの火薬と同じエネルギをもっており，機体から約300 m以上離れる必要があります．実際の打ち上げでは，600 m離れた指令所で管制しています．600 mは，MOMO打ち上げ直後に指令所に向かってまっしぐらに飛んできても，エンジン停止によって事故を防げる距離です．一般の方が1.5 km以内に入らないように，柵や警備員を配置する安全体制を敷いています．その他，日本航空宇宙工業会のガイドラインを自主的に運用し，**表2**に示す法律を遵守しています．関連する役所の方々とやり取りしながら，あるときは問い合わせたり届けを出したり，許認可を受けたりします(**表3**)．

● MOMO 2号機の墜落事故の実際

MOMO 2号機は推進剤満載の状態で墜落したので，法律の基準上一番影響範囲の大きい事故になったと考えていましたが，実際は違いました．

MOMOは液体酸素のタンクを機体の下部にもっています．あのとき(2018年6月30日)は，お尻から墜落して，最初に液体酸素タンクの下面が壊れ，液体酸素が漏れて周りのものが炎上しました．しかし，運良くエタノール・タンクは，下の配管が壊れた程度で，エタノール焼料はほとんど漏れ出ませんでした．おかげで爆発ではなく炎上状態になり，壊れた部品が遠くまで飛び散ることはありませんでした．施設の破損も少なく，次の打ち上げに向けて準備できるのは不幸中の幸いでした．

表1　ロケットを打ち上げるために守る必要がある法律

ロケットの種類	順守すべき法規制
人工衛星 打ち上げロケット	宇宙活動法
弾道飛行ロケット	産業界の自主規制ガイドライン
	ロケット打ち上げ安全実施ガイドライン

表2　その他の守るべき法律

管轄	法律名
警察庁	道路交通法
総務省	電波法
消防庁	消防法
厚生労働省	毒物及び劇物取締法
厚生労働省	労働安全衛生法
経済産業省	火薬類取締法
経済産業省	高圧ガス保安法
経済産業省	電気事業法
国土交通省	航空法

表3　ロケット打ち上げの事前調整先
このすべてと調整し，問題のない日程を決めていく

系統	例	調整先
中央官庁	経産省，内閣府，外務省	3
行政	北海道庁，大樹町役場	2
警察消防	北海道警察，地元消防	2
航空管制	航空交通管制センター	8
航空会社	JAL，ANA，AIRDO	3
海上保安	第一管区海上保安本部	2
漁協	大樹漁業協同組合	10

第6章「軽い」と「強い」のギリギリの両立

ロケットの機体構造

稲川 貴大 Takahiro Inagawa

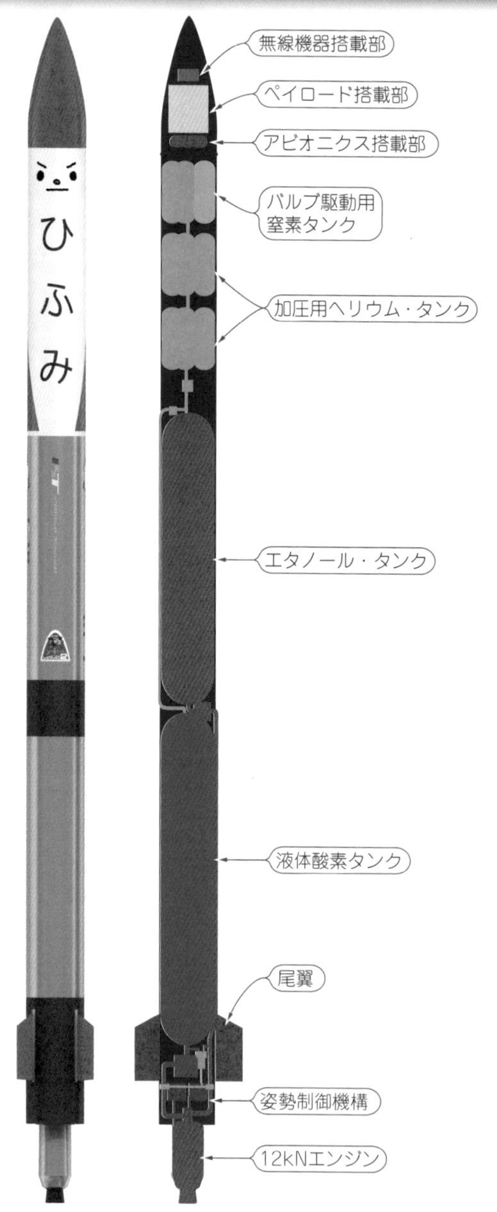

図1 ロケットの基本構造
MOMOの機体の例．推進剤であるエタノールと液体酸素のタンクは構造も兼ねている

本稿では，ロケットの機体の「構造」に焦点を当てて解説します．ロケットの機体は，極限まで軽くて強いように作られています．観測ロケットMOMO(**図1**)を例に,そのエッセンスを感じてほしいと思っています.

ロケットの機体は「軽い」と「強い」が命

● 構造を極めなければ宇宙空間にはたどり着けない

観測ロケットMOMOはインターステラテクノロジズ(以下，IST)によって開発された，宇宙空間(高度100 km以上)まで弾道飛行するロケットです．最大速度は秒速1200 m(時速4300 km程度)，マッハ4弱にもなります．

自動車は高速道路を時速100 kmで走り，飛行機は時速600 km程度で飛んでいるので，それらと比べると，極めて高速に飛翔します．

速度を出すには，軽くて強い構造が重要です．頑丈に作って重くなっては速度が出ませんし，軽く作りすぎても壊れます．この極限を制覇するためには，構造を極める必要があります．

MOMOは観測ロケットと呼ばれる弾道飛行を行うタイプで，宇宙に出てすぐ落ちてきますが，地球の周りを回る人工衛星を打ち上げようと思うと，MOMOのさらに数倍，マッハ20程度の速度が必要です．

● 機体構造の設計・製造の流れ

ロケットの構造設計というと，PC上で3Dモデルを作って,CFD(数値流体力学)解析やFEM(有限要素法)を用いた計算を行うイメージがあると思います．実際の業務は，それ以外の部分のほうが多くなります．

1. 使う材料の特性を見極め
2. 飛ばすときの気象などの条件を精査し
3. 飛翔中，どんな荷重がかかるか正確に見積もり
4. 機械CAD上で設計を行い
5. FEMなどのPC上の解析で確認し
6. 加工など，実際のものづくり
7. できたものをひたすら試験

図2 液体ロケットはまるで飲料水の入ったアルミ缶のような構造
重量のほとんどは液体の推進剤．構造は薄くて軽いが十分な強度を持たせる

図3 ロケットに載せる搭載機器はアルミ缶の上に置いたミカンのイメージ
ロケットの打ち上げは迫力があるシーンになりやすいが，そっと運ぶのが理想的

ロケット機体の基礎知識

● 燃料によるロケットのタイプ

ロケットはその推進剤(燃料と酸化剤)の違いによって，いくつかの種類にわかれます．実用化されていて地上から打ち上がる種類に限定すると，以下の3種類です．

- 液体ロケット
- 固体ロケット
- ハイブリッド・ロケット

ハイブリッド・ロケットは，推進剤に固体と液体の両方を使います．

MOMOは液体ロケットです．液体ロケットは，使う燃料や酸化剤によってさらに種類がわかれます．MOMOは燃料にエタノール，酸化剤に液体酸素を用いています．国内の液体ロケットとしては，種子島から打ち上がっている宇宙航空研究機構JAXAのH-2Aロケットがあり，こちらは液体水素と液体酸素を推進剤としています．

どの種類のロケットも極めて高速なのは同じで，いずれにせよ軽くて強い構造が必要です．

● 機体重量のほとんどは燃料

ロケットは種類を問わず，構造部分の重量は軽く，

写真1 薄いアルミ・タンクがロケットの構造も兼ねる
MOMOのアルミ・タンク断面．直径は50 cmあるが厚みはわずか4 mm

中身のほとんどが推進剤です．液体ロケットの構造と推進剤の比率は，飲料水のアルミ缶のような割合だと言われます(**図2**)．特に大型ロケットは推進剤の割合

写真2　タンクとタンクの間などに使われているCFRPはさらに薄く2～3mm程度
MOMOのCFRP部材

が大きくなる傾向にあり，全体重量の90～95％程度が推進剤です．

MOMOは極めて小型で，観測用ということもあり，大型ロケットほどの比率ではないのですが，それでも推進剤が全体重量の7割を占めています．

搭載する荷物は科学観測機器などで，いわゆる精密部品です．打ち上げは迫力があるイメージをもっているかもしれませんが，構造側から見たときには「アルミ缶の上に載せたミカン」(**図3**)が空に飛んでいくようなイメージです．

図2に示すMOMOの銀色の部分は推進剤のタンクです．この部分の材料はアルミ合金で，厚みは4mmしかありません(**写真1**)．さすがに手で触ってひずむほどではありませんが，直径と比べればとても薄く感じます．黒く見えるCFRP(カーボン繊維の複合材料)部分はさらに薄く，厚みは2mm程度しかありません(**写真2**)．

● 材料は意外と普通

ここまで，ロケットはすごい，という話をしてきましたが，「ロケットはすごい技術でできているんだ」と思っている人にとっては意外な部分もあります．

ロケットは，高価な先端材料であるカーボンや特殊耐熱合金ばかりを使っていると思われがちですが，実は普通の材料，つまり鉄，アルミ合金，ステンレス合金などを多用しています．

ねじは普通に市販されている商品を使っています．極端に安いねじではなく，高強度ボルトをよく使いますが，それでも普通に市販されている鉄のねじです．

先端材料を使って軽くなることによる性能向上のメリットと，作りやすさ，入手しやすさ，コストを天秤にかけて，部品ごとにどの材料を使うかを判断しています．その結果，一般産業でよく使われるような鉄，アルミ合金，ステンレスと，一部にカーボンなどの先端材料をバランスよく使用することになっています．

ぎりぎり狙いの構造設計の思想

● 強度設計と剛性設計を使い分ける

一般に，物体に加わる力のことを荷重と言います．荷重が加わる面積で荷重を割った値が応力です．それぞれの材料には，それ以上の値を加えるともとに戻らないぐらいひずんでしまう(降伏という)応力と，壊れてしまう応力の値が決まっています．

構造を設計するときは，

部品の強度　≧　使用時の最大の荷重

となるように寸法や材料を決めます．実際に設計していくときは局所的な力を考え，強度の代わりに応力を用いて，

許容応力　≧　発生応力

という条件を満たすように考えます．

設計時に考える発生応力は，机上の解析で出てくる応力に安全係数を乗じた値を使います．

発生応力　＝　安全係数　×　解析応力

解析応力は，最大の荷重が加わったときの応力です．軽く作るためには解析応力を正確に求めることが必須です．解析応力は部品ごとに異なります．部品ひとつひとつ，丁寧に解析応力がいくつになるのかを調べて決めていきます．このとき，

- 強度設計
- 剛性設計

という2つの考え方を使い分けることが重要です．簡単に言うと，その部品が「壊れてはいけない」のか(強度設計)，「変にひずんではいけない」のか(剛性設計)を決めます．強度設計と剛性設計では，許容応力の基準が異なるので，どちらで考えるのかは重要です．

● 安全係数は1.2～1.5と低め

安全係数が1未満だと確実に壊れる機体になってしまいます．安全係数をどのぐらいとるかは，その部品が使われる環境によって違います．例えばエレベータのワイヤは安全係数が10～20で設計されています．エレベータが最大重量を少しくらい越えても落ちないのは，安全係数が大きいからです．規定人数の10倍ぐらい乗ると危ないので，止めておいたほうがいいです．

安全係数についても，設計係数，試験係数，寿命係数など内容を細分化して，数字を決めていきます．ロケットの安全係数はおおよそ1.2～1.5程度が相場です．少しでも計算を間違うと壊れてしまうような極限

Home　Program Overview　NTSS Description

User Menu
NASA Technical Standards
Center Standards

Site Menu
Email Feedback

NASA Technical Standards

Each NASA Technical Standard is assigned to a Technical Discipline. Please select the respective link to access that discipline's standards.

- 0000 - Documentation and Configuration
- 1000 - Systems Engineering and Integration, Aerospace Environments, Celestial Mechanics
- 2000 - Computer Systems, Software, Information Systems
- 3000 - Human Factors and Health
- 4000 - Electrical and Electronics Systems, Avionics/Control Systems, Optics
- 5000 - Structures/Mechanical Systems, Fluid Dynamics, Thermal, Propulsion, Aerodynamics
- 6000 - Materials and Processes, Parts
- 7000 - System and Subsystem Test, Analysis, Modeling, Evaluation
- 8000 - Safety, Quality, Reliability, Maintainability
- 9000 - Operations, Command, Control, Telemetry/Data Systems, Communications

図4　アポロ計画のとき作られた設計基準NASA STDの文書が公開されていて大いに活用できる
https://standards.nasa.gov/nasa-technical-standards

の設計なので，解析技術が重要です．

MOMOの場合，社内での解析が追いつかない部分については，ロケットの相場より安全係数を大きめにとって設計しています．それでも安全係数は2～3で，一般工業製品としては低めです．

● NASAアポロ計画の設計基準を活用

ロケットの構造設計は，公知な設計基準が存在していることも大きな特徴です．米国NASAがロケットの設計基準を公開しています．NASA SP 8000シリーズや，NASA STDシリーズという文章群です(**図4**)．

https://standards.nasa.gov/nasa-technical-standards

これらは50年前のアポロ計画のときにまとめられた資料で，超巨大ロケットをいろいろな会社や組織をまたいで設計・管理するために，NASAが作った基準です．最新の知見から，一部の値や基準がアップデートされていますが，現代でもロケットはNASA SP 8000シリーズの設計基準を元に設計されます．

アポロ計画のとき採用されたプロジェクト管理手法が，現代でも巨大プロジェクトの管理方法として，とくにIT分野を中心に使われていることは有名です．ロケットの設計基準も，アポロ計画の遺産が現代に活きています．

最先端の研究では，この設計基準を見直すことによって革新的なものづくりを可能にしますが，素早く設計・製造する必要のあるベンチャ企業でロケットを設計するときは，このNASAの設計基準が非常に有用です．

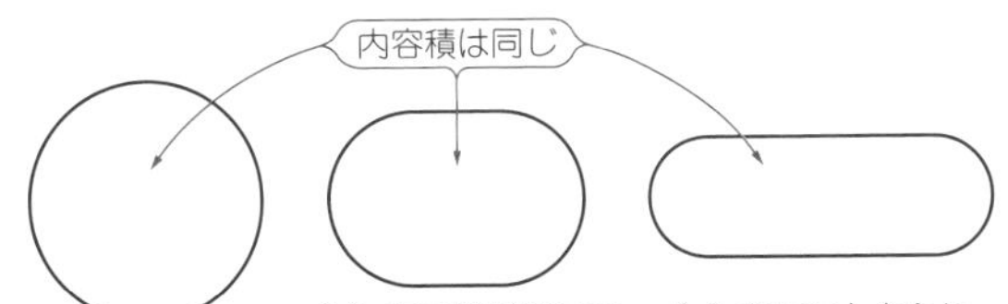

図5　タンクが丸か細長かは方針
球に近いほど軽くできるが，空気抵抗は大きくなる

機体の大部分を占める燃料タンクについて

● 燃料容器自体が構造を兼ねる

ロケットの構造で特徴的なのは，推進剤タンクが構造を兼ねるインテグラル・タンクと呼ばれる方式です．例えば車や飛行機では，燃料(ガソリンなど)を入れているタンクは，座席/トランクの下や翼の中に，容器として存在します．ロケットはムダなものを一切許容しない極限の設計なので，推進剤の容器(タンク)自体に構造としての機能をもたせます(**図1**)．

● タンクを丸くするかシュッとするかは方針

推進剤のタンクはロケットの構造の大部分を占めるために，その形状をどうするかが全体の性能を大きく決めます．圧力容器として球形と細長いものを比べると，球形のほうが同じ容積で表面積が小さいために，軽くできます(**図5**)．一方，球形よりは細長いタンクの方が空気抵抗は少なくなります．

軽さを取るか空気抵抗の少なさを取るかは，ロケッ

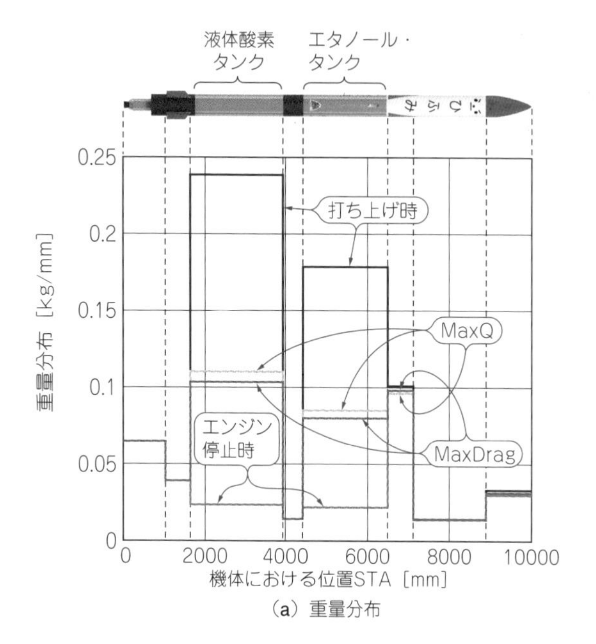

(a) 重量分布

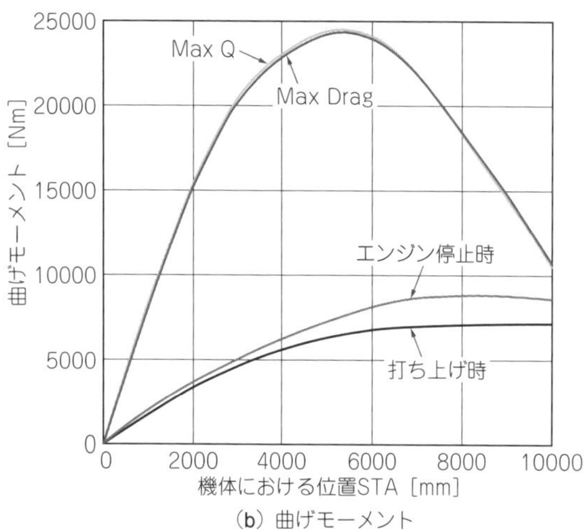

(b) 曲げモーメント

図6 重量分布や飛行経路などから荷重分布を計算していく
飛行経路は後述するようにフライト・シミュレーションを行って検討する

トの設計において重要な設計点です．ずんぐりむっくりなロケットか，シュッとしたロケットかは，設計者の選択によって変わってきます．

強度計算の手順

● 飛行中の状況ごとに必要な強度を計算する

解析応力を決めるには，ロケットにどのような荷重がどのぐらいかかるかという荷重解析を行っていきます．飛行力学，制御工学，構造力学，流体力学，推進工学，気象学を駆使する高度な内容で，とてもおもしろい部分です．ここではその一端だけ触れます．

ロケットが飛んでいくときの状況を場合分けして，

写真3 観測ロケットMOMOは打ち上げ直前は固定されていないので地上の風に注意している
射点のMOMO．強い風が吹くと倒れる可能性がある

どのような荷重が加わるかを見積もります(**図6**)．

1. 打ち上げ前の地上風
2. 打ち上げ直後地上を離れたとき
3. 動圧最大時
4. エンジン停止時

詳細に求めたい場合は，音響振動，遷音速時の空気力学的な荷重も解析条件に加えます．

MOMOは1段の観測ロケットなので，比較的シンプルです．2段以上のロケットでは分離時など検討項目が増えますが，基本は変わりません．

● 気象条件①：意外に気を抜けない地上風の影響

ロケットは打ち上げまで地上で待機します．突風などで倒れたり揺れたりしないようにする必要があります．

大きな構造物は，風による共振が発生すると大きな振動が発生し，壊れることが知られています(1940年，完成した4カ月後に，風と共振で壊れたタコマ橋が有名)．ロケットでも同様に，共振を気にします．

ロケットが風で倒れないようするためには，地上側で押さえている部分に十分な強度を持たせたいので，その計算のために風の強さを見積もります．ロケットの射点における風の統計データを取って，一番風の強い日は除き，ほとんどの日で射場に立てていられるような設計にすることが多いです．

MOMOは，打ち上げ直前の状態では地面に固定していません．地面に自立している状態なので風に弱く，風速制限を5 m/sにしています(**写真3**)．他のロケットでは，打ち上げ可能な日を増やすために，地上風が強い日でも大丈夫なように設計されています．

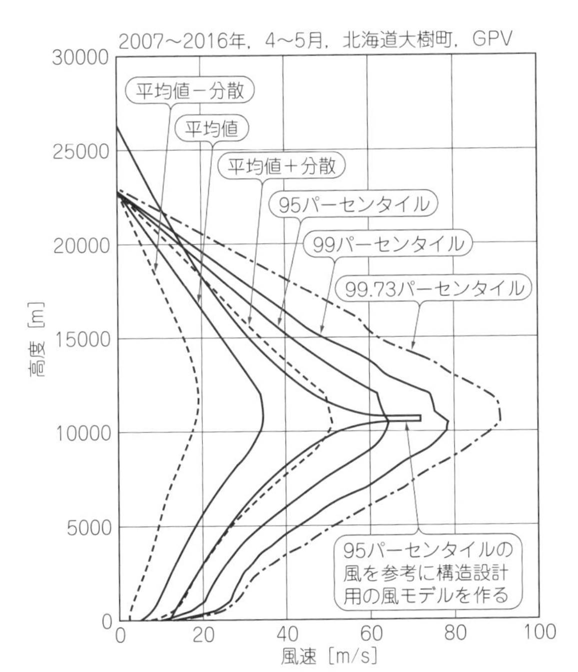

図7 上空風の統計データの95パーセンタイルを参考に作成した風モデルを使って設計する
ISTが使っている射場は北海道大樹町にある

● 気象条件②：一番注意が必要なジェット気流などの上空風の影響

ロケットの荷重を計算するとき，一番注意を払うべきは上空の風です．高度10 km程度にはジェット気流という風速80 m/s(新幹線並み)の風が吹いています．ロケットは，こんな猛烈な横風が吹いているところを超音速で飛んでいきます．

どんな上空風にも耐えられる頑丈なロケットにしようと思うと，重くなってしまいます．そこで「上空風が強い日には打ち上げを行わない」と規定することで，軽くします．

ただし，打ち上げ可能日はなるべく増やしたいので，上空風の統計データとにらめっこをしながら，上限とする上空風を決めていきます．

上空風の統計データは，気象庁や気象データ配信企業などから購入可能です．典型的には「95パーセンタイル」という値を選び，風の強い上位5％を除いた日は打ち上げ可能とするように設計することが多いようです．MOMOでは，北海道大樹町の上空風の95パーセンタイル(**図7**)を参考に，NASAの方式で構造設計に使う風モデルを作って計算しています．

● フライト・シミュレータで飛行経路を探る

前述のように，発生応力を詳細に求めるには，フライト・シミュレーションが重要になります．

宇宙界隈の方言で「ノミナル」と呼んでいる通常飛行コースを元に，ロケットや気象条件などのばらつきを加味したシミュレーションを行います(**図8**)．

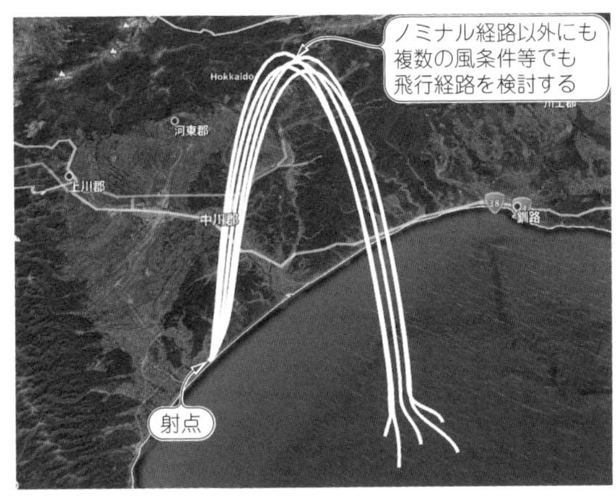

図8 オープンソースのフライト・シミュレータOpen Tsiolkovskyで飛行経路を検討
気温，風，エンジンの状態など様々な要素でばらつくのでそれも考慮にいれる

ISTでは，自社でオープンソース・ソフトウェアのロケット用フライト・シミュレータOpenTsiolkovskyを作成しています．シミュレータ自体から作ることで，MOMOの設計に使いやすくしています．

これまでロケット用のフライト・シミュレータは重要技術とみなされ，各宇宙機関やロケット・メーカは独自に作りながらも，非公開とされてきました．ISTではGitHubで公開し，多くの人に使ってもらえるようにしています．

https://github.com/istellartech/OpenTsiolkovsky

● 風と飛行経路から大気中飛行時の荷重を求める

上空の風と飛行経路が決まれば，機体の形状と空気の関係から発生する力(揚力や抗力)を見積もれます．

小型模型に猛烈な風を当てる風洞試験(**図9**)や，CFD(Computational Fluid Dynamics，PC上での流体解析)によって，風，ロケットの向き(迎え角)，空気の力の関係を明らかにします．

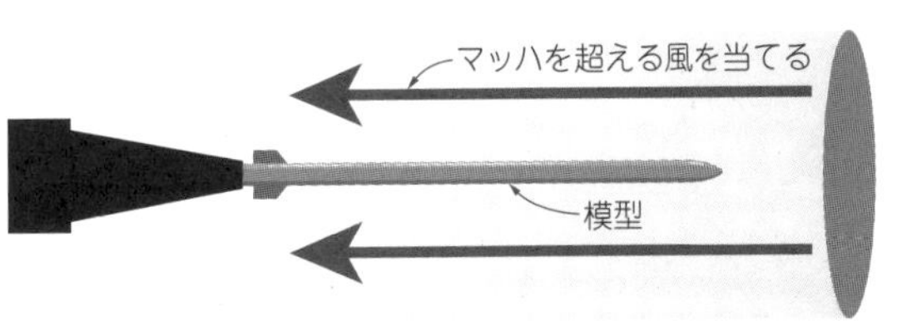

図9 小型模型に猛烈な風を当てる風洞試験を実施する
MOMOでは1/8サイズの模型にマッハ4までの風を当てる．空気の力がどのくらいか計算するためのデータを取得する

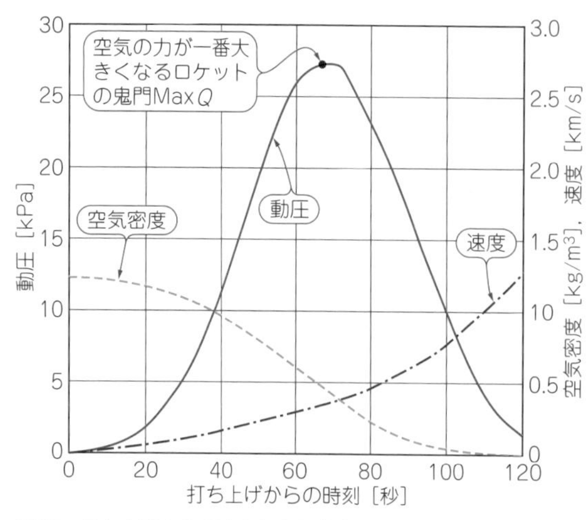

図10　打ち上げからの速度と空気密度，動圧，MaxQのグラフ
このグラフはフライト・シミュレーションで出力できる

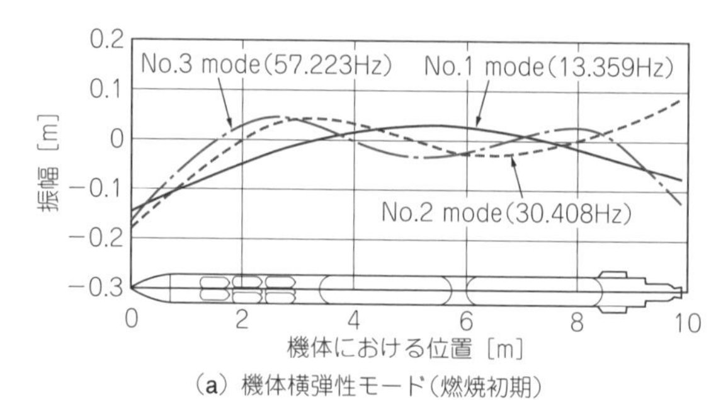

(a) 機体横弾性モード(燃焼初期)

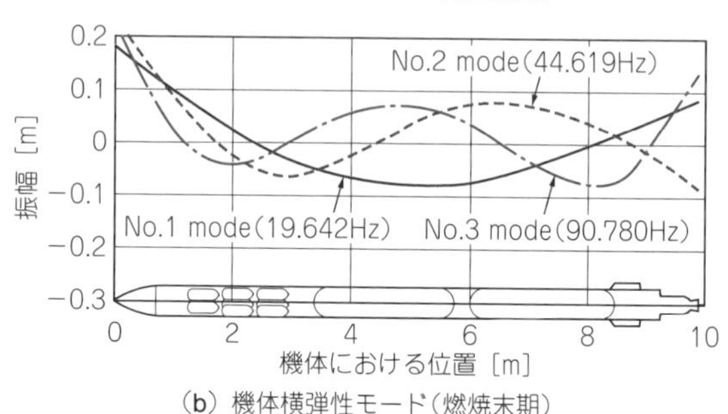

(b) 機体横弾性モード(燃焼末期)

図11　機体構造から計算したMOMOの振動モード
計算結果が実機と一致するかモーダル試験を実施して確認する

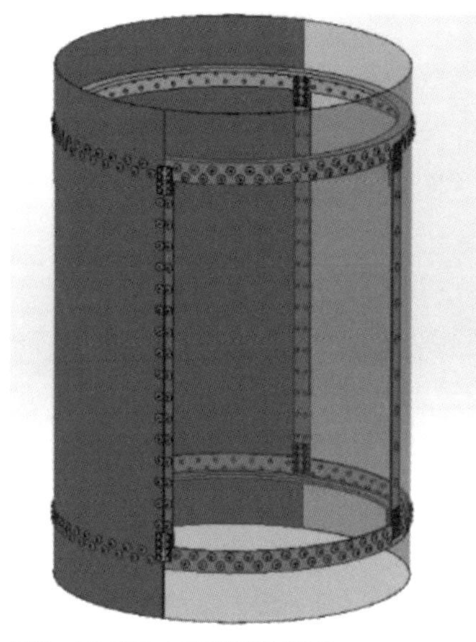

図12　3D CAD上で詳細設計を行う
CFRP部分の例．あとでコンピュータによる解析も行う

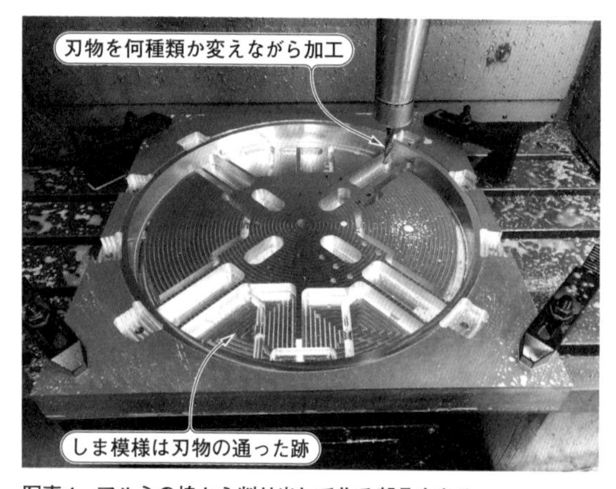

写真4　アルミの塊から削り出して作る部品もある
エンジンの力を受けとめるエンジン・ジンバル・プレート

● ロケットの鬼門…空気の力が最大になる「*MaxQ*」

特に構造設計で注意する必要があるのは，空気の力が一番大きくなる，*MaxQ*と呼ばれる瞬間です．空気の力は，以下の式で求まります．

$0.5\ \rho v^2 A$

ただし，ρ：空気密度，v：速度，A：断面積

高度が上がるほど空気密度は下がり，ロケットは高度を上げていくほど速度が上がるので，空気の力が最大になる瞬間があります(**図10**)．上式のうち$0.5\ \rho v^2$を動圧(Q)と呼ぶので，空気の力が最大になる瞬間を*MaxQ*と言います．

MOMOの場合，*MaxQ*は打ち上げから約1分後になります．ロケットの構造に携わる人間は，打ち上げ直後よりも*MaxQ*のときに一番，緊張しています．

● 機体は曲がるのでその影響も検討しておく

ロケットは大きな機体ではあるものの，薄いペラペラの構造を持っていることから，よく曲がります．どのように曲がるか，その曲げがどれほど悪さをする可能性があるかを調べることも重要です．

詳細はここでは割愛しますが，機体全体の剛性(曲がりにくさ)をもとに計算し，**図11**のようにモード(振動時の曲がり方)を求めます．モードを求めたら，それが制御や空力に悪影響を出さないかどうかを検討します．

写真5 推進剤タンクは内製．溶接して作っていく
溶接のときに使う治具も制作

● 解析を単純化するための等価軸圧縮力とは

ロケットには，エンジンによる上昇させる力と，空気による下向きの力が加わります．つまり，ロケットの構造からみると，圧縮する方向に力が加わります．

圧縮する力だけでなく，空気による揚力で曲げの力が発生するなど，いくつもの力が複雑な関係になるので，解析は難しくなります．そこで，等価軸力という概念を用いて，簡単化を行います．

ロケットの構造設計は複雑そうに思えますが，このような簡単化を行うことで，個々の部品に加わる応力は単純化されて，設計しやすくなります．

製造とテスト

● 詳細設計から製造まで

発生荷重などが決まったら，ようやく部品を設計・製造できます．ISTではAutodesk Inventorという機械系の3D CADを用いて詳細設計しています(**図12**)．

アルミ部品は旋盤，フライス盤，マシニング・センタなどで削り出します(**写真4**)．CFRP(カーボン繊維複合材料)は，業者に積層と焼成をお願いして作ってもらいます．推進剤タンクは，材料を買ってきて社内で溶接して作ります(**写真5**)．

● ひたすら試験・試験・試験…

ロケットの打ち上げは一発勝負になるので，事前にどれだけ試験を重ねられるかが重要です．設計の前に，材料の引張試験を行って，強度を知っておきます．溶接した部分や穴が空いている部分，厚みが変わる部分などで強度が違ってきます．特にCFRP部品はこれらの条件によって強度が大幅に変わります．ロケット本体を作るときと同じ条件での強度を事前に知ることは必須です．

また，ロケットの筒の状態で設計強度が出ているか

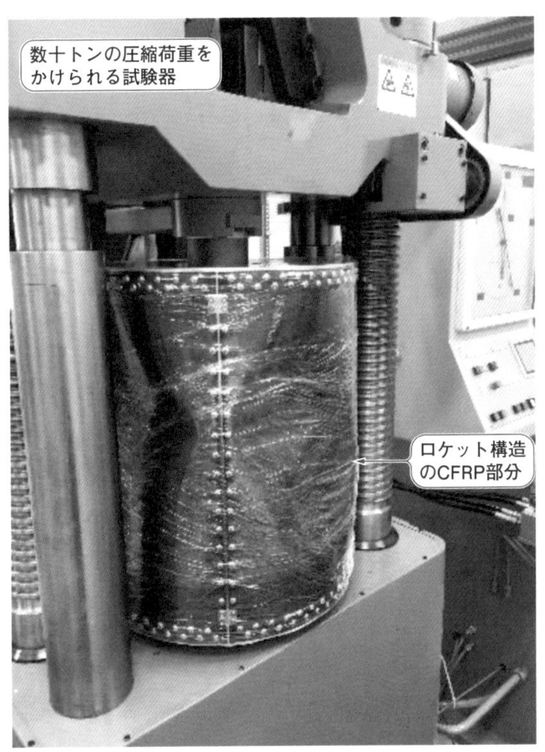

写真6 圧縮試験を行って設計強度が出ているかどうかを確認する
実際に使う部品と同じ形状に加工したあと耐えられる荷重をチェックする

どうかも確認します．各部位ごとに強度を調べる目的で，破壊試験を実施します(**写真6**)．タンクでは，高圧ガス保安法で定められている耐圧試験も実施します(**写真7**)．

尾翼はサンドイッチ構造を採用したので，作り方によって強度にばらつきが出やすくなっています．製造ロットごとに破壊試験を実施し(**写真8**)，実機のロットに十分な強度があるかどうかを確認します．

このように，多くの試験を経て，はじめてロケットが打ち上がります．

構造面で理想的な「夢のロケット」とは？

ここまで，現状の技術とMOMOにおいては構造設計と試験についての話でした．最後に，構造的な視点で，未来にあるかもしれない「夢のロケット」について想像してみます．

● 理想構造なら1段ロケットで人工衛星が上がる⁉

構造側から見た夢のロケットは，**図13**のように，構造自体が燃料となって徐々に燃えていき，燃焼終了と同時に完全に燃え尽きてなくなる作りです．

ロケットは高度が大事なのではなく，速度が大事です．その中でも，ロケットが得られる速度を求める式

写真7　タンクは耐圧試験も行う
液体酸素の容器は高圧ガス保安法に決められた基準のチェックも必要

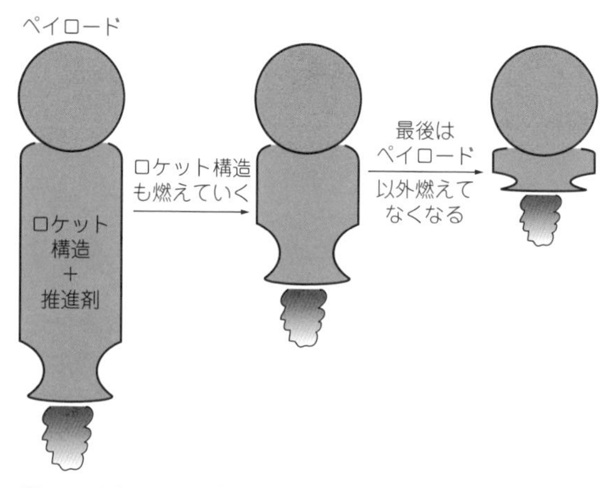

図13　ペイロード以外すべての質量を燃料として噴射できるのがロケット構造としては理想
計算上は単段でも人工衛星を軌道に乗せられる

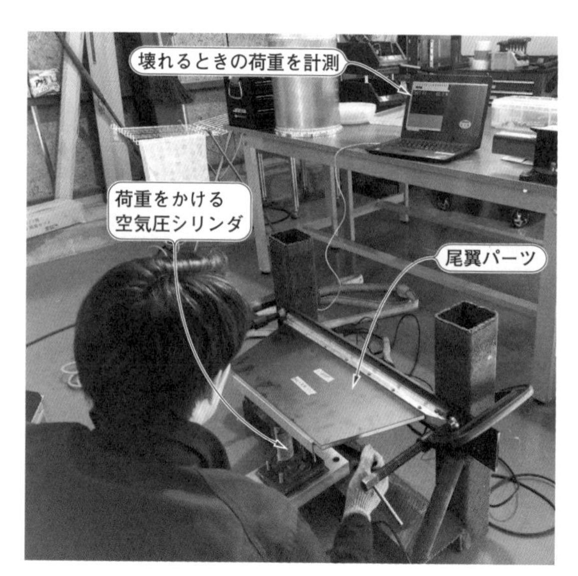

写真8　尾翼は製造工程のばらつきが大きいので，ロットごとに破壊試験を行う
ロケットに使う部品と同一ロットで強度を確認する

であるツィオルコフスキーの式が最重要です．

$$\Delta V = w \ln(m_0 / m_f)$$

ただし，ΔV：ロケットが獲得できる速度［m/s］，w：ロケットの排気速度［m/s］，m_0：初期質量［kg］，m_f：燃焼終了時質量［kg］

ペイロードを地球周回軌道に入れるためには，約10 km/s（= 10000 m/s）の速度が必要です．固体燃料ロケットや炭化水素燃料液体ロケットで出せる排気速度の3500m/sのエンジンでも，燃え尽きるタイプの構造が手に入ると，

$$3500 \times \ln(100 / 5) = 10000 \text{ m/s}$$

と，単段のロケットのまま，現在の重量比（推進剤95 %，荷物5 %）でも人工衛星の軌道投入が可能になります．多段で複雑な現在のロケットとは大違いの夢の世界です．

こんな夢みたいロケットができれば，劇的に宇宙が近くなる…などと想像しながら，現状のロケットを設計・製造しています．

◆参考文献◆

(1) 幸節 雄二；液体ロケットの構造システム設計，九州大学出版会，2013年9月．

第2部

小型宇宙ロケットのエレキ系

第2部 小型宇宙ロケットのエレキ系

第7章 小型ロケットの頭脳に求められること

ロケットを制御するメイン・コンピュータ

森岡 澄夫 Sumio Morioka

制御コンピュータの役割

● コンピュータがないと機体の制御ができない

観測ロケットMOMOの最高速度は約4600 km/h, 人工衛星打ち上げロケットでは約28000 km/hにもなります.

宇宙ロケットにコンピュータが必要な理由は, これほどの高速になる物体を飛ばす方向を, 正確に制御しなければならないからです.

GNCと呼ばれる航法(Navigation), 誘導(Guidance), 制御(Control)に加えて次の3つもコンピュータの重要な処理です.

(1) 地上との連絡を保ち, 飛行継続・中断のコマンドを処理したり, 機体の情報を通知したりする
(2) さまざまな箇所の圧力や温度などを自動チェックする. 人手ではどうしてもチェック漏れが起こるが, ロケットではささいなミスが致命傷になる
(3) エンジン点火や着火確認などの機器操作をする. 操作タイミングには10～100 msオーダの精度が求められ, むろん人手では行えない.

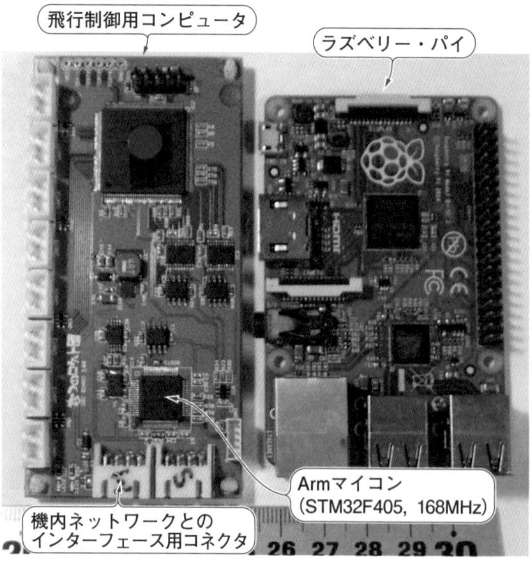

これらはMOMOに特有な要求というわけではなく, 宇宙ロケットには一般的な話です.

飛行制御用コンピュータ
ラズベリー・パイ
Armマイコン (STM32F405, 168MHz)
機内ネットワークとのインターフェース用コネクタ

写真1 小型ロケットの制御コンピュータに広く使われていてバグが少ないと思われるArmマイコンを採用した
MOMO2号機に搭載されている主コンピュータの例

選定のポイント

● バグが少なくて入手しやすい定番Armマイコンから

MOMO 1号機と2号機の主コンピュータはArmマイコン(STM32F405, 168 MHz, **写真1**)です. その後, 機内のいろいろな機能のボードの違いをZyngに吸収させてボードの種類を減らすために, Armプロセッサを搭載したZynq(ザイリンクス)に変更されました. 他のボードではSTM32F402やSTM32F072も使っています.

Armを採用した理由は, チップや開発環境が幅広く使われており, バグなどの問題が少ないと思われるからです. 主コンピュータ・ボードの部品代は1万円しないかもしれません.

Arduino, Mbed, ラズベリー・パイは使えないのかと, 半分冗談, 半分本気で議論しています. 少なくとも計算能力の点では, Mbedやラズベリー・パイは十分に使えます. 実際に, 地上設備や試験治具にはArduinoやラズベリー・パイもよく使っています(**図1**).

▶加速の影響は問題なし

MOMOのような液体ロケットではあまり大きな加速度は加わらず, ボードも小型軽量なので問題ありません. **図2**に示すのは, MOMO 2号機の機体に加わった加速度です.

● リアルタイム制御が求められる

MOMO 1号機と2号機の制御は, あらかじめ決めておいた姿勢を保つことで予定飛行経路に沿って飛ばす, というシンプルなものです.

図3に示すようにMOMOのGNCはシンプルな制御

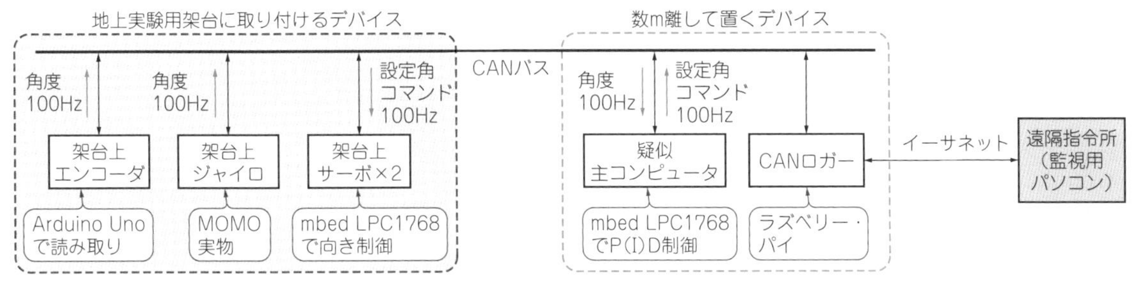

図1　地上燃焼試験のために構築した制御システムの例．汎用マイコン・ボードを活用している
地上燃焼試験では，Mbedやラズベリー・パイを寄せ集めて主コンピュータの代わりとしても利用．今どきのマイコン・ボードは計算能力が高く使えるものが多い

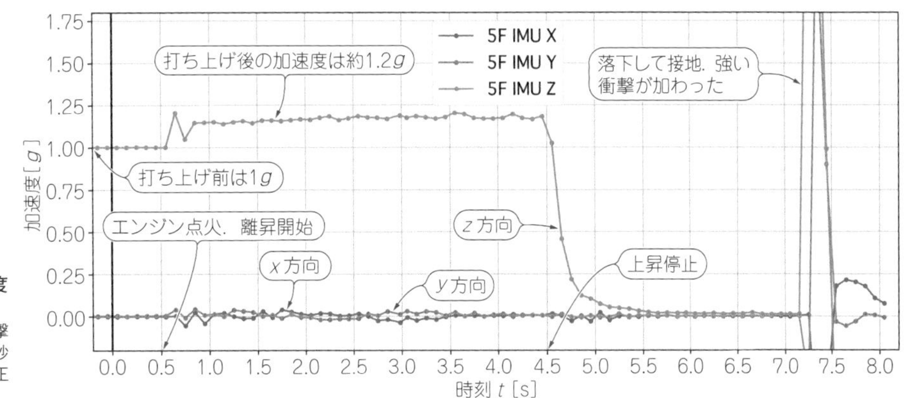

図2　機体に加わる加速度の影響を検討する
MOMO 2号機のデータ．衝撃はなく滑らかに増す．4.5秒以降は機体が墜落したので正常値ではない

ループで実現されています．ジャイロ・センサで計測した姿勢が目標と何度ずれているかを計算し，それをもとにエンジンを何度傾けるかを決めます．この処理を1秒間に100回繰り返します．ドローンや倒立振子の姿勢維持処理と似ています．

一連の制御処理では，単精度浮動小数点の三角関数演算や四則演算を数十回実行します．STM32F405なら，制御ループの1回の実行には約1 msしかかかりません(Zynq版だと数十μs)．計算能力はあり余っています．

● 冗長系を構成して安全性を高める

バグや故障が原因で飛行停止コマンドが効かなくなる事態は避けなければなりませんから，安全性に関わる箇所には冗長系を構成します．

しかし，同じ種類のボードを複数枚並べるだけでは，それらが同じように誤動作するかもしれません．そこでハードウェアとファームウェアが違う異種ボードを相異なる信号経路上に入れ，すべてが同時に機能しなくなってしまう可能性を下げるようにしています(**図4**)．

プリント基板の製造について

MOMOのプリント基板設計では，PCB CADとしてEAGLEを使い，PCBCARTで製造しました．基板は2～6層，1.6 mm厚のガラス・エポキシ製です．

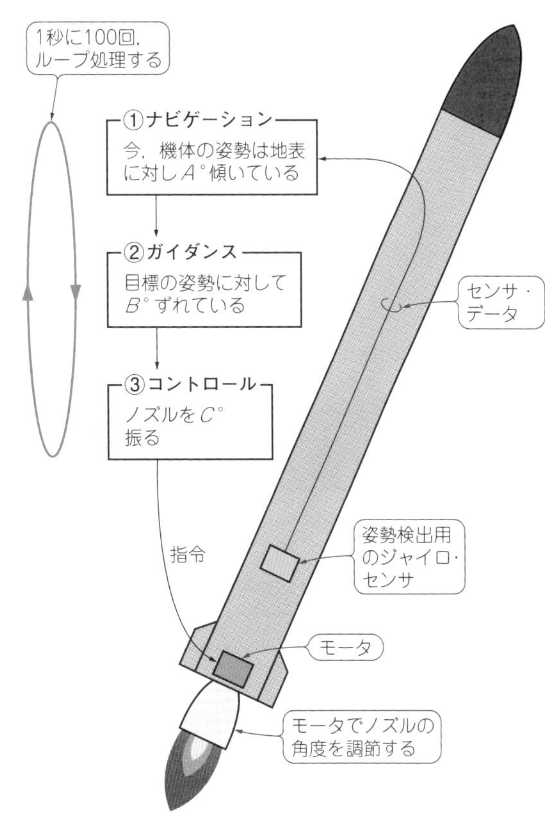

図3　一番重要な航法・誘導・制御はシンプルなループで実現している
GNC(航法：Navigation，誘導：Guidance，制御：Control)

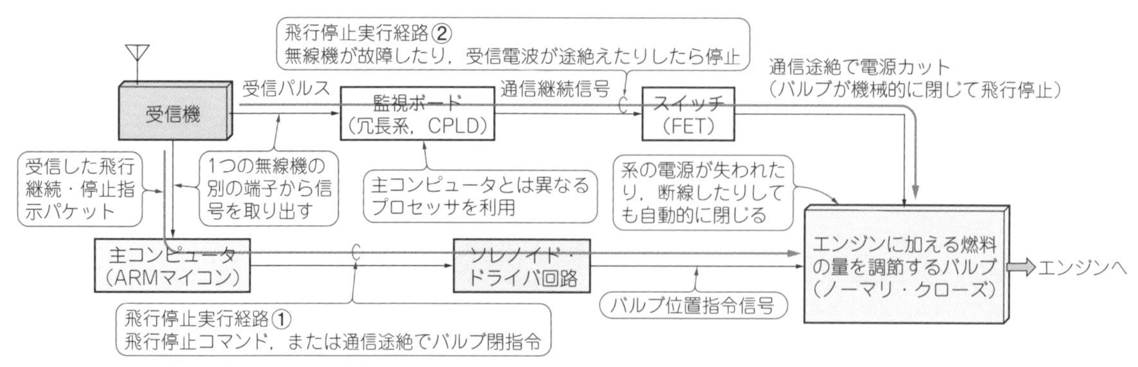

図4　安全を確保するために「飛行停止」は冗長系を構成して確実性を上げる
違うボードを違う信号経路上に配置して，どんな故障が起きても燃料バルブが確実に閉じるしかけを構成する

防湿スプレーをかけたり，ごみの付着を防げるポリイミド・テープを貼り付けたりもしています．

MOMO 1号機(2017年7月打ち上げ)では，社内で組み立てた基板や，手作業で圧着処理したケーブルを多用していました．2号機(2018年6月)からは，専門の加工業者に外注しています．点数が多いので，作業品質にムラのある内製ではフライト失敗を起こす可能性があると判断したためです．

◆参考文献◆

(1) 森岡 澄夫：スペースシャトルに使われているコンピュータ技術，Interface，1998年8月号，pp.81-83，CQ出版社．

column 01 実物見ました! NASAスペースシャトルのコンピュータ

森岡 澄夫

アポロやスペースシャトルに搭載されていたコンピュータは次のような特徴をもっています．

(1) 計算能力は数MIPSとごく小さく，現在のパソコンに比べればおもちゃのような速度である
(2) 人を乗せるので，ハードウェアとソフトウェアを合わせた信頼性はパソコンよりも圧倒的に高い
(3) 複数の装置を搭載して故障に備える冗長系となっている
(4) 68000など古いチップを使うことがある(スペースシャトルのエンジン制御コンピュータ)

写真Aに示すのは，NASAで見たスペースシャトルに搭載されているコンピュータです［文献(1)参照］．耐振動用の頑丈な数十cm角の箱に収められていました．航法コンピュータは，5重冗長(同種4台+異種1台)でした．

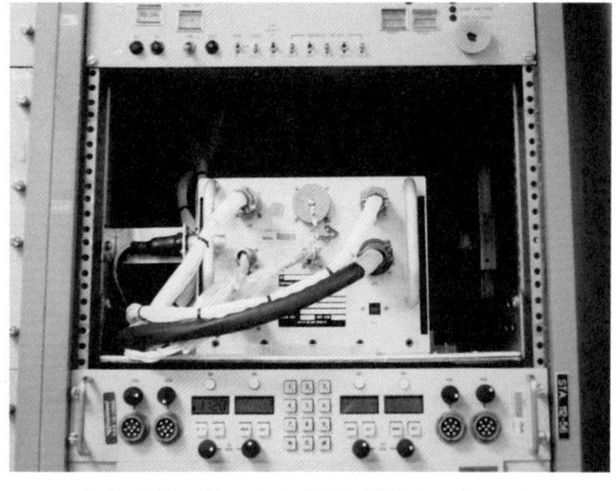
(a) スペースシャトルの飛行制御コンピュータ(開発ラボでテスト中)

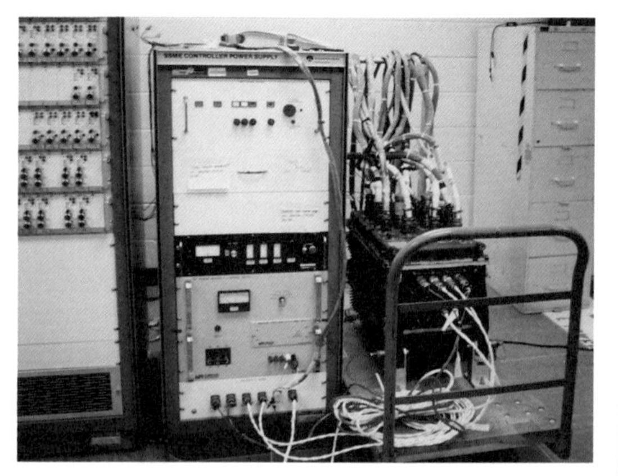
(b) スペースシャトルのエンジン制御コンピュータは頑丈なケースに入っている

写真A　スペースシャトルに搭載され，そのエンジン制御に使われていたコンピュータ
ケネディ宇宙センターに訪問した際，開発試験中のものを撮影

ジェット・エンジンの推進制御システム

金井 竜一朗，森岡 澄夫 Ryuichiro Kanai, Sumio Morioka

ロケットの燃料供給系の基本構成

図1に示すように，ロケットの機体内部の各所にはアクチュエータが配置されています．アクチュエータはさまざまな機構を物理的に動かす部品のことで，動力源は電力，油圧，空圧などです．

MOMOでは電力と空圧の2種類を利用しています．

アクチュエータが使われる場面は，たとえば次のようなものです．打ち上げ前には燃料や液体酸素をタンクへ注入し，打ち上げ中止時には抜きます．また，液体酸素を充填すると自然に気化し，そのままではタンク内が高圧になって破裂してしまうので，酸素ガスを逃がしてやります(打ち上げ前に機体側面から白煙が

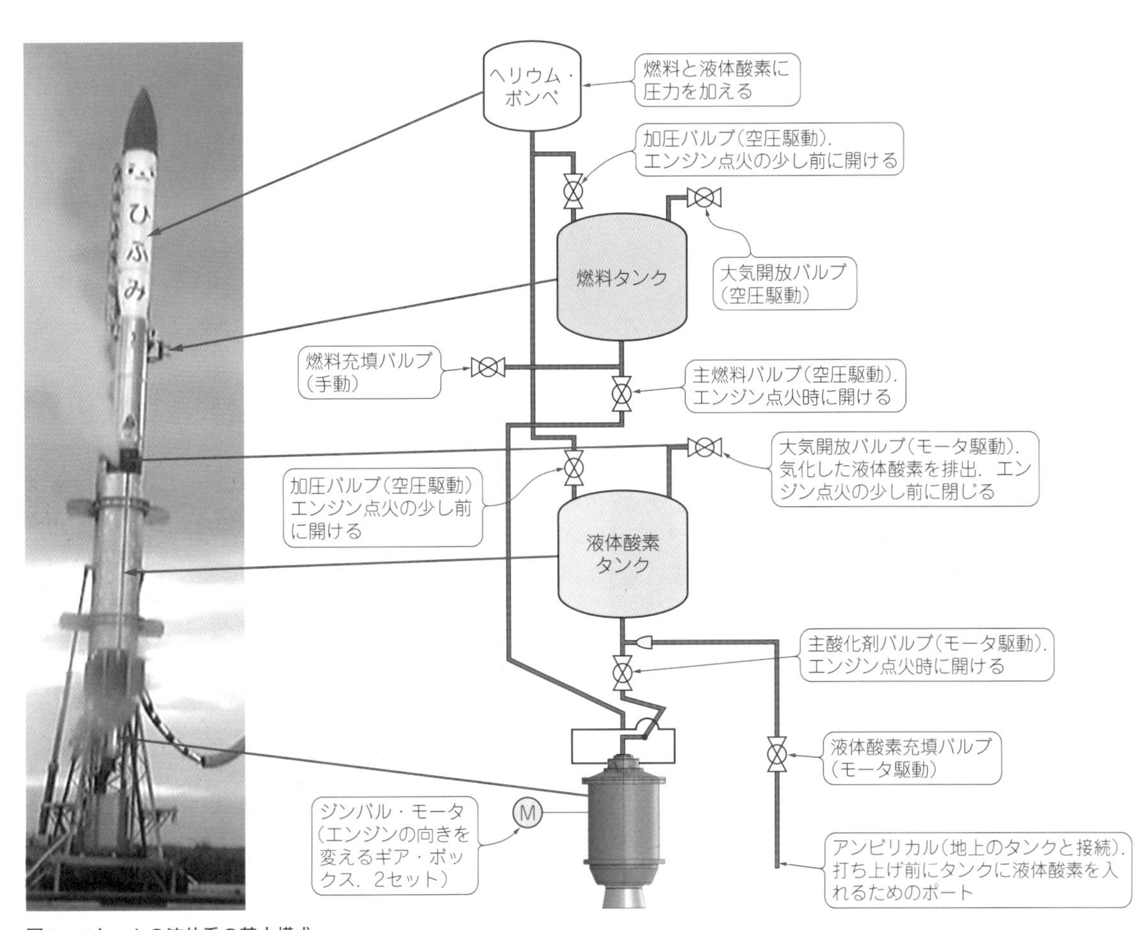

図1　ロケットの流体系の基本構成
MOMOに搭載されている流量制御アクチュエータ．実際よりも簡略化している．主にタンク内容物の出し入れと環境維持，そしてエンジン向きの制御が目的

出ているのはこのため）．さらに，打ち上げ時には，ヘリウムでタンク内に圧力を加えて燃料や液体酸素をエンジンへ押し込みます．これらすべての動作は，専用のバルブを開閉することで行われます．タンクからエンジンへ燃料を送る配管の主要箇所に利用しているバルブの例を，図2に示します．

MOMOの各アクチュエータはマイコンを搭載しており，主コンピュータの故障が起きたら，自動的にバルブを安全な状態にして飛行を停止させます．

〈森岡 澄夫〉

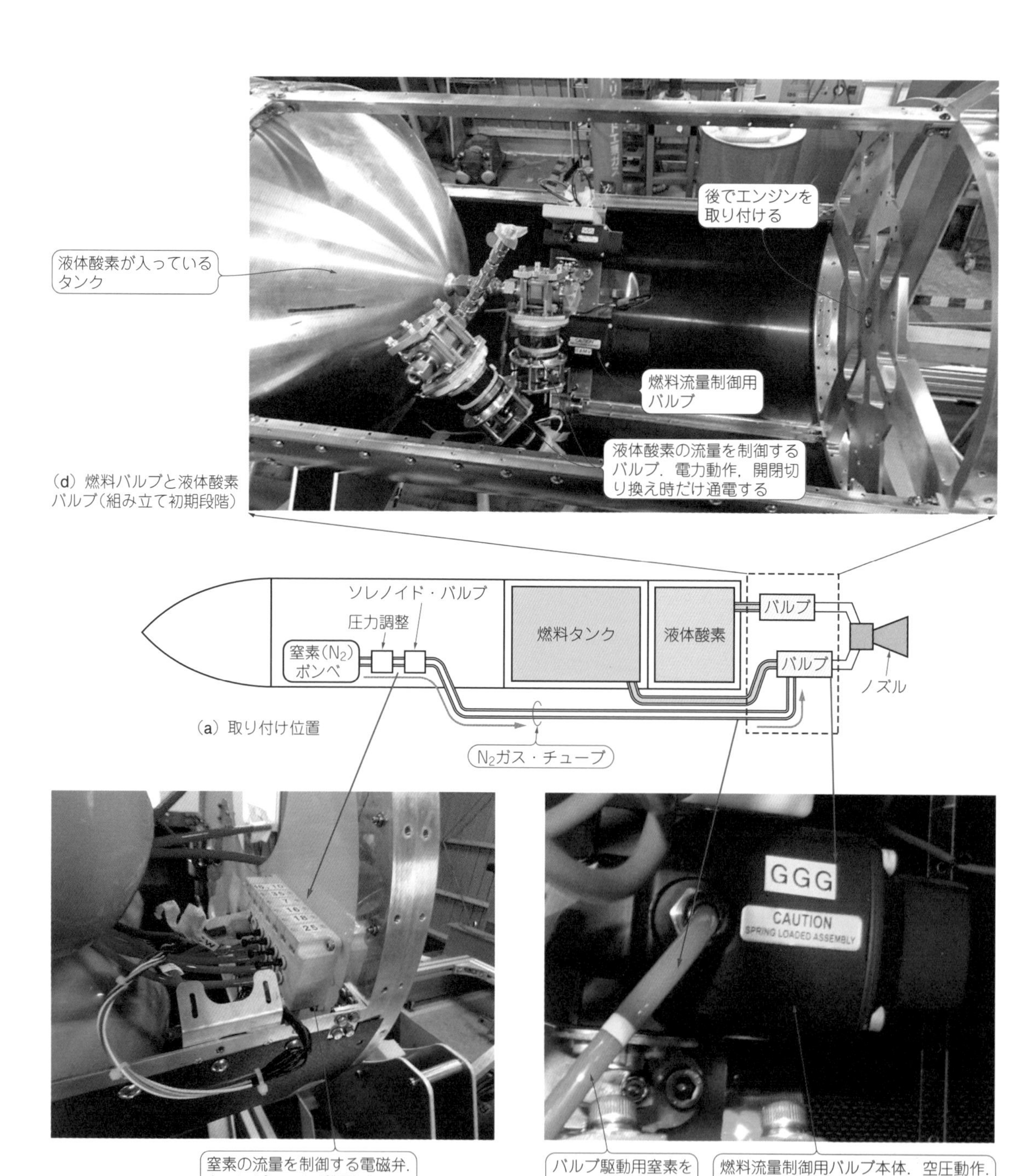

(b) バルブの空圧をON/OFFするソレノイド

(c) 燃料バルブは空圧動作

図2 MOMOに組み込んだ空圧バルブと電動バルブの外観

重要なエレキとメカをつなぐ装置

MOMOに使われている主なアクチュエータは，以下の3つです．

①燃料や酸化剤の流量を制御するバルブ(**写真1**)
②エンジンの向きを制御する2軸ジンバル
③ロール回転を止めるガス・ジェット

打ち上げをサポートするランチャ(打ち上げ台)にも，油圧・空圧で動作するアクチュエータがあります．これらのアクチュエータが正しく動くことで，はじめて，ロケットは宇宙にたどり着けます．

〈編集部〉

参考文献(1)によると，アクチュエータは「電気・空気圧・油圧などのエネルギを機械的な動きに変換し，機器を正確に動かす駆動装置」と定義されています．

せっかくオン・ボード・コンピュータ(以下，OBC)が機体の姿勢から必要な制御量などを時々刻々計算していても，アクチュエータがなければロケットは思った通りには飛びません．結果として構造に無理がかかったり制御可能な範囲を超えたりして，失敗します．

● 人間で例えると筋肉

ロケットの各機器を人間で例えると，目や耳，手といった感覚器官がセンサ，センサからの情報を元に体の動きを決める脳がOBCとその上のソフトウェア，手足の筋肉がアクチュエータです．

センサやアクチュエータと情報のやり取りをするデータ通信ネットワークは各種神経(特にCANバスは中枢神経)，電力供給ネットワークはさしずめ血管網です．全ての筋肉の動きを脳や中枢神経で集中統合している人間とMOMOが違うのは，各アクチュエータに独立してドライバが存在しているということです．

ランチャ(発射台)についても触れます．ランチャは，機体を立ち上げたり，機体を保持拘束したりといった機能をもっています．

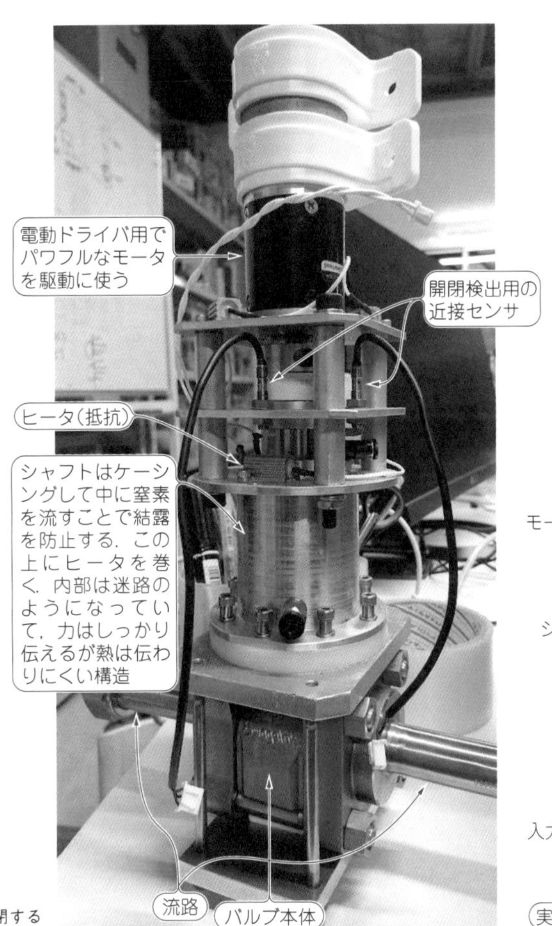

(a) 外観

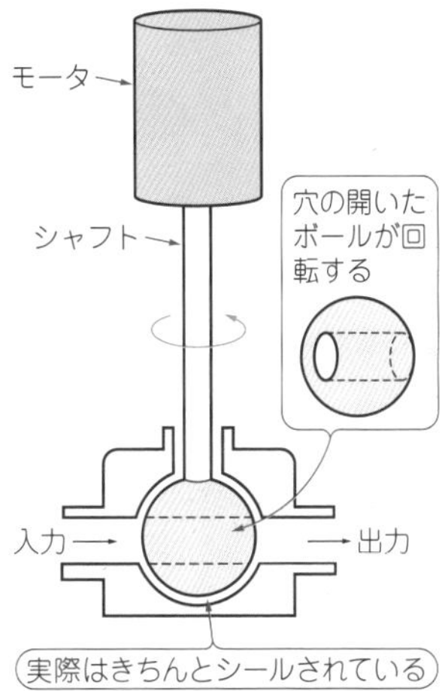

(b) ボール・バルブの構造

図3 液体酸素用電動バルブの構造
モータでシャフトを回すとバルブが開閉するようになっている．その後，改良して動作精度を高めている

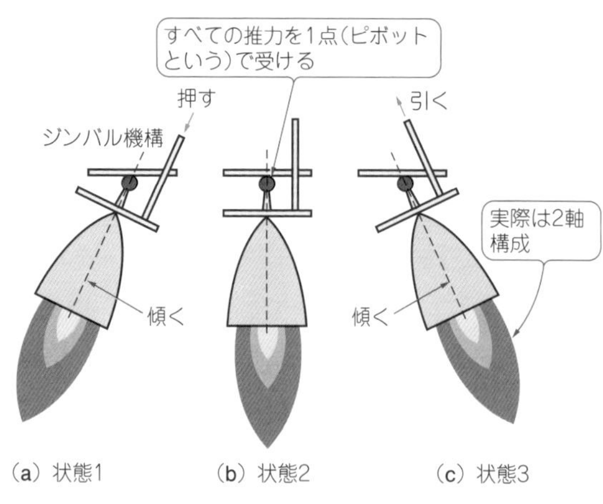

図4 ロケットにはノズルを傾けて推力の方向を調節するジンバル機構が必要

バルブ選びのポイント

MOMOでは大きく分けて，以下の3種類のバルブを使っています．

- ソレノイド・バルブ(ガス／液体酸素用，小流量)
- 空圧ボール・バルブ(常温用，大流量)
- 電動ボール・バルブ(液体酸素用，大流量)

電動で制御しやすいソレノイド・バルブ

ソレノイド・バルブはドライバを介してOBCと直結しています．電流によって直接電磁石を駆動させて，直線的な動作によって流路を開けたり閉じたりするバルブです．

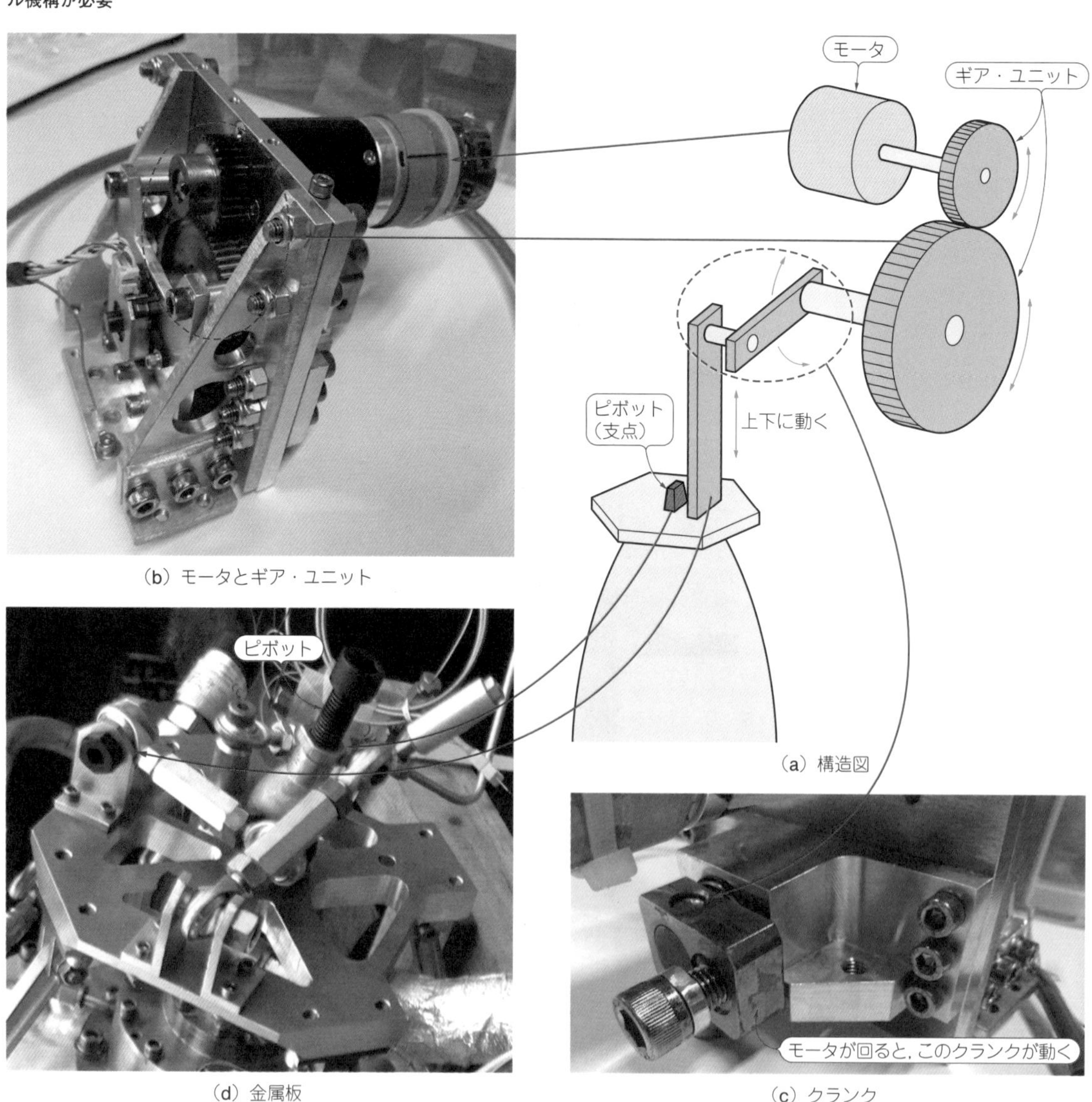

図5 ノズルを傾けるためのジンバル機構
内製品．ギア・ユニットとエンジンはロッドで結合されている

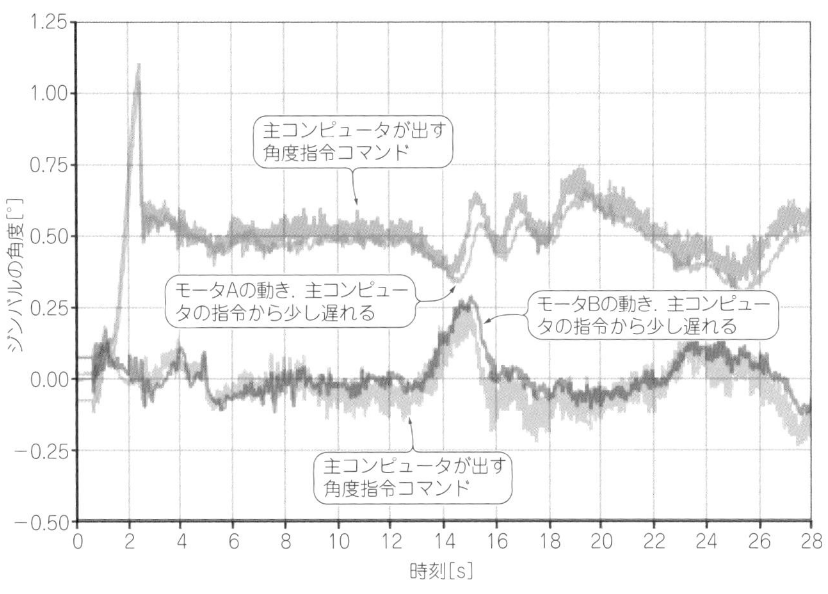

図6 エンジンの傾きは，主コンピュータの指令から少し遅れて変わる
MOMO 1号機のデータ．メカには応答遅延や動きの平滑化がある．その度合いをあらかじめ地上で測り，PID制御に織り込む

写真1 回転を止めるための仕組み…機体に取り付けられているサイド・ジェット
アルミ・フレームで推力を受け止める

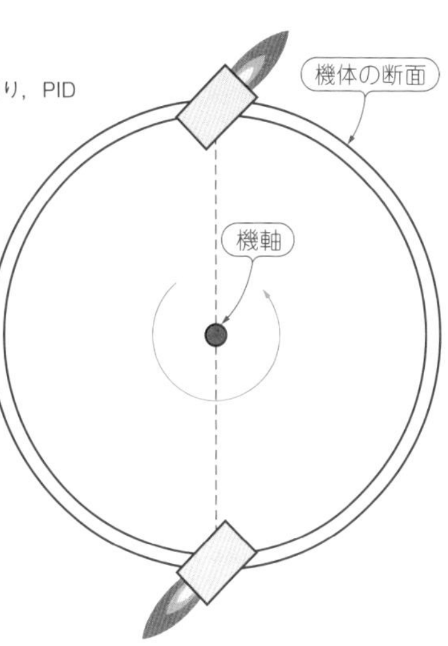

(a) ノズルを振ると機体を回転させる力が発生

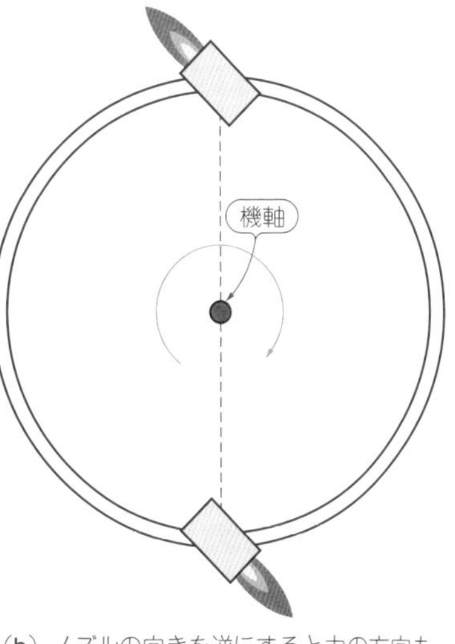

(b) ノズルの向きを逆にすると力の方向も逆転する

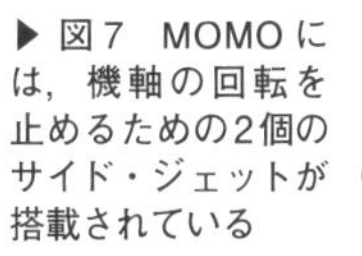

▶ 図7 MOMOには，機軸の回転を止めるための2個のサイド・ジェットが搭載されている

後述する通り，ロケットの推進剤や加圧用のガスはとても流量が大きいため，そのガスの制御にソレノイド・バルブを使おうとすると，非常に重く大きなコイルと大電流が必要です．そのため，大流量の制御には後述する空圧ボール・バルブを使い，それらのバルブを動かす空圧の制御にソレノイド・バルブを使っています．

1つだけ，液体酸素用にソレノイド・バルブを使っていますが，これは姿勢制御に使う補助エンジン用です．とても流量が小さいため，ソレノイド・バルブでも十分ということで空圧を介さずにそのまま使っています．

● 大流量を流せるボール・バルブ

ボール・バルブは毎秒何リットルという大流量を流せるのが特徴です．穴の空いたボールを90°回転することで開閉を切り替えます［**図3(b)**］．MOMOの中にはいくつか搭載されていて，それぞれサイズが違ったり，適合流体の種類が違ったりしますが，基本的な動作原理や構造は一緒です．

その中でも，空圧用バルブは常温用で，タンク加圧用ヘリウムや，エタノール燃料の制御を担当しています．先程のソレノイド・バルブを通じて制御された空圧(6～7気圧の窒素)は，この空圧ボール・バルブを動かすための信号および駆動源として使います．

まどろっこしいですが，ボード・コンピュータの信号→バルブ・ドライバ→ソレノイド・バルブ→空圧ボール・バルブ，とつなげることで，徐々に扱うエネルギ量を増大させ，最初は1Wにも満たない制御電力から，最終的には1トンの機体を浮かせるような流量の燃料をコントロールしているわけです(**表1**)．

● 制御が効かなくなっても安全なようにバルブを選ぶ

MOMOに使用しているソレノイド・バルブや空圧ボール・バルブはそれぞれ，信号や空圧がなくなると，バネなどの力により初期位置に戻るタイプを選定しています．

タンク加圧用ヘリウムや燃料供給用の空圧ボール・バルブはスプリング・リターン式ノーマル・クローズ(空圧がなくなる＝信号OFFするとバネの力で自動的に閉じる)タイプを，タンクを閉鎖するための空圧ボール・バルブにはスプリング・リターン式ノーマル・オープン(空圧がなくなる＝信号OFFで自動的に開き，タンクが高圧状態のままになることを防げる)タイプをそれぞれ使っています．

ソレノイド・バルブは空圧バルブより高度な使い方も可能ですが，MOMOでは「電源が落ちると空圧が抜ける＝信号OFF状態になる」という設定にしています．

意図せず電源が落ちたり，空圧が抜けたり，という状況は，機体全体の電子機器や推進系のコントロール喪失を意味します．このコントロール喪失時に，バルブ自身に安全確保機能として，自動的に燃料停止＝推力カット，タンク脱圧の機能を持たせておくことで，機体がコントロール喪失状態のまま飛び続けたり，危険な状態になることを防いでいます．

どうしても内製になってしまう液体酸素用バルブ

ソレノイド・バルブや空圧ボール・バルブは，さまざまな試験をしたうえで一般産業用機器を使っています．しかし，液体酸素用のバルブには採用できません．

液体酸素は－183℃の極低温な上に，可燃材料で作られているバルブは使えないので，一般産業用機器で探しても，小型軽量の汎用品がありません．大きく重い設備用の大型バルブか，非常に高価な特注品のどちらかになってしまいます．

そのため機体搭載用の液体酸素用バルブには，駆動部分を内製した電動バルブを使っています［**図3(a)**］．動作用モータと液体酸素の流路を熱的に切りつつも，必要な駆動トルクは確保できるようさまざまな工夫をしています．開閉の検知は，できるだけシンプルになるように，開位置，閉位置それぞれに対応する近接センサを取りつけています．

電動バルブには専用のバルブ・ドライバが付いており，OBCとの通信が途絶すると，自分でバルブを閉じる(または開ける)疑似ノーマル・クローズ(またはノーマル・オープン)動作をします．極低温で想定通り動くかどうか，機体に組み込む前に液体窒素を使って試験を行っています(**写真2**)．

表1　制御電流を使った流体の制御

制御電流	間に入る駆動源	最終的に使うバルブの種類	最終的に制御する流体の種類と量
数m～数十mA(1W未満)	6～7気圧の窒素(ソレノイド・バルブ駆動)	空圧ボール・バルブ	燃料やヘリウム・ガスを毎秒数リットル
	24Vバッテリ(数A)	電動ボール・バルブ	液体酸素(極低温)を毎秒数リットル
	なし	ソレノイド・バルブ	液体酸素(極低温)を毎秒数十ミリリットル

エンジンの向きを制御する「ジンバル機構」

今度は，推力1トンを超えるエンジンを燃焼中に直接操作して，向きを変えてやろうというジンバル機構です．ジンバルは，正確には「自由度を持つ回転台」という意味です．

MOMOのエンジンは2軸(2自由度)ジンバルの上に乗っていて，2軸それぞれのロッドで固定/駆動されています．ジンバル・ロッドの駆動源には電動モータを使っていて，ギア・ユニットとリンク機構を介してエンジンとつながっています．

ジンバル・ロッドは，できるだけエンジンの近くに取り付けたほうが高精度に制御できるのですが，MOMOの開発ではエンジンの大きさや構造が確定する前にある程度ジンバル機構の開発を進めておく必要があったため，エンジンとロッドとの間に金属板を挟み，この金属板を動かすことで間接的にエンジンを動かしています．開発の最初期段階では，この板にエンジンを模した錘を取り付けて，高速で往復させる負荷試験や，最大動作速度を測る試験などを行って仕様を確定させていきました(**写真3**)．〈金井 竜一朗〉

● ジンバルの仕組み

ジンバル機構のイメージを**図4**に示します．大型ロケットでは油圧シリンダを使うのが普通ですが，MOMOはエンジンが小型なので，角度調整の精度や応答速度の高さで勝る電動モータを採用しています．

図5にジンバルの仕組みと外観を示します．エンジン角度を0.1°精度で調整できます．ギア・ボックスは2セットあり，エンジンとロッドで結合しています．エンジンは，ピボット(支点)を介して機体とつながっていて，そこを中心に回転します．タンクからエンジンにつながる燃料や液体酸素の配管は，柔軟に曲がります．

写真2　−196℃の液体窒素を使った電動バルブ動作実験
−183℃の液体酸素よりも低い温度で実験している

● 向きが変わるまでの遅延も織り込んで制御する

ジンバル制御マイコンは，主コンピュータから角度指定コマンドを受け取り，エンコーダで計測した角度が目標値に達するまでモータを回します．角度指定コマンドが発行されてから，実際のエンジンの向きが変わるまでには，少し遅れがあります(**図6**)．その大きさは地上であらかじめ測定しておき，主コンピュータで実行するPID制御を調整します．〈森岡 澄夫〉

機体の回転を止める「サイド・ジェット」

MOMO初号機の後で，改良のために開発されたのがサイド・ジェットです．2号機の失敗を引き起こし，そして3号機で見事機体を制御しきって，初号機と2号機の雪辱を晴らしました．この開発でも，実はいろいろと苦心しました．

● 回転制御用の高温ガスを生成するガス発生器

サイド・ジェットから出る高温ガスを作るミニ・ロケット・エンジンは，2号機モデルと3号機モデルでずいぶん設計変更がありました．詳しくは2号機の実験報告書[(2)]にありますが，2号機の失敗原因となったオーバーヒートを防ぐように設計変更を行い，確認試験を2号機のすぐ後(2018年の秋)に行っています．

写真3　ジンバル試験台を用いた駆動試験
エンジンの代わりに模擬錘を使用し，高速で錘を振る動作を繰り返して試験を行った

● 可動ノズルの導入＆試験

可動ノズルの導入も，まず固定架台で下記のような試験を行いました.

(1) ノズルが任意の角度のときにどれだけのトルクが発生するかを確認する試験
(2) ノズルから伝わった熱がサーボ・モータを故障させないかを確認する試験
(3) ノズル角度をステップ上に素早く変化させ，追従性を確認する試験

設計によってはノズルの角度を変えても全然，横方向のトルクに変換されないことがあり，何度も変更して設計することになりました.

● 姿勢制御系の実験の難しさ

固定架台で一通り高温ガスに触れる部分の設計を固めた後は，慣性モーメントを機体に合わせこんだ，フリーに回転できる架台を使って，動的制御試験を行いました(**写真4**).

ターゲット角度履歴を与えてステップ応答やランプ応答を見ながら，PID制御のゲイン設計手法を確認していきました．百聞は一見に如かずということで，YouTubeにこの時の動画をアップロードしてあります.

https://www.youtube.com/watch?v=ztONg1WWAz4

全天周カメラを回転架台に置いて撮影した，機体視点の迫力満点の動画です. 〈**金井 竜一朗**〉

写真5に示すのは，組み立て中の機体を底面から見たところです．横方向へ高温ガスを噴射するノズルが2個設置されています．ノズルの向きを変えると機体軸回りに回転させる力が発生します(**図7**)．これを利用して機体の回転を止めます.

ノズルの向きはモータ・ユニットで変更します[注1](**図8**). 〈**森岡 澄夫**〉

打ち上げ台 ランチャまわり

ここまで，機体の中のアクチュエータに注目して書いてきましたが，ランチャにもさまざまなアクチュエ

注1：当初は市販RCサーボを使っていましたが，ブラックボックスでは性能・機能を正確に把握しにくく，故障や誤動作などのトラブルの調査も難しいため，モータ以外内製のユニットに変更されています.

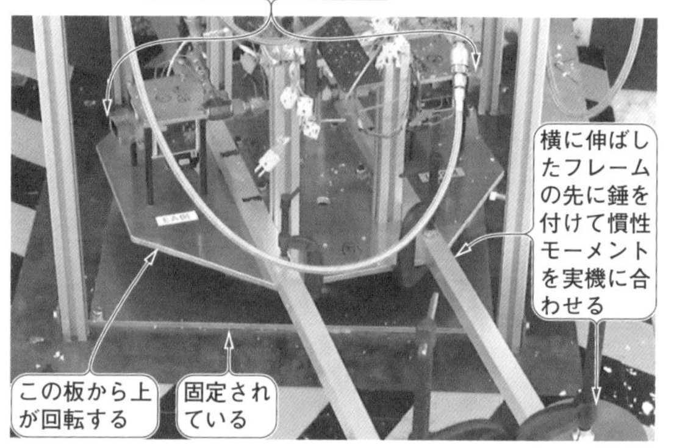

写真4　自由に回転できる台を使って回転が制御できるかを確かめる
回転架台を用いたサイド・ジェット動的試験

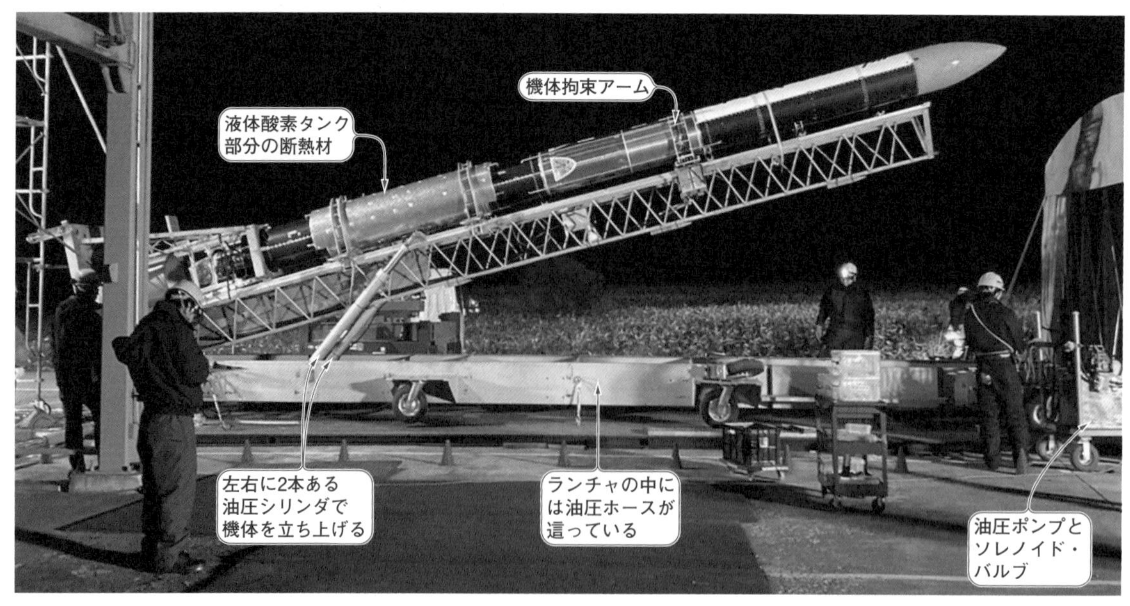

写真5　打ち上げ台 ランチャでは油圧シリンダを用いて機体を立ち上げる
横に倒した状態で組み立てして打ち上げ時に立てる

ータが搭載されているので紹介します．

ランチャそのものは機体の組立台も兼ねており，普段は組立棟の中で横になっています．ランチャは射点に運んだ後に立ち上げられますが，このときは油圧シリンダが活躍しています．

● 機体立ち上げ用シリンダ

写真5のように，大きな2本の油圧シリンダを伸ばしていくことで，機体が90°立ち上がって直立状態になります．油圧の制御は，200 V電源の油圧ポンプに直結したソレノイド・バルブを指令所から遠隔操作したり，直接操作したりして行います．

● 拘束アーム

直立した状態で強風が吹いたり，高所作業で万一機体に力がかかったりしても倒れないように，打ち上げ直前までは機体を拘束しています．この機体拘束アームも油圧で制御しています．駆動源は，機体立ち上げシリンダ用と同じ油圧ポンプから取っています．機体を押しつぶしてしまわないように，拘束アームには機

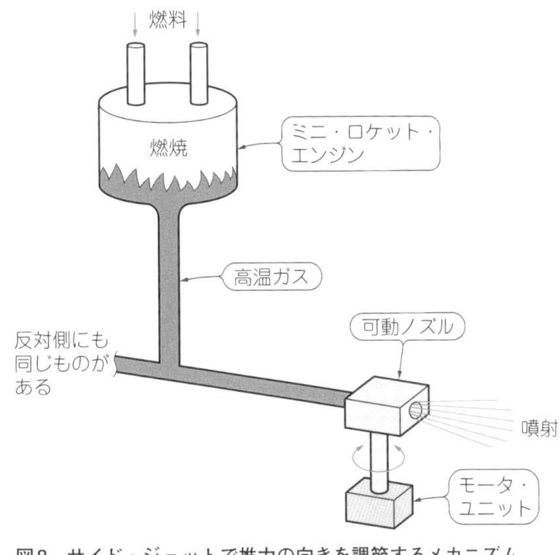

図8 サイド・ジェットで推力の向きを調節するメカニズム

写真6 機体の拘束を解除した打ち上げ直前と同じ状態のランチャ
機体はランチャの上に立っているだけ

写真7 機体は拘束されていて断熱材だけ開いている状態のランチャ
尾翼の取付中のようす

体に触れるか触れないかくらいの幅で止まるようなストッパが付いています.

打ち上げの直前には，アームの拘束を外したうえで30°程度倒し，機体にぶつからないように退避させます(**写真6**)．これらの油圧系統は，少し間違うと機体を倒してしまったり破損してしてしまいかねないので，常時セーフティ・スイッチで保護されており，操作する時しか機能しないようになっています.

● 少しでも機体を軽く！液体酸素タンク用可動断熱材

油圧系統が動いている写真を見ると，他にも開いたり閉まったりしているものがあります．液体酸素タンクの部分に付いている断熱材です(**写真7**).

この断熱材は，文字通り極低温の液体酸素が温まらないために付いているものです．もし断熱材がないと，タンクはいつまでも大気に温められることになりますから，液体酸素を入れてもその瞬間に沸騰して，全然入っていってくれません．アルミ合金でできた半円筒板の裏にロックウール断熱材を張り付けた簡素な構造ですが，あるとないとでは全然違います.

この断熱材は，液体酸素の充填時には必須ですが，打ち上げのときには邪魔になってしまいます．そのため，打ち上げの直前に機体からガバっと剥がします．この駆動に空圧の直動シリンダを使っています.

開閉時にあまり大きな衝撃を加えると機体が揺れてしまうので，空圧の流路を絞ることでゆっくり開閉するようにしています．大型のロケットの場合は，タンクが第1段，第2段と分かれていることもあり，タンク部分に直接吹き付けて塗布する形式の断熱材が使われることが多いです．MOMOは液体酸素タンクが1つしかなく，しかも表面が外に露出していることから，外部断熱にすることで少しでもロケット本体の重量を減らしています.

● 超低温な液体酸素の充填・排出口

地味ですが非常に大事なアクチュエータをもう1つ紹介しておきます．それは，液体酸素の充填・排出口です.

▶充填口

燃料のエタノールは人間がガチャっと充填口を取り付けて充填します.

燃料満載状態の機体に液体酸素を入れるときは，作業員が危険にさらされないよう完全に遠隔操作で行います.

▶排出口

液体酸素を充填したのに，気象条件などで打ち上げが延期となった場合は，同じ配管を通じて一旦液体酸素を遠隔で抜かないといけません．つまり，「液体酸素を出し入れするときはしっかり固定されて漏れない」けど「打ち上げの瞬間は引っかからず確実に離れ」さらに「離れたあともう一度再固定できる」という機能を実現しないといけません．これを可能にしているのが，空圧シリンダを用いたアンビリカル・コネクタです.

空圧の直動シリンダ3本にそれぞれリンクされた爪が付いており，この爪で機体側の充填配管が押さえられています．配管を押さえてある間は数気圧で液体酸素が充填されても漏れず，爪を解除すると簡単にスポっと抜けるようになっています(**図9**).

同じ機能を持つケーブルやコネクタは，大型ロケットの打ち上げでは，たるんだケーブルやホースが離昇の瞬間に機体から離れていく，という映像で観察できます．MOMOは充填/排出口が1カ所しかないため，ランチャに設置して機体をその上に乗せる，という形態にしています.

ランチャ周辺の空圧系統は，断熱材や液体酸素アンビリカル，液体酸素設備用空圧バルブや掃気/消火用窒素空圧バルブなどを全部まとめて，打ち上げ制御用のPLC(プログラマブル・ロジック・コントローラ)と繋がった地上のソレノイド・バルブで制御されています.

◆参考文献◆

(1) キーエンス，アクチュエータ|IoT用語辞典
https://www.keyence.co.jp/ss/general/iot-glossary/actuator.jsp

(2) インターステラテクノロジズ，MOMO2号機打上実験調査結果報告書(第2報)
http://www.istellartech.com/archives/1811

〈金井 竜一朗〉

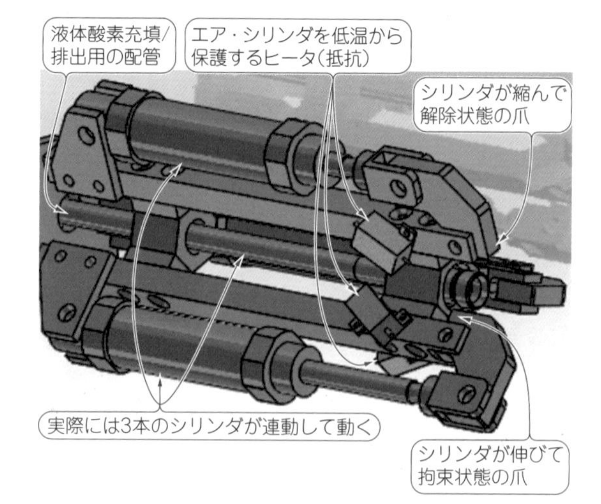

図9 空圧シリンダを用いた液体酸素アンビリカル・コネクタ
遠隔で確実にロックと解除ができる

column 01 ロケット開発は野生動物とも戦う

植松 千春

北海道特有の極寒環境とともに出てくるのが野生動物です．突然，通信が途絶えたかと思ったら，ケーブルをかじられていたのでした．

写真Aに示すのは，仕事場に向かう途中で撮影したエゾシカです．ほかにもヒグマや野ウサギが目撃されています．野生の動物にも負けないために，ケーブルは高い位置，または地面に埋設，転がして引く場合は，鋼線入りの強いケーブル(中国製の光ファイバも鋼線入り)を採用しています．

(a) エゾシカ

(b) タンチョウ(鶴)

写真A　ロケット開発あるある…仕事場に向かう途中で野生動物に遭遇する

第9章 工夫しどころのエレキの世界

制御と検証の要…センサ＆カメラ

森岡 澄夫 Sumio Morioka

写真1 最重要！推進系の配管に組みつけられている圧力センサ
計測範囲は数十MPa(数百気圧)．その後，もっと小型のセンサに変更

センサを搭載する目的

観測ロケットMOMOに搭載しているセンサには次のような目的があります．

(1) 安全の確保

打ち上げ前は，カウントダウンの進行や緊急中止(アボート)の判断をするために，さまざまなセンサの計測値をモニタします．打ち上げ後は，機体の位置と速度を測定します．

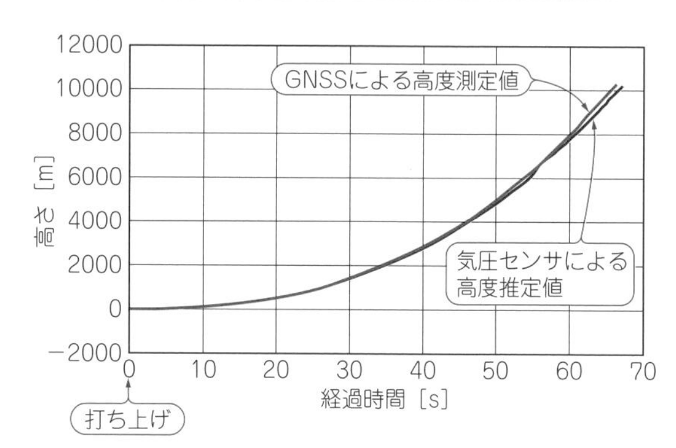

図2 気圧センサとGNSS受信機で測定した高度(MOMO 1号機の実測値)
GNSSの測定結果を気圧センサの計測値で傍証する．センサの計測値は信用できないと考えるのが，安全を確保するために重要．重要な情報は複数のセンサの計測値を突き合わせるのが基本．油断は禁物

(2) 飛行中の機体制御

機体の姿勢を測定します．安全確保の目的も兼ねます．

(3) ポスト・フライト解析

飛行終了後に，環境や機体の動きを解析します．

(4) 広報

公開用の飛行記録データを集めます．宇宙に行ったことを証明するうえで重要です．

エンジンの動作をチェックする「圧力センサ」

● 壊れてはならない重要部品

圧力センサ(**写真1**)は推進系配管に組みつけています．サイド・ジェットや主エンジンの動作状態は，圧力の測定結果からチェックできます．

センサには，数M～十数MPa(数十～百数十気圧)の圧力が加わりますが，壊れることは許されません．アナログ出力をマイコンでA-D変換して主コンピュータに伝送しています．

▶サブの高度計としての気圧センサ

気圧センサ(**図1**，BMP280，ボッシュ)で，ペイロ

項目	値など
想定レンジ	300～1100hPa
相対精度	±0.12hPa@25℃
絶対精度	±1hPa@0～40℃
インターフェース	I²C, SPI
消費電流	2.7μA@1.8V
使用温度	−40～+85℃
パッケージ	8ピンLGA
サイズ	2.0×2.5×0.95mm

(a) スペック

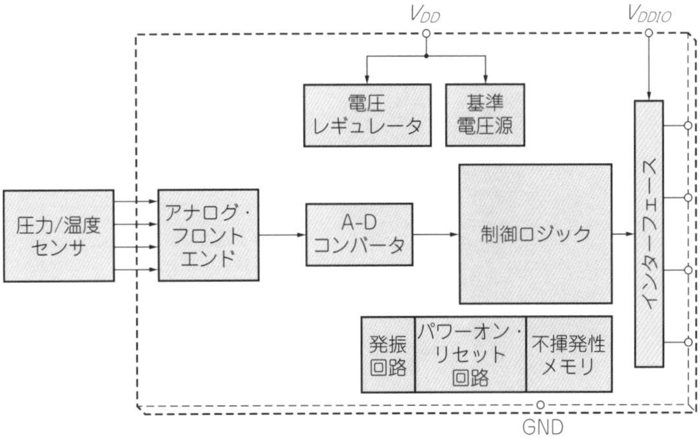

(b) 内部ブロック図

図1 気圧センサも搭載している(BMP280, ボッシュ)

項目	値など
想定レンジ	−50～+150℃
最大測定誤差	±0.5℃@−20～+90℃
測定周期	100ms
インターフェース	シングル・ワイヤ
消費電流	34μA@3.3V
使用温度	−40～+85℃
パッケージ	2ピンTO-92/LPG
サイズ	3.1×4×1.5mm

(a) スペック

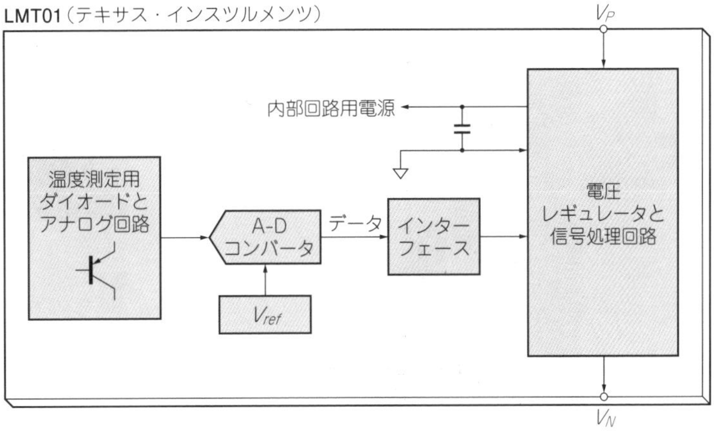

(b) 内部ブロック図

図3 MOMOに搭載している温度センサ(LMT01, テキサス・インスツルメンツ)

項目	値など
想定レンジ	−10～+85℃
最大測定誤差	±1℃
インターフェース	I²C
消費電流	150μA@3.3V
使用温度	−40～+125℃
パッケージ	6ピンDFN
サイズ	3×3mm

(a) スペック

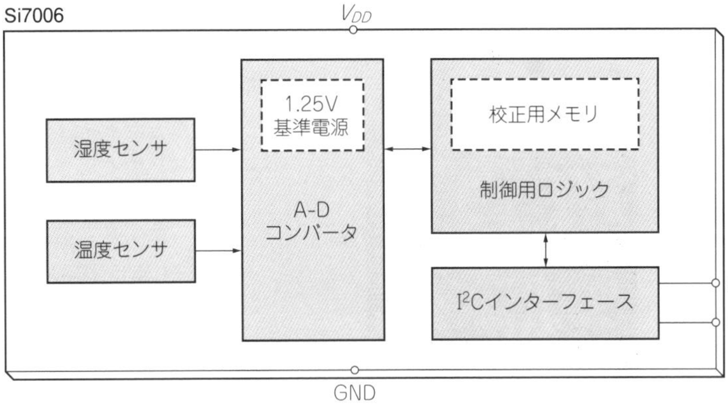

(b) 内部ブロック図

図4 MOMOに搭載している温度センサ(Si7006, シリコン・ラボラトリーズ)
基板の温度計測などに利用している

ードの搭載スペースの環境や高度(参考値)を測定します.

MOMO 1号機のフライトで, GPS(正確にはGNSS)による測定値と気圧センサで算出した高度が合致したことから, GPSで高度計測がほぼ正しく行えているという証拠が得られました(**図2**).

写真2　ロケットの機体内は冷たかったり熱かったり極端
バッテリなど温度に弱い部品は設置場所に苦労する

項　目	値など
対応する衛星	GPS, GLONASS, QZSS
測位精度	2.5 m(CEP)
高度や速度の上限	なし
最大加速度	25 g
最大測位レート	20 Hz
消費電力	150 mW
使用温度	－40～＋85℃
サイズ	17.0×22.4 mm

(a) スペック

(b) 外観

図5　MOMOの位置追跡に利用したGNSS受信モジュール
高度や速度制限がなく，人工衛星での利用実績もある「firefly」

機体内の各所を見張る「温度センサ」

● シビアなエンジン点火の確認

推進系において，温度計測はエンジン点火を直接的に確認する手段です．測定値が異常だった場合は，即打ち上げを中止します．計測には，素線がケースで覆われているシース熱電対を使います．そのアナログ出力をマイコンでA-D変換して主コンピュータに伝送します．

非推進系には，機体内環境や基板温度などの測定を目的とし，ワンチップ温度センサICも使っています(図3，図4)．

● 環境条件が厳しい高温＆低温箇所もモニタ

写真2に示すように，機体には高温箇所も低温箇所もあります．次の2つの装置については常に温度をモニタしています．

▶バッテリ

バッテリは低温で性能が低下しやすいです．しかし，ジンバル・モータなどの駆動バッテリは，どうしても液体酸素タンクの近くに設置しなければならず，冷えてしまいがちな部品です．

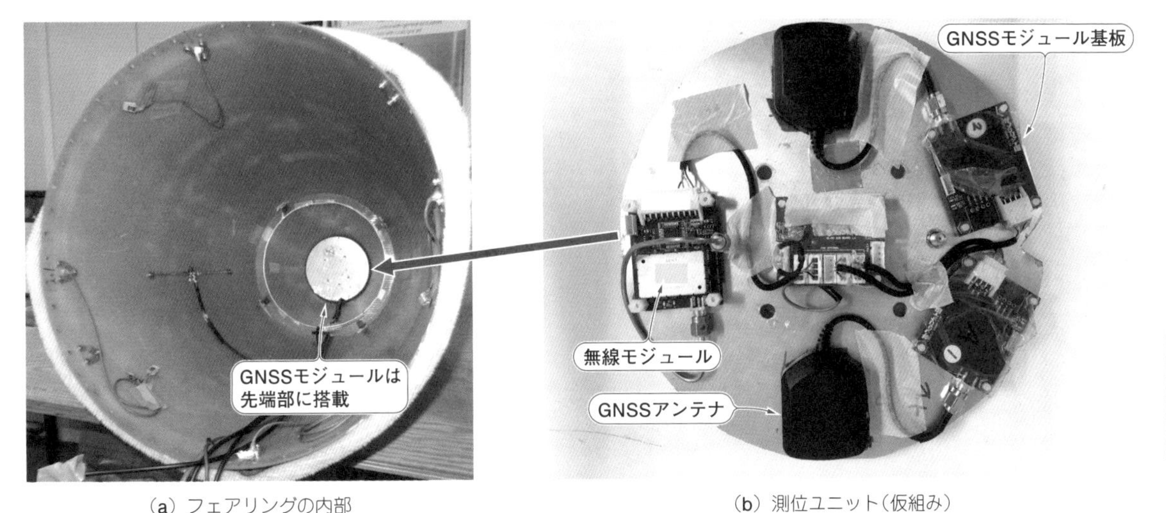

(a) フェアリングの内部　　(b) 測位ユニット(仮組み)

写真3　GNSS受信機はアンテナとともに機体頭部のフェアリング先端部に収納している

▶無線機

アンテナとともにフェアリング内(頭部)に組み込んでいます．しかし無線機自体の発熱が大きいことに加え，直射日光を受けるとフェアリング内の気温が上がり，高温になりやすい部品です．

追跡用の位置センサ「GNSS」

● 現在位置をリアルタイム・モニタ

旧来，宇宙ロケットの飛行位置把握には地上局からのレーダ観測が使われてきました．最近，大型ロケットはGNSS(GPS)受信機を使ってロケット自体が位置を測定する方式を導入しつつあります．地上局運営のコストを下げるためです．

MOMOもGNSS受信機で位置を把握します．地上設備としてレーダはありますが，海上の船舶をモニタするためで，機体の追跡用ではありません．

● 人工衛星でも使えるGNSS受信機がある

GNSS受信機は安くなりましたが，どんなモジュールでも使えるわけではありません．ほとんどは測定速度に上限があり，宇宙ロケットや衛星では利用できません．

MOMOに搭載しているGNSS受信機を図5に示します．超小型衛星にも使われています[(1)]．JAXA SS-520ロケットでの飛行実績もあるそうです．

GNSS受信機ボードとアクティブ・アンテナの2セットをアルミの板に組み付けて，フェアリング先端部に搭載しています(写真3)．地上の建造物などによるマルチパスへの対策は，重要な評価検討項目です．

● GNSS位置が得られなくなったら即飛行中止!

GNSSモジュールが出す位置と速度情報は，無線で地上の管制室に伝送されます．

管制室のモニタでは，機体の現在位置をリアルタイムに見ることができます(図6)．もし，飛行中断ラインの外へ出たら即座に中止ボタンを押します．無線やGNSSモジュールの故障で情報が得られなくなっても飛行中止です．MOMO 1号機は，66秒後に通信が途絶したため中止ボタンを押しました．

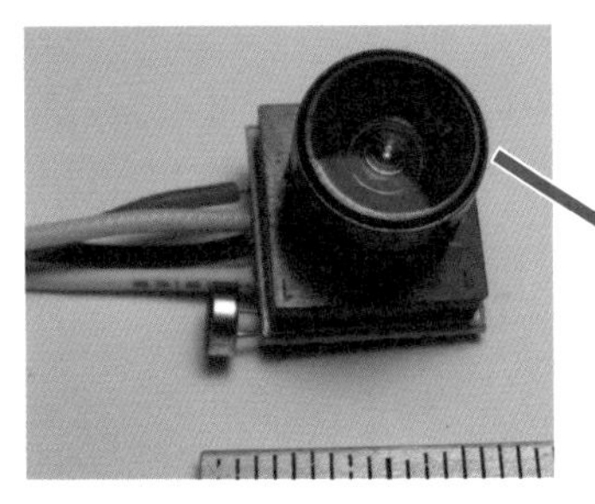

(a) 市販の600TVL 170°視野 NTSCカメラ(ドローン用)

(b) 風を整流するためのカウルに収納する

(c) フェアリング側壁に取り付け

写真4　MOMO 2号機の機体先端部や底部にカメラを装着

図6　管制局では機体の位置データをリアルタイムにチェックする
MOMO1号機の飛行終了時点（打ち上げ66秒後）の画面

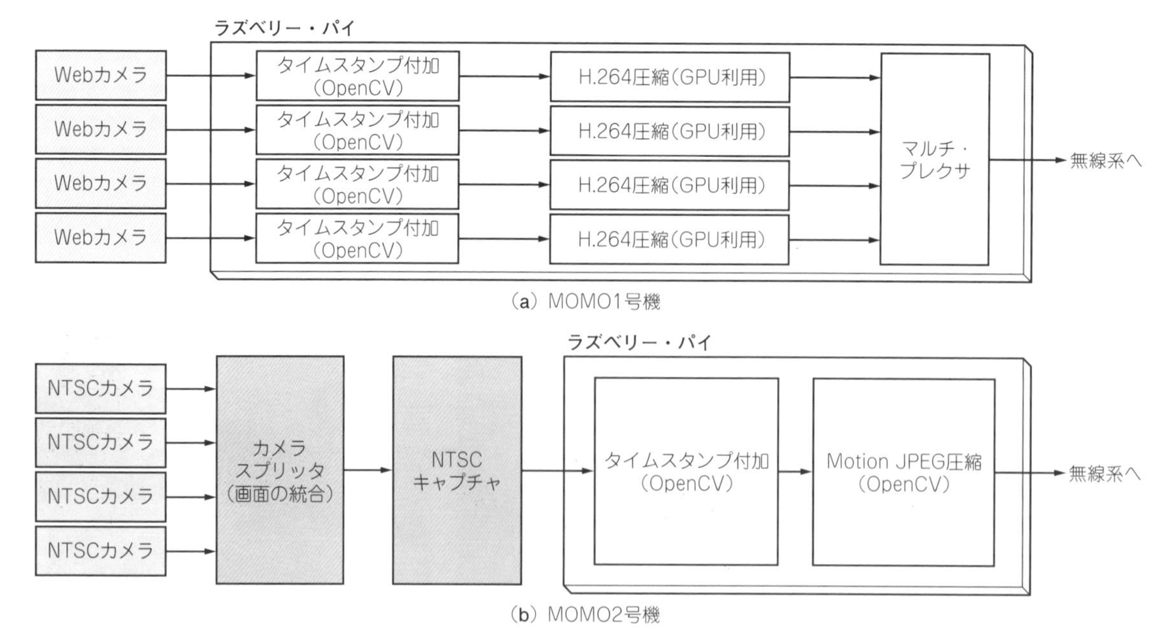

図7　おなじみラズベリー・パイを使って画像の圧縮と伝送を行っている
機体観測を主目的に，解像度よりフレームレートや伝送の安定性を重視している

column 01 手に汗にぎれる「発射ボタン」と「緊急停止ボタン」

森岡 澄夫

観測ロケットMOMOは，クラウド・ファウンディングを採用していて，打ち上げボタンを押す権利をGETできます．お値段は1,000万円です(2021年時点)．このボタンは，コンピュータに最終点火許可を与えるもので，押すと帽子のポップアップがポンッと上がります(**写真A**)．

私が自分で試験したときにはなかなかの押し心地でしたが，本番で押した方に尋ねたところ，適切な時刻に押さないとコンピュータが非常事態と判断して打ち上げを中止するので，ものすごく緊張したそうです．

私たち管制官が手をかけているのは，飛行停止ボタンです．モニタからひと時も目を離さず，異常を見つけたら冷静に停止ボタンを押す役目です．ボタンを押すまでの猶予は数秒未満で，ためらっている時間はありません．

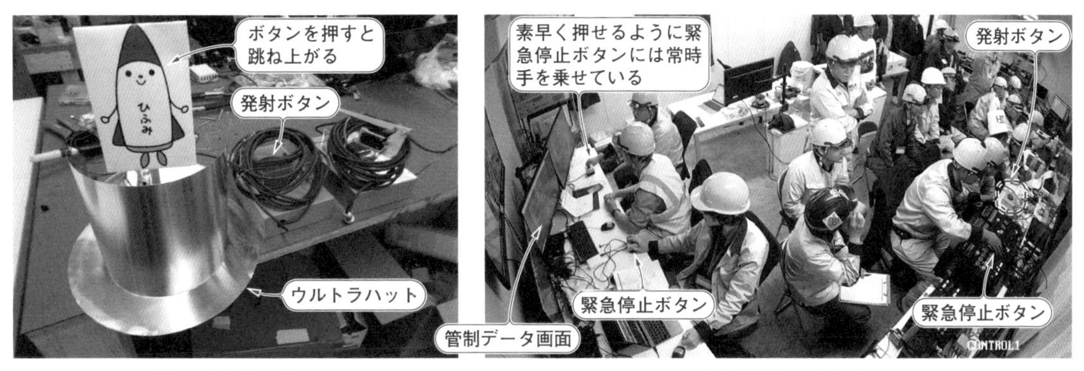

(a) 発射ボタン周辺　(b) 管制室のようす

写真A　打ち上げ直前の管制局の中
「発射ボタン」と各「緊急停止ボタン」はスタンバイする

将来的には，GNSSを慣性誘導装置と組み合わせて(GPS/INSという)，自律飛行させることも視野に入れています．

飛行中の自撮り用「カメラ」

● 飛行状況の把握には映像が一番

フェアリング側壁にドローン用のNTSCカメラ(**写真4**)を装着して，地上に無線で映像を伝送しています．機体と飛行の状況把握が目的です．

映像に割り当てられている無線のデータレートは約3 Mbpsしかなく，高解像度の映像は送れません．フェアリングの洋上回収が可能になれば，メモリ・カードに記録した4K 60 fpsの高解像映像やVR用全方位映像を見ることができるでしょう．

● ロケットならではの映像処理

カメラが出力するアナログ映像出力はディジタル化して時刻をスタンプし(**写真5**)，データ圧縮をかけて無線機に送ります．

MOMO 1号機では複数のWebカメラを使ってH.264ストリームを送っていましたが［**図7(a)**］，Webカメラが多くなるとフレームレートが不安定になります．また，無線のデータ・パケットが一時的に消失すると，H.264では映像が回復しにくいこともわかりました．そこで2号機では4個のNTSCカメラ出力を1画面にとりまとめ，Motion JPEG圧縮するよう変更しました［**図7(b)**］．その後，mpeg TSのストリームを送るようにする等，パケット落ちへの対応や高画質化が進んでいます．

これらの動画処理にはラズベリー・パイ3を利用しています．圧縮はGPUではなくソフトウェアで行い，

写真5　観測ロケットMOMOが送ってきた飛行中の映像

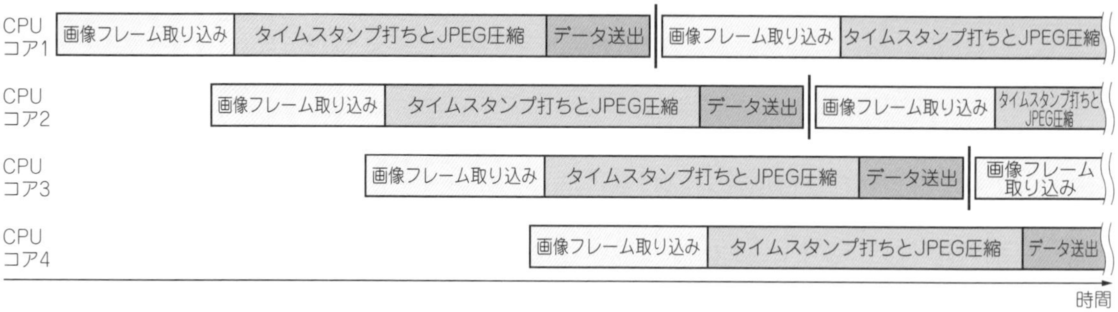

CPU コア1: 画像フレーム取り込み / タイムスタンプ打ちとJPEG圧縮 / データ送出 / 画像フレーム取り込み / タイムスタンプ打ちとJPEG圧縮
CPU コア2: 画像フレーム取り込み / タイムスタンプ打ちとJPEG圧縮 / データ送出 / 画像フレーム取り込み / タイムスタンプ打ちとJPEG圧縮
CPU コア3: 画像フレーム取り込み / タイムスタンプ打ちとJPEG圧縮 / データ送出 / 画像フレーム取り込み
CPU コア4: 画像フレーム取り込み / タイムスタンプ打ちとJPEG圧縮 / データ送出
時間

図8 ラズベリー・パイではパイプラインで画像データを処理してフレームレートを上げている(QVGA Motion JPEGで約10 fps)
画像処理速度よりも無線伝送速度がボトルネック

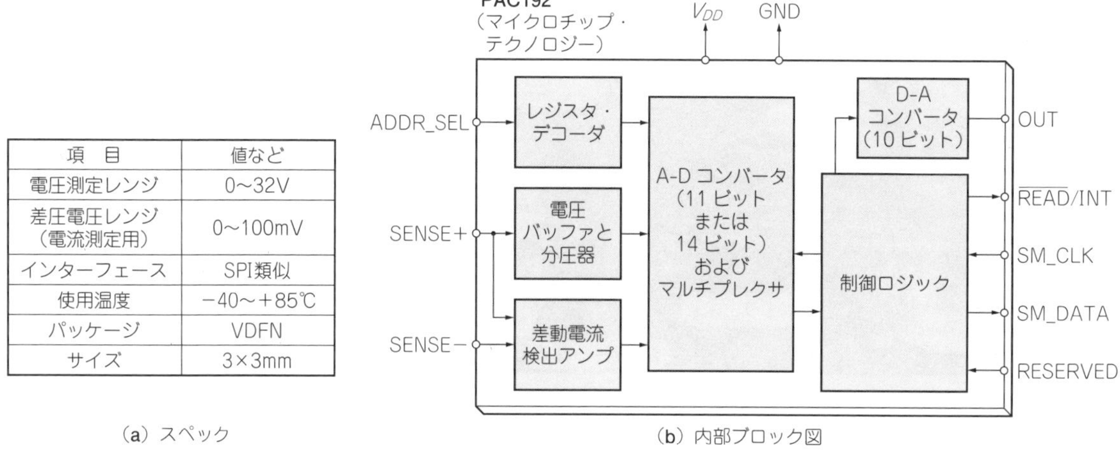

項 目	値など
電圧測定レンジ	0～32V
差圧電圧レンジ(電流測定用)	0～100mV
インターフェース	SPI類似
使用温度	−40～+85℃
パッケージ	VDFN
サイズ	3×3mm

(a) スペック

(b) 内部ブロック図

図9 MOMOに搭載している電圧/電流センサ(PAC1921, マイクロチップ・テクノロジー)

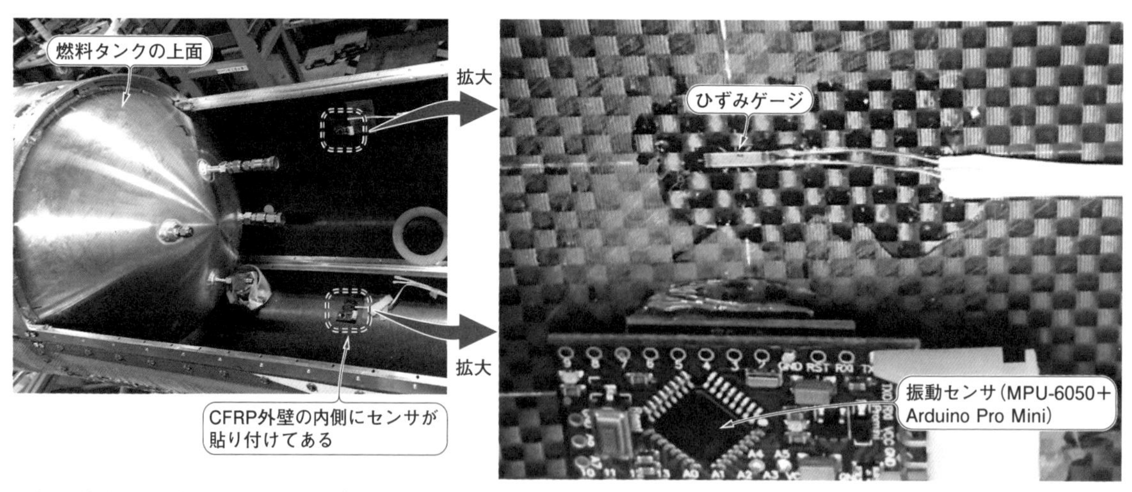

写真6 機体の内壁(材料はCFRP)**にひずみゲージや破壊検知用の簡易振動センサを貼り付けている**(MOMO 2号機)

マルチコアでパイプラインを組んで高速化しています(**図8**).

● トラブル解析に欠かせないタイムスタンプ

カメラで撮影した映像には，時刻情報が打たれています．これはポスト・フライト解析に欠かせないデータです．

フライトでトラブルが起きた場合は，センサ・データと映像を時刻順にならべ，どのような事象がどのような順に起きたかを解析して原因を追究します．機体の故障拡大や機体の分解はあっという間に起こるので，データにms(ミリ秒)オーダの時刻精度が必要です．

MOMO 1号機では映像に打たれている時刻は0.1秒単位でしたが，2号機ではミリ秒単位に，さらには機内で取得したすべてのデータにGPSによるマイクロ秒精度のタイムスタンプが付けられるように改善が進んでいます．

そのほかのセンサ

● 推力や振動をチェックするための電圧/電流センサ

バッテリ，ジンバル・モータ，サイド・ジェット用

▶図11 MEMS加速度センサは，300～400 Hzの周波数帯で10～20 g以上の振動が加わると誤動作する可能性があることが地上での加振試験でわかってきている
実際にMOMO 1号機と2号機でも，エンジン近くの加速度センサは垂直方向で顕著な誤動作を起こした．現在では，この誤差は「振動整流誤差」と呼ばれるMEMS加速度センサ特有のものであったことが判明している

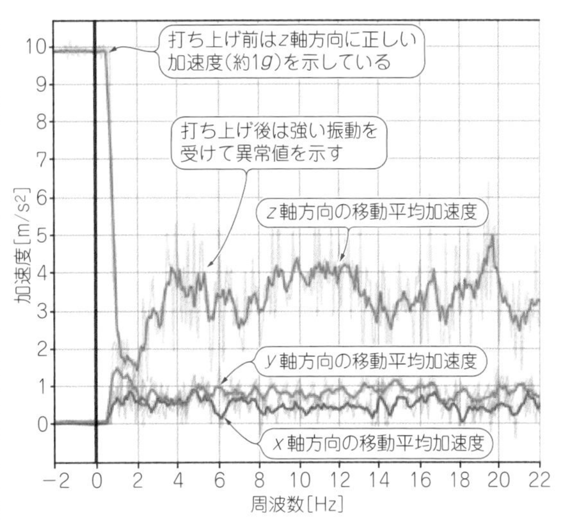

項　目	値など
ジャイロ測定レンジ	250/500/1000dps, max 8000sps
加速度測定レンジ	±2/4/8/16g
加速度測定レート	1000サンプル/s
絶対精度	±1hPa@0～40℃
インターフェース	I²C, SPI
消費電力	3.7mA@3.3V
使用温度	−40～+85℃
パッケージ	QFN
サイズ	4×4×0.9mm

(a) スペック

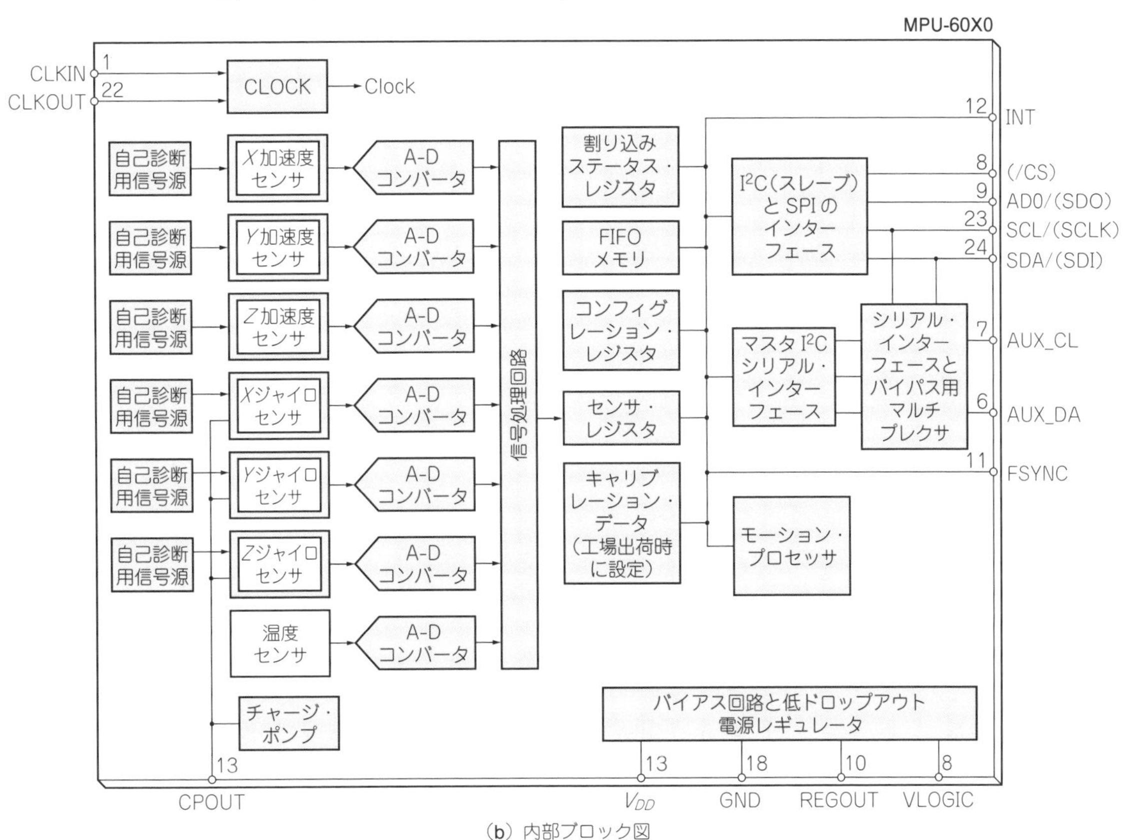

(b) 内部ブロック図

図10 MOMOに搭載している加速度センサ(MPU-6050，TDK)

column 02 低コストと高信頼性を両立するには

森岡 澄夫

● 民生品の中にも宇宙に使えるものはたくさんある

低価格なロケットを開発するためには，次の2つの条件を両立する必要があります．

(1)宇宙用というきわめて特殊で高信頼なマシンを作る
(2)普通に売っている部品(既存民生品)を寄せ集めて，安価な普通のマシンを宇宙に飛ばす

宇宙ならでは，という特殊性がどれくらいあるかは，同じロケットの内部でも系によって違います．エンジンは明らかに特殊ですが，すべてが特殊なわけではありません．

エレクトロニクス系は，日常見る量産家電や車載製品，医療製品など(まとめて非宇宙用品と呼ぶ)と極端には違いません．

処理性能や基本機能は，民生デバイスで十分すぎるほど足ります．利用環境は厳しいですが，長寿命は求められません．非宇宙用品が開発・製造の際に行うテスト条件と比べて，特別に厳しいわけではありません．緩い条件も厳しい条件もあります．

ロケットに使うエレクトロニクス機器の利用時間は数十分間，MOMOの場合はたったの数分もてばOKです．長寿命が求められるわけではなく，宇宙空間に直接曝露もしません．この条件は人工衛星とは大きく違います．

信頼性は，安全に関わる部分か否かで異なりますが，非宇宙用品と同程度に高信頼・高安全である必要があります．非宇宙用品が簡単・低信頼・低安全だという印象があるかもしれませんが，そうではありません．

本来使えない部品を使って，フライトに失敗したのでは本末転倒です．コストアップになりますが，利用できるかどうかをテストします．実際，宇宙専用品が高価格になる一因は，テストと保証のコストです．

●「必要最低限の品質の見極め」がノウハウ

民生品を利用すれば安くなる，というものではありません．コストが上がる可能性もあります．ロケットはすでに確立された技術だから車輪の再発明だ，という見方もあるようですが，それは違います．ロケットをいかにコストダウンして作るかは，確立された技術ではないからです．

今この瞬間も，世界でロケットの研究開発は進められています．既存ロケットと民間ロケットは対極のように見えますが，同じトレンドに従って同じ方向を向いている面は多くあります．低コスト化を試みている点は同じです．

過去にロケットが数多く打ち上げられましたが，その製作技術は公開されていません．論文や特許などの公開資料から分かる情報は限られており，そこに書かれていない非公開のノウハウがきわめて重要です．そのうえ，既存ロケットで使われたノウハウは，民間ロケットではそのまま適用できない場合も多くあります．

私たちのモットーは，「宇宙だから」という先入観をもたないで，どうあるべきかを具体的に検討し，過少品質や過剰品質を避けてコストを下げる，という基本的なことです．しかしこの基本的な「必要最低限の品質を見極める」という作業こそが困難です．

● 新しいデバイスを使うことを恐れない

絶対にフライトに失敗したくなければ過剰品質になり，いったん成功すると品質を下げる勇気をもてなくなります．失敗を数多く積み重ねれば，少しずつ品質を上げて見極めもできますが，何度も失敗することは許されません．むやみに品質を下げれば成功率が悪化し，「安かろう悪かろう」になって商用にはなりません．

私はエレクトロニクス担当として少しでもコストを削減するために，低価格・高性能・高信頼を兼ね備えた新しいデバイスを積極的に日々検討しています．ただし，ソフトウェアに関しては，新しいほうが良いとは考えていません．

本書のように，ロケット・エレクトロニクスの詳細がこれだけ現物の見える形でまとまり，かつ製作当事者から直接に説明されるのは，過去に例がないかもしれません．私たちは，工数・知識とも限られている中で真剣な議論を繰り返し，フライトに臨んでいます．技術的には未成熟で失敗の連続ですが，毎日新しい発見があります．本書を通して，多くの技術者に興味を持っていただけたら幸いです．

のRCサーボなどにつき，電圧と電流を測っています．PAC1921(**図9**，マイクロチップ・テクノロジー)などを使っています．

● 空力の影響を詳しく調べるひずみ/振動センサ

MOMO 1号機は，空力に機体が耐え切れず破壊したと考えられます．そこで，2号機では機体内壁のあちこちにひずみセンサを取り付けていました(**写真6**)．また，加速度センサ(MPU-6050，**図10**)とArduino Pro Miniで低周波振動の計測もしていました．

MOMO 3号機では，振動をより精密に測定しました．振動の計測データは大量なので，生のデータを無線伝送することは難しく，機上でFFTをかけてから伝送する方法も使ったことがあります．

● 推力や振動を分析するための加速度センサ

MOMOは加速度を計測しており，エンジンが発生している推力，機体振動，および風の影響などの分析に利用しています．なお，MEMSタイプの加速度センサは，振動が強いところでは誤動作しやすいことが過去のフライトでわかっています(**図11**)．

◆参考文献◆

(1) 海老沼 拓史；衛星搭載用小型GNSSスマートアンテナの開発，日本航空宇宙学会 第61回宇宙科学技術連合講演会講演集 3B06，2017年
https://www3.chubu.ac.jp/documents/research/news/23446/23446_ff3c8b99cf080eb09b25a5609caf56a3.pdf (firefly/fireant解説)
(2) 森岡 澄夫；複数カメラでラズパイ全方位撮影，インターフェース，2018年7月号，pp.16-27，CQ出版社．

column 03 低コスト宇宙ロケット実現のためのブレークスルー

稲川 貴大

インターステラテクノロジズ(以下，IST)では，低コストなロケットを目指しています．既存のロケットよりも低価格にしようと工夫を随所に入れています．そのうちのいくつかを紹介しましょう．

● ピントル・インジェクタ

燃料と酸化剤をエンジンの中に入れる噴射器(インジェクタ)と呼ばれる部品があります．いくつか方式がある中でも珍しいピントル・インジェクタを採用しています(**図A**)．アポロ計画の月着陸船のエンジンに採用例があり，部品点数が少なく他の方式に比べて安価です．性能が低いと言われていましたが，ISTでは多くの燃焼試験により，打ち上げるのに十分な性能を得ることに成功しました．

● 点火器

エンジンに火を付ける点火器は，小さな固体ロケットや火薬，可燃性ガスの火炎放射器のようなものを利用することが多いのですが，ISTでは小さなハイブリッド・ロケット方式を利用しています．

MOMOに搭載されている酸素と，点火器用の固体燃料を組み合わせています．ロウソクを溶かしチクワ状に成形したものをエンジンの中に入れて，高温のガスを作ります．普通のロウソクを用いているので，とても安価です．

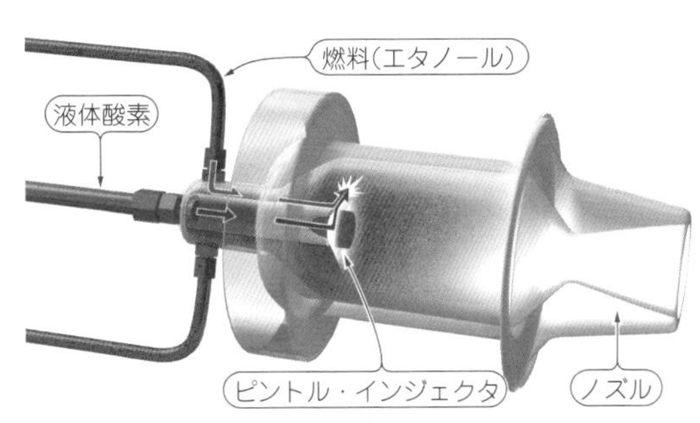

図A　コストダウンの工夫…ピントル・インジェクタの採用
部品点数が少なく低コスト化しやすい

● 内製タンク

ロケットの大きな部分である推進剤タンクの製造は業者に頼むと高くつきます．ISTでは内製化しています．アルミ合金でできていますが，材料屋さんや加工屋さんから曲げられた状態で購入し，自社工場で溶接しています(**写真B**)．高圧ガス保安法の申請があり，社内で検査し申請書を作って許可を得れば完成します．

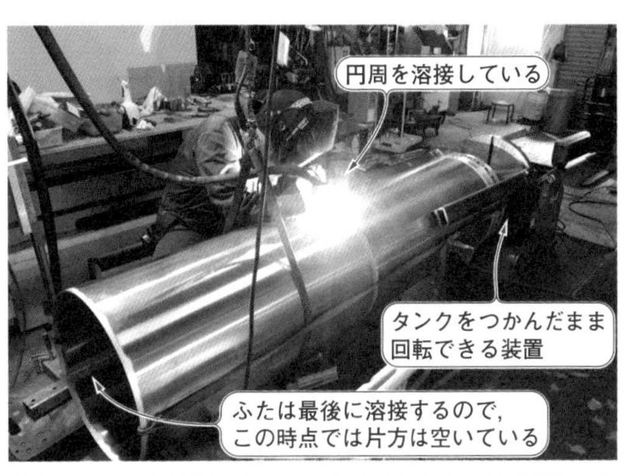

写真B　コストダウンの工夫…サイズの大きい推進剤タンクを内製する

第10章 かなり複雑になるロケットの神経網の実際

機内の通信ネットワーク&電源系

森岡 澄夫，稲川貴大(コラム2) Sumio Morioka, Takahiro Inagawa

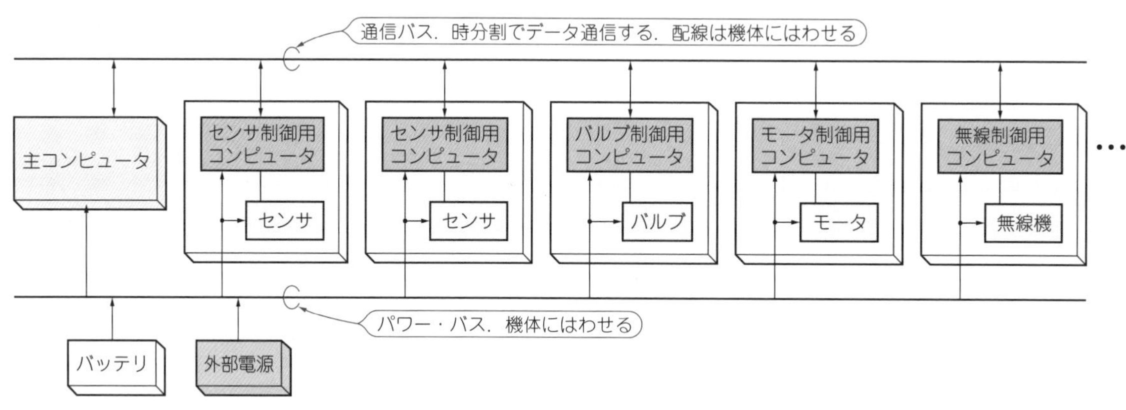

図1 ロケットの中にはデータ通信用バスと電力供給用バスが必要
観測ロケットMOMOの例

ロケットの中には，**図1**に示すように，データ通信用と電力供給用のバスがはりめぐらされています．

データ通信用バスには主コンピュータやI/Oデバイスが接続されており，各I/Oデバイスはマイコンを搭載しています．

電力供給用バスには，アクチュエータ，バッテリ，コンピュータ・ボードなどの電子装置が接続されています．

本章ではMOMOのデータ通信用と電力供給用のネットワークを紹介しましょう．

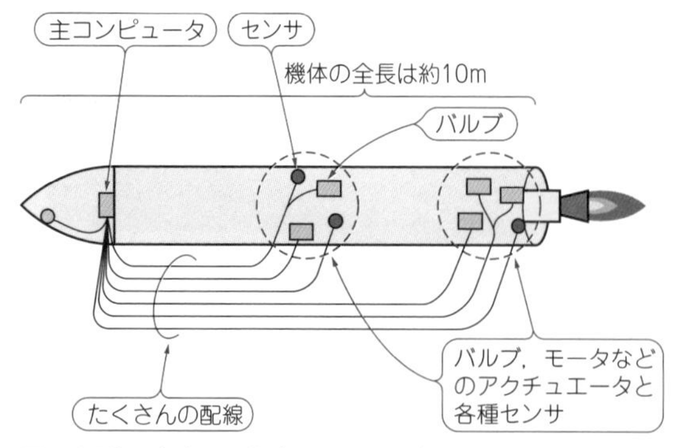

図2 配線が多くなりすぎるのでコンピュータ/センサ/アクチュエータの1対1接続はロケットには採用できない

意外とたいへんなエレキ系の接続

● 小型ロケットでも100個クラスの機器をつなぐ必要がある

主コンピュータ・ボードには，

(1) 入力デバイス：ジャイロなどのセンサ
(2) 出力デバイス：アクチュエータ(バルブやモータ)
(3) 電源

がつながっていて，全長10 mの機体の各部に配置されています．MOMOは液体ロケットとしてはシンプルな構成ですが，それでもアクチュエータを約20個，センサを50～100個搭載しています．

これだけの数のデバイスとマイコンを1：1配線すると，数百本ものケーブルを外壁に沿わせなければなりません(**図2**)．これでは，重量もサイズも大きくなりすぎて現実的ではありません．これだけのI/Oポートをもつマイコンを探すのも困難です．

● クルマに使われるリアルタイム制御用「CANバス」の採用

図1に示したように，MOMO 1号機と2号機は，自動車と同様に，CAN(キャン)バスを採用しています[(1)]．CAN

タンクの外側には配管があり，電気系ケーブル(CANと電力)が通されている

写真1 CANバスと電源ラインの実際のようす
タンク外壁に取り付けられた配管の内側を通している

FDではなくクラシックCANです．機体外壁にはわせた配線は，このとき電源ラインを合わせてもわずか4本でした(**写真1**)．

その後さらにCANは，二重冗長にすることで伝送エラーや断線への耐性を高めたり，それぞれのノードが定められたタイミングに従ってパケットを送ることでリアルタイム性を確保したりするような改良が加えられています．

CANの通信レートは数百Kbpsでけっして高くないのですが，次の理由から採用しました．

(1) 車載用として動作実証が幅広くなされている
(2) インターフェース・チップが容易に入手でき安価
(3) 多くのマイコンで簡単に利用できる
(4) 長距離伝送できる(注：マイコンによく付いているUART/I²C/SPIなどは不可)
(5) 動作がシンプルであり，通信がストップするデッドロックが発生しにくい
(6) 遅延など通信時間の特性を予測しやすく，変動が少ない

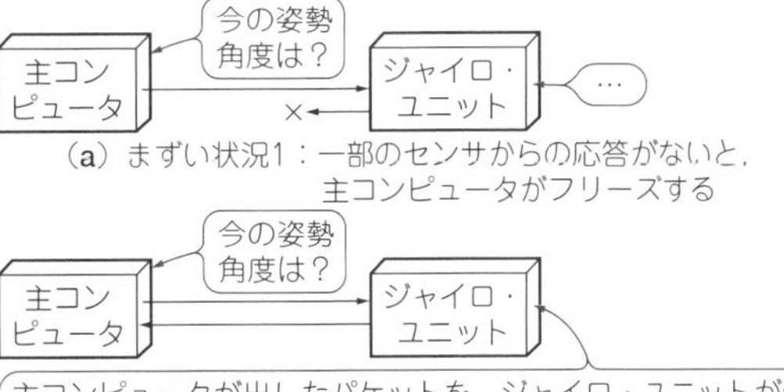

図3 ロケットのネットワークで起きてはならない通信エラー
通信が停止したり応答が一定時間内に得られないネットワークを使うと，肝心の機体制御ができなくなる

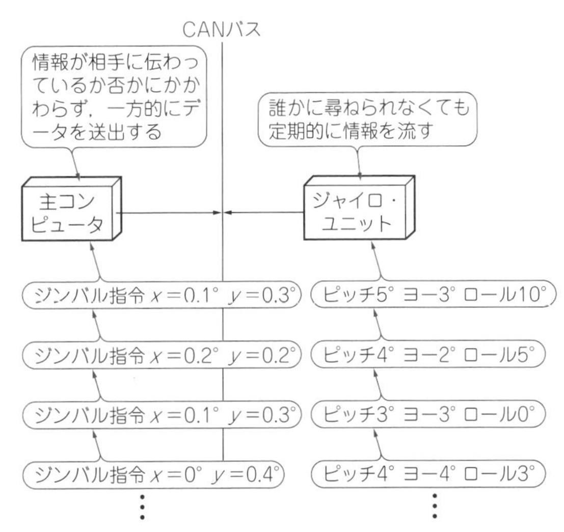

図4 CAN通信の仕組み
デバイスがデータをバスにブロードキャストする仕様．デッドロックや極端な遅延変動が起きにくい

(5)と(6)の理由は，ロケットにとってとても重要な要求事項です．配線を減らすことができる無線LANを部分的に導入できないかも，検討中です．

CANバスを採用した理由

● ロケットのデータ・バスに求められること

MOMOの主コンピュータは，100 Hz(10 ms)の一定周期で，姿勢情報の取得とエンジンの向きの更新を繰り返しています．

センサが出すデータの取得やアクチュエータへの指令はすべてバスを経由して行われますから，一定時間内に素早くデータが伝わることが必要条件です．(**図3**)

身近なインターネットでは，接続されているどこか1つの装置の調子が悪くなったりトラフィックが混雑したりすると，応答が著しく遅くなることがよくあります．そのような通信路はロケットに使えません．また，マイコンや専用ICで定番となっているI²Cなどは，

column 01 見て見ぬふりが一番の大失敗！ 犯人は何としても探し出す

森岡 澄夫

液体酸素の充填試験が終わった後，液体酸素を抜くときに限ってCANバス・エラーが多発するトラブルが起きました．CANバスに使っていたコネクタのラッチが凍結して外れかかっているところに，液体酸素が流れて機体が振動し，接触不良を起こしていたのです(**写真A**)．

わかってしまえば単純な原因ですが，その分析と特定にはかなりの時間がかかりました．コネクタ冷却と加振の複合試験を事前にやっていなかったことが根本的な原因でした．

もし，「本番では液体酸素を抜くことなく飛ぶので，実害はない」と無視していたら，飛行中にもっと強い振動を受けてコネクタが接触不良を起こし，CANバスがダウンしていたでしょう．その時点でフライトは失敗です．

また，別の冷却試験の最中にバッテリが切れるトラブルが起こりました．「低温なんだからバッテリの起電力が弱くなったのだろう」と最初は思いました．しかしよく調べると低温は関係がなく，モータ制御プログラムのバグでジンバル・モータに通電しっぱなしになるのが原因でした．そのまま見過ごせば，本番でジンバルが上手く動かなくなって姿勢制御ができなかったでしょう．

ロケットの開発に限りませんが，複雑なシステムほど表に現れる現象と根本的な原因の距離が遠くなります．根本的な原因を徹底的に調べ尽くすことが必要です．しかし，打ち上げの期待や期日もある中で，この姿勢を堅持しきるのが何よりも難しいことです．

(a) Before：CANのコネクタが凍結．振動が加わったときに接触不良が多発した

(b) After：ねじ式にして対策完了(その後MILスペックのコネクタを使うように変更)

写真A　極低温の液体酸素充填試験で，CANコネクタが凍結して接触不良トラブルが起きた

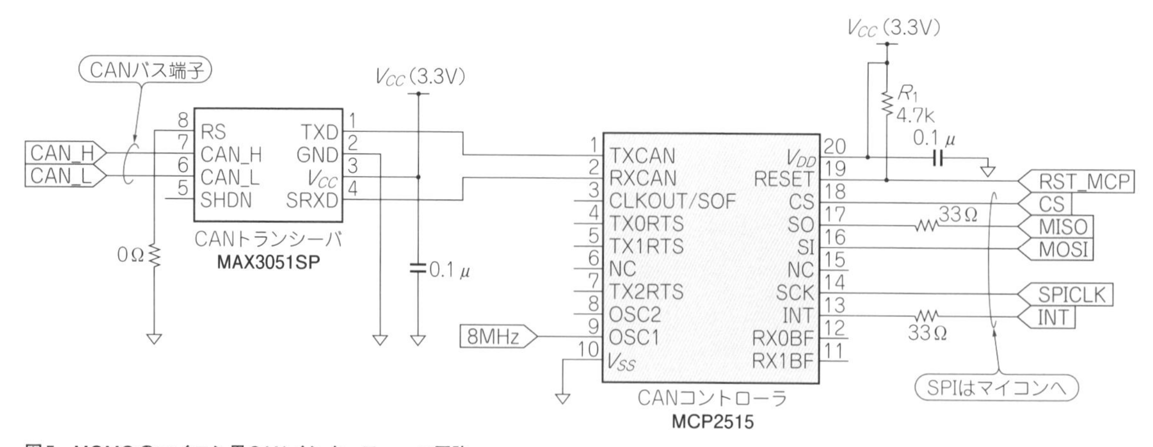

図5　MOMOのマイコン用CANインターフェース回路

マイコンとはSPIで接続．CANバスには2本の差動信号とグラウンドを接続．その後市販CANコントローラはほとんど使われなくなり，トラブル解析を容易にするために，FPGA上にCANのIPコアを載せる構成になっている

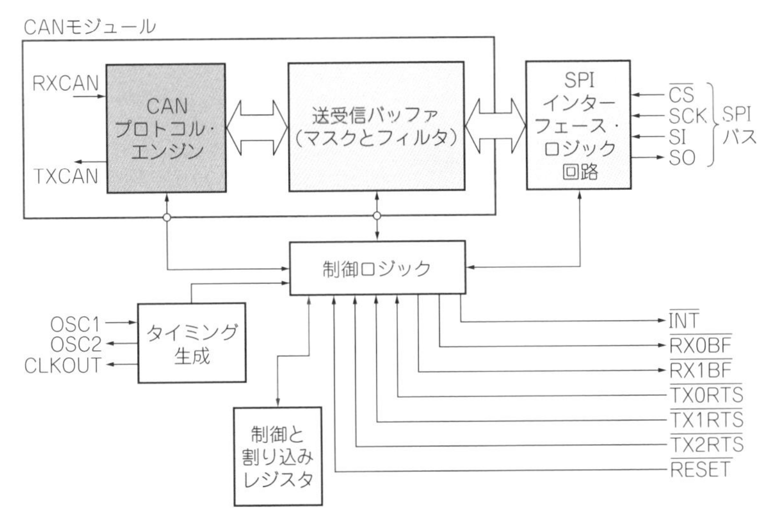

図6 MOMOに搭載したCANコントローラIC MCP2515(マイクロチップ・テクノロジー)の内部ブロック図
CANパケットを送受信するワンチップIC．マイコンとSPIで接続できる

CANトランシーバ MAX3051

図7 MOMOに搭載したCANトランシーバIC MAX3051(マキシム・インテグレーテッド)の内部ブロック図
CANのワイヤは差動2線式

マスタ・デバイスの要求にスレーブが応えるプロトコルを使っていますが，マスタが複数ある場合は同時送信を避けるための調停(アービトレーション)が頻繁に発生し，遅延の変動が大きくなります．

● CANを使うメリット

CANは違います．各デバイスが全体にメッセージ(CANパケット)をブロードキャストするだけの単純なしくみです(**図4**)．送信側が受信側からの応答を待たないのでデッドロックは発生しません．バスが限界近くまで混雑する場合を除き，メッセージの到着遅延が大きく変動することもありません．

線路はRS-422/485と同じく差動の2本で，ここに各デバイスがぶら下がります．マスタやスレーブの区

表1 CANコントローラIC MCP2515のスペック

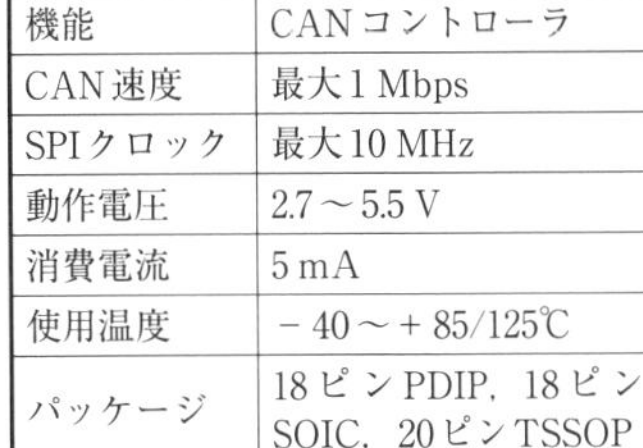

項目	値など
機能	CANコントローラ
CAN速度	最大1 Mbps
SPIクロック	最大10 MHz
動作電圧	2.7～5.5 V
消費電流	5 mA
使用温度	－40～＋85/125℃
パッケージ	18ピンPDIP，18ピンSOIC，20ピンTSSOP

表2 CANトランシーバIC MAX3051のスペック

項目	値など
機能	CANトランシーバ
CAN速度	最大1 Mbps
コモンモード範囲	－7～＋12 V
動作電圧	3.3 V
消費電流	5 mA
使用温度	－40～＋85℃
パッケージ	80ピンSOT23

別はなく，すべてが対等です．

図5に示すのは，MOMOのCANインターフェース回路の例です．MCP2515は通信プロトコルの制御チップ(**図6**，**表1**)，MAX3051はトランシーバ・チップ(**図7**，**表2**)です．MCP2515とマイコンはSPIインターフェースで接続します．

データ通信ネットワークの設計

図8にMOMOに搭載されている実際のデータ通信系ネットワークを示します．次の3点に配慮して設計しました．

(1) 重要度の高い飛行制御用データと単なる計測データを分離し，別々のCANバスを利用して通信します．飛行制御データ用のCANバスは通信が安定していることが重要なので，混雑が起こらないようにバスにつなぐデバイスを最小限にしています．データ・レートも250 kbpsに抑えて，伝送タイミングのマージンを十分とっています．いっぽう，計測データ用バスはデータ・レートを500 kbpsにしています．

(2) ある程度の個数のデバイス(センサやアクチュエータ)をまとめて1個のマイコンにつなぎます．1個のデバイスに1個のマイコンを割り当てることはしません．デバイスとマイコンの間のインターフェースはUART/I^2C/SPIなどです．

(3) カメラやペイロードなどデータ量が多いデバイ

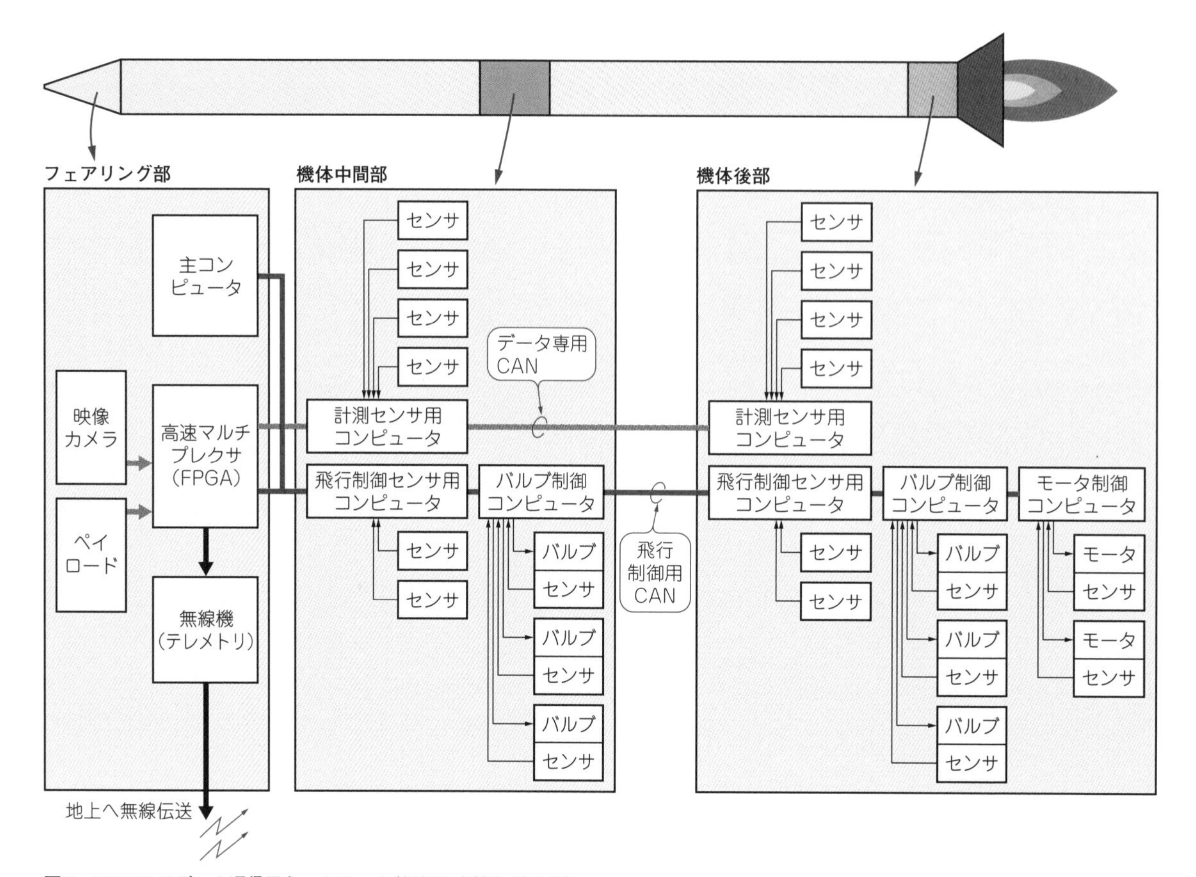

図8 MOMOのデータ通信用ネットワーク(細部は実機と異なる)
飛行制御用と測定データ用の2系統のCANバスが機体内を走っている．ローカル・マイコンは複数のI/Oデバイスを受けもち，バス・ブリッジの役割を果たす

スは，専用インターフェース(FPGAによるマルチプレクサ)を介して直接テレメトリへ流します．CANにはつなぎません．

CANバスでは，使用率が90％などと高くなると，データ転送遅延の変動が大きくなります．そこで，使用率が最大でも30～40％に収まるように，各センサの出力データ量を調節しました．

その後，CANをリアルタイム処理向けに独自改良した上位互換バスを使っています．CANにつながるすべてのデバイスをμsオーダで時刻同期させ，それらがデータを流すタイミングをスケジューリングしておくことで，情報の遅延をms単位で保証できるようになっています．

CANバスに接続するマイコンの数も，あまり増えすぎないように注意しています．トランシーバ・チップのドライブ能力が不足したり，バスの信号波形が乱れやすくなったりして伝送エラーが発生するからです．

● 主な通信トラブルと対策

機内ネットワークが，ほとんどトラブルなく安定して動くようになったのは，MOMO 2号機からです．それまでは，次のような問題点に見舞われながら改良をしてきました．

(1) たくさんのデバイスを無節操につないだ結果，バスが分岐だらけになり，信号の波形が乱れやすくなっていました．そこでできるだけシンプルでわかりやすいチェーン状の接続にしました．

(2) トランシーバICの駆動能力が不足して，パケットが送られずに消失する送信エラーが起きていました．

(3) クロック速度が遅く処理能力が低いマイコンで，CANバスに大量のパケットが流れているとき，ソフトウェアによる受信処理が間に合わずデータを取りこぼす現象が多発しました．ソフトウェアが受信バッファを読み出す量よりもパケット量のほうが多く，受信バッファに格納しきれないパケットが流れ去ってしまうのです．CANコントローラには特定IDのパケットだけを受信するフィルタ機能をもつものもありますが(MCP2515など)，そのフィルタ機能をアクティベートし忘れるバグもしばしばありました．

(4) ターミネータの接続忘れや接続過多もありました．初歩的ですが，この原因による通信不良バグにときどき見舞われました．

column 02 中央省庁や地方自治体とは何を調整しているか

稲川 貴大

私は，打ち上げ日程を決めるために関係各所と交渉しています．実は，ロケット作りよりもこちらのほうが精神的には負担の大きい作業かもしれません．

初対面のときは「怪しい奴がわけのわからんことを言いに来たな」と思われることもありました．繰り返し説明に行くうちに，知人を紹介してもらえるようになりました．

それでも打ち上げ日程の調整など交渉の多くは難航します．例えば，地元の一番大切な美味しい魚「鮭(さけ)」の漁期に打ち上げるなんてもってのほかです．

根気よく調整を続けていると，現実的な打ち上げ日が見えてきます．打ち上げの3カ月前から関係各所との調整作業がより慌ただしさを増します．法令認可を受けるために中央省庁や地方自治体・航空管制当局とも交渉をします．外務省に弾道ミサイルの不拡散に則っていることの申請もします．特に空と海の調整先は多いのです．もし1カ所でもNGという省庁があれば，打ち上げることはできません．

打ち上げ直前になってくると，射場近くを立ち入り封鎖することから警察に要請をしたり，火災が起きたときの対応のために消防と事前調整をしたりします．地元のボランティアの方をはじめ，北海道庁や役場の方には観客の交通整理や案内などを行ってもらって，初めて打ち上げが可能になるのです．

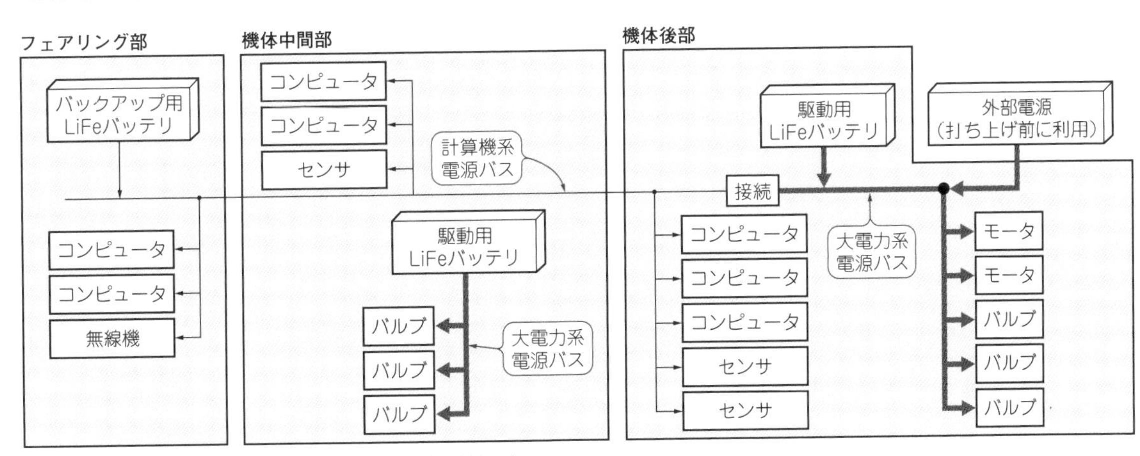

図9 MOMOの電力供給ネットワーク(細部は実機と異なる)

(5) コネクタの接触不良やワイヤ不良も起こしました．そのような場合，まったく通信ができなくなる前に，パケットのエラー・レートが急激に上がる症状がよく見られました．

電力供給系の設計

● バッテリをポイントに配置する

図9に示すのは，MOMOの電力供給ネットワーク(パワー・バス)です．

MOMOの電子装置はすべて，大電流が流せて安全性も高いリチウム・フェライト蓄電池(Li-Fe)で動かします．容量は飛行時間だけ持つ最低限に抑えてあり，打ち上げの1分前までは，地上から電力を供給しています．

バッテリは，機体のいろいろな個所に分散して設置されています．大電流を供給する必要があるバルブやモータは，近くにおいたローカル電源で駆動します．大電流の流れる配線を長く引き回さないようにするためです．

● ロケットで重要…飛行データ系の分離

MOMO 1号機が打ち上げ66秒後に空中分解した瞬間まで，無線受信データ(テレメトリ)は送られてきていました．これが原因究明に大いに役立ちました．この教訓から，2号機ではフェアリングにもバッテリを配置し，機体が分解しても主コンピュータや無線系が生き続ける設計にしました．2号機は打ち上げ直後に墜落しましたが，その後もしばらくはテレメトリ・データを受信することができました．

◆参考文献◆

(1) 佐藤 道夫；Design Wave Mook，車載ネットワーク・システム徹底解説，2005年，CQ出版社．

column 03 CAN通信入門

森岡 澄夫

● 通信の構成と基本的な動かし方

本文の**図5**の回路が搭載されたCAN バス モジュールとラズベリー・パイを使うと，簡単にCAN通信の実験ができます．ArduinoやMbedでも，CAN送受信のライブラリやサンプル・プログラムが用意されています．本文の**図4**の通信を体験できます．

図Aに示すようにして，CANインターフェース・ボードをラズベリー・パイのSPIにつなぎ，2つのインターフェースのCAN端子どうしを直結します．UARTのように配線をクロスさせてはいけません．CAN_Hどうし，CAN_Lどうしをつなぎます．

ラズベリー・パイでは，CANインターフェース回路がSPIポートにつながっていれば，プログラムを書かなくても，コマンドでCANへのデータ（パケット）送受信ができます．cansocketというライブラリがあるからです．

図Bに示すのは，2つのラズベリー・パイのコンソール画面です．両方のラズベリー・パイを立ち上げたら，次の2つのコマンドを実行してCANを設定します．

```
$ sudo␣ip␣link␣set␣can0␣type␣can␣bitrate␣速度設定値↵
$ sudo␣ip␣link␣set␣can0␣up↵
```

次に，一方のラズベリー・パイで次のコマンドを実行します．

```
$␣candump␣can0↵
```

これにより，CANバスにデータが流れたときに通信内容が表示されるようになります．（つづく）

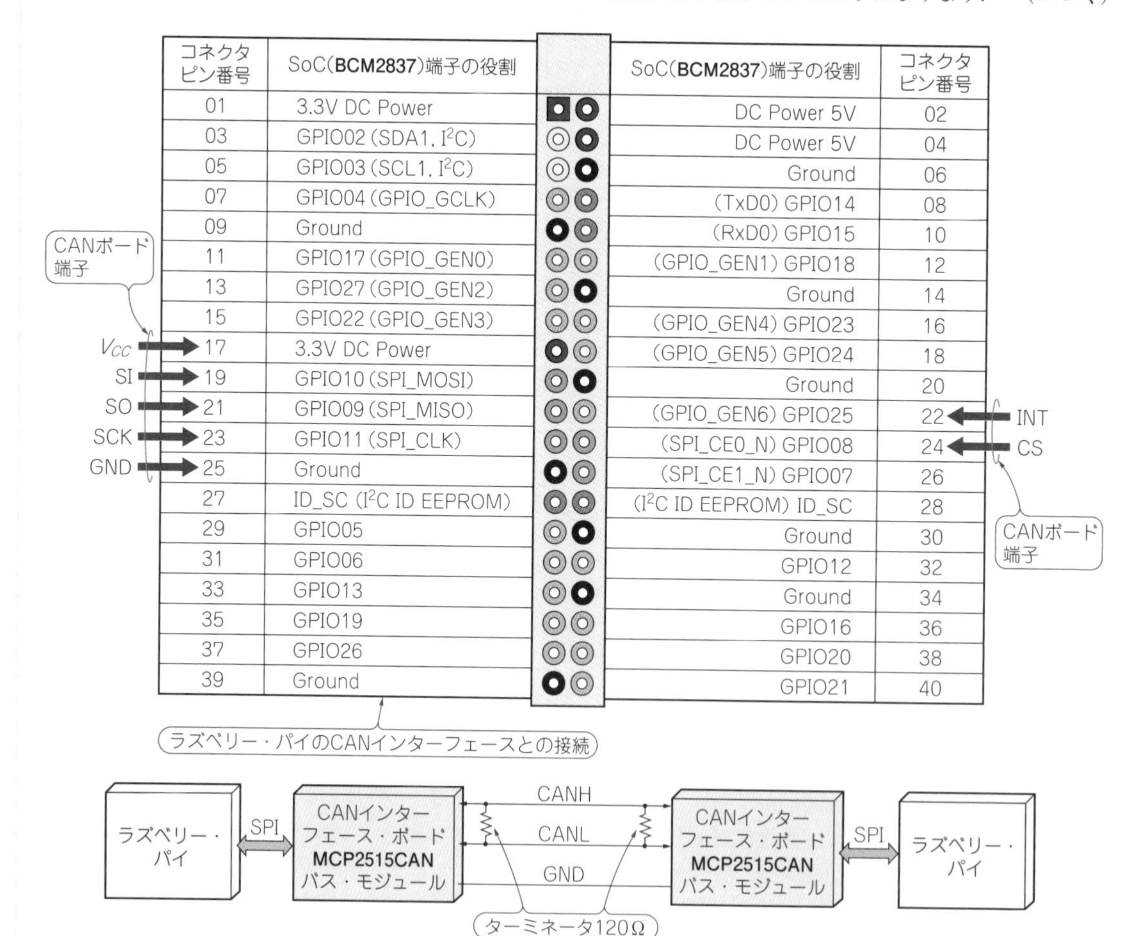

図A CAN通信の実験の構成
ラズベリー・パイとCANインターフェース・モジュールをSPIでつないだものを2セット用意して，両者のCAN端子どうしをつないで通信してみる

pi@raspberrypi:

ファイル(F) 編集(E) タブ(T) ヘルプ(H)

```
pi@raspberrypi ~ $ candump can0
  can0  123   [8]  01 02 03 04 05 06 07 08
  can0  456   [3]  FE DC BA
```

(a)ラズベリー・パイAの受信コンソール：candumpを実行

pi@raspberrypi: ~

ファイル(F) 編集(E) タブ(T) ヘルプ(H)

```
pi@raspberrypi ~ $ sudo ip link set can0 down
pi@raspberrypi ~ $ sudo ip link set can0 type can bitrate 500000
pi@raspberrypi ~ $ sudo ip link set can0 up
pi@raspberrypi ~ $
pi@raspberrypi ~ $ cansend can0 123#0102030405060708
pi@raspberrypi ~ $
```

(b)ラズベリー・パイAの送信コンソール：cansendを実行

pi@raspberrypi: ~

ファイル(F) 編集(E) タブ(T) ヘルプ(H)

```
pi@raspberrypi ~ $ candump can0
  can0  123   [8]  01 02 03 04 05 06 07 08
  can0  456   [3]  FE DC BA
```

(c)ラズベリー・パイBの受信コンソール：candumpを実行

pi@raspberrypi: ~

ファイル(F) 編集(E) タブ(T) ヘルプ(H)

```
pi@raspberrypi ~ $ sudo ip link set can0 down
pi@raspberrypi ~ $ sudo ip link set can0 type can
pi@raspberrypi ~ $ sudo ip link set can0 up
pi@raspberrypi ~ $
pi@raspberrypi ~ $ cansend can0 456#FEDCBA
pi@raspberrypi ~ $
```

(d)ラズベリー・パイBの送信コンソール：cansendを実行

図B　図Aの接続でCAN通信の実験をした結果
candump, cansendコマンドを利用する

リストA　CAN通信ライブラリ“cansocket”をC言語で利用する方法(Linuxにて)

```
…
#include <linux/can.h>
#include <linux/can/raw.h>
…

// CANをオープンしディスクリプタを取得
void open_can(const char *port, int *fd)
{
  struct ifreq     ifr;
  struct sockaddr_can addr;

  memset(&ifr, 0, sizeof (struct ifreq));
   memset(&addr, 0, sizeof (struct sockaddr_
can));

  *fd = socket(PF_CAN, SOCK_RAW, CAN_RAW);
  if (*fd < 0) {
      fprintf(stderr, "failed to open CAN
(socket)\n");
    *fd = -1;
    return;
  }

   fcntl(*fd, F_SETFL, O_NONBLOCK);    // non-
blocking

  strcpy(ifr.ifr_name, port);
  if (ioctl(*fd, SIOCGIFINDEX, &ifr) < 0) {
    fprintf(stderr, "failed to open CAN (ioctl)\
n");
    *fd = -1;
    return;
  }

  addr.can_family    = AF_CAN;
  addr.can_ifindex   = ifr.ifr_ifindex;
   if (bind(*fd, (struct sockaddr *)&addr,
sizeof(addr)) < 0) {
     fprintf(stderr, "failed to open CAN (bind)\
n");
    *fd = -1;
    return;
  }

  fprintf(stderr, "open CAN\n");
}

// CANに対してパケットを送る
// struct can_frameのメンバは以下のとおり
// frame->can_id   パケットID
// frame-> can_dlc データバイト数
// frame->data[0] から frame->data[7]  データ
int tx_can(int fd, struct can_frame *frame)
{
  int   wb, wb_total;
  char   *ptr;
  for (wb_total = 0, ptr = (char *)frame;
      wb_total < sizeof (struct can_frame);
      wb_total += wb, ptr += wb) {
      wb  = write(fd, ptr, sizeof (struct can_
frame) - wb_total);
    if (wb <= 0)
      return (-1);
  }
  return (0);
}

// CANからパケットを1個受け取る
int rx_can(int fd, struct can_frame *frame)
{
  int   rb, rb_total;
  char   *ptr;
  for (rb_total = 0, ptr = (char *)frame;
      rb_total < sizeof (struct can_frame);
      rb_total += rb, ptr += rb) {
    rb  = read(fd, ptr, sizeof (struct can_frame)
- rb_total);
    if (rb <= 0)
      return (-1);
  }
  return (0);
}
```

column 03 CAN通信入門(つづき)

森岡 澄夫

他方のラズベリー・パイからCANバスにデータを送信します．このとき，パケットID 12ビットとパケット・データ 0〜8バイトを組で指定します．次のコマンドを実行するとパケットが送られます．

```
$ cansend␣can0␣ID#パケット・データ↵
```

送受信はどちらのラズベリー・パイからも対称に行えます．

● CAN通信のCプログラム

コマンドではなくCプログラムで通信する場合は，ソケットと同じくsocket()，ioctl()，bind()システム・コールを使って，CANのディスクリプタを取得します(**リストA**)．ポート名としてcan0などを指定します．ディスクリプタ取得後は，通常のファイル・アクセスと同様にwrite()，read()システム・コールでパケットを送受信できます．

リストB　CANインターフェース・チップMCP2515を動かすためのプログラミング例

```
// MCP2515レジスタへの書き込み
void mcp2515_write_register(uint8 address, uint8
data)
{
  spi_cs = 0;
  spi_putc(0x02);
  spi_putc(address);
  spi_putc(data);
  spi_cs = 1;
}

// MCP2515レジスタの読み出し
uint8 mcp2515_read_register(uint8 address)
{
  uint8  ret;
  spi_cs = 0;
  spi_putc(0x03);
  spi_putc(address);
  ret = spi_putc(0xFF);
  spi_cs = 1;
  return ret;
}

// MCP2515レジスタの一部修正
void mcp2515_bit_modify(uint8 address, uint8
mask, uint8 data)
{
  spi_cs = 0;
  spi_putc(0x05);
  spi_putc(address);
  spi_putc(mask);
  spi_putc(data);
  spi_cs = 1;
}

// MCP2515のステータス読み出し
uint8 mcp2515_read_status(uint8 command)
{
  uint8  ret;
  spi_cs = 0;
  spi_putc(command);
  ret = spi_putc(0xFF);
  spi_cs = 1;
  return ret;
}

// MCP2515の初期化，通信速度設定
void mcp2515_init(uint8 speed)
{
  // ソフトウェア・リセット
  for (int i = 0; i < 8; i++) {
    spi_cs = 0;
    spi_putc(0xC0);
    spi_cs = 1;
    wait_100us();
  }

  mcp2515_bit_modify(0x2C, 0x01, 0x00);
                                        // 割り込みクリア
  mcp2515_bit_modify(0x2C, 0x02, 0x00);
                                        // 割り込みクリア

  // CNF3,2,1,CANINTE,CANINTFレジスタの設定
  spi_cs = 0;
  spi_putc(SPI_WRITE);
  spi_putc(0x28);    // アドレス
  spi_putc(0x02);    // CNF3
  spi_putc(0x90);    // CNF2
  spi_putc(speed);   // CNF1
  spi_putc(0x03);    // 割り込み許可
  spi_cs = 1;

  mcp2515_write_register(0x60, 0x60);
                                        // フィルタ無効化
  mcp2515_write_register(0x70, 0x60);
                                        // フィルタ無効化
  mcp2515_write_register(0x0F, 0x00);
                                      // 通常モードへ移行
}

// CANメッセージの送信
uint8 mcp2515_send_message(struct can_packet
*message, uint8 *st)
{
```

● より実践的な使い方

マイコンでは，内蔵のCAN通信ペリフェラル，または外付けのMCP2515を直接操作してCANパケットを送受信します．

リストBに疑似C言語で記述した送受信サンプル・コードを示します．CAN以外の一般的な通信インターフェース・チップと使い方は同じです．

データを受信するときは，通信速度などの初期化を行った後，パケット到着を待ってペリフェラル内の受信バッファを読み取ります．送信するときは，ペリフェラル内の送信バッファが空いてからデータを書き込みます．割り込みも使えます．

MOMOでは，**リストB**を修正したCプログラムを回路自動生成ツール（高位合成ツール）でロジック回路に変換し，FPGA上で高速に動かしてもいます．

```
  uint8  status, address, length, t;
  uint16 id;

  mcp2515_bit_modify(0x0F, 0xE0, 0x00);
  *st = status   = mcp2515_read_status(0xA0);
  if ((status & 0x04) == 0)
    address = 0x00;
  else if ((status & 0x10) == 0)
    address = 0x02;
  else if ((status & 0x40) == 0)
    address = 0x04;
  else   // 全バッファ・フル
    return 0;

  spi_cs = 0;
  spi_putc(0x40 | address);

  id = message->id;           // CAN ID
  spi_putc((uint8)(id >> 3));
  spi_putc((uint8)(id << 5));
  spi_putc(0x00);
  spi_putc(0x00);
  length = (message->length) & 0x0F; // データ長
  if (message->rtr)
    spi_putc(0x40 | length);
  else if (length == 0)
    spi_putc(length);
  else {
    spi_putc(length);
    for (t = 0; t < length; t++) { // データ本体
      spi_putc((message->data)[t]);
    }
  }

  spi_cs = 1;
  wait_1us();

  if (address == 0x00)
    address = 0x01;

  spi_cs = 0;
  spi_putc(0x80 | address);
  spi_cs = 1;

  return address;
}

// CANメッセージの受信
uint8 mcp2515_get_message(struct can_packet
*message, uint8 *st)
{
  uint8  intf, status, rx_cmd, length, t;
  uint16 d0, d1;
  *st = status   = mcp2515_read_status(0xB0);
  if ((status & 0x40) != 0)        // バッファ0にデータ
    rx_cmd = 0x90;
  else if ((status & 0x80) != 0)  // バッファ1にデータ
    rx_cmd = 0x94;
  else
    return 0;

  spi_cs = 0;
  spi_putc(rx_cmd);

  d0 = (uint16)spi_putc(0xFF);
  d0 <<= 3;
  d1 = (uint16)spi_putc(0xFF);
  d1 >>= 5;
  message->id = d0 | d1;              // CAN ID

  spi_putc(0xFF);
  spi_putc(0xFF);

  length = spi_putc(0xFF) & 0x0F;  // データ長
  message->length = length;
  message->rtr   = ((status & 0x08) != 0) ? 1 : 0;

  for (t = 0; t < length; t++) {    // データ本体
    message->data[t]  = spi_putc(0xFF);
  }
  spi_cs = 1;

  return (status & 0x07) + 1;
}
```

第3部

軌道計算の実際

第3部 軌道計算の実際

第11章 狙った軌道で飛ばすために超重要

飛行する機体の軌道計算「フライト・シミュレーション」

稲川 貴大，植松 千春(コラム3) Takahiro Inagawa, Chiharu Uematsu

「とりあえず真上に打ち上げよう」という甘い考えは宇宙ロケットには通用しません.

安全とミッションを確実に達成するためには，飛ばす方向や軌道を事前にしっかり計算し，機体そのものをその計算で求めた軌道どおりに進ませる必要があります.

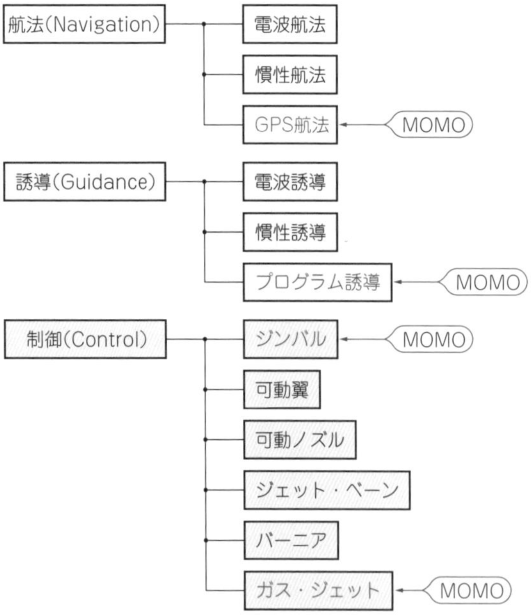

狙った軌道で飛ばすための3大要素「航法」「誘導」「制御」

ロケットを計算軌道に沿って飛ばすためには，次の3つの機能を用意しなければなりません．英語の頭文字を取って“GNC”と呼んでいます．それぞれいくつかの方式があります(**図1**).

(1)航法(Navigation)
(2)誘導(Guidance)
(3)制御(Control)

図1 予定した経路で飛ばすために航法・誘導・制御という3つの機能，通称GNCをロケットにもたせる

● ①航法…位置・姿勢・速度の把握

ロケットの位置，自分の向いている方向(姿勢)，そして速度を把握する機能を用意します．代表的な航法には次の3種類あります.

▶電波航法

地上に設置する精密な上空レーダで，ロケットの位置と速度を計測します．レーダ設備は高価なので，MOMOには採用しませんでした.

▶慣性航法

ジャイロ・センサや加速度センサの積分値によって機体の位置と速度を計算する手法です．センサの取り付け方によってステーブル・プラットフォーム方式とストラップ・ダウン方式があります.

ステーブル・プラットホーム方式はコマを使い，複雑な計算なしで姿勢を計測する手法です．現在は，安価で高性能なコンピュータが簡単に入手できるので，ほぼストラップ・ダウン方式を採用しています.

将来，慣性航法を採用する予定ですが，MOMOではリアルタイムの航法には使わず，ポスト・フライト解析に使っています.

▶GPS航法

GPSをはじめとする全球測位衛星システム(GNSS, Global Navigation Satellite System)を用いて位置と速度を算出します．MOMOはこの方法を採用しており，Fireflyという GPS受信機を搭載しています.

(a) ジンバル
(MOMOで採用)

(b) 可動翼

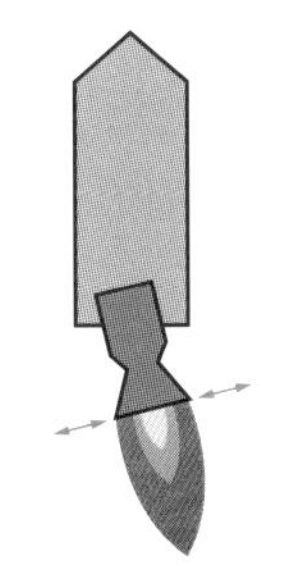

(c) 可動ノズル

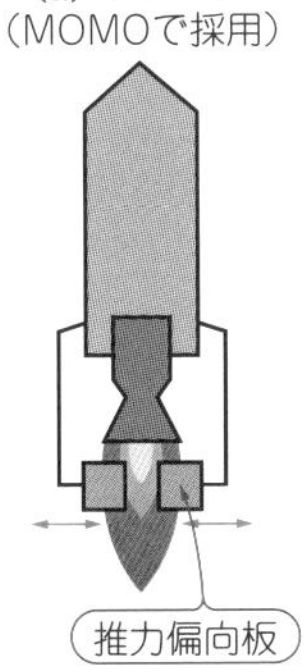

(d) ジェット・ベーン

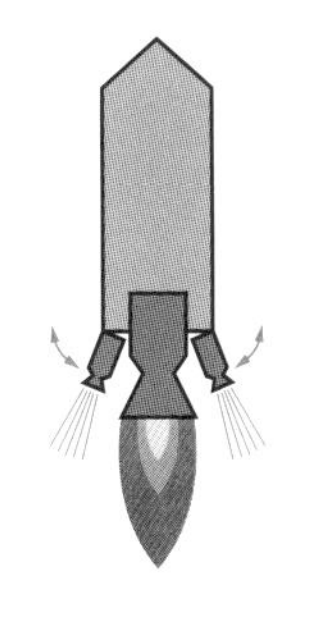

(e) バーニア

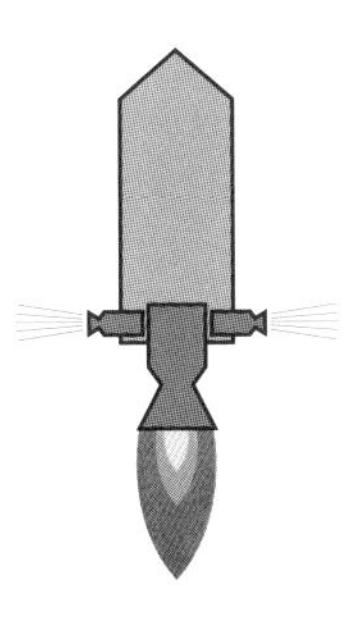

(f) ガス・ジェット
(MOMOで採用)

図2　姿勢制御方式のいろいろ

● ②誘導…次に向かう方向を試算する

目標軌道に乗せるためには，次にどの方向に向かえばよいかを計算する機能が必要です．

▶電波誘導

レーダで地上で得られた航法データから向かう先(誘導データ)の指令を電波で送る方式です．MOMOは電波航法ではないために採用しませんでした

▶慣性誘導

ロケット上で計算した航法データから，搭載している計算機で誘導データを算出する方式です．私たちは将来的にこの方式を採用する予定があります．

▶プログラム誘導

あらかじめ，どの時刻にはどの方向を向いておくべきかを搭載コンピュータに記憶させておき，制御信号を出していく方式です．いったん打ち上げてしまったら，飛行中の風の影響を受けても方向のずれを修正できないので，これらの影響を入念にシミュレーションしておきます．MOMOではこれを採用しています．

● ③制御…機体の姿勢等を制御する

狭義には機体の姿勢を調節する機能です．広義には航法誘導も含みます．機体の姿勢を調節する主な方法を**図2**に示します．

▶ジンバル

メイン・エンジンの燃焼室とノズルを傾ける方式です．MOMOに採用しました．

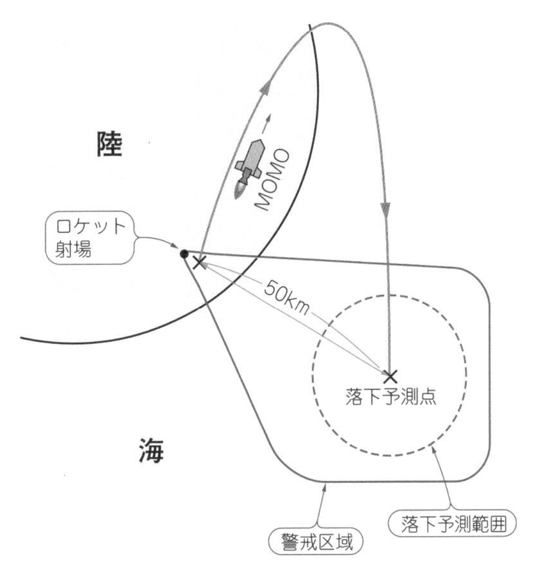

図3　MOMO 1号機と2号機の落下範囲と警戒区域
MOMO 3号機以降は，射場近くと落下点近く以外は警戒範囲から外せないかどうかを検討

▶可動翼

機体に可動式の翼を付け，周りの空気の力を制御して軌道を制御します．空気のない場所では制御が効きません．MOMOには尾翼がありますが，固定されています．

▶可動ノズル

ジンバルと違い，ノズルだけ傾けます．燃焼室が大きい固体燃料ロケットで使われます．

▶ジェット・ベーン

エンジンの噴流の先に板を付けて動かします．排気速度が下がるため，軍事用途以外には使われていません．

▶バーニア

小さいエンジンを別途付けて，ジンバルなどで動かす方式です．

▶ガス・ジェット方式

小型エンジンや高圧ガスを横向きに噴射して制御する方式です．MOMOに採用しました．

フライト・シミュレーションによる軌道予測の重要性

● どうして厳密な軌道計算が必要なの？

安全を確保しつつ，ミッションを成功させるために，フライト・シミュレーションが欠かせません．

宇宙空間になる高度100 km以上を目指すMOMOは，弾道飛行したのち落下します．このとき，人の住む場所に落ちることは決して許されません．

飛行機や船舶に危険がないよう事前に調整をしている警戒区域内で，飛行および落下させなければな

column 01 私たちの宇宙に一番近い町「北海道大樹町」

稲川 貴大

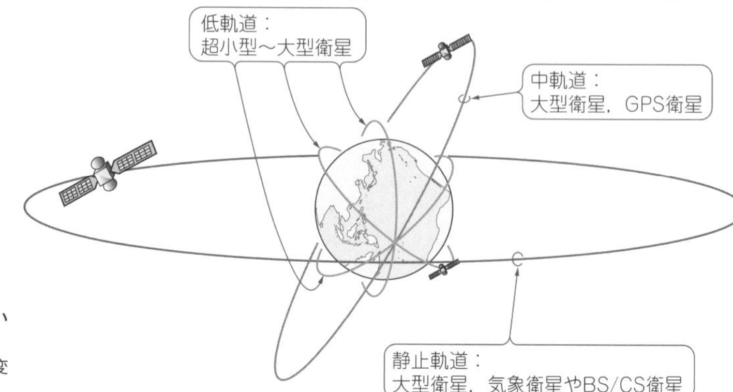

図A　衛星の軌道は赤道上以外にもいろいろある
目指す軌道によって打ち上げの要件が変わってくる

「ロケットは，低緯度地域(赤道近く)から打ち上げたほうがよい」という話があります．あのだだっ広い宇宙のどこかに飛ばせばいいんじゃないかと考える人もいるでしょう．

私たちは，北海道でロケット開発を行い，北海道から打ち上げています．ロケットにははっきりとした打ち上げ先の位置目標があります．正確には，宇宙空間の物体は常に重力に引かれていて静止することはありませんから，目標位置ではなく，「目標軌道」と言ったほうがよいです．

● 静止軌道に乗せるなら低緯度で打ち上げ

図Aに示すように，地球の周りを回る軌道にはいろいろあります．高度約3万6千kmの赤道直上を回る軌道(静止軌道)に乗せるときは，低緯度から打ち上げるほうが有利です．理由は2つあります．

高い緯度から打ち上げると，赤道周りを回らせるために，軌道面を変更する必要があります．この作業には余計な加速(増速量)を要します．

緯度0°から打ち上げた場合と，北緯31°の種子島から打ち上げた場合を比べると，静止衛星に入れる増速量は約300 m/s余計に必要です．ロシアが使っている射場の北緯45°にあるバイコヌール射場から打ち上げると900 m/sも余計な増速量が必要です．

● 地球低軌道に乗せるなら高緯度で打ち上げ

地球の自転の角速度は全地点で一緒ですが，緯度の低い場所のほうが速度は速いので，打ち上げには有利です．しかし地球低軌道と呼ばれるところ，特に太陽同期軌道(SSO：Sun-Synchronous Orbit)に乗せるときは北か南に向けて打ち上げるため，地球の自転が邪魔になります．したがって緯度は高いほうが有利です．

● 有人島が周りに少ない

有人島の上空は飛ばせないので，種子島から打ち上げるときは，**図B**に示すようにかなり東側に避けて打ち上げます．これをドッグ・レッグ・ターンと呼びます．この制約によってロスが増え，運べる荷物が減ります．北海道なら東側と南側が大きく空いており，地球低軌道に投入する場合に不利になりません．

＊

ロケットの射場として使える条件はこれだけではありません．火災事故の可能性のある射場の周辺の土地は十分広くなければなりません．また，航空路，漁船，貨物船の航路との調整が可能かどうかも重要です．

特に地元の方の理解はきわめて重要です．北海道大樹町は30年来，宇宙の町と銘打ってきだけあって，たくさんの応援をいただいています．ISTの後援会もあり，私たちにとってはとても大切な町です．

図B　北海道大樹町は宇宙ロケット打ち上げに最適の立地

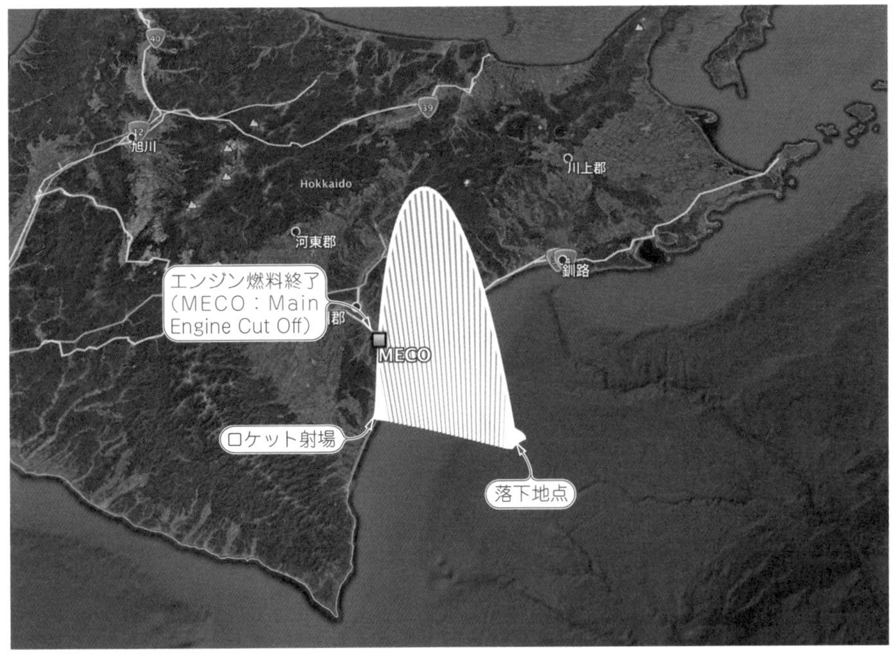

図4 風の影響などを考え，値を何通りも変えてシミュレーションし，予定範囲から外れずにすむことを確認する．Google Earthに表示
MOMOのフライト・シミュレーション例

りません(図3)．万一，警戒区域から外れそうなときは，飛行を緊急停止します．この時点でミッションは中断し，失敗に終わります．予定した飛行経路や落下範囲から大きくずれるわけにはいきません．

● 精度よく計算するのはなかなか大変

ロケットの軌道は，パラメータや風の影響などの誤差を入力して，机上とフライト・シミュレータで入念に計算します(図4)．

上空の風は思いのほか強く，軌道を大きく狂わせます．事前予測の風と実際の風の差は小さくないので，統計的な平均や分散を含めた計算をして，落下範囲を慎重に見積もります．打ち上げ当日は，気象予報サービス会社「ウェザーニューズ」から上空の風のデータを購入します．状況を慎重に判断し，場合によっては打ち上げ直前に搭載しているコンピュータのパラメータを更新します．

誤差要因はほかにもあります．ロケット・エンジンの推力には数%の誤差があります．また姿勢計測用のセンサ「ジャイロ」による誤差もあります．

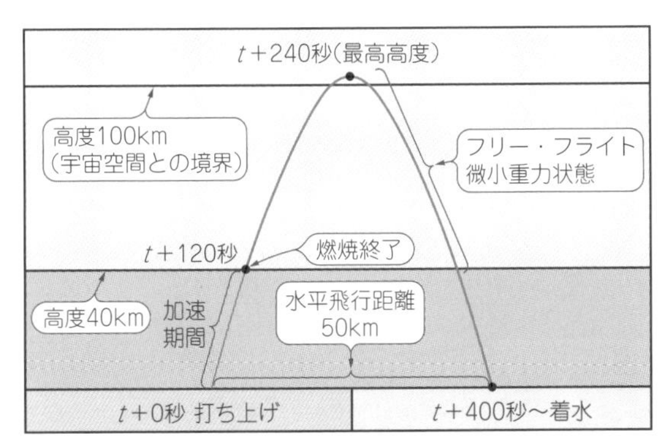

図5 MOMOのフライト・シーケンス
シミュレーション上ではエンジン燃焼の前後で姿勢制御モードと弾道飛行モードが切り替わる

表1 フライト・シミュレーションではロケットの飛行状態を3つに分けて別々に計算する

飛行モード	説　明
① 姿勢制御	姿勢制御機能により能動的に望んだ姿勢になるモード
② 空力安定	尾翼により空気の力で安定した姿勢で飛んでいくモード
③ 弾道飛行	姿勢関係なく弾道係数という形状由来パラメータに依存して空気力を受けるモード

表2 MOMO飛行中のイベント時刻
発射時刻をtとして，t+0[秒]のように表す

時刻［秒］	イベント	高度	速度
$t+0$	離昇	0 km	0 m/s
$t+70$	*MaxQ*	10 km	マッハ1.2
$t+120$	エンジン燃焼終了	40 km	マッハ4
$t+240$	最高高度	100 km超	ほぼ0 m/s
$t+420$	着水	0 km	－

column 02 座標軸を行ったり来たりできるツール「方向余弦行列」

稲川 貴大

MOMOの軌道予測に利用しているオープンソースのフライト・シミュレータOpenTsiolkovskyは，座標系の変換に方向余弦行列を利用しています．

座標変換(姿勢表現)にオイラー角やクォータニオンではなく，方向余弦行列を採用した理由は，次の2つです．

(1) ジンバル・ロックの問題が起きない
(2) 理解しやすい

b座標系の物理量e^bをa座標系の物理量e^aに変換する式は，次のように表せます．ここでは方向余弦行列の記号としてDを使っています．

$$\begin{bmatrix} e_x^a \\ e_y^a \\ e_z^a \end{bmatrix} = D_b^a \begin{bmatrix} e_x^b \\ e_y^b \\ e_z^b \end{bmatrix}$$

方向余弦行列は，次のような3×3の行列です．

$$D_b^a = \begin{bmatrix} D_{11} & D_{12} & D_{13} \\ D_{21} & D_{22} & D_{23} \\ D_{31} & D_{32} & D_{33} \end{bmatrix}$$

途中の座標系cを挿入して，新しい方向余弦行列を作ることもできます．

$$D_b^a = D_c^a \times D_b^c$$

転置行列を使えば，逆の座標変換を表せます．

$$D_b^a = D_a^{bT}$$

方向余弦行列を使うと各座標系(本文の**表3**)を任意に行ったり来たりできます(**図C**)．

図D～図Fに，OpenTsiolkovskyのソースコードから抜き出した，Eigenライブラリを用いて記述した座標変換の方向余弦行列の関数を示します．

図Dは，ECI座標系からECEF座標系への変換です．宇宙空間に固定されているECI座標系に比べ，ECEF座標は地球に固定されていて，自転によって回転しています．地軸は両座標系をz軸として共有しています．ここでは「ロケット打ち上げ(シミュレーション開始)の時刻ではECI座標系とECEF座標系は一致している」と定義して，地球の自転の角速度と時刻から座標変換のための方向余弦行列を作っています．

図Eは，ECEF座標系からNED座標系への変換です．NED座標系は，ロケットの質量の中心を原点として北・東・下方向を基底の軸としています．引き数は緯度・経度・高度を入れ，それに合わせて軸を回転させ

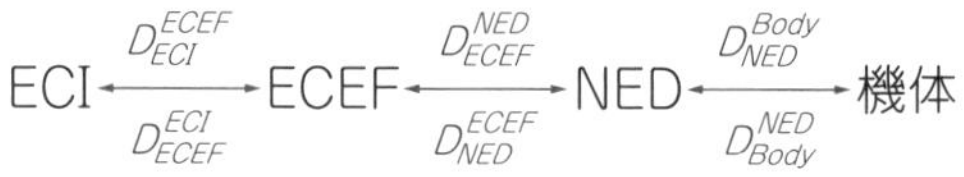

ECI ⇄ ECEF ⇄ NED ⇄ 機体
(D_{ECI}^{ECEF}, D_{ECEF}^{ECI}, D_{ECEF}^{NED}, D_{NED}^{ECEF}, D_{NED}^{Body}, D_{Body}^{NED})

図C　フライト・シミュレータOpenTsiolkovskyで使用する座標は相互に変換できる

フライト・シミュレーションの解析モード

フライト・シミュレーションの実体は運動方程式を解くプログラムです．ロケットの全飛行行程を**表1**に示す3つの状態に分けて計算します．

変数は次の4つに，推力，空気力，重力を合わせたもので，連立常微分方程式を解きます(後述)．

- 位置　● 速度　● 姿勢　● ロケットの質量

MOMOのフライト・シーケンスを**図5**と**表2**に示します．MOMOはエンジン燃焼中であればジンバルの角度(エンジンの向き)を調節して姿勢を制御しているので，この間は姿勢制御モードで計算します．

燃料が燃え尽きた後は能動的な制御はできません．このときの軌道は，弾道飛行モードとして解析します．弾道飛行期間は，機体が頭から降りてくるのか，それとも横を向いて降りてくるのかわからないので，その違いに相当する弾道係数というパラメータを使います．

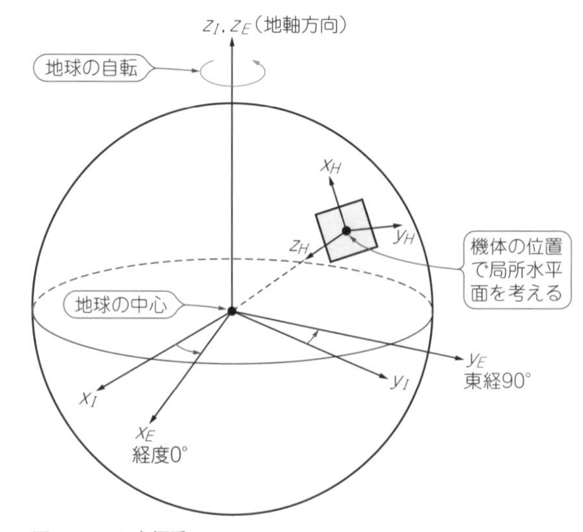

図6　3つの座標系ECI，ECEF，NED
x_I，y_I，z_I：ECI座標系(地球の中心からみた固定座標系)，x_E，y_E，z_E：ECEF座標系(地球の中心からみた座標系だが自転に合わせて回転している)，x_H，y_H，z_H：NED座標系(機体の中心からみた座標系)．運動方程式を簡単にするために，位置と速度をこれらの座標系の間で変換して使っている

る行列が方向余弦行列になります．最初にz軸周りに経度分回転させ，その後y軸周りに緯度分回転させる処理を行っています．

図Fは，NED座標系から機体座標系への変換です．ロケットの向いている方向を水平面において北方向から時計回りの回転方向をazimth(方位角)，水平面から鉛直上向き方向への角度をelevation(仰角)として，回転させて方向余弦行列を作っています．

これらの方向余弦行列を用いることで，ECI，ECEF，NED，機体座標系のそれぞれを任意に座標変換できるようになります．

▶ Eigenライブラリ

Eigenは，C++で行列ベクトル演算を使えるようにしてくれるライブラリです．直感的に書くことができ，ヘッダ・ファイルだけのライブラリでありながら計算は高速です．有名なライブラリでOpenTsiolkovskyでも使用しています．

次のように，ダウンロードしてきたヘッダ・ファイルをC++のソースからインクルードして使うことができます．

```
#inlcude <Eigen/Core>
using namespace Eigen;
```

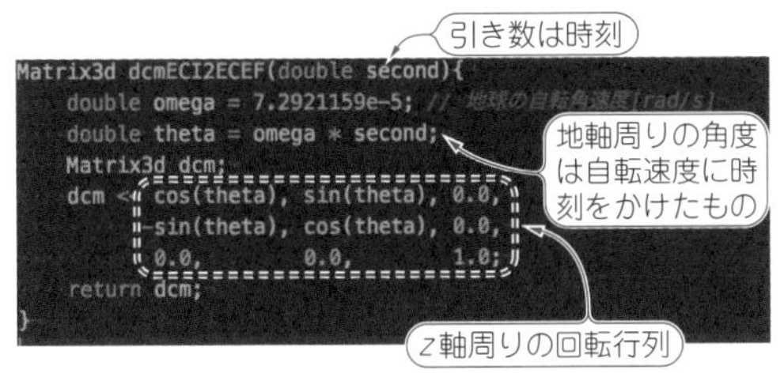

図D ECI座標系からECEF座標系への変換関数dcmECI2ECEF

図E ECEF座標系からNED座標系への変換関数dcmECEF2NED

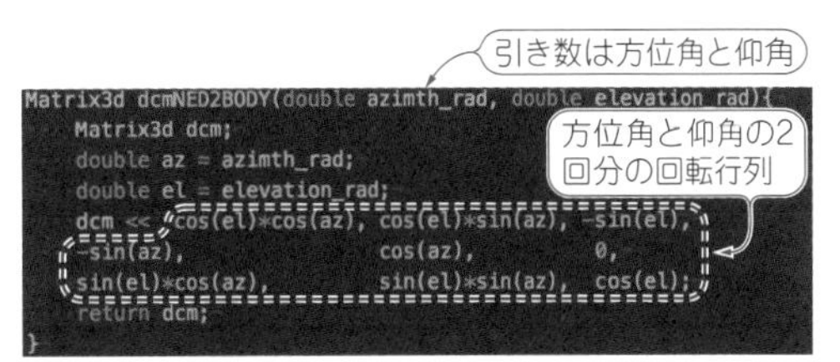

図F NED座標系から機体座標系への変換関数dcmNED2BODY

表3 フライト・シミュレータOpenTsiolkovsky内部で使われているロケットの座標系

	座標名	原 点	備 考
慣性座標	地球中心慣性座標系(ECI座標)	地球の中心	x：$t=0$において赤道と経度0°の交線方向 y：$t=0$において赤道と東経90°の交線方向 z：地球自転軸方向
運動座標	地球中心回転座標系(ECEF座標)	地球の中心	x：赤道と経度0°の交線方向 y：赤道と東経90°の交線方向 z：地球自転軸方向
	局所水平座標系(NED座標)	機体質量の中心	x：局所水平面において北方向 y：局所水平面において東方向 z：局所水平面において地球中心方向(下方向)
	機体座標系(Body座標) OpenTsiolkovskyでの定義	機体質量の中心	x：機軸方向，機体ノーズ方向+(ロール軸) y：ピッチ軸 z：ヨー軸
その他	緯度経度高度 LLH	−	緯度 経度 高度

解析に欠かせない「座標系」の基礎知識

● 使い分ける座標系

フライト・シミュレータには，機体や部品を数式で表す「モデル」を用意して組み込みます．

シミュレーションの目的にかなうモデルを用意するためには，最適な座標系を選ぶ必要があり，座標系の間で相互変換することがあります．ロケットの運動方程式は高校物理の延長なのでそれほど難しくありませんが，3次元空間での表現や座標の理解は少し骨が折れます．

表3に示すのは，フライト・シミュレータOpenTsiolkovsky(Appendix 2参照)が備える座標系です．簡単に補足説明しましょう．

▶ ECI(Earth Centered Inertial)座標系

原点は地球の中心です．地球の自転とは無関係な宇宙空間に固定されている慣性座標系で，運動方程式がシンプルになります．後出のシミュレーションではこの座標系を利用します．

▶ ECEF(Earth Centered Earth Fixed)座標系

原点は地球の中心です．地球の自転に合わせて回っている回転座標系で，緯度経度や局所水平座標系の変換がしやすいです(**図6**)．

▶ NED(North-East-Down)座標系

原点は機体の中心です．重力の向きや機体の上昇/下降などを知りたいときに利用します．機体の状態に合わせて変化する運動座標系です．

▶ 機体(Body)座標系

原点は機体の中心です．機軸で決めている座標系で，推力や空気力などの表現に用います．

▶ 緯度経度高度座標系

ビジュアルでわかりやすい表現です．計算には使わず，ECEF座標系から変換して得ます．

*

重力を表すときは，地球の中心に向いた軸がある座標系が便利です．推力など機体に関連する力は，機体の向きに合わせた座標系が便利です．

運動方程式を簡単にするには，コリオリの力や遠心力のような見かけの力を方程式の中に出さないよう，加速も回転もしていない「慣性座標系」が便利です．

● 2つの座標系の差分を表す方法

機体の位置や速度は，3次元空間の座標系で3点(3変数)を指定することで表せます．

機体の3次元空間における方向と姿勢は，基準になる座標系と，求めたい姿勢の座標系との差を数式に落とし込んで求めます．

局所水平系から機体座標系への変換は姿勢を表します．しかしECI座標系からECEF座標系への変換は，姿勢の表現というより座標変換に見えるでしょう．つまり，姿勢表現は座標変換の一種です．

2つの座標系の差分を表す方法には，次の3つがあります．

▶ (1) オイラー角

3つの角度の組で表す方法です．変数は3つと少なく数字の意味も直感的ですが，回転順番で12とおりの表現方法があるので，混乱をまねきがちです．軸の自由度が3つから2つに減る問題(ジンバル・ロック)を引き起こしやすいです．

▶ (2) 方向余弦行列

回転行列の一種です．9つの変数で表現します．変数が多く計算量は多いですが，行列を作ること自体が簡単なので，一番理解しやすいです．フライト・シミュレータOpenTsiolkovskyではこの方向余弦行列を使っています(コラム2参照)．

▶ (3) クォータニオン

4つの変数で表現する方式で，直感的には理解しにくいです．計算量は少なく，ジンバル・ロックも起こさないので，CG(Computer Graphics)で多用されています．MOMOに搭載したコンピュータでも利用しています．

飛行機体の運動方程式

慣性力や遠心力，コリオリの力など，見かけの力が働かない慣性座標系(ECI座標系)における運動方程式の意味を説明しましょう．フライト・シミュレータOpenTsiolkovskyはこの運動方程式を解きます．

慣性座標系の運動方程式に入れる項は，機体に働く

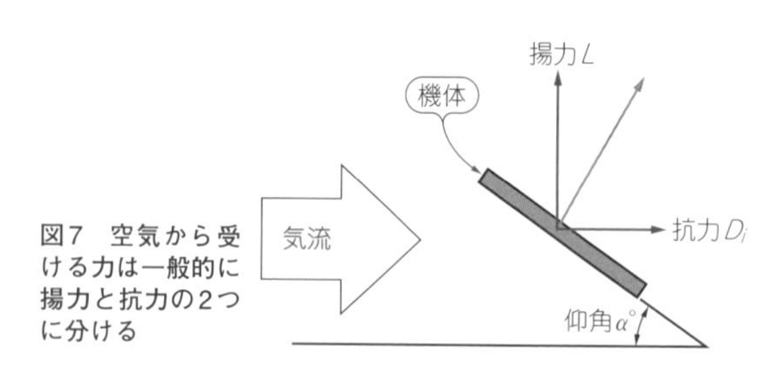

図7 空気から受ける力は一般的に揚力と抗力の2つに分ける

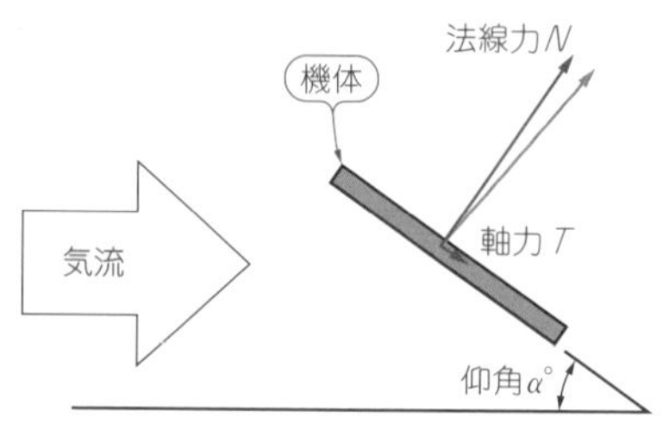

図8 フライト・シミュレータOpenTsiolkovskyでは空気から受ける力を法線力と軸力の2つに分ける
これも運動方程式を簡単にするための工夫

外力(エンジン推力と空気力)と重力です.

● 運動方程式の変数①：エンジン推力

推進剤の排気によって生まれる作用反作用の力です.

発生する力の強さは出ていく推進剤の量に依存し，燃焼ガスの排気速度はエンジン周囲の空気の圧力(大気圧)，つまり高度によって時々刻々と変化します.

MOMOは，地上離昇時1.3トン重の推力を発揮し，燃焼終了間近(高度40 km)では，1.5トン重以上にアップします．この15 %の推力アップは機体に大きな影響を与えます.

OpenTsilkovskyは，エンジンの推力(F_{TB})を次式を使って算出します.

$$F_{TB} = F_{Tvac} - A_e P(h) = \dot{m} I_{SPvac}\, g - A_e P(h)$$

真空中での推力(F_{Tvac})とノズル出口面積(A_e)は指定します．ある高度での大気圧($P(h)$)は，シミュレータが随時計算しています．真空中の比推力(I_{SPvac})はエンジンの排気速度を重力加速度で割った値です.

真空中の推力(F_{Tvac})と真空中比推力(I_{SPvac})から，推進剤の質量流量，つまり1秒間当たりに流れる質量($\dot{m}$)[kg/s]を求めることもできます．$\dot{m}$は時々刻々と変化する機体の質量変化に用います.

● 運動方程式の変数②：空気力

流体の流れのある場所にある物体に働く力は，**図7**に示すように，機体をもち上げる「揚力」と，抵抗になる「抗力」に分離して考えるのが一般的です.

フライト・シミュレータでは，**図7**のような空気の流れる方向を基準軸にするのではなく，**図8**に示すように機体の座標軸を基準にして「法線力」と「軸力」に分けます.

法線力Nと軸力Tは，空気密度と速度，機体を輪切りにした断面(代表面積)から，次のように求まります.

$$N = 0.5 \times C_N(\alpha, Mach) \times S \rho V^2$$
$$T = 0.5 \times C_A(Mach) \times S \rho V^2$$

ただし，C_N：法線力係数，C_A：軸力係数，S：投影面積 [m^2]，ρ：流体の密度 [kg/m^3]，V：相対速度 [m/s]

シミュレータ上では，法線力係数C_Nと軸力係数C_Aはマッハ数の関数として事前に定義します．法線力係数は，マッハ数に加えて迎え角αにも依存します．軸力係数は，MOMOの場合，風洞試験やCFD(数値流体力学)によって計測した値を利用しています(**図9**).

動圧qを$0.5 \times \rho \times V^2$と定義すると，機体座標系における空気力ベクトル$F_{AB}$は次のように求まります.

$$F_A = C_A(Mach) \times q \times S$$
$$F_{Npitch} = C_N(\alpha, Mach) \times q \times S$$
$$F_{Nyaw} = C_N(\beta, Mach) \times q \times S$$
$$F_{AB} = [-F_A \quad -F_{Npitch} \quad -F_{Nyaw}]$$

ただし，α：ピッチ軸方向の迎え角，β：ヨー軸の迎え角

● 運動方程式の変数③：重力

万有引力の法則から次式が定義されます.

$$g_H = [0 \quad 0 \quad \frac{\mu}{r^2}],\ \mu = GM として$$

$$F_{gH} = m g_H$$

ただし，g_H：重力加速度ベクトル，μ：地球の重力定数，G：万有引力定数，M：地球質量

OpenTsiolkovskyは，地球が少し扁平状であると考えて計算します．重力は距離の2乗に反比例するのであって，宇宙空間に出てもゼロにはなりません．高度100 kmでの重力加速度は9.5 m/s^{2}で，地表の3 %しか減りません.

● 方程式を求める

以上で求めた外力と重力から慣性座標系における運

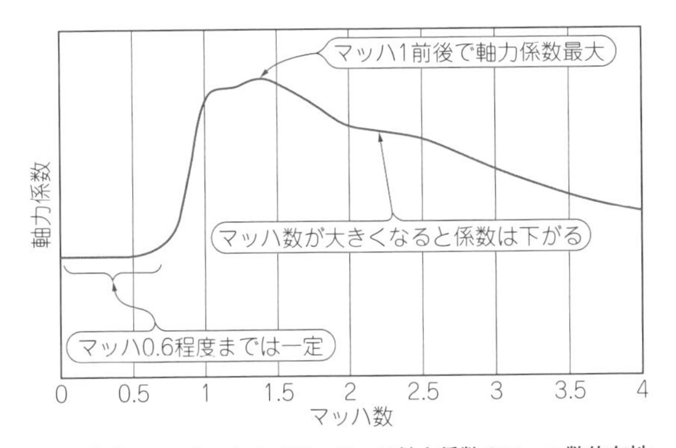

図9　シミュレーション上で用いている軸力係数のマッハ数依存性
高マッハ数では係数は下がるが，実際に働く力は速度の2乗に比例するので高マッハ数で空気抵抗が小さくなるわけではないことに注意

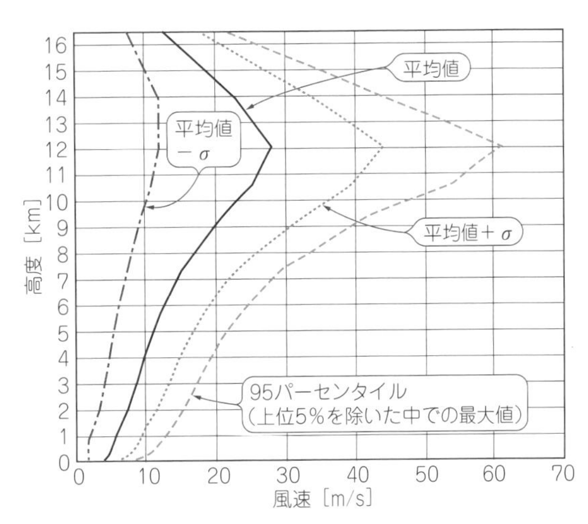

図10　MOMO 2号機打ち上げのために取得した北海道大樹町での風速データ

（a）燃焼試験

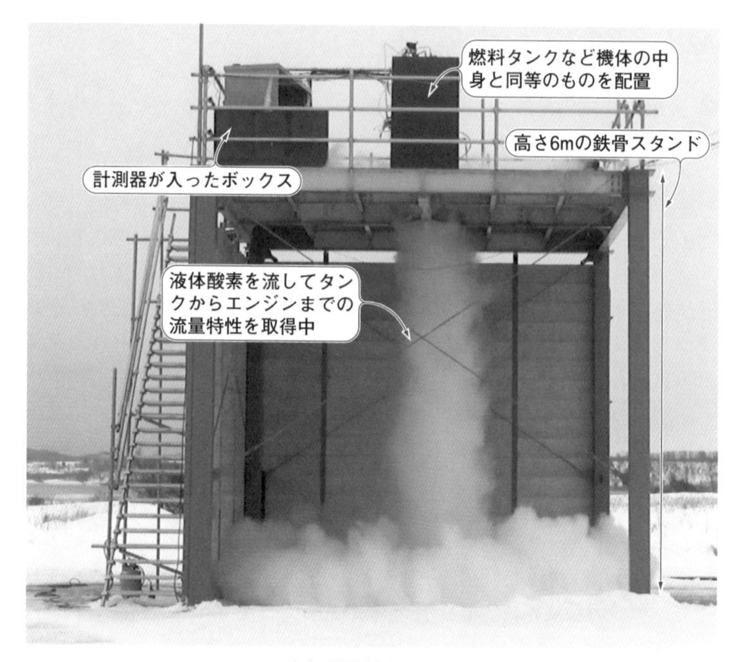

（b）推進剤流し試験

写真1　エンジン性能を正確に測るために実験してデータをとる

動方程式を立てると，次のような連立微分方程式が得られます．

$$\frac{dr}{dt} = V_I$$

$$\frac{dV_I}{dt} = \frac{D_B^I(F_{TB} + F_{AB})}{m} = D_H^I g_H$$

ただし，r：位置ベクトル，V_I：ECI座標系における速度ベクトル，F_{TB}：機体座標系におけるエンジン推力のベクトル，F_{AB}：機体座標系における空気力ベクトル，g_H：重力加速度ベクトル，$d()/dt$：慣性座標での時間微分，D_B^I：機体座標系から慣性座標系への方向余弦行列，D_H^I：局所水平座標系から慣性座標系への方向余弦行列

3次元空間での位置と速度の6変数に加えて，時々刻々と変化する質量も連立します．

$$\dot{m} = \frac{F_{Tvac}}{I_{SPvac}\, g}$$

これで運動方程式が常微分方程式の形で導出できました．OpenTsilkovskyはこの方程式を初期値問題として，ルンゲクッタ法というアルゴリズムで解きます．

＊

以上は，機体の姿勢を誘導したときの運動方程式です．無誘導のケース（空力安定）や，制御系が遅れたケースをシミュレーションしたいときは，機体の回転を考慮した運動方程式を考えます[(2)]．

重要①…風データの反映

私たちは，OpenTsiolkovskyを利用して，どのように飛ぶのか，シミュレーションを繰り返しています．MOMOで満たすべき要求は次のとおりです．

(1) 最高高度100 km以上
(2) 機体本体は沖合50 kmに落下・着水
(3) 打ち上げ後早い段階で，その場でエンジンを止めたときの落下予想地点IIP(Instantaneous Impact Point)が海に向かうこと
(4) *MaxQ*（空気から受ける力が最大になる点）付近での迎角が小さいこと

シミュレーションの際に調整しているのは，主に次のパラメータです．

- プログラム誘導の姿勢角を調整する変数
- ロケット・エンジンの性能

● 風の影響が大きい

フライト・シミュレーションをするときは，機体のパラメータに加え，打ち上げ場所の風のデータを考慮します．

「たかが風ぐらいで…」と思うかもしれません．地上付近の風は弱くても，上空10 kmではものすごく強い風「ジェット気流」が吹き荒れています（**図10**）．弱いときで15 m/s，強いと80 m/s（＝時速288 km）に達します．このことを頭に入れておかないと，機体は想定

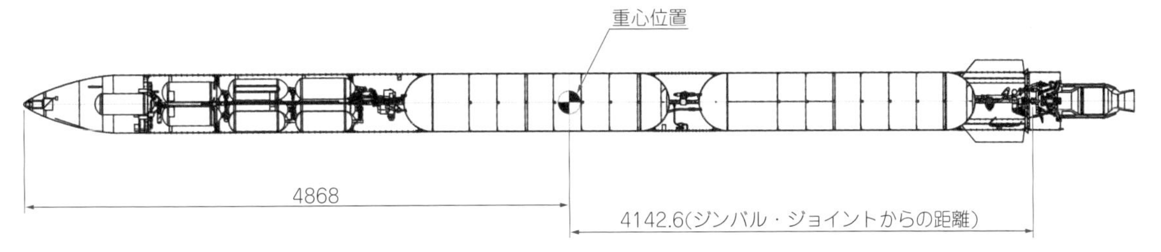

図11 燃料が入っていないときの重心位置はCADで算出する

外の方向に飛んでいってしまいます.

▶風データの入手法

風の統計データは，気象サービスを提供する企業から有償で購入できます．教育目的ならば，京都大学生存圏データベースからダウンロードできます．

ここでは，気象庁が提供するデータの1つ「メソスケール・モデル(MSM，Meso-Scale Model)」を利用します．これはバイナリ・データ(grib2形式)です．米国海洋大気庁(NOAA)が公開しているツール(wgrib2)を使って，必要なデータをcsv形式で切り出します．大量のデータを切り出すときは，Pythonからwgrib2を動かすと便利です．

● 2種類の風データ

計算に利用する風速は次の2種類です．

(1)平均風速とその分散を加味した風速

(2)データの上位5％を除いた中で最大の風速(95パーセンタイル風速)

▶機体の強度計算に使う95パーセンタイル風速

ロケットに加わる空気力の最大値を決めるときに利用します．95パーセンタイル風速に突風成分を加えた荷重評定風データを用意して，その風の中を飛翔するときに機体に加わる荷重を計算します．機体にはこの荷重に耐える強度が求められます．私たちは，年間の95パーセンタイル風速で荷重計算しています．

▶軌道計算用の平均風

フライト・シミュレーションには平均風とその標準偏差を足し引きした値を利用します．向きと強さを考慮した風データを用意して，どんな風が吹いても警戒区域以外の場所に落下しないように計算を繰り返します．

重要②…正確な実機データの計測

● 実験と計測がきわめて重要

誤差要因は風だけではありません．制御系，推力，比推力，重心位置，空気力など，さまざまな物理量に誤差があります．これらの影響を正しく予測するために，次のような計測やデータの分析を繰り返します．

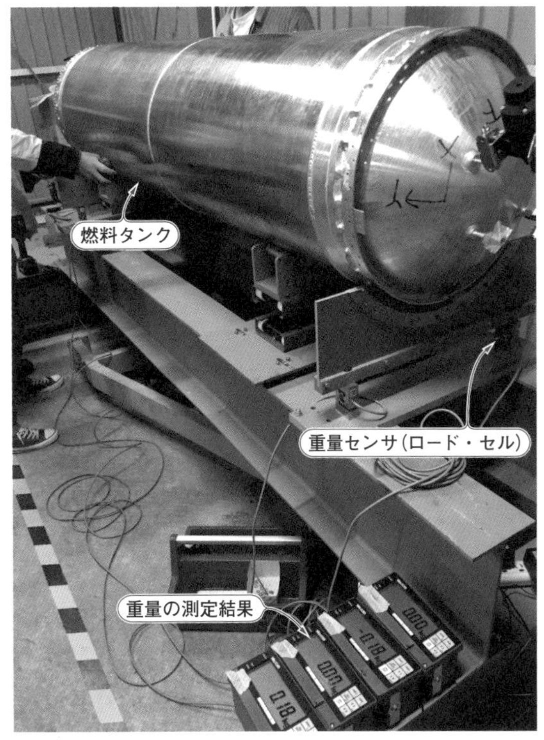

写真2 重量センサを使って実際の重心位置を求め，計算値とのずれをチェック

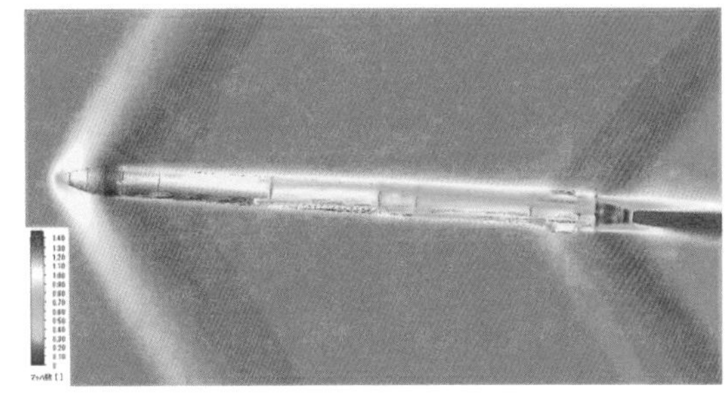

図12 数値流体力学計算(CFD)の例

- 燃焼試験［写真1(a)］
- 推進剤流し試験［写真1(b)］
- 重心計測［図11，写真2］
- 数値流体力学計算(CFD)，風洞試験［図12］

エンジンの推力や効率に相当する比推力値は，ちょっとした配管系の設定や組み付け誤差，環境によって数%ずれます．燃焼試験[**写真1(a)**]を実施して，データの取得と分析を繰り返します．MOMOの燃焼試験は約50回実施しました．燃焼試験は，節約しても1回につき数十万～100万円かかりますから，配管に推進剤を流すだけの簡易テストも合わせて行います[**写真1(b)**]．

重量計測は到達高度を予測するために，そして重心位置を正確に把握することは姿勢制御のために重要です．

MOMOの場合は，全重量の7割を推進剤が占めるため，重量や重心が飛行中にダイナミックに変化します．推進剤が空っぽのとき(ドライと呼ぶ)の重量と重心位置は3D CAD上でモデルを作って求めます(**図11**)．さらに，4個のロード・セルを使って機体の各セクションごとの重心位置を計測と計算で割り出し(**写真2**)，3D CADによる予測値と大差がないことを確認しています．

● 空気力と風圧中心の推定と実測

法線力係数，軸力係数，そして風圧中心を求めるためには，空気力だけでなく，空気力の発生源が点であるとします．

MOMOの飛行速度は0～マッハ4と広いので，実機での風洞試験とコンピュータによる数値流体力学計算(CFD，Computational Fluid Dynamics)を繰り返して，空気力に関する値を求めます(**図12**)．CFDは，流体設計が専門のターボブレード社(大分県)に解析していただきました．

機体の強度設計をするためにも，上昇中に受ける空気力の正確な見積もりは重要です．

空気力は，動圧と呼ばれる値に係数をかけて求まります．動圧qは次式で求まります．

$$q = \frac{1}{2} \rho V^2$$

ただし，ρ：空気密度，V：飛行速度

飛行中の動圧の変化もフライト・シミュレーションで調べます．上空に行くほど，空気が薄く(空気密度が低く)なり，飛行速度は増します．そしてある時刻(*MaxQ*という)で，動圧は最大になります(**図13**)．MOMOの*MaxQ*は，60～80秒です．MOMO 1号機は，*MaxQ*時に機体に過剰な力が加わり壊れたと考えています．

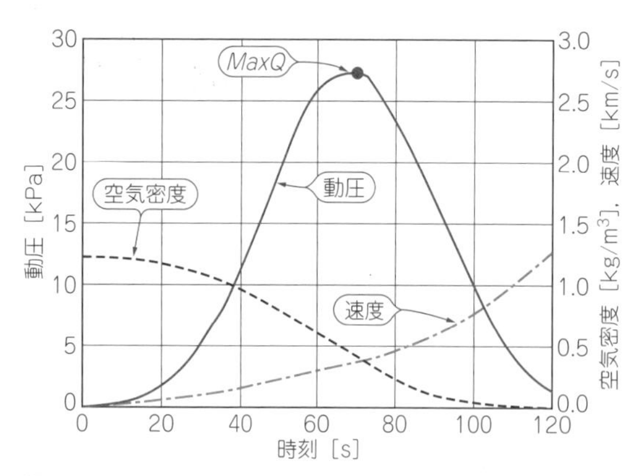

図13 ロケットが受ける空気力が最大になる時刻*MaxQ*

飛行を中断したときの落下点の予想

飛翔中のロケットの推力を緊急停止したときの落下点IIPを予想することも，きわめて重要です．

ロケットが飛翔している間は，地上で位置と速度をモニタして，常にIIPを計算しています．もし何かのトラブルで姿勢がくずれ，IIPが警戒区域を出る計算結果が出たら，地上から緊急停止信号をロケットに送信して飛行を緊急停止します．その後，ロケットは自由落下します．ISTでは，IIPを計算するPythonスクリプト(OpenVerne)を次のWebサイトで公開しています．

https://github.com/istellartech/OpenVerne

◆参考文献◆

(1) 河野功；ロケット・宇宙往還機のナビゲーション，電子情報通信学会知識ベース，11郡2編4章-1．
http://www.ieice-hbkb.org/portal/doc_539.html
(2) 航空宇宙工学便覧 第3版，日本航空宇宙学会，2005年．
(3) 柴藤 羊二，渡辺 篤太郎，松尾 弘毅；ロケット工学，コロナ社，2001年．
(4) 京都大学生存圏データベース，グローバル大気観測データ，気象庁データ．
http://database.rish.kyoto-u.ac.jp/arch/jmadata/
(5) NOAA wgrib2: wgrib for GRIB-2
https://www.cpc.ncep.noaa.gov/products/wesley/wgrib2/

column 03 管制スタッフの目に映っているもの

植松 千春

管制局の壁には，モニタ・ディスプレイがたくさん並べられていて，約10名のスタッフが難しい顔で見つめています．**写真A**に示すのは，MOMO 2号機打ち上げのときのようすです．次のような人員配置になっています．

(1)打ち上げ手順の指揮者：1名
(2)ロケットと地上設備を操作する人：1名
(3)ロケットの飛行とエンジンの状態を監視する人：3名
(4)地上設備の状態を監視する人：2名
(5)周辺/海上/上空の状態を監視する人：2名
(6)実施責任者と保安責任者：各1名
(7)見守る人：大勢

宇宙に行くロケットでも操作をするのは1名です．ほかは何か異常があったときに，確実に飛行を中止するための監視役です．

管制局のモニタに表示されているのは主に次のような映像です．

- ロケットの健康状態：搭載している弁の開閉状態，圧力，電源電圧など
- ロケットの飛行経路：ロケットが今どこにいるか，どこに落ちるか
- ロケットの機体に搭載したカメラの映像
- 地上に設置した監視カメラの映像

写真Bに示すのは，実際の打ち上げで使ったロケットの健康状態と飛行経路を示すテレメトリ画面です．

写真A　管制スタッフ11名がMOMO 2号機の打ち上げに携わった

写真B　ロケットの健康状態と飛行経路を示すテレメトリ画面

第12章 エンジン開発に匹敵するほど重要な軌道計算活用

フライト・シミュレーションとロケット開発

稲川 貴大 Takahiro Inagawa

ここでは，実際のロケット開発の中で，パソコン上で行うフライト・シミュレーションがどのような役割を果たすかを解説します．

シミュレーションをフル活用したロケット設計手法

● 開発しながら目標を実現するための重要解析「フライト・シミュレーション」

姿勢制御シミュレーションと，フライト・シミュレーションは，ロケットの機体モデルを使った物理シミュレーションという点で似ていますが，役割は大きく異なっています．

フライト・シミュレーションで得られる主なデータを図1に示します．

ロケットは宇宙への輸送手段であり，やみくもに打ち上げているわけではありません．

運ぶ荷物がどこにどのように飛んでいくかを事前に知っておく必要があります．ロケットの能力検証という観点です．MOMOでは「荷物を宇宙空間(高度100 km以上)に弾道飛行で運ぶこと」という目標(ミッション)を決めています．

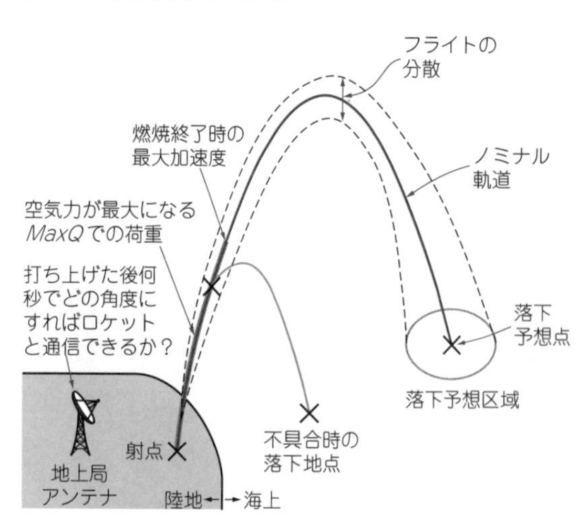

図1 フライト・シミュレーションを使って打ち上げ軌道やロケットの仕様に関わる値を求める

エンジンや機体を設計する前に，フライト・シミュレーションにより，エンジンや機体への能力の要求を定めます．大まかな概算はツィオルコフスキーの公式などから手計算で出せますが，シミュレーションを使うことで，より詳細な値がわかります．

実際には，開発できたエンジンが目標値を下回る性能だったり，作った機体が予定より重くなったりします．その都度，フライト・シミュレーションをして，ミッション達成のためには何をどのくらいの数値まで改善するべきか方針を決めます．

ロケット開発では，エンジンの重要性が目立ちます．しかし，ミッション決めやフライト・シミュレーションも，エンジン開発や電子機器開発と同等か，それ以上に欠かすことのできない大切な作業です．

● 打ち上げの安全性の事前検証に

もう1つ重要な観点は，安全性の事前検証です．

安全性が事前にわからないまま打ち上げることはありえません．周辺住民など関係者と調整するときは，シミュレーション結果を元にした書類を使っています．この書類には，ロケットがどこに落下する可能性があるのかを記述しています．

▶背景…避けて通れない誤差要因の存在

事前の燃焼試験などでエンジン性能をチェックしますが，計測誤差や，エンジン圧力などのセッティングの違いによって，推力や比推力(燃費のような指標)は，試験のたびに数%のぶれ幅があります．

地上や上空の風は予測・計測をしていますが，実際にはずれがあります．さらに，上空の空気密度も大域的な気象条件によって数%変わり，ロケットの打ち上げ能力へ影響します．

ロケットの機体が受ける空気の力は，コンピュータでの解析(CFD解析)や模型での風洞試験と完全に一致するものではありません．

そのほか，機体を組み立てるときの誤差などでも，事前に把握しているパラメータと実際のパラメータが変わることがあります．

それら多くのパラメータを精査して「これぐらいは変わりうるだろう」という幅を考え，フライト・シミュレーションを行います．

▶ばらつき幅も加味した落下予想区域の作成

事前に想定した代表的な1点のパラメータを使ったフライト・シミュレーションで得られる軌道をノミナル軌道と呼びます．また，ノミナル軌道から変わりうるパラメータでの幅を分散と呼びます．

図1で示したように，ノミナル軌道から分散を考えて，場合によっては数万ケースのフライト・シミュレーションを実施し，落下予想区域を作ります．このような大量のシミュレーションは，AWS(Amazon Web Services)のクラウド・コンピューティングを活用して，並列で実施することで高速化しています．

このようにして得られた区域に他の要因も加えて，安全上の警戒区域を決めます．警戒区域には，打ち上げ時に航空機や船舶が入らないようにします．

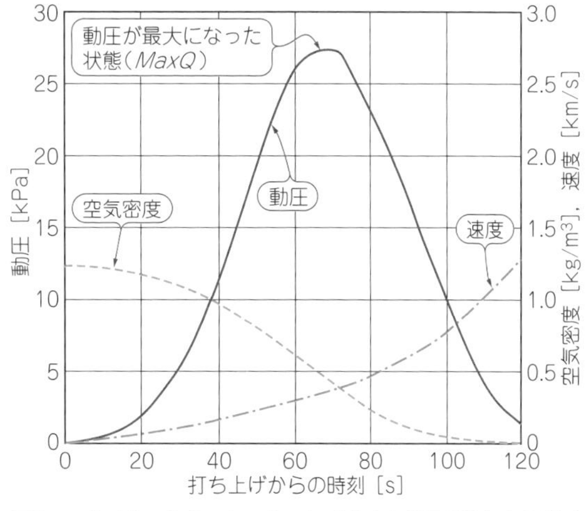

図2 フライト・シミュレーションで求めた機体が空気から受ける力
機体を設計するとき，どのくらいの強度が必要なのかを考えるベースになる

● 開発終了の見極めに

MOMOの場合では，宇宙空間への到達をミッションとしてサクセス・クライテリア(成功基準)を定めて，その成功確率を計算しています．

ロケット・エンジンの性能はある程度の幅の範囲でばらつくので，その中で性能が悪い側にふれると，ミッション不達成になる場合が出てきます．

エンジンの性能のばらつき幅を小さくするには試験回数を増やす必要がありますが，コストに直接響きます．フライト・シミュレーションでミッション成功率とコストのバランスをみながら，計測精度の向上や，性能のばらつき幅の縮小をエンジン開発陣に要求することになります．

といっても実際には，エンジン性能のばらつき幅ありきで，ミッション成功率が算出されることになりがちです….

● ロケット本体や地上設備の設計に

▶①機体に加わる動圧の最大値を求める

ロケットは超音速で飛びます．弾道飛行のMOMOでもマッハ4程度まで加速します．当然空気から大きな力を受けますが，ロケットは上空に飛んでいくので，上空に行けば行くほど空気が薄くなり，空気から受ける力は弱くなります．

図2に，フライト・シミュレーションで得たMOMOの動圧(単位体積あたりの空気の運動エネルギ)と空気密度，速度を示します．

動圧は0.5×(空気密度)×(速度)^{2}で計算でき，この大きさがそのまま空気による力の大きさになります．

動圧が最大になった状態を*MaxQ*(動圧は*Q*で表す)と呼びます．この*MaxQ*時の動圧から，空気力および機体にかかる最大荷重がわかります．この荷重は，ロケットの機体設計をするとき重要な源泉データです．

▶②最大加速度時の荷重を求める

ロケットは推進剤を使いながら飛んでいくので，機体はどんどん軽くなり，同じ推力であっても加速度は上がっていきます．エンジン燃焼終了直前に最大加速度になります．この加速度も正確に把握しておくことで，ロケットにかかる荷重を評価できます．

▶③無線用アンテナの設置に必要な情報を得る

ロケットは無線によってデータの送受信をしています．アンテナでロケットを追尾するには，地上局との直線距離や方位・仰角が重要です．その情報もフライト・シミュレーションから得られます．

オープン・ソースのフライト・シミュレータ「OpenTsiolkovsky」について

宇宙ロケットMOMOの開発に用いているフライト・シミュレータOpenTsiolkovskyはオープン・ソースです．インターステラテクノロジズ(以下，IST)が中心となって開発しました．下記URLのGitHubのWebページから最新バージョンが入手でき(**図3**)，開発の雰囲気を体験できます．もちろんソースコードを見ることもできます．

https://github.com/istellartech/OpenTsiolkovsky

「ロケットのフライト・シミュレータ」と言うと，複雑なものを想像してしまいそうですが，実はシンプルです．

地面を離れて飛んでいるときのロケットに働く力は，エンジンによる推力，重力，空気力の3つです．

座標系によっては見かけの力である遠心力やコリオリの力も考えることになりますが，OpenTsiolkovsky

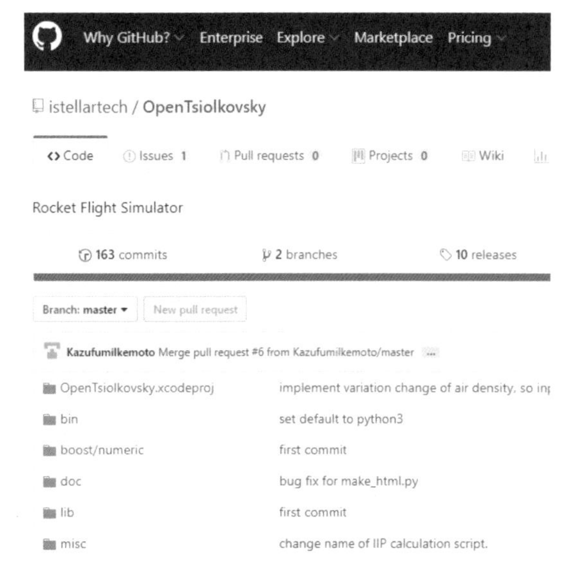

図3 MOMOの開発に使っているフライト・シミュレータOpenTsiolkovskyはGitHubで公開されているオープン・ソースのソフトウェア
主にインターステラテクノロジズが開発している．MITライセンスで利用も改造も可能

は慣性座標系で計算しているので，3つの力を考えるだけです．

フライト・シミュレータで行う計算の中で比較的複雑なのは，座標変換です．3次元座標空間の中で，どの座標系でどの力を考えているのか，やり取りを整理していく必要があります．

フライト・シミュレーションに使うロケットの物理モデル

● 最初は簡単なモデルから次第に複雑なモデルへ

フライト・シミュレーションは，ロケットの運動を数式や方程式に落とし込むモデリングと呼ばれる作業ののちに，計算をしていきます．

そのため，ロケットをどのようなモデルで考えるのか，そのモデルを使ったシミュレーションで何が得られるのかを理解しておく必要があります．

図4にフライト・シミュレーションにおけるロケットのモデルを示します．

実際のロケット開発時は，段々とモデルの詳細度を上げていきます．詳細になるほど入力項目が増えるので，必要なければ，なるべく簡単なモデルでシミュレーションすべきです．

●「質点」「剛体」「柔軟体」

一番簡単なモデルは，ロケットを質点と見なします．推力方向としての機体姿勢はユーザ側が与えます．

次の段階は剛体モデルで，姿勢も運動方程式の一部

(a) 質点モデル

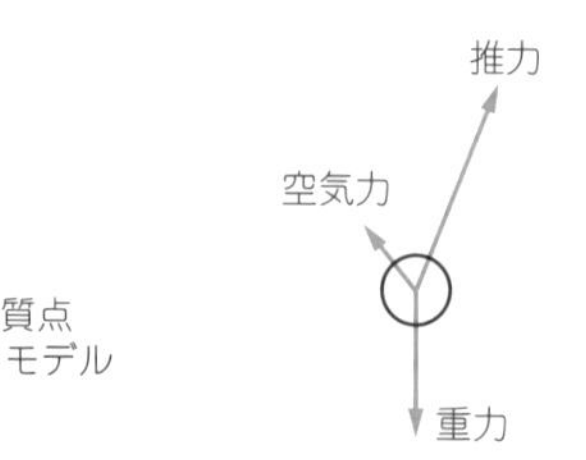

機体の姿勢は関係なく働く力を考える
(OpenTsiolkovskyでは**基本計算**)

(b) 剛体モデル

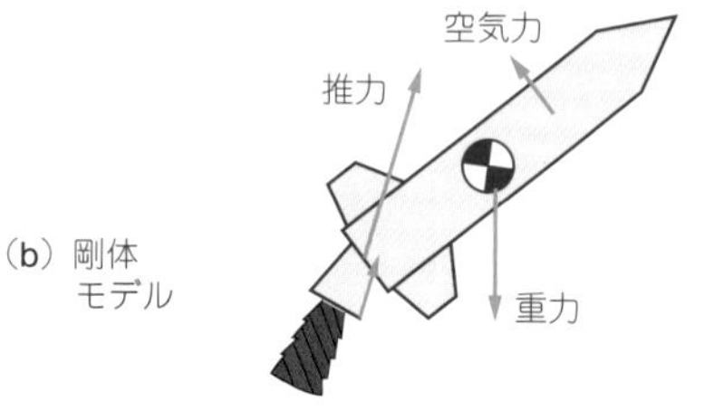

機体のどこに力が働くかを考慮し，運動方程式に機体姿勢を組み込む
(OpenTsiolkovskyでは**一部実装**)

(c) 柔軟体モデル

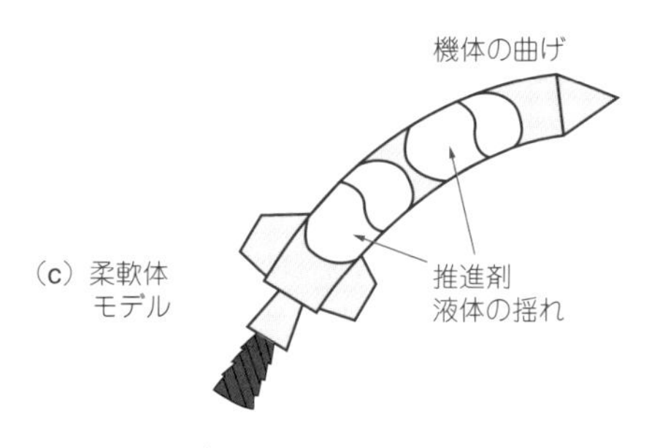

剛体モデルの要素に加えて，機体の柔軟性や液体の揺れ(スロッシング)を考慮する
(OpenTsiolkovskyでは**非実装**)

図4 フライト・シミュレータに使われるロケットのモデルは詳細度で分類できる

として解かれるモデルです．

3つ目は柔軟体モデルです．OpenTsiolkovskyでは実装していませんが，他のフライト・シミュレータ(後述)では，詳細な機体挙動を数式でモデリングしています．

ロケットによって異なりますが，機体の曲げを考慮したり，液体推進剤の液面の揺れ(スロッシング)による反動やロケットのノズル部分を動かすことの反動，センサ位置による計測誤差など，細かいところをモデリングできます．ISTでは，フライト・シミュレーションへ柔軟体モデルを利用することは考えていません．

設計に利用していないわけではなく，姿勢制御の安定性解析には，柔軟体モデルを利用したMatlab/Simulinkのソフトウェアを作っています．

column 01 地球周回ロケットの軌道設計にもフライト・シミュレーション

稲川 貴大

MOMOは弾道飛行ですが，MOMOの次のロケットとして開発している地球周回軌道に投入するZEROでも，当然フライト・シミュレーションは活躍しています．

ZEROは現在，概念設計から基礎設計の段階です．地球を周回しようとすると，どういう経路(軌道)で地球周回させるかで，必要なΔvが大きく変わります．Δvは，日本語でいうと得られたり失ったりする速度(＝増速量)のことです．

ロケットの分野で有名なツィオルコフスキーの公式は，

$$\Delta v = w \log_e \frac{m_0}{m_T}$$

です．エンジンの性能w，ロケットの重量比m_0/m_Tによって得られるΔvが決まります．実現可能なΔvに余裕は少ないので，空気の力や重力による速度損失を少なくすることが必要です．

高度500 km程度の軌道投入をするとき，ロケットは最終的におよそ秒速10 kmのΔvが必要です．目標の軌道に至るまでには，**図A**のように複数の経路がありえます．この経路によって，ロケットが負担するΔvが変わってきます．

①の場合，空気の濃いところをすぐに抜けるので，空力損失と呼ばれる空気から受ける力による損失は小さいのですが，重力加速度と逆向きの加速量が大きいので，重力損失が大きくなります．

重力損失を極力避けようと④のような経路を取ると，今度は空気の濃いところを長く飛んでしまうので，空力損失が大きくなります．

したがって，空力損失と重力損失，その他損失の兼ね合いから，一番最小のエネルギで軌道投入できる経路が存在します．

この経路を求めるためには，最適化制御問題を解くことになります．ZEROの開発ではOpenGoddardという別のソフトウェアで計算しています．

ただし，計算上のエネルギ最小の経路は数値解析だけでシンプルに算出できますが，実際の打ち上げでは，地上局から可視の範囲であること，落下物が他国に落ちないことなど，いくつもの拘束条件があります．

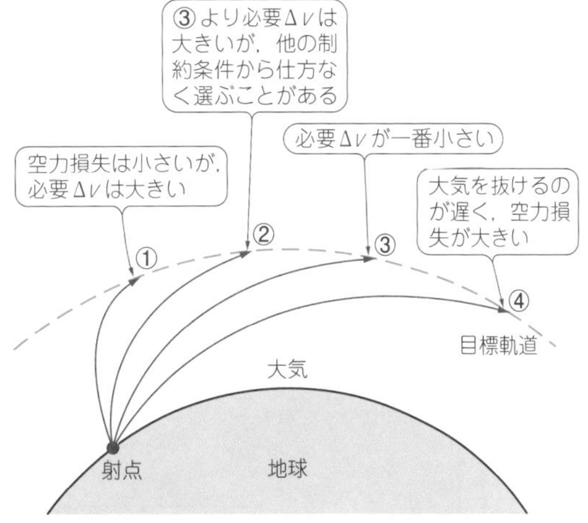

図A　経路によって必要な増速量Δvが変わるので，適切な経路を決めるのにもフライト・シミュレータは活躍する

ロケット用フライト・シミュレータのいろいろ

● なぜシミュレータを自作しているのか？

ISTでは，手間をかけながらフルスクラッチで，フライト・シミュレータであるOpenTsiolkovskyを作成しています．

世の中にロケットは昔から散々飛んでいるのに，なぜ根幹であり重要なフライト・シミュレータをわざわざ自作しているのでしょうか？　それは，利用可能で，使いやすく，カスタマイズできるソフトウェアがないからです．

● 米国NASAのフライト・シミュレータ

宇宙大国である米国では，NASA公式のロケット用フライト・シミュレータがあります．モデル別や機能別に複数のソフトウェアがあるようですが，代表的なものは1970年代から開発されているPOST(Program for Optimizing Simulated Trajectories)です．

POSTおよびその後継であるPOST2[(1)]は高機能すぎるのが問題です．宇宙からピンポイントの目標にめがけて再突入する軌道を求められるなど，軍事用に使えてしまいます．そのため，米国の国内規制である国際武器取引規則(ITAR)により輸出制限されるソフトウェアに指定されていて，米国以外には出回っていません．

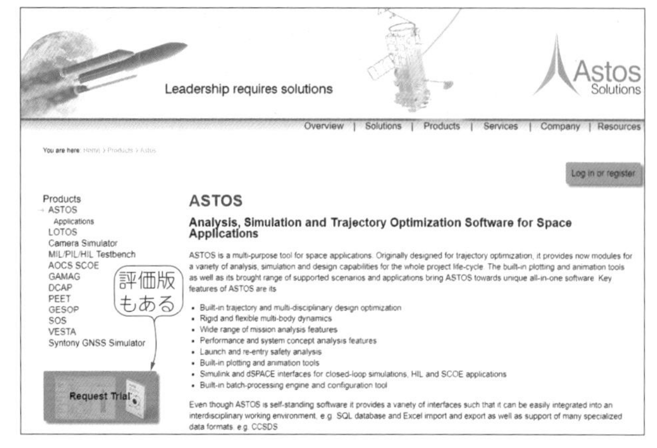

(a) Webページ

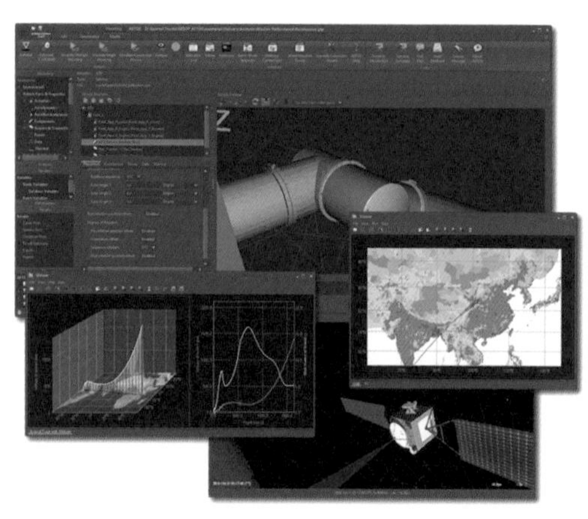

(b) スクリーン・ショット

図5[3] **市販されているロケット用フライト・シミュレータASTOS**
ヨーロッパで打ち上げられているArianeロケットなどに使われている

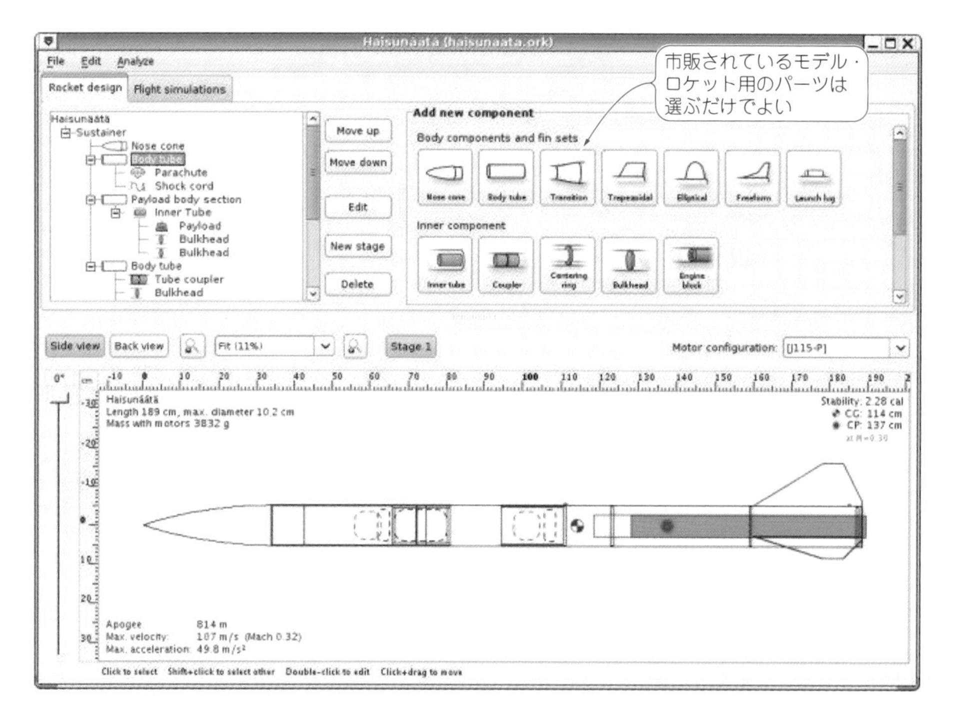

図6 モデル・ロケットのフライト・シミュレーションならオープン・ソースのOpenRocketがとても便利

● JAXAのフライト・シミュレータ

日本の宇宙機関であるJAXAも飛行経路計算プログラムALMA(Analyzer for Launch vehicle Motion and Attitude)を保有しています．JAXAから利用許諾が得られる団体であれば有償で使用可能になるようです．

JAXAの飛行経路計算プログラムは，既存の基幹ロケットであるH-ⅡAロケットやイプシロン・ロケットのためのプログラムになっていて，他のロケットでは不便な部分があります．ISTでは，すでに使いやすいOpenTsiolkovskyを開発しているため，利用していません．

● 市販のロケット用フライト・シミュレータ

ヨーロッパの宇宙機関では，ドイツの民間会社ASTOS Solutions(以下，ASTOS社)[3]にフライト・シミュレータASTOSを作らせていて，市販されています(**図5**)．ヨーロッパを代表するArianeロケットではASTOS社のソフトウェアが使われているようです．

ASTOS社のソフトウェアはGUIで使いやすいよう

(a) トップ画面

(b) パーツを組み合わせてロケットを作る

(c) 有人宇宙飛行に挑戦できる

図7 ロケット開発の要素のイメージをつかめる宇宙開発シミュレーションゲームKerbal Space Program
YouTubeやニコニコ動画で“KSP”を検索すると数多くのプレイ動画が見つかる．ニコニコ動画の「Kerbal宇宙開発日誌」など

になっています．しかしGUIソフトウェアにありがちなように，安全性解析などでパラメータを少しずつ変えて大量に解析を行いたい場合は使いにくいのです．そのためISTでは使用していません．

● 他のオープン・ソースのフライト・シミュレータ

オープン・ソース・ソフトウェア(OSS)を探すと，OpenTsiolkovsky以外にもロケット用フライト・シミュレータがあります．

代表的なものはOpenRocket(**図6**)ですが，対象はモデル・ロケットに限られます．モデル・ロケットをシミュレーションする用途なら，小型ロケットからハイブリッド・ロケットに至るまで便利にできていますが，いくつかバグが残されたまま公式からのリリースが止まっていたり，本格的なロケット開発には物足りなかったりします．

モデル・ロケットを始めようとする方や，高校生・大学生がハイブリッド・ロケットを飛ばそうというときには非常にお勧めのソフトウェアです．

● 感覚を掴むのに最適なロケット開発ゲーム

フライト・シミュレータではないのですが，ロケット打ち上げの感覚を掴むために一番オススメなのは，Kerbal Space Program(カーバル・スペース・プログラム，略称KSP)というゲームです(**図7**)．

地球と違う恒星系で異星人(カーバル星人)の宇宙開発責任者となって，ロケットや宇宙船の建造・打ち上げを進めていくシミュレーション・ゲームです．PCゲームのプラットフォームSteamには日本語版があり，3,980円で購入できます．

パーツを組み合わせてロケットや宇宙船を作って，操縦できます．惑星探査をしたり，宇宙ステーションを建造したりもできます．

ロケットの推進力と比推力，質量比，衛星までの軌道作りなど，ロケット開発に重要かつ直感的な理解が難しい内容は，このゲームを通して体験すると容易に理解できます．

ゲームなので宇宙開発の実務には全く使えませんが，要素を理解するという意味では，実務と違って煩雑さがないメリットがあります．

KSPは，ユーザによる追加データであるMODに対応しています．非公式な上に使用は自己責任ですが，例えばReal Solar SystemというMODを入れると，KSP内の恒星系が太陽系と同じ物理定数に置き換わるので，本格的な宇宙開発が体験できます．

◆参考文献◆

(1) NASA POST2　https://post2.larc.nasa.gov/
(2) 内閣府 宇宙開発戦略推進事務局；人工衛星等の打ち上げに係る許可に関するガイドライン，改訂第1版．
(3) Astos Solutions　https://www.astos.de/

Appendix 3 宇宙開発の父「ツィオルコフスキー氏」に捧ぐ

オープン・ソース軌道計算シミュレータ OpenTsiolkovsky

稲川 貴大，金井 竜一朗 Takahiro Inagawa, Ryuichiro Kanai

私たちが開発し公開している軌道計算用オープンソース・フライト・シミュレータ OpenTsiolkovsky (https://github.com/istellartech/OpenTsiolkovsky) を紹介します．宇宙開発の父「コンスタンティン・ツィオルコフスキー氏」に敬意を表して名付けています．

執筆時点での最新版を例に解説しています．随時アップデートされているので，使う前にGitHubのReleasesページで最新版をチェックします．また，本ソフトウェアの関連動画はYouTubeなどで公開しています．

● インストール

まずはOpenTsiolkovskyのインストールです．

Windows版の場合は，Releaseページから OpenTsiolkovsky_v*XX*_win64.zip(*XX*はバージョン，数字が大きいほうが最新)というzipファイルをダウンロードして展開します．

zipファイルを展開し，コマンド・プロンプト(スタート・メニューからcmd.exeで検索すると出てくる)で，OpenTsiolkovsky.exeのあるフォルダに移れば実行できます．

MacやLinuxの場合は，ソース・ファイルからコンパイルします．Windows版バイナリと同様にして，Releaseページのソースコードを確保したら，gccとboostがインストールされている前提で，次の記述でコンパイルできます．いろいろ警告が出ますが，無視すれば進みます．

```
$ git clone https://github.com/istellartech/OpenTsiolkovsky.git
$ cd OpenTsiolkovsky
$ make
```

次の記述で実行できます．

```
$ cd bin
$ ./OpenTsiolkovsky
```

macOS Xの場合は，公式ページからboostライブラリをダウンロードしてインストールします．Ubuntuでは次の記述でインストールされます．

```
$ sudo apt-get install libboost-all-dev
```

● 実行コマンド

フライト・シミュレーションを実行します．使い方は簡単です．実行ファイルOpenTsiolkovsky.exeに，条件ファイル *xxxx*.json(*xxxx*は任意のファイル名)を読み込ませるだけです．

本書ウェブ・サイト(https://www.cqpub.co.jp/trs/trsp155.htm)から入手できる本書関連のダウンロード・データに含まれる，サンプル・ファイルmomo2_sample.jsonなどをドラッグ＆ドロップします．コマンドで指定する場合は，次のように打ち込みます．

```
$ .¥OpenTsiolkovsky.exe momo2_sample.json
```

コマンドから実行するほうが結果が出るのが早く，正しく実行されているかどうかもわかります．

正常に実行されると，**図1**のような画面が出ます．ドラッグ＆ドロップの場合は，この画面が一瞬出て消えます．outputフォルダには，MOMO2_sample_dynamics_1.csvというファイルが生成されているはずです．

● 設定するパラメータ

サンプル・ファイルを例に，どういう条件を与えて何が計算されているか詳しく見てみましょう．

リスト1に，今回のサンプル・ファイル momo2_sample.jsonの中身を示します．jsonファイルは中身が

```
C:¥ISTsims¥OpenTsiolkovsky> .¥OpenTsiolkovsky.exe .¥momo2_sample.json
Hello, OpenTsiolkovsky! version:0.40
1 stage impact point [deg]:      0.000000        0.000000
max altitude[m]:          102055
max downrange[m]:         48505
Simulation Success!
Processing time: 1113[ms]
```

図1 オープン・ソースの軌道計算シミュレータOpenTsiolkovskyはロケットの高度などが計算できる

リスト1　サンプル・ファイルmomo2_sample.jsonを例にフライト・シミュレータOpenTsiolkovskyの計算を見てみる

```
{
        "name(str)": "MOMO2_sample",
        "calculate condition": {
                "end time[s]": 1000,
                "time step for output[s]": 0.5
        },
        "launch": {
                "position LLH[deg,deg,m]": [42.506129, 143.456482, 15.0],
                "velocity NED[m/s]": [0.0, 0.0, 0.0],
                "time(UTC)[y,m,d,h,min,sec]": [2018,6,30,5,0,0]
        },
        "stage1": {
                "power flight mode(int)": 0,
                "free flight mode(int)": 2,
                "mass initial[kg]": 1155,
                "thrust": {
                        "Isp vac file exist?(bool)": false,
                        "Isp vac file name(str)": "Isp.csv",
                        "Isp coefficient[-]": 1.0,
                        "const Isp vac[s]": 235.0,
                        "thrust vac file exist?(bool)": false,
                        "thrust vac file name(str)": "thrust.csv",
                        "thrust coefficient[-]": 1.00,
                        "const thrust vac[N]": 16000,
                        "burn start time(time of each stage)[s]": 0.0,
                        "burn end time(time of each stage)[s]": 120.0,
                        "throat diameter[m]": 0.12,
                        "nozzle expansion ratio[-]": 2.2,
                        "nozzle exhaust pressure[Pa]": 101300
                },
                "aero": {
                        "body diameter[m]": 0.50,
                        "normal coefficient file exist?(bool)": false,
                        "normal coefficient file name(str)": "CN.csv",
                        "normal multiplier[-]": 1.0,
                        "const normal coefficient[-]": 0.2,
                        "axial coefficient file exist?(bool)": true,
                        "axial coefficient file name(str)": "CA.csv",
                        "axial multiplier[-]": 1.0,
                        "const axial coefficient[-]": 0.2,
                        "ballistic coefficient(ballistic flight mode)[kg/m2]":25.0
                },
                "attitude": {
                        "attitude file exist?(bool)": false,
                        "attitude file name(str)": "attitude.csv",
                        "const elevation[deg]": 83.0,
                        "const azimth[deg]": 115,
                        "elevation offset[deg]": 0.0,
                        "azimth offset[deg]": 0.0
                },
                "dumping product": {
                        "dumping product exist?(bool)" : false,
                        "dumping product separation time[s]" : 130,
                        "dumping product mass[kg]" : 1,
                        "dumping product ballistic coefficient[kg/m2]" : 1200,
                        "additional speed at dumping NED[m/s,m/s,m/s]" : [0.0, 0.0, 0.0]
                },
                "attitude neutrality(3DoF)": {
                        "considering neutrality?(bool)" : false,
                        "CG, Controller position file(str)" : "CGXt.csv",
                        "CP file(str)" : "Xcp.csv"
                },
                "6DoF": {
                        "CG,CP,Controller position file(str)" : "sample/CGCP.csv",
                        "moment of inertia file name(str)": "sample/inertia.csv"
                },
                "stage": {
                        "following stage exist?(bool)": false,
                        "separation time[s]": 1e6
                }
        },
        "wind": {
                "wind file exist?(bool)": false,
                "wind file name(str)": "momo2/wind_average_month12-01.csv",
                "const wind[m/s,deg]": [0.0, 270.0]
        }
}
```

出力の時間ステップ．ソルバの時間刻みではないので粗く設定しても計算精度は悪くならない

座標，速度，打ち上げ時刻といった射点の情報

サンプルは単段なのでstage1のみ

重要パラメータ1：全備重量(打ち上げ時の重量)

実験で得た履歴でシミュレーションすることもできる

重要パラメータ2：真空中比推力

重要パラメータ3：真空中推力

重要パラメータ4：燃焼時間

それぞれノズル・スロート直径，ノズル開口比，ノズル出口圧力

重要パラメータ5：軸力係数(機体正面からの空気抵抗の大きさを決める)

重要パラメータ6：仰角(上向きの機体の角度，elevation)と方位角(どの方位に飛ばすか．azimath)

重要パラメータ7：風速と風向

テキスト・ファイルなので，エディタで編集できます．

サンプル・ファイルの数字をいじったら，とりあえずシミュレーションします．高度な計算をしたいときは，jsonファイルのルールにしたがって記述します．

パラメータ2～4とノズルに関する設計値の意味は，第4章で説明しました．軸力係数は，空気抵抗を決める重要な数字です．風洞試験やCFD(数値流体力学計算)で求めます．そのほかは，姿勢パラメータ(向かう方向)，外乱(一番大きな上空の風向風速)です．

● 計算結果の可視化

実行結果の出力形式は，csvファイル(単なるデータ列)です．データ列は直感的ではないのでビジュアル化します．

図2 計算結果をグラフ表示するためのPythonコマンドの例

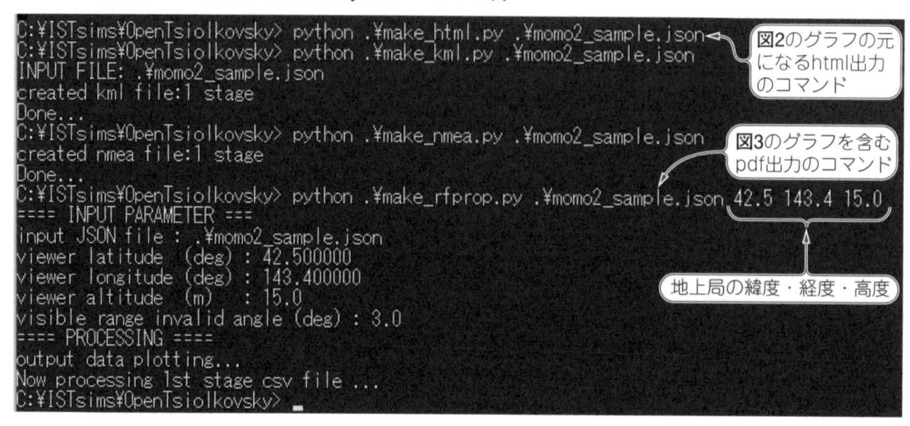

表1 Pythonを利用すれば計算結果をいろいろなグラフ形式で表示できる

ファイル名	説 明
make_html.py	HTML形式で可視化のファイル出力
make_kml.py	GoogleEarthで読み込めるkml形式でファイル出力
make_nmea.py	GoogleEarthでアニメーションになる形式の.nmeaファイル出力
make_plot.py	pdf形式で可視化のファイル出力
make_rfprop.py	pdf形式で特にRF(無線)特性を出力

まず，Pythonをインストールして使える環境を用意して，OpenTsiolkovskyで読み込んだjsonファイルを指定します．出力されたcsvファイルではない点に注意してください．ここではサンプル・ファイルを指定していますが，任意に変更できます．

```
$ python ␣ make_html.py ␣ momo2_sample.json ↵
```

と入力すると，htmlファイルにcsvファイルの結果が表示されます(**図3**)．

表1に示すように，make_*xxx*.pyの*xxx*部を変えると，希望の形式で可視化できます．

例えば，make_rfprop.pyを使うと，指定した地上局から見える機体の角度，つまり仰角がグラフ化されます(**図4**)．燃焼開始から燃焼終了までの120秒間で，仰角は70°も変化しています．真横に見えていたロケットが，120秒で見上げるようになるということです．**図2**に，**図3**を表示するまでに入力した一連のコマンドを示します．

打ち上げに関わるほぼすべての事象を検討するために，このフライト・シミュレーションは欠かせません．

● モンテカルロ法

シミュレーションのときに乱数を加えることができます．フライト・シミュレーションでは欠かせません．

実際に打ち上げると，環境や設計，製造など，さまざまな誤差要因が計算軌道(ノミナル軌道)に混じります．この誤差を統計的な分布をもつものとして計算します．

私たちは，数十の誤差源と誤差の分布を合わせて，数万～数十万回の計算を繰り返して，打ち上げの成功確率がどのぐらいか，誤差があったとしても事故は起こさないかどうか，などを検証しています．MOMOは，このOpenTsiolkovskyをAWS(Amazon Web Services)上で並列計算させています．このツールをコマンド・ライン・ベースで作った理由は，モンテカルロ法を利用して数十万回計算させたいからです．

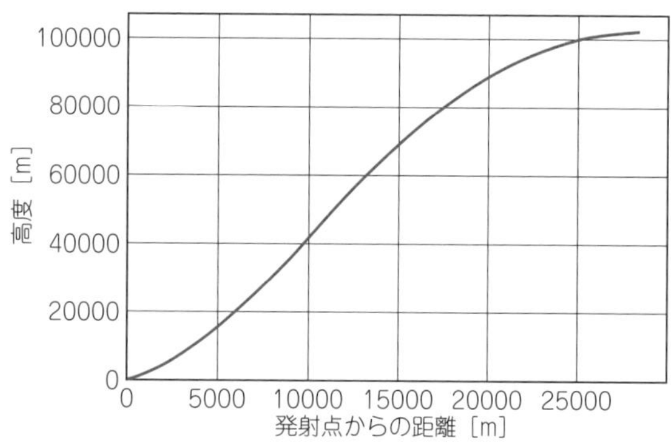

図3 実行結果の1つ，発射地点からの距離と高度の関係(htmlファイルから)

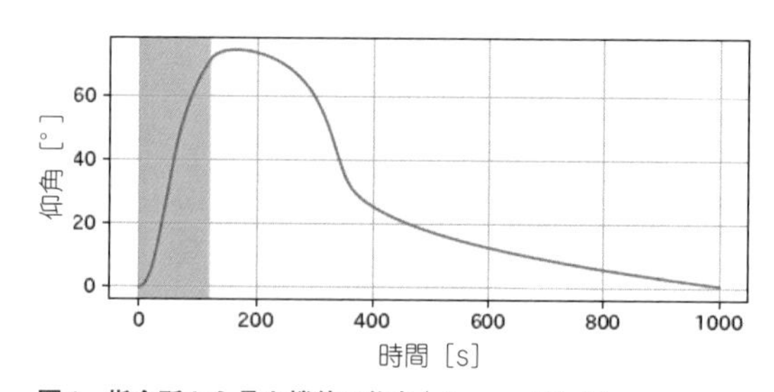

図4 指令所から見た機体の仰角(rfprop.pdfから)

第13章 飛行への影響を常に確認しながら開発する

フライト・シミュレーションの実際

稲川 貴大 Takahiro Inagawa

第12章ではロケット開発におけるフライト・シミュレータ(OpenTsiolkovsky)の役割を解説しました．実際の打ち上げに向けて，フライト・シミュレータでやることを具体的に解説していきます．

フライト・シミュレーションの重要ポイント

● 通常の軌道「ノミナル軌道」のフライト確認

実際の設計現場では，最初に通常飛ばす軌道(ノミナル軌道)を考えます．これが強度設計など他の設計に必要になってきます．

OpenTsiolkovskyのシミュレーション結果は，CSVファイルになって出てきます．Pythonスクリプトによって，Google Earthで可視化するためのkmlファイルに変換できます．**図1**，**図2**のように可視化された結果を見ながら，到達高度や空気力，落下位置などを確認します．

● 安全性の事前検証(飛行安全)

シミュレータの役割として，安全性の事前検証は重要です．

MOMOではいくつか安全性の事前検証を行っています. 例えば**図3**のようなEDIA(破片抗力落下予測域)を計算します．これは飛行の途中で異常が発生し，機体が回転しながら緊急停止信号を少し遅れて受信，エンジン停止した場合に，どの地点まで危険が及ぶか，

図1 宇宙ロケットのノミナル軌道
MOMO 3号機のシミュレーション結果をGoogle Earthに表示

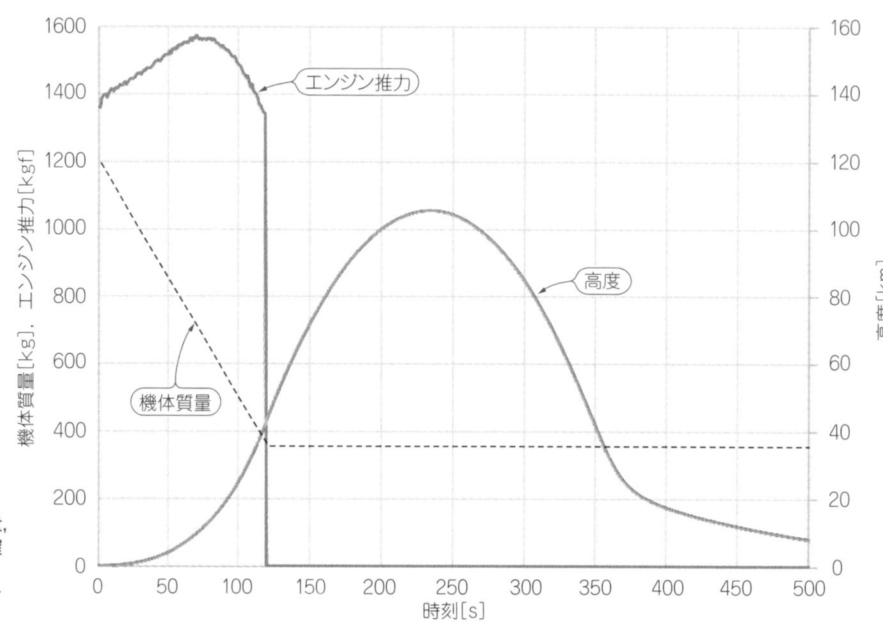

図2 ノミナル軌道で質量，推力，高度の時間変化を確認
MOMO 3号機のシミュレーション結果をグラフ化

という区域を表示したものです．これは特に地上付近の安全性を確認するために使います．立入り制限区域に危険が及ばないことを確認します．

さらに，傷害予測数というリスクに関係する値の計算をします．詳細は省きますが，どのような故障モードがあり，どのくらいの確率でどのくらいの大きさの破片が出て，それが人に当たって怪我をする可能性がどのくらいかを計算します．あるしきい値以下であれば，社会的なリスクが十分低いと見なします．

● 誤差を考えた成功率のチェック

ノミナル軌道と正常飛行時の安全性を確認したら，打ち上げ直前にはモンテカルロ・シミュレーションを実施します．モンテカルロ・シミュレーションは，ノミナル軌道に誤差としてある一定の乱数を加えて，シミュレータ上で大量に打ち上げます．結果から変わりうる範囲を確認していきます．

ロケットでのモンテカルロ・シミュレーションは各誤差について完全な乱数ではなく，正規分布をもつ乱

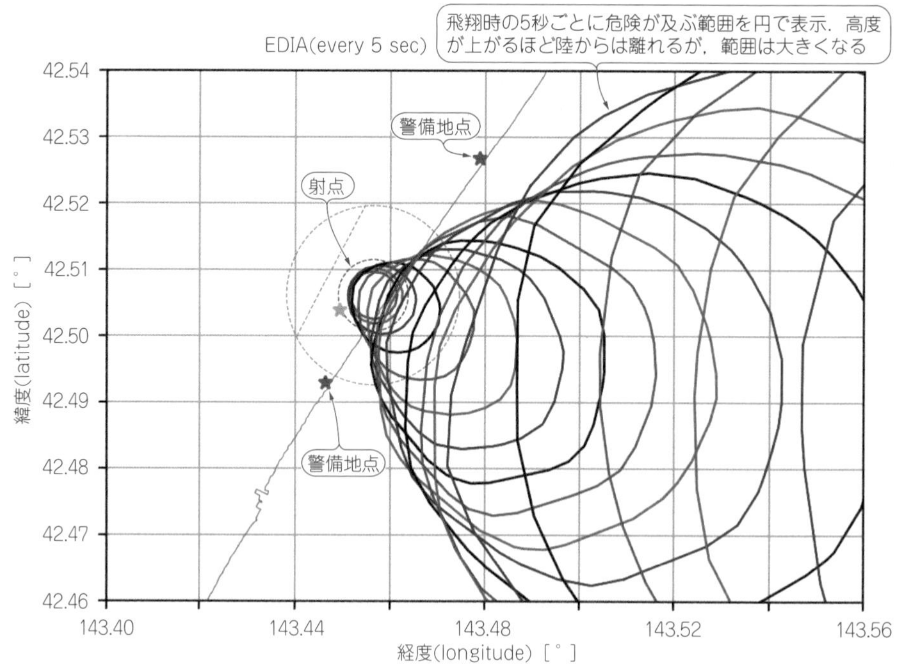

図3 シミュレーションを使った安全性の検証例…MOMOの破片抗力落下予測域(EDIA)
異常を検出して緊急停止したとき，破片がどこまで広がる可能性があるかを示す．速度や位置が変わっていくのでEDIAも時間変化していく

表1 成功率をシミュレーションするときの誤差源
これらの値がばらついても，十分高い成功率が得られれば打ち上げを予定できる

項目	3σばらつき
機体全備質量	10 kg
有効推進剤	10 %
推力	6 %
比推力	5 %
方位角	1 deg
仰角	1 deg
空気力係数	10 %

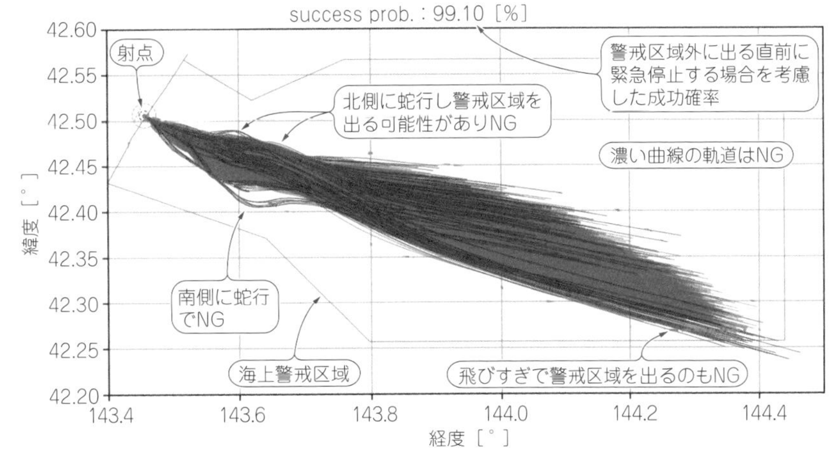

図4 軌道のばらつき範囲をモンテカルロ解析して成功確率を確認
この例では1万回のシミュレーションを実施し，成功確率は99.1%だった．赤の曲線は緊急停止をするべき軌道になってしまった例，緑の曲線は成功例

数として入力します．誤差に入れるものは，例えば**表1**のようなパラメータと上空の風のデータです．

ロケットの打ち上げは，航空機や船舶が入らないように調整して，ある区域内に限定して実施します．その区域を警戒区域と呼びます．ロケットがここから外れそうになったら，緊急停止のコマンドを送って区域から外れないようにします．

準　備

● 入手＆インストール

MOMO打ち上げで使用しているロケット用のフライト・シミュレーション・ソフトウェアOpenTsiolkovskyはGitHubのページから最新版をダウンロードできます．ここではv0.40の例で説明しますが，適宜読みかえてください．

https://github.com/istellartech/OpenTsiolkovsky/releases

Windowsでは**図5**のOpenTsiolkovsky_v0.40_win64.zipのように，win64.zipの中身を使います．

macOSやLinuxで使いたい方向けにも，コンパイルして使うまでの方法を紹介してあります．

https://github.com/istellartech/OpenTsiolkovsky/wiki

zipファイルを展開すると，**図6**のようなファイルが入っています．OpenTsiolkovsky.exeが実行ファイルです．コマンドラインから使うことを想定しているので，実行ファイルをダブルクリックしても一瞬黒い

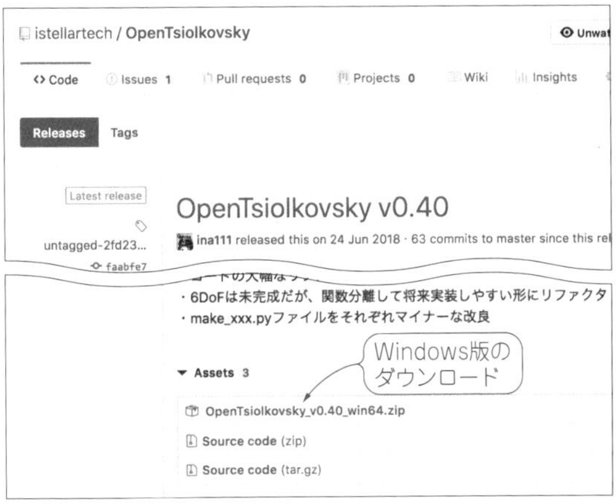

図5 フライト・シミュレータOpenTsiolkovskyはGitHubからダウンロードできる
バージョンは新しくなっていく．
https://github.com/istellartech/OpenTsiolkovsky/releases

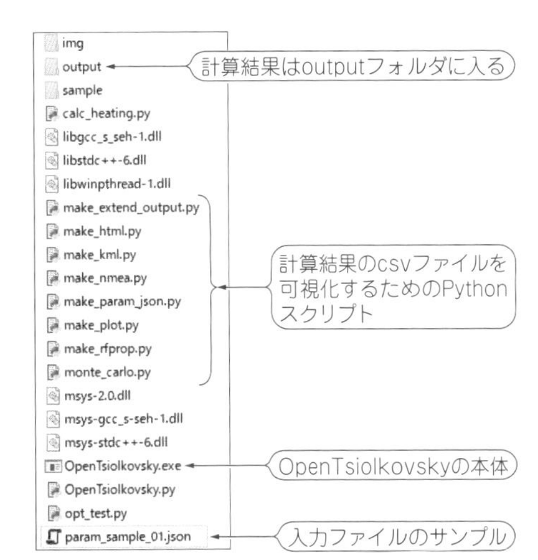

図6 フライト・シミュレータOpenTsiolkovskyには計算結果を可視化するPythonスクリプトも用意されている
Windows用OpenTsiolkovskyのファイル構成．実行ファイルのほか，出力結果の可視化用Pythonスクリプト，入力ファイル，出力フォルダなどがある

```
C:¥Users¥ina111¥Downloads¥OpenTsiolkovsky_v0.40_win64>OpenTsiolkovsky.exe param_sample_01.json
Hello, OpenTsiolkovsky! version:0.40
1 stage impact point [deg]:     41.180952       146.866707
1 stage dumping product impact point [deg]:     41.147679       147.469097
max altitude[m]:        369427
max downrange[m]:       366390
Simulation Success!
Processing time: 1835[ms]
```

1段目の落下位置(緯度と経度)
最高高度と最大水平距離
計算実行時間

図7　OpenTsiolkovskyの実行画面
実行を指示するコマンドラインにはごく一部の結果しか表示されない．シミュレーション結果はoutputフォルダのcsvファイルに書き込まれる

画面が現れて消えるだけです．

コマンドライン(Windowsであればコマンド プロンプトもしくはPowerShellなど)から実行します．以下ではWindowsを使用する前提で説明します．

● 実行

スタート・メニューの検索窓に「cmd.exe」と打ち込むなどしてコマンド プロンプトを開きます．その後，ダウンロード&解凍したフォルダに移動します．例えばダウンロード・フォルダにOpenTsiolkovskyフォルダがある場合は，

$ cd␣Download/OpenTsiolkovsky_v0.40_win64↵

で移動します．フォルダ名は適宜変更してください．

試しにサンプルの飛行経路をシミュレーションさせてみます．

$ OpenTsiolkovsky.exe␣param_sample_01.json↵

と実行すると**図7**のように表示されて，シミュレーション完了です．ロケットのフライト・シミュレーションがあっけなく完了することに，びっくりするかと思います．

コマンドライン上では，計算結果は簡易的にしか表示されません．表示されるのは，落下位置(落下してこない場合はゼロが返ってくる)や最大高度，計算時間などだけです．詳細な結果はoutputフォルダの中にあるcsvファイルに出力されています．

● パラメータを記述する入力ファイルについて

OpenTsiolkovskyの入力ファイルは，JSONファイル形式で書いていきます．JSON(JavaScript Object Notation)というルールにしたがって書かれたテキスト・ファイルのことです．ある数値と，その数値の名前であるキーのペアをコロンで対にして，それらをカンマで区切り，全体を波かっこで括って表現します．

MOMOの打ち上げを簡易的にシミュレーションする入力ファイルparam_MOMO_01.jsonを**リスト1**に示します．

観測ロケットMOMOの打ち上げ簡易シミュレーション

リスト1のように入力ファイルを作ったら，以下のように実行してみます．

$ OpenTsiolkovsky.exe␣param_MOMO_01.json↵

一瞬で計算終了し，出力結果outputフォルダの中にMOMO_dynamics_1.csvが作られます．これは入力のJSONファイルの名前に_dynamics_という文字が入り，1段目の結果を表しています．

CSVファイルの出力はぱっと見てわかりにくいので可視化していきます．可視化には，OpenTsiolkovsky付属のPythonスクリプトを実行します．Pythonのインストールが済んでいない人は，先にPythonをインストールしておきます．PythonにはNumPy，simplekml，pandas，Matplotlibのパッケージもインストールしておきます．

入力のJSONファイルがあるフォルダのコマンドラインで以下のように入力します．このとき第2引き数へは入力JSONファイルを入れます．

$ python␣make_kml.py␣param_MOMO_01.json↵
$ python␣make_plot.py␣param_MOMO_01.json↵

outputフォルダの中に.kmlファイルとPDFファイルができます．kmlファイルはGoogle Earthで読み込むためのファイルです．Google Earthをインストールしていない場合はインストールが必要です．

kmlファイルをGoogle Earthで表示したようすが**図8**です．PDFファイルの中には**図9**のようなグラフが何枚も描かれています．

PDFファイルにあるグラフの1つが迎角(Angle of Atack)です．AoA allと表示されている**図10**のグラ

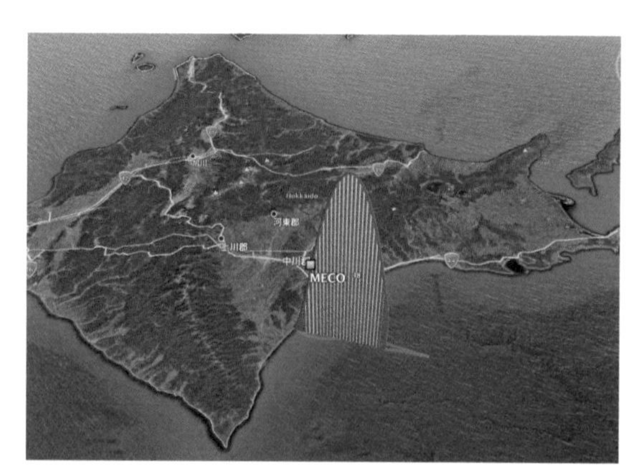

図8　可視化したMOMO打ち上げの簡易シミュレーション結果①…飛行のようすをGoogle Earth上に表示

リスト1　OpenTsiolkovskyでMOMOの打ち上げをシミュレーションできる入力ファイル例(param_MOMO_01.json)
実際には時間変化したり，状況によって変わる値をいくつか固定値に置き換えている

```
{
    "name(str)": "MOMO",
    "calculate condition": {
        "end time[s]": 2000,
        "time step for output[s]": 1,
        "variation ratio of air density[%](-100to100, default=0)": 0.0
    },
    "launch": {
        "position LLH[deg,deg,m]": [42.506129, 143.456482, 15.0],
        "velocity NED[m/s]": [0.0, 0.0, 0.0],
        "time(UTC)[y,m,d,h,min,sec]": [2019,4,5,5,45,0]
    },
    "stage1": {
        "power flight mode(int)": 0,
        "free flight mode(int)": 2,
        "mass initial[kg]": 1150.0,
        "thrust": {
            "Isp vac file exist?(bool)": false,
            "Isp vac file name(str)": "",
            "Isp coefficient[-]": 1.0,
            "const Isp vac[s]": 200.0,
            "thrust vac file exist?(bool)": false,
            "thrust vac file name(str)": "",
            "thrust coefficient[-]": 1.00,
            "const thrust vac[N]": 14000,
            "burn start time(time of each stage)[s]": 0.0,
            "burn end time(time of each stage)[s]": 120.0,
            "forced cutoff time(time of each stage)[s]": 120.0,
            "throat diameter[m]": 0.11262,
            "nozzle expansion ratio[-]": 2.311,
            "nozzle exhaust pressure[Pa]": 100000
        },
        "aero": {
            "body diameter[m]": 0.502,
            "normal coefficient file exist?(bool)": false,
            "normal coefficient file name(str)": "",
            "normal multiplier[-]": 1.0,
            "const normal coefficient[-]": 0.2,
            "axial coefficient file exist?(bool)": false,
            "axial coefficient file name(str)": "",
            "axial multiplier[-]": 1.0,
            "const axial coefficient[-]": 0.2,
            "ballistic coefficient(ballistic flight mode)[kg/m2]":120
        },
        "attitude": {
            "attitude file exist?(bool)": false,
            "attitude file name(str)": "",
            "const elevation[deg]": 83.0,
            "const azimth[deg]": 115,
            "elevation offset[deg]": 0.0,
            "azimth offset[deg]": 0.0
        },
        "dumping product": {
            "dumping product exist?(bool)" : false,
            "dumping product separation time[s]" : 130,
            "dumping product mass[kg]" : 1,
            "dumping product ballistic coefficient[kg/m2]" : 1200,
            "additional speed at dumping NED[m/s,m/s,m/s]" : [0.0, 0.0, 0.0]
        },
        "attitude neutrality(3DoF)": {
            "considering neutrality?(bool)" : false,
            "CG, Controller position file(str)" : "",
            "CP file(str)" : ""
        },
        "6DoF": {
            "CG,CP,Controller position file(str)" : "",
            "moment of inertia file name(str)": ""
        },
        "stage": {
            "following stage exist?(bool)": false,
            "separation time[s]": 1e6
        }
    },
    "wind": {
        "wind file exist?(bool)": false,
        "wind file name(str)": "",
        "const wind[m/s,deg]": [0.0, 270.0]
    }
}
```

- "name(str)" → 出力ファイルのファイル名
- "calculate condition" → 計算条件．計算終了時刻や，結果を何秒ごとに出力するかの設定
- "variation ratio of air density" → 空気密度が標準大気から何%ずれているか
- "position LLH" → 射点の緯度経度高度(大樹町射場)
- "velocity NED" → 打ち上げ時の初期速度．北方向，東方向，下方向の順に入力
- "time(UTC)" → 打ち上げ時刻．Google Earthで表示するときに意味がある
- "mass initial" → 打ち上げ時初期質量
- Isp関連 → 比推力Ispに関する項目
  - ・ファイルの有無
  - ・ファイルありの場合のファイル名
  - ・入力からのずれの乗数(モンテカルロ用)
  - ・ファイルなしの場合の一定値
- thrust関連 → 推力の項目
- burn/cutoff time → 燃焼開始時刻 燃焼終了時刻 燃焼カットオフ時刻(モンテカルロ用)
- throat diameter/nozzle関連 → 燃焼開始時刻 燃焼終了時刻 燃焼カットオフ時刻(モンテカルロ用)
- "body diameter" → 機体直径
- normal coefficient関連 → 法線力係数(**揚力**)に関する項目
  - ・ファイルの有無
  - ・ファイルありの場合のファイル名
  - ・入力からのずれの乗数(モンテカルロ用)
  - ・ファイルなしの場合の一定値
- axial coefficient関連 → 軸力係数(抗力)の項目
- "ballistic coefficient" → 推力無しで弾道飛行するときの弾道係数
- "attitude" → ロケットの姿勢(局所水平面座標)に関する項目
  - ・ファイルの有無
  - ・ファイルありの場合のファイル名
  - ・ファイルなしの場合の一定値(仰角・方位角)
  - ・入力からのずれのオフセット(モンテカルロ用)
- "dumping product" → フェアリングなど飛翔中の投棄物の項目
- "attitude neutrality(3DoF)" → 姿勢の中立性に関する項目
- "6DoF" → 回転も考慮した運動方程式の項目
- "stage" → 次の段の有無と分離時刻
- "wind" → 風に関する項目
  - ・ファイルの有無
  - ・ファイルありの場合のファイル名
  - ・ファイルなしの場合の一定値(風速，風向)

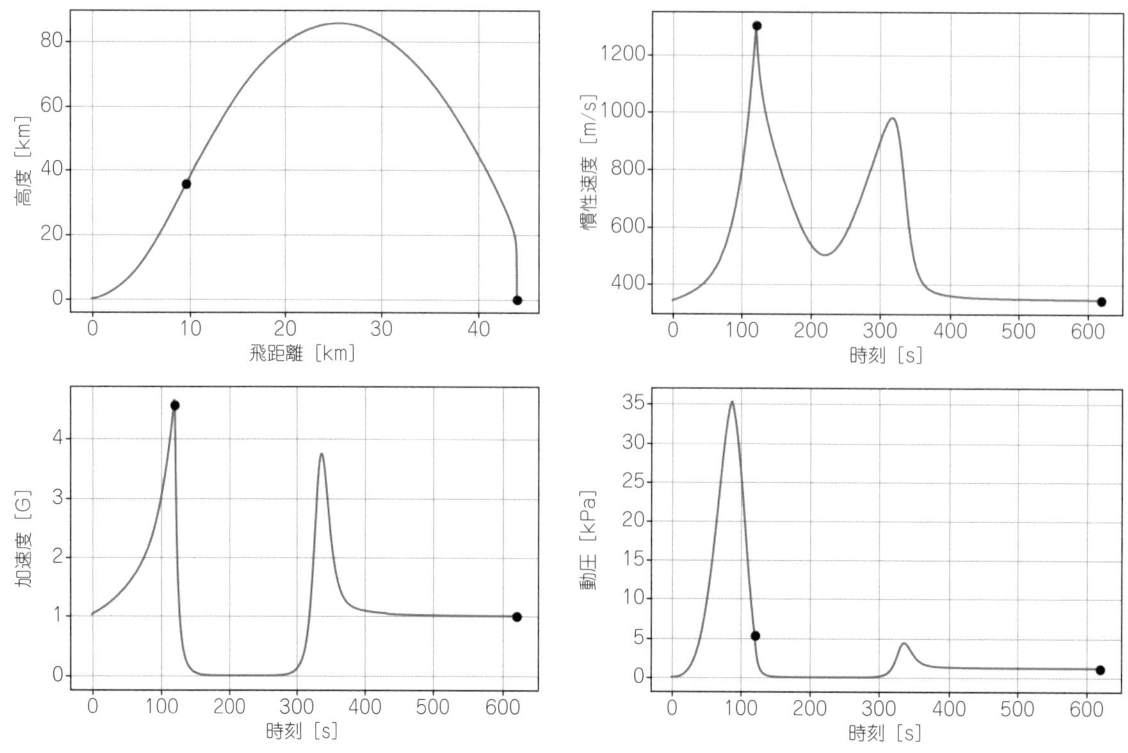

図9　可視化したMOMO打ち上げの簡易シミュレーション結果②…各種パラメータのグラフ化

フです．これを見ると，迎角が大きいことがわかります．迎角は，空気の流れと機体の姿勢との角度差のことであり，迎角が大きいと大きな空気力が機体に加わります．MOMOでは強度上の問題から，速度が上がっているときに迎角が大きいと機体が壊れてしまいます．よって，速度が上がってきてからは迎角が小さくなるように制御します．

● 姿勢を制御した場合のシミュレーション

迎角を小さくするためには姿勢を細かくコントロールします．MOMO 3号機では**図11**のようにきめ細かく姿勢をコントロールしています．実際にこの姿勢を決めるには，迎角だけでなく，飛行安全が確保できる，姿勢が発散しないなど，複数の条件を元にしています．

OpenTsiolkovskyで機体姿勢の制御をシミュレーションするには，**リスト2**のようなCSVファイルを作っておいて，入力JSONファイルのattitudeキーの中でファイルを指定します．JSONファイルからの相対パスであることに注意してファイル名を指定します．

● 風の影響によるばらつき範囲と成功率を調べる

地上から10 kmほど上空はジェット気流という強い風が吹いています．この風の有無や強さによってロケットの軌道は大きくズレます．

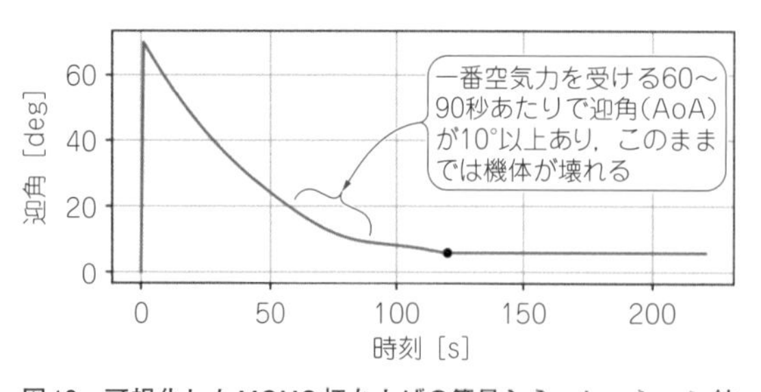

図10　可視化したMOMO打ち上げの簡易シミュレーション結果の一つ，迎角(Angle of Atack)のグラフ

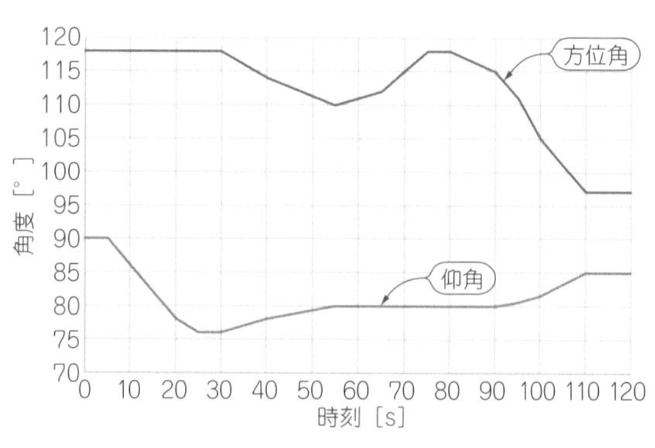

図11　MOMO 3号機で使った姿勢角の制御目標値

リスト2 シミュレーション時に姿勢角を指定するcsvファイル

```
time[s],方位角[deg],仰角[deg]
0,118,90
5,118,90
20,118,78
25,118,76
30,118,76
40,114,78
55,110,80
65,112,80
70,115,80
75,118,80
80,118,80
90,115,80
95,111,80.5
100,105,81.5
110,97,85
120,97,85
```

風の統計データは気象庁から代理店を通して購入することができます．非商用であれば，京都大学の生存圏データベースからダウンロードできます．

http://database.rish.kyoto-u.ac.jp/arch/jmadata/gpv-original.html

これらの過去の統計データから，月ごとの平均風，その標準偏差を足し引きした風，95パーセンタイルという強すぎる風の上位5％を除いた最大値，99パーセンタイル，さらに突風モデルを加えた場合など，複数の上空の風を作っておいて(**図12**)，それらの風で安定した打ち上げが可能かどうか，どこに落下するのかを求めておきます．異なる風を入れると，**図13**のようにかなり落下点が変わってしまうのがわかります．

実際の打ち上げの際には，風の予報を見ながら姿勢を直前に変えて落下点をコントロールする必要があります．

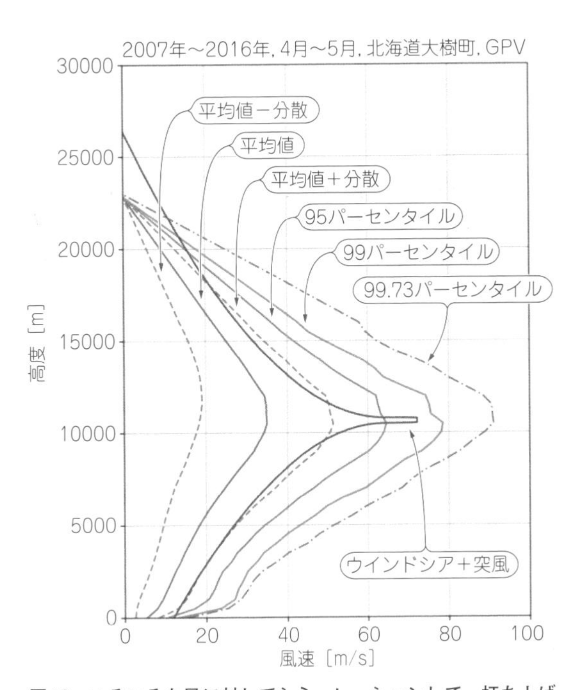

図12 いろいろな風に対してシミュレーションして，打ち上げを許容できる範囲を決めておく
北海道大樹町，2007～2016年，4月～5月の風速データ．気象庁GPV(格子点値)

● 実際の推力や比推力を入れる

簡易版の入力ファイル(**リスト1**)では，推力や比推力を一定としました．実際のMOMOはガス押し方式のエンジンであり，推力は一定ではありません．徐々に押しガスであるヘリウムの残り容量が減ることから，ヘリウム・タンクと推進剤の間に入っているレギュレータ(ガス用)の特性も関係して，ダイナミックに(刻々と)推力や比推力が変わっていきます．

図14が実際の推力(真空中換算)の履歴です．これは地上燃焼試験で得られたデータから換算しました．これをOpenTsiolkovsky用の推力CSVファイルとして作ってシミュレーションしていきます．

推力ファイルは，地上燃焼試験で計測している地上での推力ではなく，大気圧がなくなっている真空中の推力に換算して入力する必要があります．

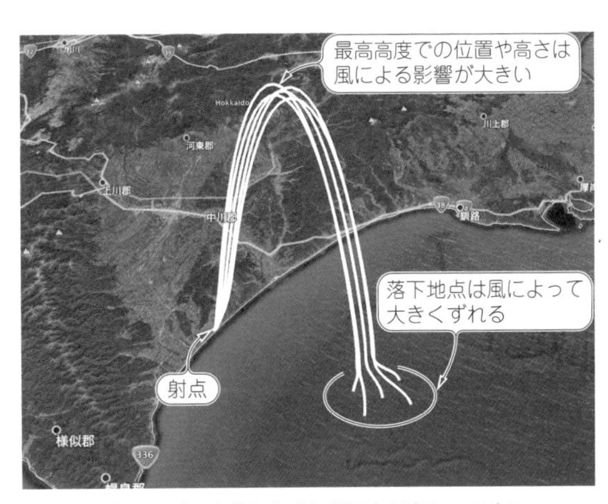

図13 異なる風データを与えると落下点が変わってくる

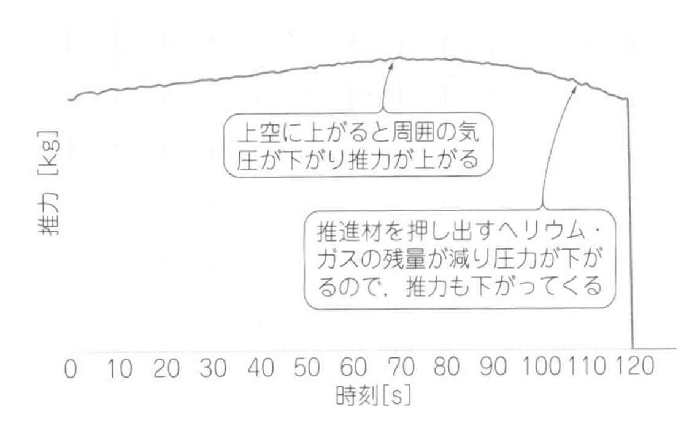

図14 MOMOのエンジン推力は時間とともに変化する
実験結果からの換算値

人工衛星を打ち上げられる軌道投入ロケットのフライト・シミュレーション

MOMOのような弾道飛行のロケットではなく，超小型人工衛星を地球周回軌道に入れるためのロケットとして，インターステラテクノロジズの次世代機体ZERO(**図15**)があります．

● 2段ロケットで衛星を軌道に投入する

必要な速度が大きいことから，ZEROは2段ロケットになっています．OpenTsiolkovskyは2段ロケットに対応しています．2段ロケットだけではなく，任意の段数のロケットにも対応しています．

ZEROの入力ファイルは，OpenTsiolkovsklyをGitHubからダウンロードすると，得られるようにしてあります．ぜひ，軌道投入までできるロケットのフライト・シミュレーションを実行してみてください(**図16**)．

図15　人工衛星を打ち上げられる軌道投入ロケットZEROのイメージ
地球周回軌道に乗せるには大きな速度を出す必要があるので，2段ロケットになる

● 途中で分離したフェアリングなどがどこに落ちるかもシミュレーション

軌道投入するロケットでは，フライト途中に衛星などを守っている頭の部分であるフェアリングを途中で分離します．フェアリングを分離したあとに，フェアリングがどこに落下するかもシミュレーションできます．

フェアリングのように途中で分離するものをロケットの投棄物と呼びます．投棄物は落下区域の安全性を担保しなくてはなりません．シミュレーションによって，落下区域とその範囲をシミュレーションします．

● 新しい打ち上げ手法の検討

最近では米国のRocketlab社のように，搭載しているリチウム・イオン電池を投棄するロケットも出てきました．不要になったものを切り離して軽量化する目的と考えられ，ユニークな手法です．

OpenTsiolkovskyでは，複数の投棄物もシミュレーションできます．Rocketlab社のような新しい仕掛けをシミュレーション可能なことからわかるように，他社のロケットについても研究を実施しています．

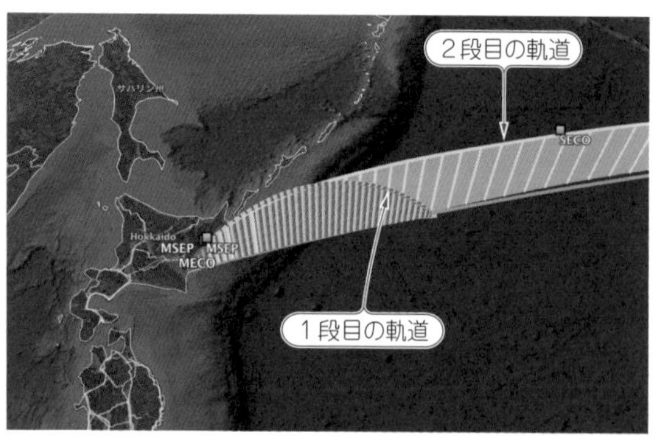

(a) 射点付近．1段目は海に落下

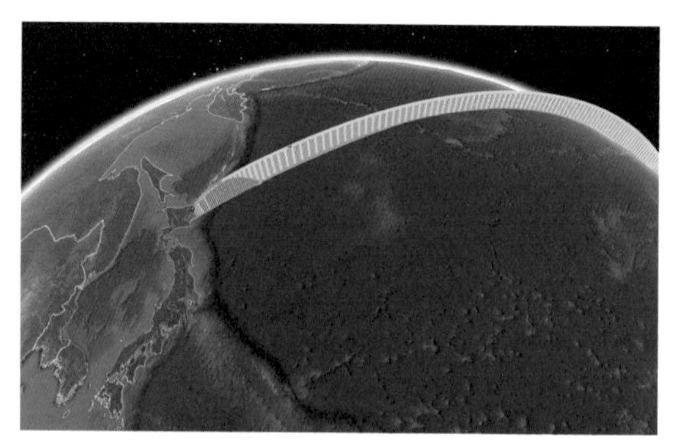

(b) 2段目が軌道に乗る

図16　軌道投入ロケットは2段式で2段目が軌道に乗る
ZEROで検討している軌道．シミュレーション結果をGoogle Earthで表示

第4部

姿勢制御の実際

第4部 姿勢制御の実際

第14章 シミュレーションを設計にフル活用

飛行中のロケットの姿勢制御

森岡 澄夫 Sumio Morioka

図1(a)に示すのはMOMOの飛行中の姿勢目標です．垂直に上昇するのはほんの数秒で，その後は姿勢を傾けて海へ向かいます［**図1(b)**］．

ロケットは飛行中，自分の姿勢を測って目標姿勢との誤差を算出し，エンジンの振り角をリアルタイムに調節して姿勢をキープしますが，許される姿勢の誤差は上限が決まっています．姿勢に誤差があると，飛行経路がずれていってしまうからです．大気圏内の飛行ではさらに，機体が空力でひっくり返ったりしてしまいます．飛行シミュレーションで調べると，許される姿勢誤差は最大でも2～3°しかないという結果が得られます．本章では，機体の姿勢制御のシミュレーション技術を紹介します．

飛行中のロケットの姿勢を変える原理

● 鉛筆を手のひらに乗せてもち上げるイメージ

写真1は，糸で吊り下げられた水入りのペットボトルです．薄い外壁の筒に大量の水が入っている点が，ロケットとよく似ています．

このボトルを指でつついて力を加えると，重心のまわりに回転します．ロケットがエンジンを振って向きを変えることに対応します．加える力が弱いと，ゆっくりとしか目標の姿勢に近づきません．強すぎると目標の姿勢をすぐ通り越してしまいます．また，急激に姿勢を変えると，中の水が暴れて姿勢がさらに乱れます(**写真2**)．この現象をスロッシングといいます．

実際のロケットは，内部の液体燃料を消費しながら飛ぶため，飛行後半ほど機体が軽くなって回転しやすくなり，重心も移動します．加えるべき力の最適値は打ち上げ後，刻一刻と変化します．

MOMOは3軸を同時に制御しています．エンジンの角度の算出は，PID制御アルゴリズムによって行います．アルゴリズムへの入力となるのは目標姿勢との差分の値です．

● MOMOは精度0.1°でエンジンの向きを調節している

飛行機は離着陸の際，エルロン(補助翼)を活発に動かします．ロケットは炎を噴いているだけで操縦をしていないように見えますが，実際には，細かくエンジンの向きを調節して姿勢を制御します．

MOMOのエンジンの推力は約1.2トンです．このエンジンをほんの少し，たとえば1°傾けるだけでも，約21 kg(＝1200 × sin 1°)の横向きの力がエンジン取

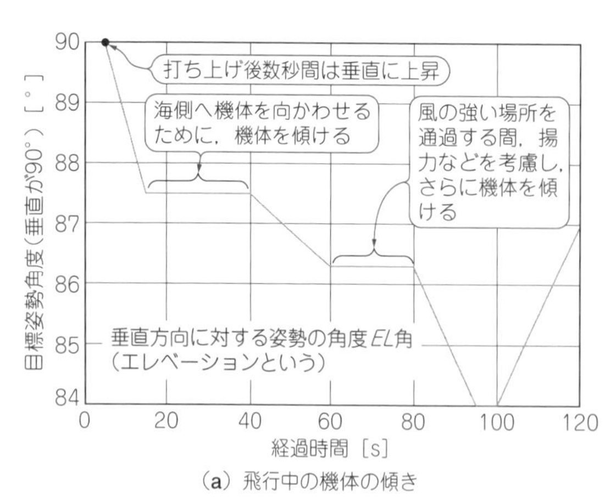

(a) 飛行中の機体の傾き

(b) 上から見たロケットの軌跡

図1 ロケットは垂直に上昇させ続けるのではなく，高度や速度に応じて垂直方向の傾きを変える
水平方向の角度も調整する．許される姿勢誤差は2～3°

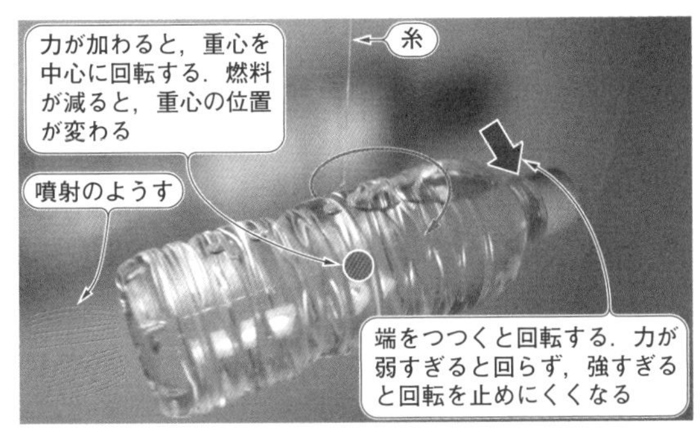

写真1 ロケットの姿勢制御のイメージ
吊り下げられた水入りのペットボトルの向きを制御するのに似ている．中の液体は揺れるし，液体の量によって回りやすさも変わる

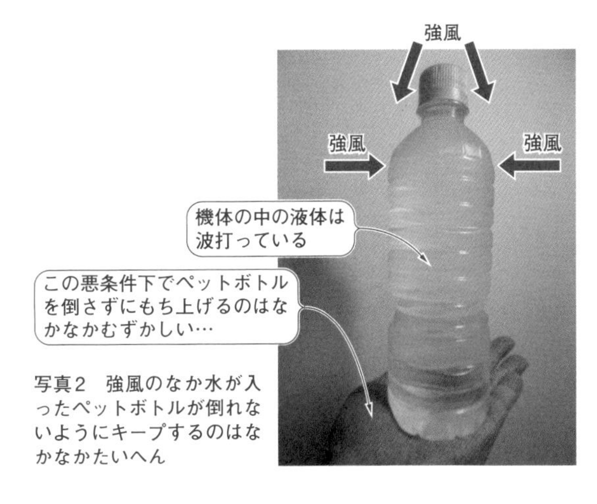

写真2 強風のなか水が入ったペットボトルが倒れないようにキープするのはなかなかたいへん

り付け部に発生します．最大傾きの8°傾けると170 kgもの力となります．このように大きな力が得られるので，MOMOは0.1°の分解能でエンジンの向きを制御しています．

とても重要な「姿勢制御シミュレーション」

● 制御パラメータの値はシミュレーションで求める

本書執筆時点では手法の精密化が進み，制御理論による解析も広く取り入れています．ここではPID制御として話を進めます．

最適な*PID*ゲインの値は，コンピュータによるシミュレーションで求めます．**図2**に示すように，制御ターゲットである機体のモデルと制御信号を作る処理ブロック(制御機構)をつないだループを構成し，シミュレーションを走らせます．これは，

「機体モデルが，機体の各軸の角速度を算出し，制御機構へフィードバックする．制御機構はエンジンの角度を算出する」

というもので，この計算をひたすら繰り返します．

● 姿勢制御シミュレーションのサンプル

MOMOのシミュレーションは規模が大きいので，これをシンプル化したサンプルを本書のウェブ・ページ(https://www.cqpub.co.jp/trs/trsp155.htm)からダウンロードできるようにしました．本物のロケット設計には使えませんが，MOMOの飛行を調整する感覚を味わえるでしょう．

シミュレーションはMATLABとSimulink上で走らせます．Toolboxは何もなく，次のウェブ・サイトから30日間の無料体験版(Home/Student版)をダウンロードしてインストールすれば試せます．

https://jp.mathworks.com/products/matlab.html

● シミュレーションの準備

ダウンロード・データにはSimulinkプロジェクト・ファイル一式が収録されているので，適当なディレクトリに解凍します．

MATLABを立ち上げて解凍したディレクトリへ移動し，コマンド・ウィンドウからstart_simを実行し

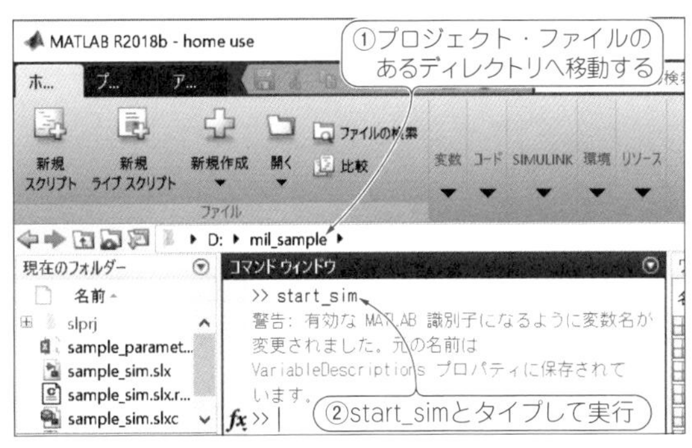

図3 MATLABのコマンドウィンドウで start_sim とすると，図4のSimulink環境が立ち上がる

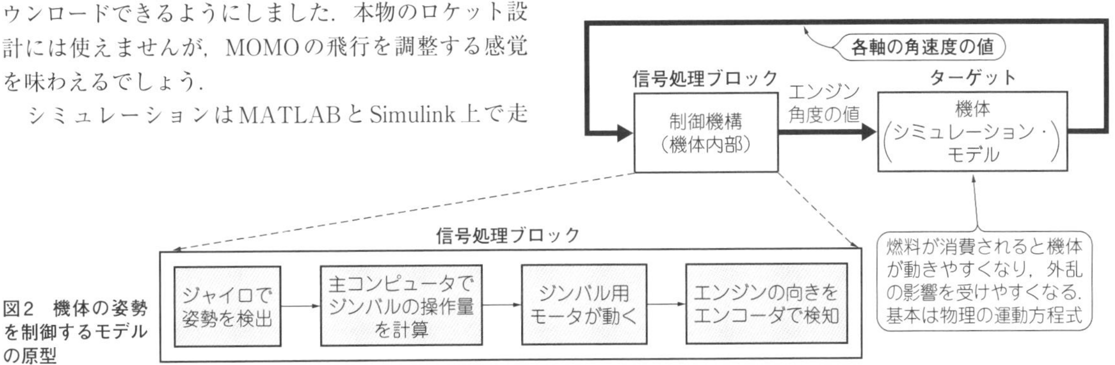

図2 機体の姿勢を制御するモデルの原型

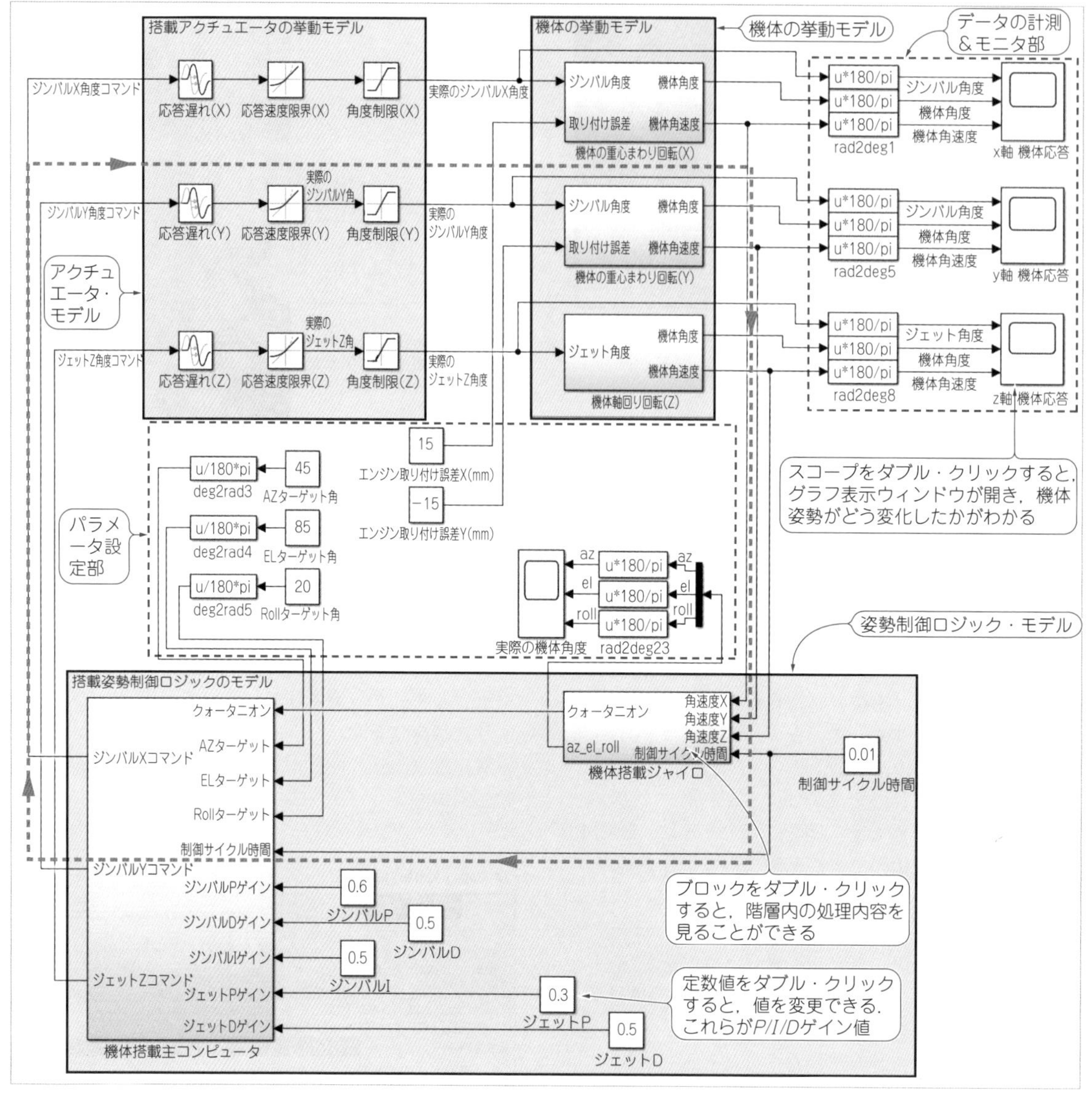

図4　姿勢制御シミュレーションの構成
MOMOの基本的な処理部分だけを抽出．Simulinkブロック

ます(**図3**)．実行すると，Simulinkのブロック図が現れます(**図4**)．

次のように，右下から時計回りに信号のループができています．

ジャイロ→姿勢制御ロジック→アクチュエータの挙動モデル→機体の挙動モデル

図4には，ゲイン値や誤差などのパラメータの設定部と，計算結果のモニタ部もあります．

ツール・バーの[実行]ボタンを押すと，MOMOの飛行時間と同じ120秒間のシミュレーションが走ってグラフが出ます．グラフ・ウィンドウが表示されていないときは，スコープのアイコンをダブルクリックしてください．

ロケット姿勢の基礎知識

● ロケットの姿勢を表す3つの変数

図5に示すように，飛行中のロケットの姿勢は次の3つの変数の組で表します．

(1) *AZ*角(Azimuth；水平方向の方位．－180～＋180°)
(2) *EL*角(Elevation；垂直方向の角度．＋90～0°)
(3) *Roll*角(機体軸回りの回転角．－180～＋180°)

図1に示すように，MOMOの目標姿勢はフライト中に変化しますが，この体験シミュレーションではずっと一定値とします．

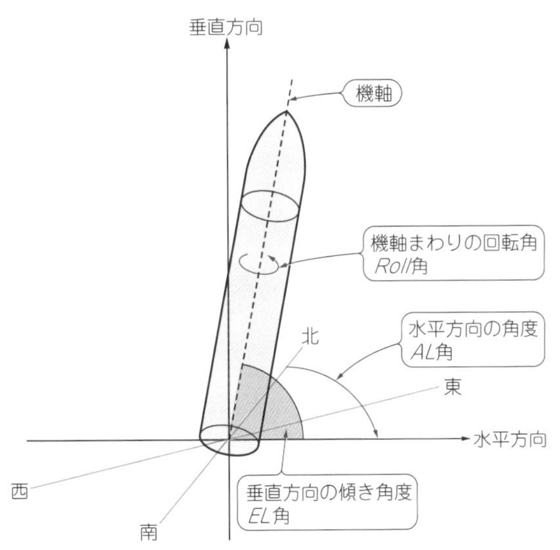

図5 姿勢目標として*AZ*角，*EL*角，*Roll*角を設定する

打ち上げ前の機体は垂直ですから，*EL*角＝90°です．真上を狙うなら目標*EL*角を90°に設定します．MOMOのように機体を傾けて放物線飛行をさせたいなら，目標EL角は90°よりも小さくし，*AZ*角には水平方位，つまり東西南北どちらに向かわせるかを指定します．*Roll*角は何でもよいですが，普通は0°(回転させない)に設定します．設定値はSimulinkのパラメータ・ボックスへ入力します(**図6**)．

● 姿勢データの基本的な見方

シミュレーションが出力する機体姿勢とエンジンの角度グラフを観察して，正常にフライトしているかどうかを確認します．着目点は次の2つです．

(1) *AZ*角，*EL*角，*Roll*角の各姿勢角が，ターゲットどおりの値になっているか

(2) 機体角度やアクチュエータ(ジンバル角)が滑らかな動きをしてるか

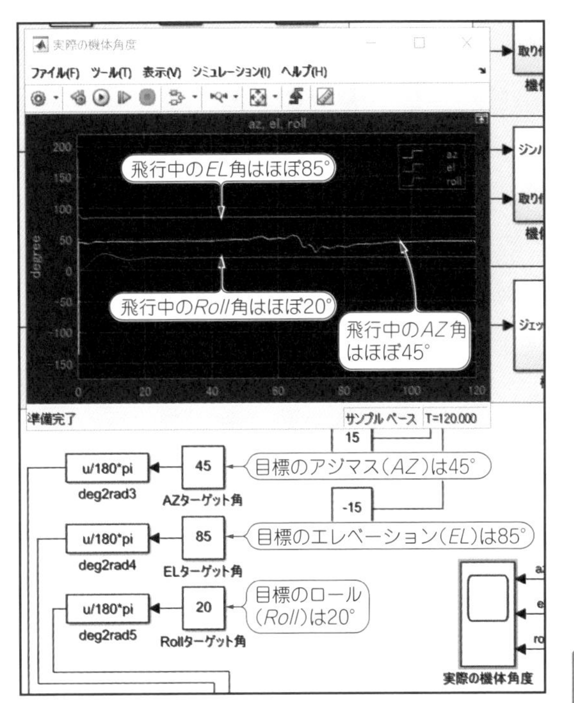

図6 Simulinkで機体姿勢の時間変化を計算した結果

(2)における異常とは，突然エンジン角が限界(10°近く)まで傾いたり，姿勢角が1秒間に何回も振動したりするような状態です．このような現象が実際に発生すると，機体に強い力が加わり空中分解してしまいます．

サンプル・プロジェクトは，デフォルト設定ではうまく飛行するようになっています．

図6は飛行中の機体姿勢，**図7(a)**はx軸のエンジン角度の時間変化を計算した結果で，正常なものです．**図7(b)**は，**図7(a)**のうち打ち上げ直後の部分を拡大したグラフです．エンジン角度が少し早めに変化しているように見えますが，打ち上げ時に機体が垂直に立っていたので，傾けるためにエンジンを動かした結果です．これも正常です．

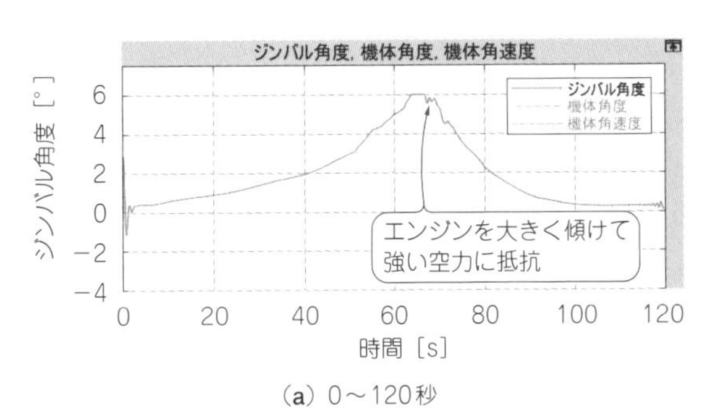

(a) 0～120秒

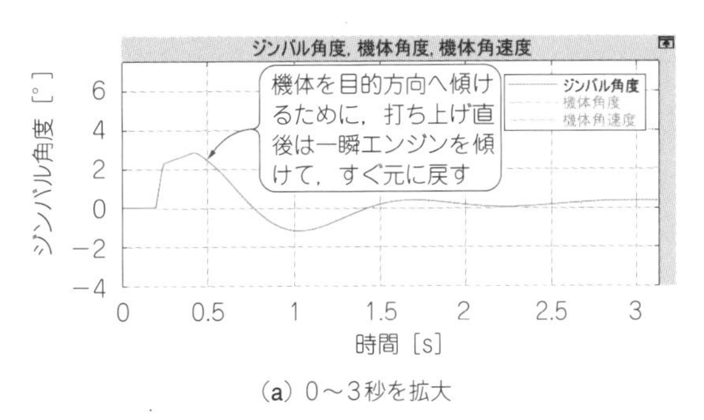

(a) 0～3秒を拡大

図7 エンジン角度の時間変化
Simulinkで計算した結果．異常な角度になったり，急激な変化をしたりしていないかを確認

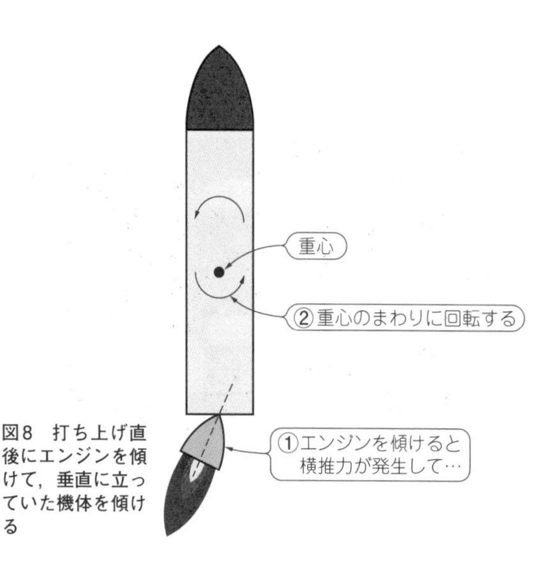

図8 打ち上げ直後にエンジンを傾けて，垂直に立っていた機体を傾ける

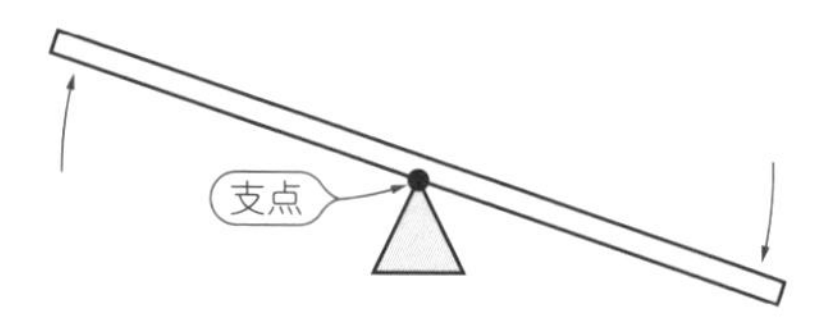

図9 エンジンを動かすと横向きの推力が発生して重心回りに回転する

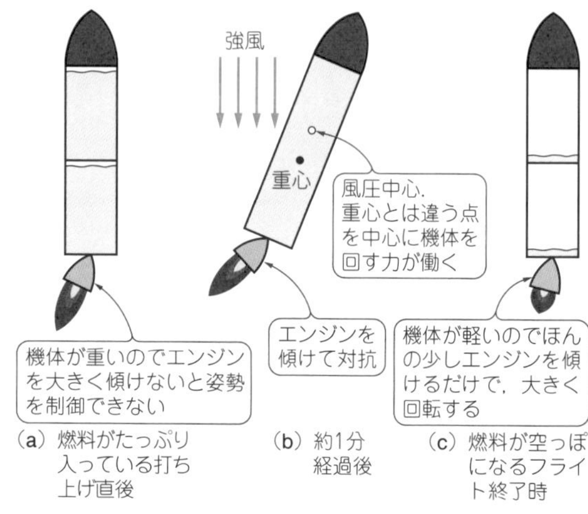

図10 ロケットの発射後は重量や風の影響が変化するが，それでも姿勢を制御できるようにパラメータを調整
打ち上げ後1分前後ではとくに強い風を受ける

姿勢データから見る「正常フライト」「失敗フライト」

● ロケットの正しい飛び方

ロケットの飛び方の基本を説明しましょう．

自動車はハンドルで進行方向を変えますが，ロケットはエンジンを動かして姿勢を変えます(図8)．機体後部についているエンジンの向きを変えると，機体は重心を中心に回転します(図9)．シーソーやてこで端を押すと，支点回りに回転するのと同じです．

エンジンの動かす幅は大きすぎても小さすぎてもダメです．図10を見てください．飛行中には機体に次のような変化が起きます．

(1) 加速とともに受ける風の力が強まり，機体への外乱が大きくなる．高度が上がり*MaxQ*(打ち上げ後50～80秒ごろ)をクリアすると，大気密度が減っていくので外乱は小さくなる

(2) 燃料が消費されて質量が減り，機体を動かしやすくなる．フライト終了時に燃料はほぼ空っぽになる

(3) 燃料が消費されるとともに重心の位置が変わり，機体の動かしやすさが変化する

(4) エンジンの取り付け位置が機軸からずれると，機体の回転が生じる

＊

体験版シミュレーションに，これらの影響を概算値で組み込んであります．図7を見てください．打ち上げ後1分前後にエンジンを大きく傾けている理由は，風によって回転しないよう対抗するためです．

● フライトの失敗例① PID制御のゲイン設定ミス

パラメータをいろいろいじりながらシミュレーションをしてみると，うまく飛行させることがいかに難しいかがわかってきます．飛行に失敗する例を2つ紹介しましょう．

図11に示すのは，エンジン角度計算におけるゲイン(*P*ゲイン)を大きくしすぎた場合の姿勢変化です．車の運転に例えると，ハンドルを大きく切り過ぎるようにした場合に対応します．

フライトの前半は燃料が大量に入っていて機体が重く，エンジンの振れ角が大き目でも姿勢は安定しています．ところが後半になると燃料が減って機体が軽くなります．その結果，姿勢の乱れを直そうとしたとき，機体が回りすぎて目標角を行き過ぎるようになります(図12)．これが繰り返されて姿勢角の振動が起こります．もし実機でこの現象が起きると，機体は空中分解するでしょう．

このような失敗は，*P*ゲインの設定ミスのみならず，*I*ゲインや*D*ゲインの設定ミスでも起こります．

● フライトの失敗例② エンジンの取り付け位置ミス

製造上の問題で機軸からずれた位置にエンジンを取り付けてしまった場合を，シミュレーションしてみます［図13，図14(a)］．

結果を図14(b)に示します．エンジンがずれていることで，機体には常に回転させようとする力が働きます．この力と空力による外乱が合わさった結果，打ち上げ後1分ごろ(*MaxQ*区間)で姿勢制御能力が不足し

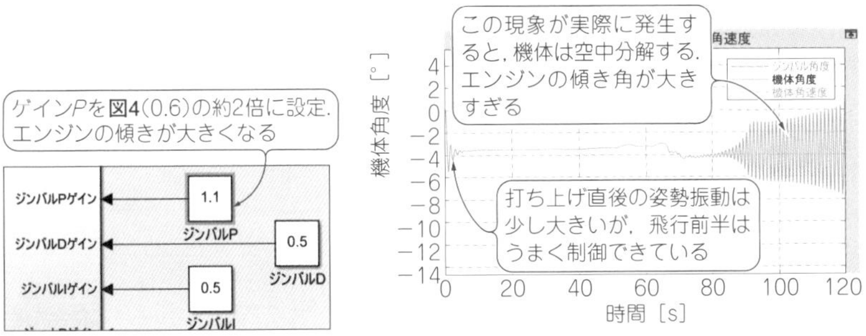

(a) ゲイン設定

(b) シミュレーション結果

図11　エンジンの傾き計算に使うゲインが不適切だと機体が空中分解する
Pゲイン値を増やしてエンジンを大きく傾けるようにした例

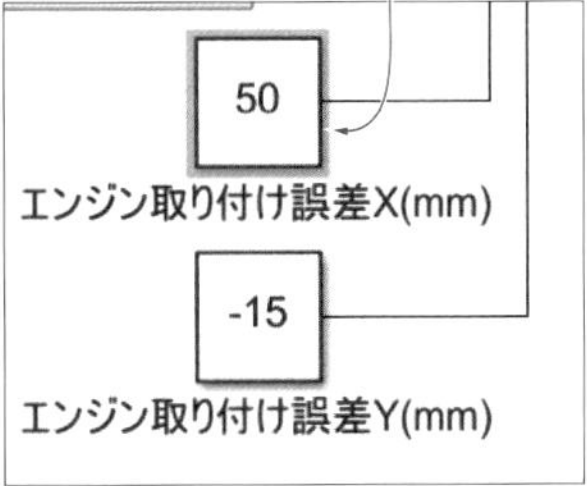

図13　エンジンの取り付け位置が数cmずれたときの姿勢をシミュレーションしてみる

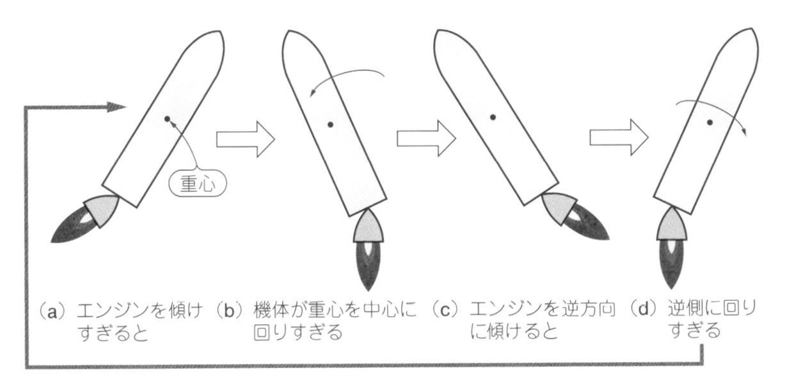

図12　図11の空中分解前の機体のようす

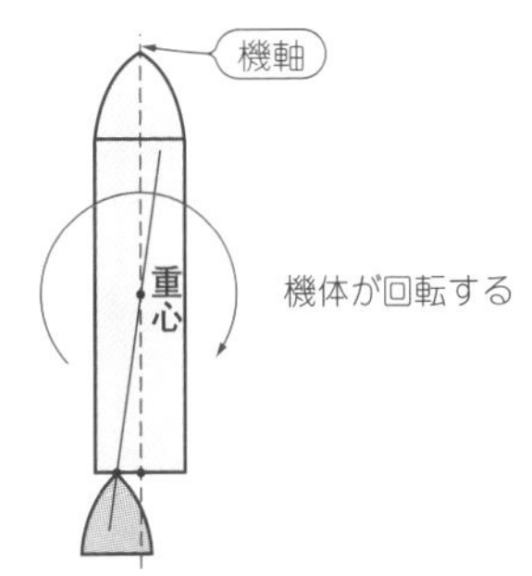

(a) エンジンの取り付け位置が機軸からずれてしまった

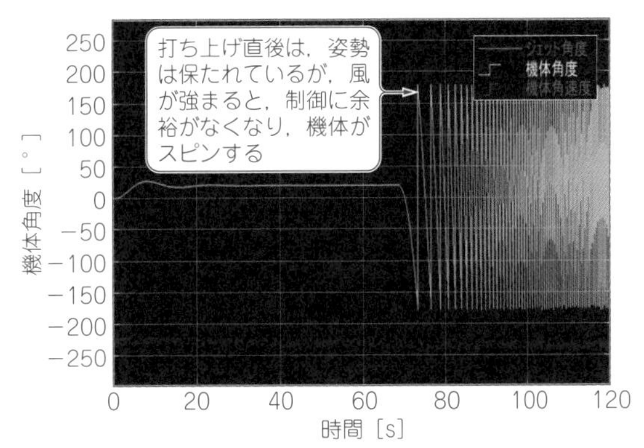

(b) 打ち上げ直後からの姿勢角度の変化

図14　エンジンの取り付け位置が数cmずれたときの姿勢の時間変化
風の力を強く受ける時間帯に制御が効かなくなり，機体がスピンしてしまった

てしまい，機体がスピンしてしまいました．これも実機では空中分解します．

このシミュレーションから，エンジンの取り付け位置はたった数cmのずれも許されないことがわかります．数cmの誤差は機械製造としてはさすがに論外ですが，さらに製造管理や制御ソフトウェアの補正処理などいろいろ面で厳密化を進めています．10 mもあるロケットにとって相対的に小さい誤差に感じられますが，ロケット・エンジンは推力が大きく，重心と作用点の距離も長いため，少しのずれが大きく影響します．

姿勢制御シミュレーションに利用している機体のモデル

図4のシミュレーションで利用しているモデルの中身を説明しましょう．パラメータを変えたり，モデルの精度を上げるときに役に立ちます．

● 機体の挙動モデル

シミュレーションの中核です．

図15に示すのは，機体の挙動モデルのx軸分を抜き出したものです．y軸とz軸も同様です．

このモデルの役割は，次の3つを求めて合算し，回転角速度や回転角を出すことです．

(1) ブロックA：エンジンを傾けたことで発生するトルク
(2) ブロックB：風圧が加わったことによるトルク
(3) ブロックC：エンジン取り付け誤差によるトルク

● エンジンを傾けたときに発生する回転トルクの計算

エンジンを傾けたときに発生する回転トルクは，次のステップで計算できます．

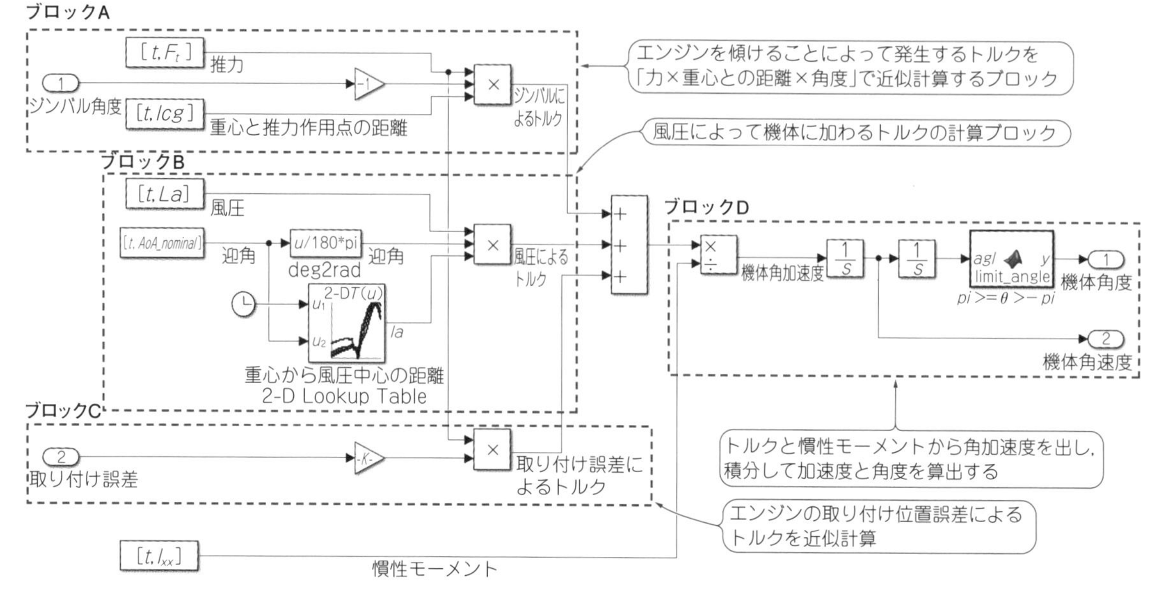

図15　図4の「機体の挙動モデル」ボックス下のx軸部の中身

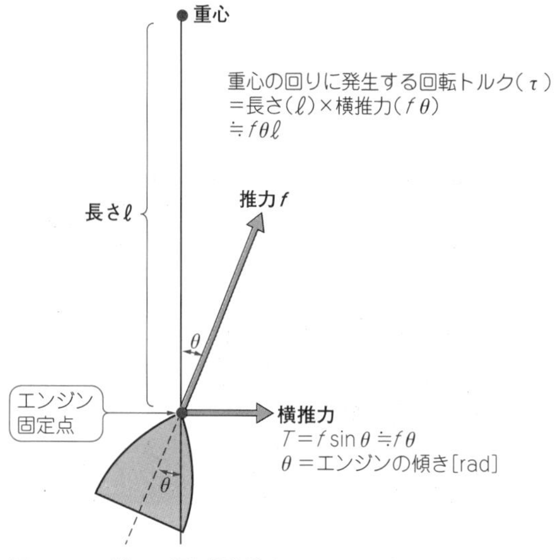

図16　エンジンの振れ幅と重心の回りに発生する回転トルクの関係

▶ステップ1

エンジンを傾けると，その取り付け箇所に横向きの推力Tが加わります(**図16**).

$$T = f\sin\theta \quad \cdots\cdots (1)$$

▶ステップ2

θの値が0ラジアンに近いとき$\sin\theta \fallingdotseq \theta$と近似できます．よって式(1)から，$T$を次のように近似できます.

$$T \fallingdotseq f\theta \quad \cdots\cdots (2)$$

▶ステップ3

エンジン取り付け箇所と重心との距離をℓとすると，

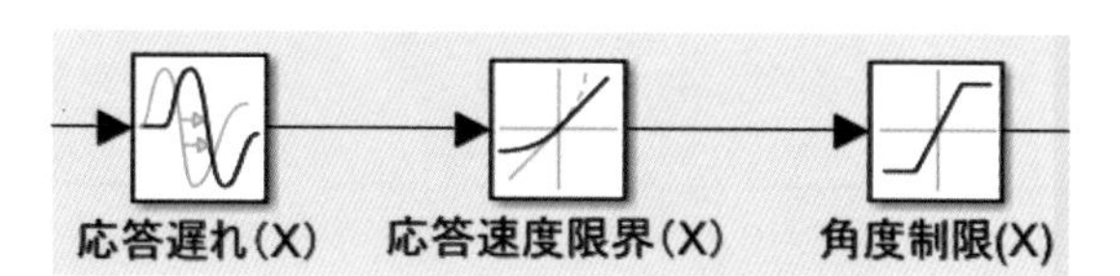

図17　「搭載アクチュエータの挙動モデル」のx軸部
機械の動作速度に制限があることや可動範囲に制限があることを表している．MOMOでは，現物の実測データに基づくより緻密なモデルを用意している

重心周りに働くトルクの大きさτは次式で表されます.

$$\tau = T\ell \fallingdotseq f\theta\ell \quad \cdots\cdots (3)$$

▶ステップ4

重心の回りに発生する角加速度の大きさαは次式で求まります.

$$\alpha = \tau / I \quad \cdots\cdots (4)$$

ただし，τ：トルク，I：慣性モーメント

▶ステップ5

αを積分すると回転の角速度が，積分すると角度が得られます.

＊

以上のように物理法則どおりに計算しているだけで，特別なことはしていません.

● 風によるトルクとエンジン取り付け誤差によって生じるトルクの計算

図15の他の部分では，風によるトルクとエンジン取り付け誤差によって生じるトルクを計算しています．風については，その作用点である風圧中心の位置を別途計算してあり，重心との距離をトルク計算に使います.

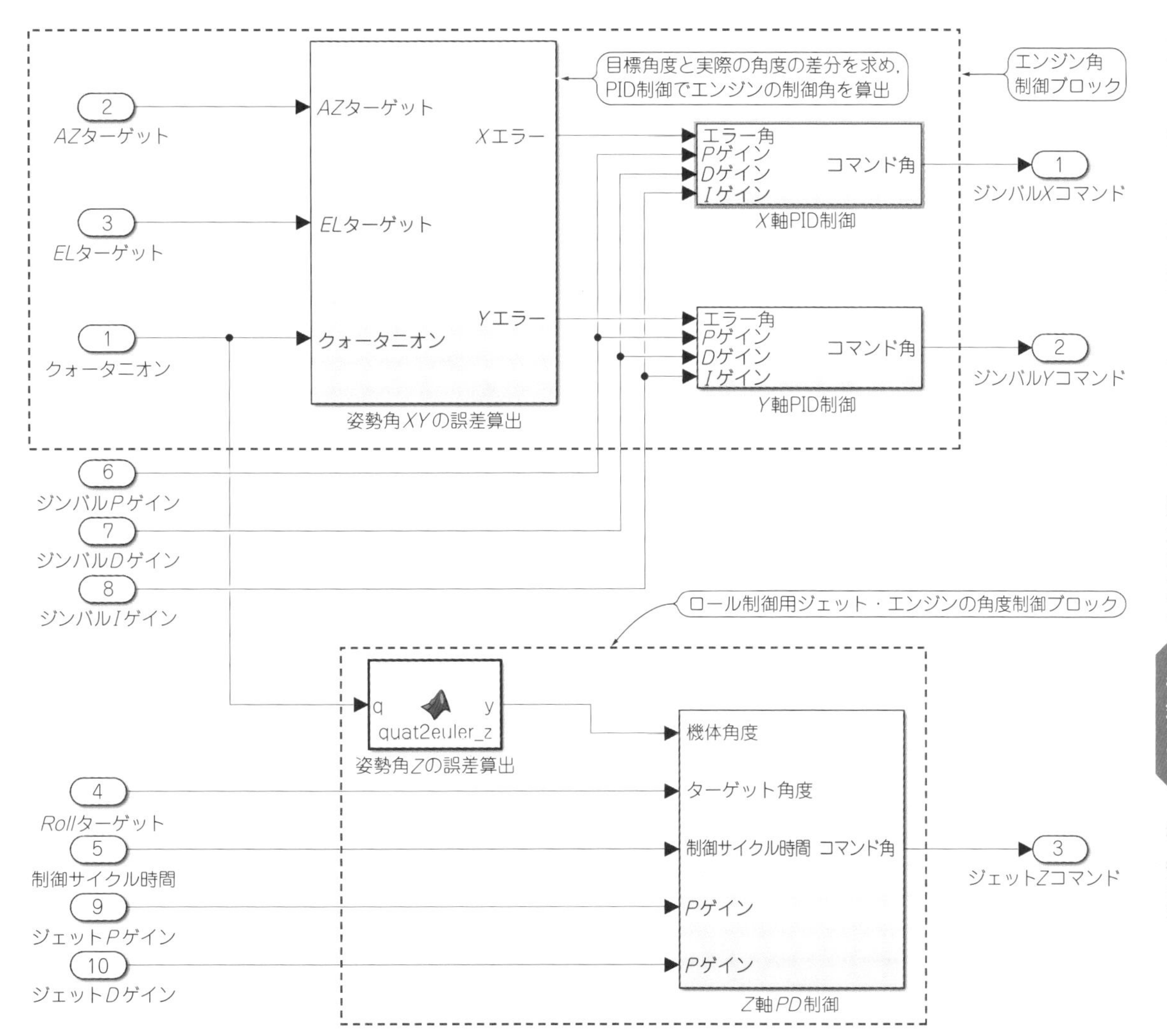

図18 「機体搭載コンピュータ」ボックスの中身
現在の姿勢と目標との違いを各軸ごとに計算し，PID制御に渡してジンバルの駆動角を算出している．この部分の処理は，C言語に変換したうえで搭載マイコンに書き込む

機体の挙動モデルで算出した角速度をジャイロ・モデル(**図4**の右下にある)に入力して積算することで，現角度(クォータニオンで表現される)を得ます．実機では，機体に組み込んだジャイロ・センサが角度を実測します．

● 搭載アクチュエータのモデル

搭載しているアクチュエータは，制御コンピュータのコマンドと全く同じような動き方はしません．サンプルでは，もっとも基本的な要素である次の3つの変数を組み入れてあります(**図17**)．

- 応答遅れ
- 応答速度限界(あまりに急激な動きはできない)
- 可動範囲の制限

制御コンピュータから来たコマンド値に対しこれらの影響を加味した結果を，アクチュエータの現状態と見なしています．

● 機体に搭載している制御コンピュータのモデル

ジャイロから出力された姿勢角度情報(クォータニオン)と，目標角度との差分(エラー値)を計算します．この値からPID制御によってエンジンの振り角を算出します(**図18**)．計算は3軸分を並行に行います．**図19**に示すのは，**図18**のPID制御ブロックの中身です．教科書どおりです．

ロケットMOMOの実際の姿勢制御モデル&シミュレーション

● 実際①…機体挙動モデルがより忠実

ここまで基本的な姿勢制御モデルを解説してきましたが，MOMO開発に実際に使っているシミュレーションでは，次のように，機体の挙動モデルにもっと多

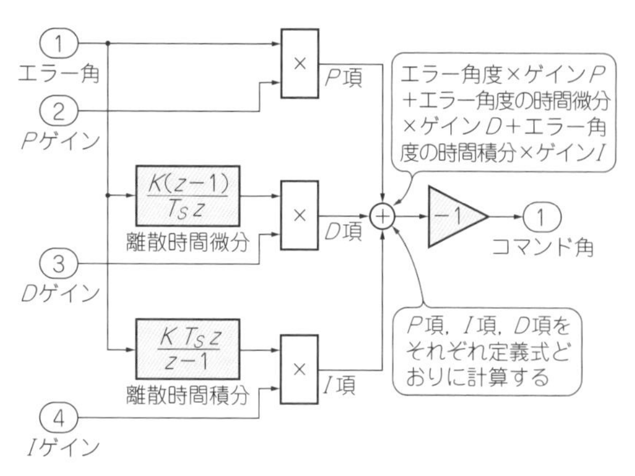

図19　「機体搭載コンピュータ」の下の「x軸PID制御」ボックスの中身

くの物理現象を組み込んでいます．

▶スロッシング［図20(a)］

燃料や液体酸素がタンクの内壁に当たると機体が揺さぶられる現象を織り込んでいます．

▶機体その他部品の曲がりと振動［図20(b)］

実際の機体のしなりを織り込んでいます．

▶センサ誤差

ジャイロやエンコーダの出力誤差やノイズを計算に織り込んでいます．

▶製造誤差

エンジン取り付け以外のさまざまな製造誤差を組み込んでいます．

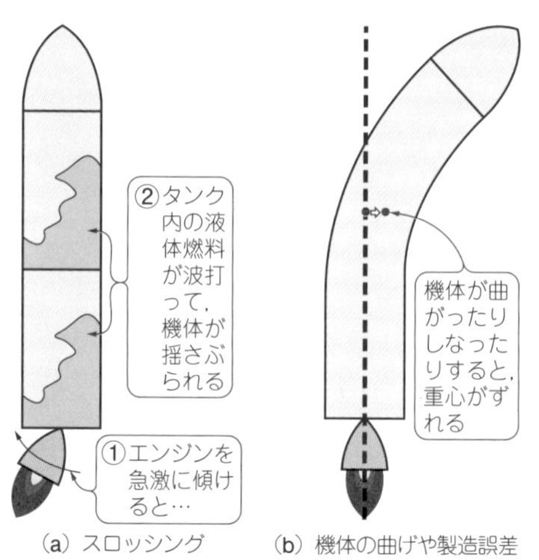

図20　MOMOでは，タンク内の液体の暴れや，機体のしなり，センサの計測誤差もシミュレーションに組み込んでいる

▶機械応答や推力

ここではアクチュエータのモデルを単純化していますが，実験の測定結果などを組み込んでいます．

● 実際②…考えられるすべてのケースで計算する

実際には，風や発生推力などのパラメータをいろいろ変えながら，考えられるすべてのケースで計算します．自動化環境を内製して利用しています．

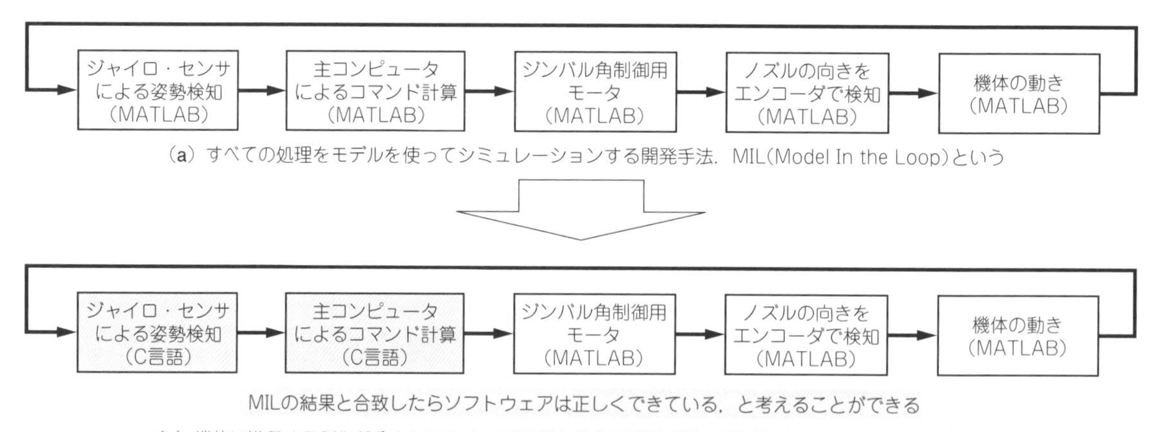

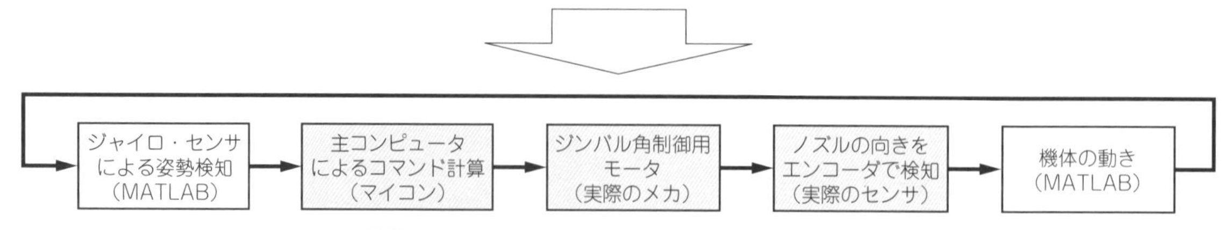

ハードウェアの動作チェックと制御パラメータの最終調整（ジャイロ・センサはモデル）

(c) 機体に搭載する部分をハードウェアに置き換える開発手法．HIL(Hardware In the Loop)という

図21　MATLAB/Simulinkで検証を終えたら，その結果を実機に利用する

モデルと実機の等価性を確認しながら，アルゴリズムの検証から実機開発にシフトしていく

シミュレータと実機を連携させる

● シミュレーション検討が終わったら姿勢制御ブロックをマイコン用Cコードに置き換える

ここまで，姿勢制御の検討はすべてシミュレータ上で行いました．このシミュレーションをMIL(Model In the Loop)と呼びます［**図21(a)**］．

MILでさまざまなパラメータ調整を終えたら，姿勢制御ブロックを機体搭載コンピュータ(マイコン)用のCコードに置き換えて，改めてシミュレーションします［**図21(b)**］．これをSIL(Software In the Loop)と呼び，Simulinkで検討したモデルと搭載コンピュータのソフトウェアが機能的に等価であること(つまりソフトウェアが正しいこと)を確認します［**図21(b)**］．この時点では，CコードはまだSimulinkと同じパソコン上で走ります．

● 最終的には姿勢制御ブロックを実機に置き換える

最終的には，姿勢制御ブロックをMOMO実機に置き換えます［**図21(c)**］．これをHIL(Hardware In the Loop)と呼び，実機が正しく動くことを直接に確認します(**写真3**)．さらには，機体全体を野外に立てて制御アルゴリズムを試験するのではなく，屋内のエンジン・セクションのみを模擬する方法に改良が進んでいます．ソフトウェアだけではなく，データ転送やセンシング，メカ駆動などのバックヤードの動作まで全てがテストされます．MOMO用のHIL環境では，MATLAB/Simulinkと機体のCANバスを相互接続する通信ソフトウェアを組んで利用しています(**図22**)．

写真3　MOMOの実機を発射台に立てて屋外でHIL試験を行い制御ゲインの最終確認をしているところ

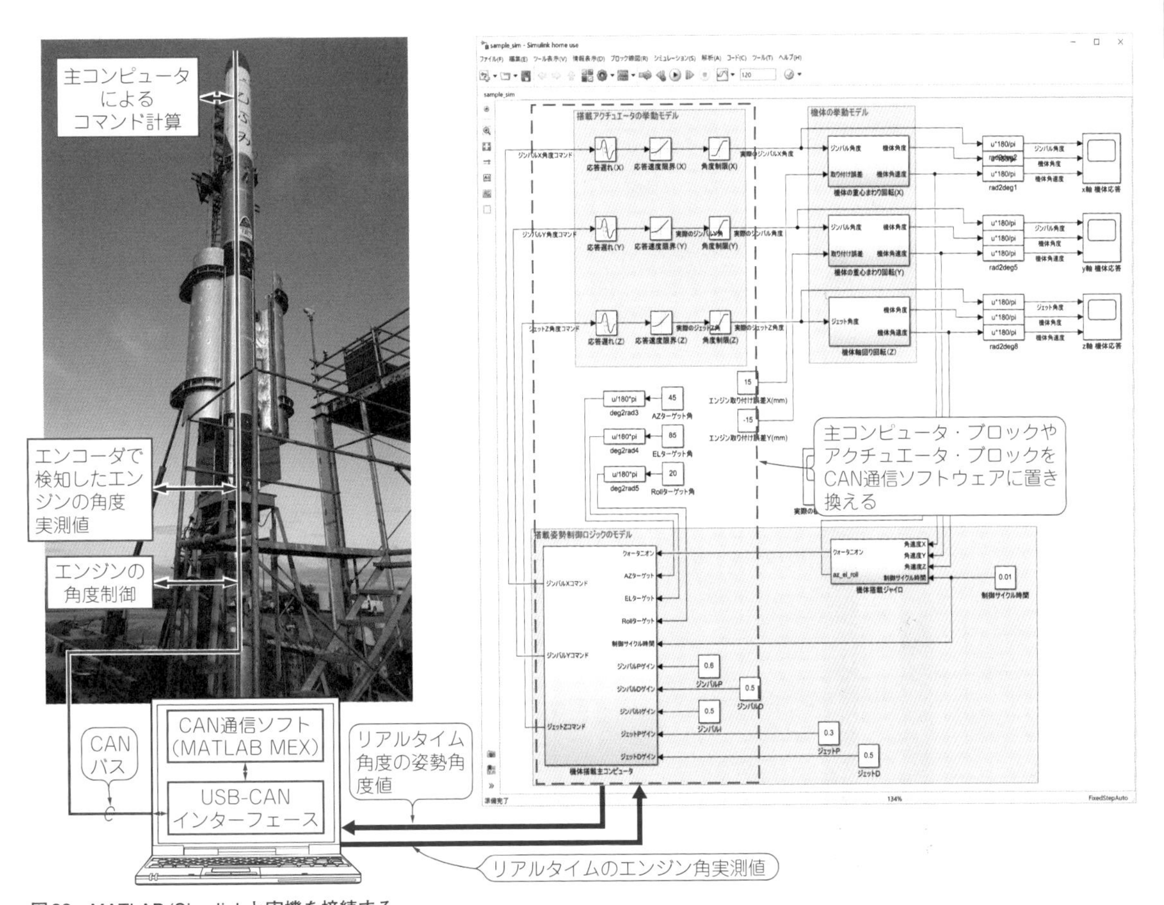

図22　MATLAB/Simulinkと実機を接続する
機体挙動モデルとジャイロはSimulink上にあるが，他のブロックはMOMO搭載のハードウェアとソフトウェアを利用する．このためSimulinkと機体CANを結ぶ通信用スタックをパソコン上に作成し，情報を行き来させている

第15章 確実に動くために求められること

宇宙ロケットの制御ソフトウェア

森岡 澄夫 Sumio Morioka

宇宙ロケットのコンピュータ・システム

宇宙ロケットは何でもいいから飛べばよいのではなく,「正しい方向へ安全に」飛ばなければなりません.ロケットというとエンジンから豪快な炎を吹き出す姿が連想されますが,その裏にあるエレクトロニクスもとても重要です.

マイコンなどの高性能半導体デバイスが小型ロケットの実現を可能にしています.また,高速で高精度なコンピュータ・シミュレーションが,少人数での低コスト開発を可能にしています.もしエレクトロニクスの進歩がなかったら,設計すらできなかったでしょう.

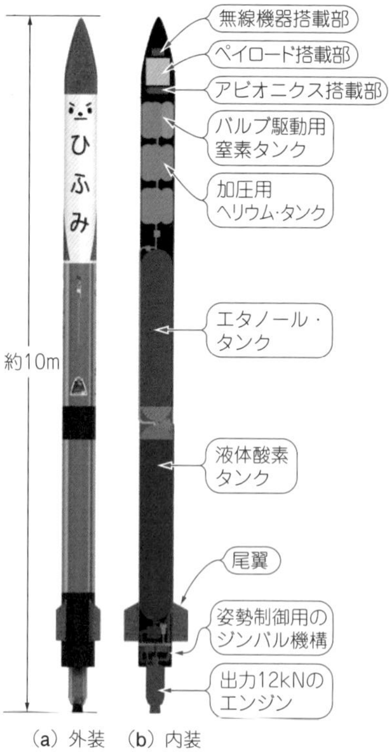

図1 MOMOの内部構造
エタノールと液体酸素を高圧のヘリウムでエンジンに押し込む仕組みになっている.全長約10 m,重さ約1.1トン

● MOMOのコンピュータ・システム

MOMOはエタノールと液体酸素を推進剤として使う,全長約10 m,重さ約1.1トンの小型宇宙ロケットです(**図1**).1段式で約2分間のエンジン燃焼の後,弾道飛行をして高度100 kmに到達します(**図2**).人工衛星打ち上げ用ではないのでそのまま海に落下しますが,観測や実験用のペイロードは搭載しています.コンピュータ・システムを搭載していて,機体が正しい方向へ正しい姿勢で飛んでいくよう制御されています.機体の各部にバルブやセンサが設置され,姿勢などの機体制御をつかさどる主コンピュータとはCANバスでつながった構成になっています(**図3**).

ロケットのソフトウェアに求められること

● 小さなミスが大失敗の素

ここでは,ロケットに搭載しているソフトウェアについて解説します.

ソフトウェアというと容易に変更・修正できると思いがちな「部品」ですが,現実にはきわめてデリケートです.ほかの宇宙機でも,ささいな(本当はささいではないのだが,そう見えてしまう)バグでミッションの失敗に至った例が,いくつもあります.機内には多数のマイコン・ボードがあり,それぞれにソフトウェ

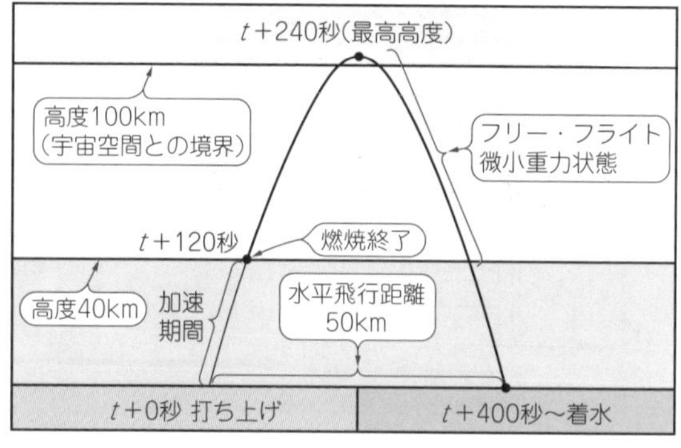

図2 MOMOの飛行経路
エンジンを約2分間噴射し,そのまま慣性で高度100 kmに到達する弾道飛行をする

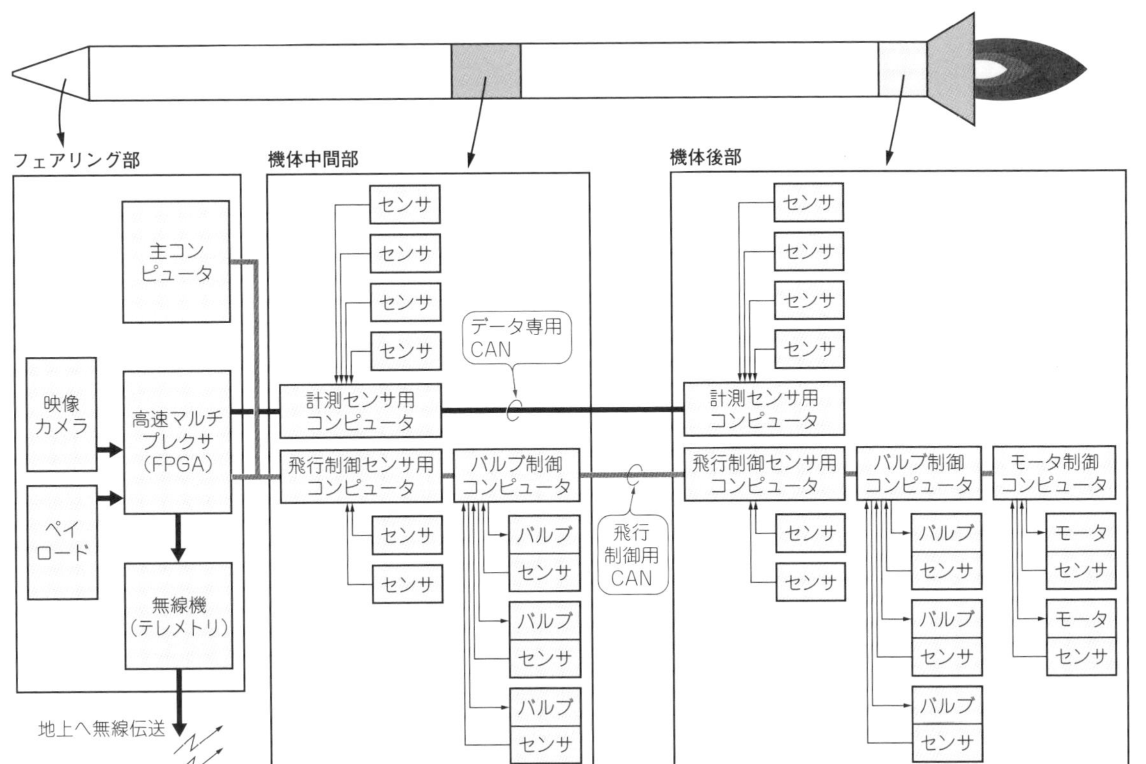

図3 MOMOに搭載されているコンピュータ・システム
各センサやバルブがマイコン制御され，主コンピュータとCANバスでつながっている

アが必要です．まずは最も重要な主コンピュータのソフトウェアを説明します．

● 安全第一…主コンピュータの機能は必要最小限に

MOMO初号機と2号機では内部に約50枚のマイコン・ボードがあり，ソフトウェアの主要部分の合計規模はC言語で約10万行です(開発者は2名)．

このうち，主コンピュータ・ソフトウェアの主要部は約3000行です．ソフトウェア開発を本業としない人には大規模に感じられるかもしれませんが，きわめて小規模です．なんでもかんでもコンピュータに自動制御させたり，便利そうな機能をどんどんもたせたりすることを避け，安全に飛行するうえで最低限必要な機能に絞り込んで，意図的に小規模にしています．ソフトウェア規模が大きくなればなるほど，バグの入る可能性が飛躍的に高くなるからです．

● 打ち上げの各フェーズで主コンピュータが行う処理

主コンピュータが行う仕事は，飛行前後でおおよそ3段階に分かれています(**図4**)．

▶①打ち上げ直前

地上からのコマンドで，20秒前からの最終カウントダウン(ターミナル・カウント)を実行します．エンジンを起動するために正しい時間に燃料バルブを開けたり点火器を作動させたりします．同時に機体各部の温度や圧力を監視し，もし異常な状態であれば直ちにカウントダウンを緊急停止し，機体を安全な状態へ復帰させます．

▶②エンジン噴射中

姿勢制御を行います．

地上から緊急停止コマンドが来た場合や，地上との通信が切れた場合に，エンジンを停止させます．

▶③慣性飛行中

打ち上げ後，所定の時間が経過したら自動的にエンジンを停止させ，機体を安全な状態にします．

将来的には，ペイロードが収納されているフェアリング部分を回収するためにフェアリング切り離しやパラシュート開傘などの処理が追加される予定です．

主コンピュータが行う処理

● リアルタイムOSを使い複数タスクを並行実行

以上の機能を実現するために，主コンピュータでは**図5**に示すタスクが並行に走ります．タスク間では共有変数を介してデータを受け渡しします注1．

実際のソフトウェアではタスクとスレッドは1対1対応ではありませんが，ここではあまり区別せずに説明します．マルチタスク処理を行うためにFreeRTOS

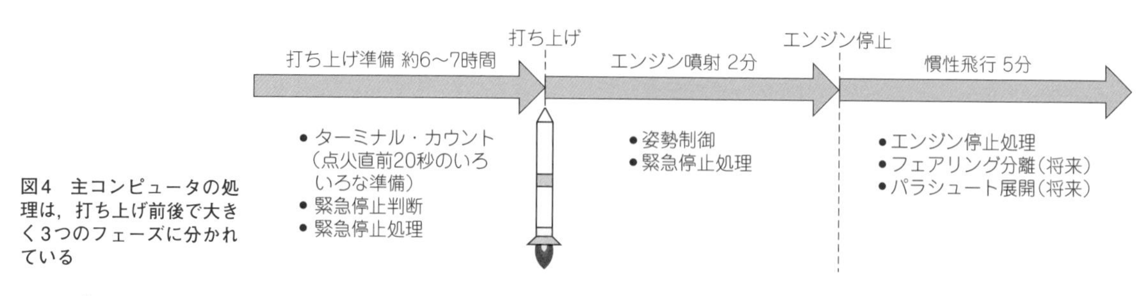

図4 主コンピュータの処理は，打ち上げ前後で大きく3つのフェーズに分かれている

V8.0.0(https://www.freertos.org/)の基本機能を利用しています[注2]．タスクの実行周期はFreeRTOSのvTaskDelay()およびvTaskDelayUntil()で制御しています．各タスクの内容は次のとおりです．

● タスク1：データ受信

CANからセンサなどのデータ・パケットを受け取り，共有変数へバッファリングします．

パケットを取りこぼさないよう，かなり短い周期で回ります．センサ・データについては，その到着時刻も管理します．このタスクは打ち上げ前からずっと実行し続けます．

注1：現在ではさらにプロセス設計に大幅な見直しが入っています．複数のプロセスが時分割で走ると難しいバグが起きやすいため，I/O処理の大半を専用ハードウェア化し，主要制御処理のみをシングル・スレッドのソフトウェアで行うアーキテクチャに変更しています．

注2：現在ではリアルタイムOS(RTOS)の利用は廃止し，OSなしで専用ハードウェアによって並列処理を行う仕組みに変更しています．

● タスク2：コマンド監視

地上からカウント開始コマンドや緊急停止コマンドが来ているかどうかを監視します．

また，ターミナル・カウント中にセンサ値を監視し，エンジン点火時に圧力や温度の異常があれば緊急停止を発動します．緊急停止の判断周期(100 ms)よりも数倍短い周期で回ります．

● タスク3：エンジン制御

ターミナル・カウント中のエンジン点火操作や，噴射終了時のエンジン停止操作をします．CAN経由でバルブへ指示パケットを送ります．バルブなどの操作時刻の刻みは100 msなので，その周期で回ります．

● タスク4：姿勢制御

機体制御の周期(10 ms)よりも1けた近く短い周期で回ります．ジャイロから姿勢情報(10 ms間隔)が来たらすぐに姿勢の修正角を計算し，CANバスへエンジン向き変更の指示パケットを流します．

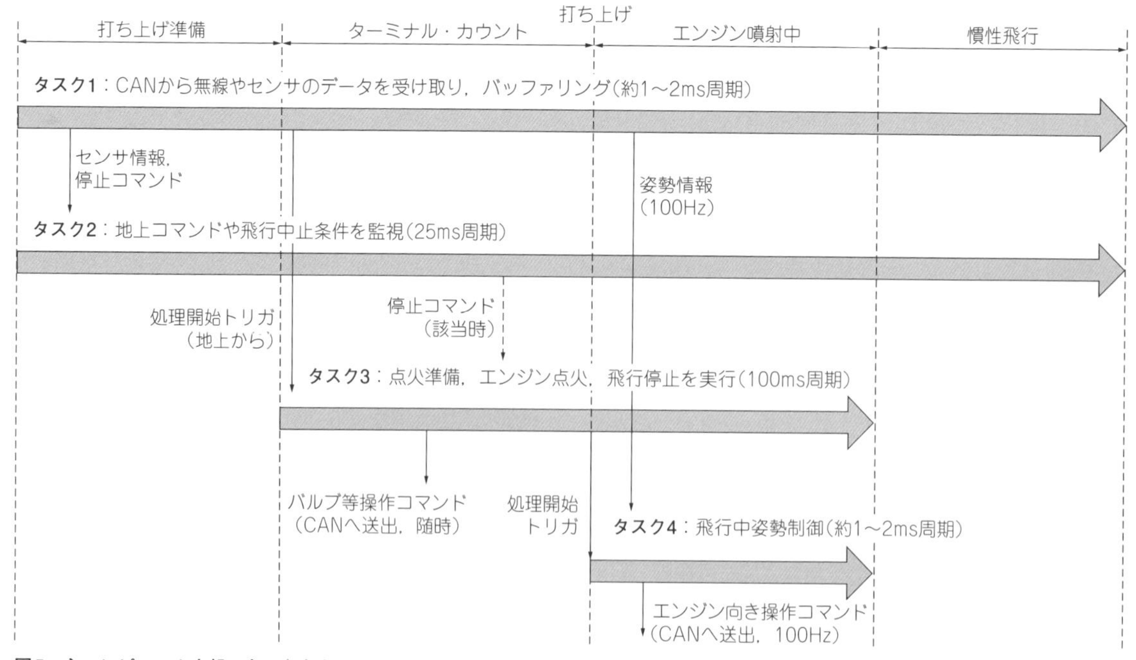

図5 主コンピュータ内部で走る主なタスク
飛行の進行に応じて各タスクを開始する．タイミング・クリティカルなタスクほど速いサイクルで回る

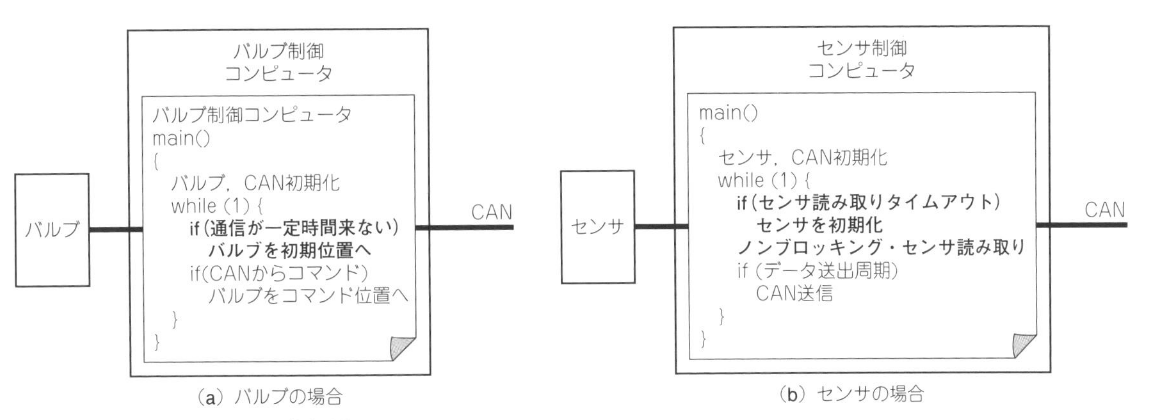

図6 ペリフェラル側マイコンの基本動作
異常動作が発生しても止まらないようにすること，異常時に機体を安全側に戻すこと(＝フェイル・セーフ)などに注意を払っている

● 基本方針…何があっても処理が停止しないこと

これらのタスクを設計するうえで，「何があっても処理が停止することなく，一定の速度・周期で動き続けること」を基本コンセプトとしています．

そのために，タスク間でのコマンドやデータの流れは，基本的に一方通行になっています．つまり，あるタスクAと別のタスクBが双方向の交信をすることはなく，一方が自分の好きなタイミングで他方へコマンド/データを送り付けるだけです．このようにする理由は，何かのきっかけでデッドロックが起こってシステム全体が停止してしまう可能性を排除するためです．専用ハードウェアの利用が増えた現在もアーキテクチャ設計においてこの考え方を採用しています．

センサ/バルブ/アクチュエータマイコンが行う処理

ここまで主コンピュータのソフトウェアを説明しました．これに対し，ペリフェラル側，つまりCANバスにつながっているセンサやバルブを制御するマイコンのソフトウェアは，以下の基本機能をもちます．

- CANバス経由で主コンピュータへデータを送る(またはコマンドを受ける)ことと，
- 自分が受けもつセンサやアクチュエータを駆動すること

一般的なマイコンと同じく，両者を逐次的に実行するか，またはタイマ割り込みで各処理を起動する形のプログラミングをしています(OSは使用していない)．主コンピュータと同じく，「センサが故障・断線等で応答しなかったとき全てが止まる」といったたぐいのデッドロックが起きないよう，注意して実装しています(**図6**右)．また，主コンピュータとの交信が一定時間なくなった場合は(主コンピュータが暴走した，CANバスが断線した，などによる)，受け持ちのバルブを「打ち上げ前の初期位置」へ自動的に戻して飛行を自動中断するようになっています(**図6**左)．

バグなしの保証が「最も重要」で「最も困難」

ソフトウェアの機能はそう複雑なものではなく，規模も小さいということを説明しました．しかし，それはソフトウェア作成が簡単だということを意味しません．冒頭でも述べたように，ソフトウェア作成が難しいので，あえて小規模になるようにしています．

ロケットで必要なのは，ソフトウェアを完全にバグなしにすること，あらゆるバグを見落とさず検証しつくすことです．「おおよそ」正しく動くソフトウェアは簡単に作れても，「1つも間違いがない」ソフトウェアを作るのはとても困難です．デバッグ・ツールや使用言語に関心が行きがちですが，それよりまず，他人がチェックできるわかりやすいコードを書き，漏れのないテスト計画を作る，という基本をぬかりなく着実に実践する必要があります．

飛行制御ソフトウェアに入りやすく見つけにくいバグは大きく分類して，以下の3つです．

- 演算実装の間違い
- データ受け渡しの失敗
- 異常発生時への対処忘れ

それぞれを説明していきます．

飛行制御ソフトにあるバグ①…演算の実装ミス

姿勢制御のためにさまざまな座標変換や角度計算を行います．以下の点に注意が必要です．

● 座標の軸方向や回転方向のミス

座標軸やその回転について，どの方向がプラス側なのか(**図7**)を絶対に間違えないようにします．

もし取り違えると，フライトは即座に失敗です．例えば軸符号を逆にして実装してしまうと機体は目標の反対方向へ飛んでいってしまいますし，回転符号を逆

column 01 コンピュータ自動操作と人による操作…どちらがより信用できる?

森岡 澄夫

機体の操作を行うのは飛行中だけではありません．打ち上げ前にも，燃料・液体酸素を充填し安全な状態に維持するためにさまざまなバルブを開閉します．バルブの開閉やその順序は，安全と密接に関わっています．

特に危険なのが，蒸発する液体酸素を逃がすバルブを不用意に閉じてしまう(長期間閉じたままになると酸素タンクの内圧が上がって破裂する)，不用意な操作で液体酸素と燃料が混ざったり流出したりする(炎上や爆発につながりかねない)といった事態が起きることです．

操作がきっかけでバルブが故障し，動かなくなる可能性もあります．何か開閉操作をする前には，必ず「その操作の後で開きっぱなし・閉じっぱなしになってしまっても，危険状態に陥らないこと」を確認するルールになっています．

さて，そのように判断を要する操作をコンピュータに自動でやらせるか，手動遠隔で行うかは，難しい選択肢です(MOMOに限った話ではない)．

コンピュータはプログラム通りに動作しますが，バグがあれば制御不能になりますし，プログラム作成時に想定していなかった異常事態には対応できません．逆に人間は，緊張するととんでもないミスをしでかすことがありますし，見落としや勘違いもしばしば起こします．

MOMOでは，どのような異常事態が起こっても対応できることを優先し，打ち上げ前の機体は人が遠隔操作しています．コンピュータが行う打ち上げ前操作は，ターミナル・カウントだけです．

しかし将来の軌道投入ロケットでは，機体取り扱いが複雑化します．コンピュータによる自動操作や，手動操作のコンピュータ監視(人が誤った操作をしそうになったとき警告を出す)の比率が増える見込みです．

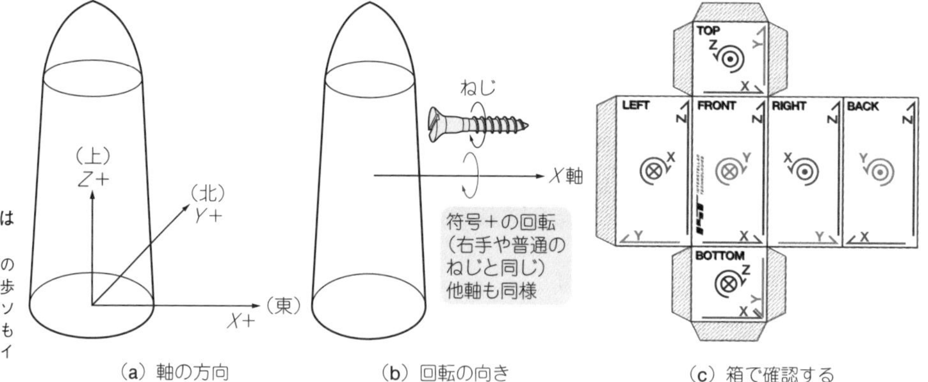

(a) 軸の方向　(b) 回転の向き　(c) 箱で確認する

図7 回転方向の正負は特に間違えやすい
機体のXYZ軸や回転方向の正負を表した紙箱を持ち歩いてチェックする．もしソフトウェア内の1カ所でも正負を間違えると，フライトは完全に失敗する

に実装すると，回転を抑えようとして逆に回転を加速することになります．

また，ソフトウェアとハードウェアの不一致も大変怖いケアレス・ミスです．ジャイロを間違った向きに取り付けたり，ケーブルをとり違えて接続したりすることで発生します．MOMOではこれまで打ち上げ最中のトラブルは起こしていませんが，準備中に結線ミスが見つかったヒヤリハットはあり，危ないところでした．それ以降は，何度も目視確認や動作確認をするようにしています(**写真1**)．コネクタの形状を変えたりネジ穴の位置を変えたりする方法で間違った接続や取り付けができないよう予防するのが理想的で，MOMOでも目下改良中です．

● 変数の単位・倍率のミス

rad(ラジアン)か°(度)か，s(秒)かms(ミリ秒)かなどです．ソースコード中，変数名やコメントに単位を明記するのが，最低必要なバグ予防策です．

● 変数の値域や演算の定義域のミス

起こしやすいミスは，整数(固定小数点)変数のビット数不足，浮動小数点変数のけた数不足，それによるオーバーフロー発生です．

演算上の間違いは，ゼロ除算やarcsin，arccos，

写真1　発射台や機体の各部には符号や回転角を書いたマークが打ってある
実機動作確認テストの際にミスをしないようにするため

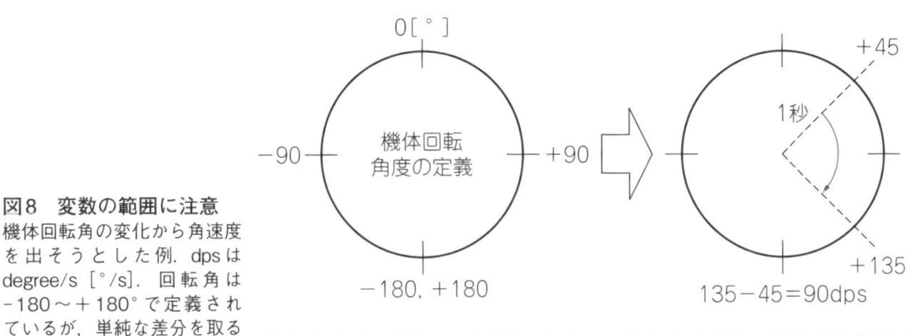

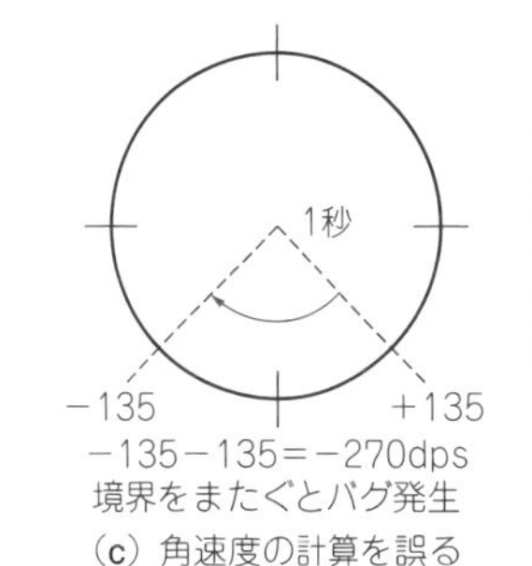

(a) 角度は−180～+180°で定義されている
(b) 角度変化の差分から角速度が計算できる
(c) 角速度の計算を誤るコーナ・ケース

図8　変数の範囲に注意
機体回転角の変化から角速度を出そうとした例．dpsはdegree/s [°/s]．回転角は−180～+180°で定義されているが，単純な差分を取ると，範囲境界を越したときに間違った値が得られてしまう

arctan関数での定義域逸脱などが挙げられます．

ロケットに特有な間違いに，回転角の取り扱いがあります(**図8**)．回転角は−180～+180°を値域とすることが多いのですが，PID制御等のために角速度を求めるうえで，−180°と+180°の境界をまたぐ特異ケースに気づかないと，間違った値を算出してしまいます．

最低限必要な予防策は，コード中の演算や変数キャストの入力・出力範囲をしらみつぶしにチェックし，要注意箇所はコメントで明示することです．

● できるだけ仕組みでカバーするのが基本

以上に挙げた間違いはあまりに初歩的だと感じる人がいるかもしれませんが，しばしば，世界の宇宙機の失敗原因となっています．むしろ，一見難しそうなアルゴリズムの間違いで失敗するほうが珍しいほどです．演算オーバーフローで墜落したロケットや，ヤード・ポンド法とメートル法の取り違えで失敗した惑星探査機などが実在します．

なぜそうした見過ごしが起きるのでしょうか．宇宙機はソフトウェア単独では動かず，ハードウェアとの複合システムです．実際のフライトに近い環境での統合テストがやりにくいことや，大組織・大人数での開発になると仕様の整合性チェックが容易でなくなる，などの背景があると考えられます．

MOMOでは，要チェック箇所がすぐ目に入るようなコーディング・スタイルを用い，複数人がコード各行を把握するのを怠らないようにしています．細かすぎるコーディング・ルールは設けていませんが，**リスト1**と**リスト2**にわかりやすい例を示します．

関数定義域の管理については，**リスト3**のようなガード付き関数を用いるルールとしています．こうした一見単純な対策を漏れなくやることが，きわめて重要です．

飛行制御ソフトにあるバグ②…データ受け渡しの失敗

機体内では，センサ出力値やコマンドなどのいろいろなデータ転送が起こっています．このとき，データが壊れていないこと(インテグリティ)の保証とデータ発生時刻の確認ができないと，制御がまともにできなくなってしまいます．わかりやすい例を2つ記します．

● **分割されたデータを取り違える**

図9は，ジャイロが生成したデータが誤って使われてしまう例です．

ジャイロは姿勢測定結果(正確にはクォータニオンを送るが，同図ではわかりやすさのため3組の角度にしてある)を定期的に主コンピュータへ送ります．このデータはCANの1パケットには収納しきれないので，分解して複数のパケットで送っています．

受け手では分解されたデータを集めて復元しますが，もし異なる組のデータが混ざってしまうと，実際と異

リスト1　姿勢制御演算(一部)の悪いコーディング例
インデントが浅くスペーシングも不規則で，間違いのチェックが非常にやりにくい

```
// クォータニオン積
void quaternion_mul(Quaternion*t,const Quaternion *q,const Quaternion* r)
{
 t->q0=r->q0 *q->q0-r->q1*q->q1-r->q2*q->q2-r->q3*q->q3;
 t ->q1=r->q0*q->q1+ r->q1*q->q0 -r->q2 *q->q3+r->q3*q->q2 ;
 t->q2=r->q0*q-> q2+r->q1 *q->q3+r->q2*q->q0-r->q3*q->q1;
 t-> q3=r->q0* q->q3-r-> q1*q->q2+r->q2*q->q1+r->q3 *q->q0;
}

// ある角度座標変換
void conv(float*r,const float az,const float el)
{
 float A[3][3]={{cosf(-az),-sinf(-az),0.f},{sinf(-az),cosf(-az), 0.f},{0.f, 0.f,1.f}};
 float E[3][3] ={{1.f,0.f, 0.f},{0.f, cosf(el),-sinf(el)},{0.f,sinf(el),cosf(el)}};
 float ans[3][3]={{0.f}} ;
 for(int i=0;i<3;i++ ){
  for (int j=0;j<3;j++){
   for(int k=0;k<3; k++){
    ans[i][j]+=A[i] [k]*E[k][j];
   }
  }
 }
 r[0]=ans[0][1] ;
 r[1] =ans[1][1];
 r[2]=ans[2][1];
}
```

リスト2　リスト1のコーディング修正例
規則性や符号の有無(赤い文字)，演算優先度が目に入るようにインデントやスペーシングをしている．変数名に単位を接尾辞として付加している．実際のコードではさらに，要注意点へのコメントがある

```
// クォータニオン積
void quaternion_mul(Quaternion *t, const Quaternion *q, const Quaternion *r)
{
    t->q0   = r->q0 * q->q0 - r->q1 * q->q1 - r->q2 * q->q2 - r->q3 * q->q3;
    t->q1   = r->q0 * q->q1 + r->q1 * q->q0 - r->q2 * q->q3 + r->q3 * q->q2;
    t->q2   = r->q0 * q->q2 + r->q1 * q->q3 + r->q2 * q->q0 - r->q3 * q->q1;
    t->q3   = r->q0 * q->q3 - r->q1 * q->q2 + r->q2 * q->q1 + r->q3 * q->q0;
}

// ある角度座標変換
void get_target_from_az_el(float *target_rad, const float az_rad, const float el_rad)
{
    float   A[3][3]     = {{cosf(-az_rad),  -sinf(-az_rad), 0.f},
                           {sinf(-az_rad),  cosf(-az_rad),  0.f},
                           {0.f,            0.f,            1.f}};

    float   E[3][3]     = {{1.f,    0.f,            0.f},
                           {0.f,    cosf(el_rad),   -sinf(el_rad)},
                           {0.f,    sinf(el_rad),   cosf(el_rad)}};

    float   ans[3][3]   = {{0.f}};

    for (int i = 0; i < 3; i++) {
        for (int j = 0; j < 3; j++) {
            for (int k = 0; k < 3; k++) {
                ans[i][j]   += A[i][k] * E[k][j];
            }
        }
    }

    target_rad[0]   = ans[0][1];
    target_rad[1]   = ans[1][1];
    target_rad[2]   = ans[2][1];
}
```

なる姿勢情報で制御が行われます．これは致命的な制御失敗に結び付きます．

これと似た状況は，ジャイロ・デバイスのレジスタ(複数バイト)を読む場合や，主コンピュータのタスク間通信で複数ワード・データ(アトミックでない型のデータ)を交換する場合など，さまざまな場所で発生します．

MOMOでは，データに番号を振ったりCRCを付加したりし，インテグリティをチェックする対策を施しています．

● データの時刻がずれる

2つ目は，**図10**のようにデータの発生時刻を間違える例です．

ハードウェア・トラブルなどでセンサや通信のデータが消失したり遅延したりした場合，何もチェックがかかっていないと，過去のデータを現在のデータと勘違いして利用してしまう可能性があります．データへのタイムスタンプ付加などの対策をしています．

センサ処理では常識的な話ですが，ロケットでは致命的な制御ミスに直結しかねないので，細心の注意を払って実装しています．

● 異常データへの対処もれ

たびたび言及してきたとおり，センサ・データが来ない，壊れたデータが来る，それが演算のエラーや異常値を引き起こす，といった多くの異常が発生しえます．

正常ケースのみを考えたソフトウェア実装では，些細な異常で全体動作がノックダウンしかねません．必ず異常ケースを考えてコードを組みます．何があっても暴走・ハングアップさせないことと，異常時に安全が損なわれないことに最大の注意を払っています．

リスト3 演算の定義域を守るためにガードをかけた関数
このような関数の使い方をルール化している

```
float divf_safe(float dividend, float divisor) {
    if (divisor == 0.f)
        divisor = 0.000001f; // 暫定値
    return dividend / divisor;
}

float asinf_safe(float x) {
    if (x < -1.f)
        x   = -1.f;
    else if (x > 1.f)
        x   = 1.f;
    return asinf(x);
}

float acosf_safe(float x) {
    if (x < -1.f)
        x   = -1.f;
    else if (x > 1.f)
        x   = 1.f;
    return acosf(x);
}

float atan2f_safe(float y, float x) {
    if (x != 0.f || y != 0.f)
        return atan2f(y, x);
    else
        return 0.f;
}
```

引き数の範囲が正当かどうかをチェックする

登場したてのソフトウェア技術をなぜ使わないのか？

● 基本はクラシック・スタイル…「C言語を使う」「OSを使わない」

ロケットにやや特有とも言える話題があります．ソフトウェア開発に新しい言語や環境を使わないのか，という話です．最近のマイコンであればPythonも走りますし，ラズベリー・パイならLinux上の言語処理系が全部使えます．

しかしMOMOのソフトウェア実装では，クラシックなC言語を使用し，OSは主コンピュータでFreeRTOSを限定的に使っているのみで，基本はベアメタルです(つまりOSを一切使わない)．

コンピュータのハードウェアについては「古い品種は使わず新しいチップを使う」という基本姿勢だったのに，矛盾しているではないか，と思われるかもしれません．

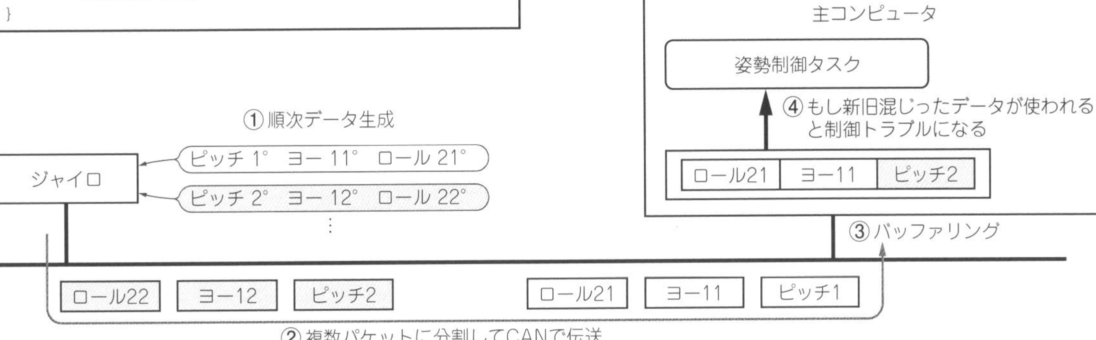

図9 データ受け渡しミスその1
データが分割して伝送されるとき，受け手で異なる組のデータが混ざってしまうと致命的なエラーを起こす

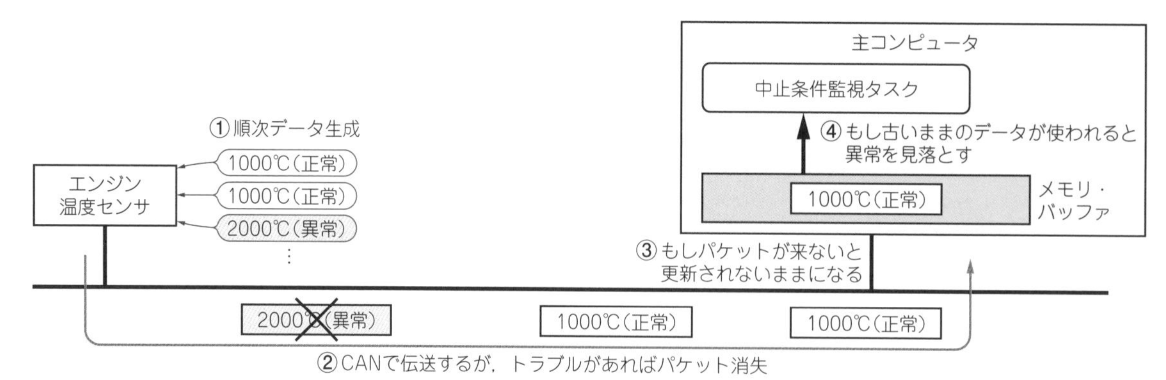

図10　データ受け渡しミスその2
消失・遅延によってステータス・データなどが更新されず，誤った判断をする場合が起こり得る

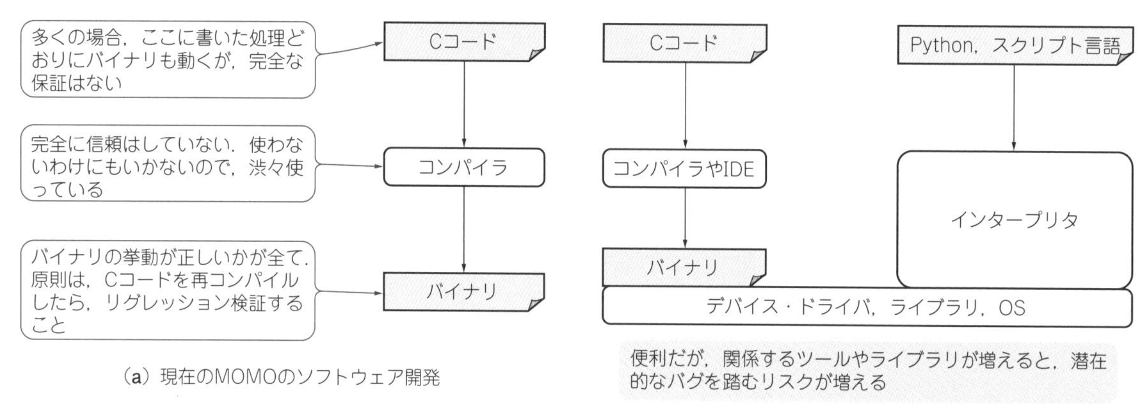

図11　開発環境も疑って開発する
便利な開発環境やOS，フリー・ソフトウェアを使いたいが，潜在するバグの可能性を疑っている．Cコンパイラも完全には信頼しない

● 理由…「バグがない」と言えないものに任せられない

それほど保守的になる理由は，コンパイラ/ライブラリ/OSなどのソフトウェアを完全には信用しきっていない，ということに尽きます(**図11**)．日常環境で大体動いていることは承知しているのですが，まだまだ潜在バグがあるのではないかと考えているのです．バージョンが新しくなればバグが減っているとは限らず，逆にバグが追加されている場合もしばしばあります．

コンパイラも「間違ったバイナリを出す可能性があるのではないか」と疑っています．ただし，さすがに使わないことには開発できないので，最適化をあまりかけずに使うぶんには枯れているだろうと仮定しつつ，渋々使っています．もし，ASIC(特定用途向けIC)開発に似た「Cソースとバイナリの等価性形式検証」の安価なツールがあれば，ぜひ使いたいほどです．FreeRTOSも使わずにすませられないかを検討し，現在では実際に廃止しました．

これに対して，ハードウェア(マイコン・チップ)については，メーカにおける厳しいLSI/ASIC設計検証をクリアしたうえで市場投入しているはずだ，という仮定を置いてます．むろん，ES(エンジニアリング・サンプル)品や，エラッタが収束していないようなチップは使いません．

MOMOではFPGA(Field Programmable Gate Array)を多用していますが，EDA(Electronic Design Automation)ツール，特に高位合成の出力コードは信用していません(筆者が以前EDA開発に従事していたためでもある)．高位合成や論理合成で得られたネットリストは，実FPGAデバイス上で十分にランタイムを稼ぎ，網羅的に近い検証ができたと思われる状況になってから，初めてフライト利用を許可しています．ツールのバージョンが違えば合成結果も変わってくる可能性があるので，使用したツールのバージョンも細かく把握し，管理しています．

打ち上げ前のソフトウェア変更の厳しい制限

ここまでに述べたとおり，フライト用ソフトウェアは細かく注意を払って作成するもので，コンパイラまで疑うくらいですので，「ソフト」どころかとても硬

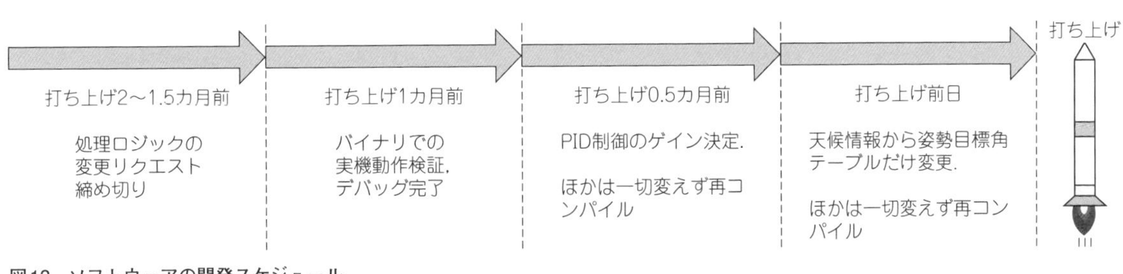

図12　ソフトウェアの開発スケジュール
ソフトウェア検証には時間がかかるので，2〜1.5カ月前には機能変更をクローズする

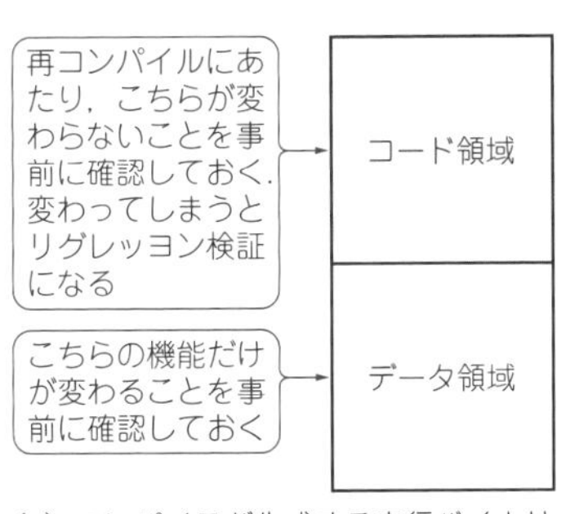

(a) コンパイラが生成する実行バイナリ

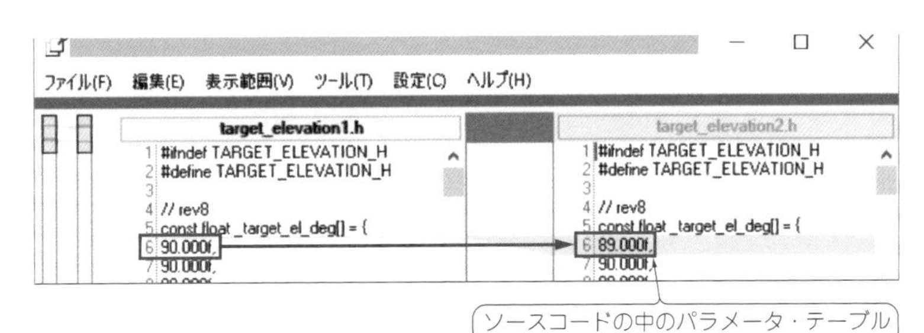

(b) ソースコードの一部だけ変更

```
WinMerge - [source1.bin - source2.bin]
ファイル(F) 編集(E) 表示(V) マージ(M) ツール(T) プラグイン(P) ウィンドウ(W) ヘルプ(H)
ファイルまたはフォルダの選択...   source1.bin - source2.bin

source1.bin
0d0b0  69 6e 2e 4b 64 20 3d 20 25 66 0a 00 20 20 6c 6b  in.Kd = %f..  lk
0d0c0  69 3a 20 6c 61 75 6e 63 68 5f 67 61 69 6e 2e 4b  i: launch_gain.K
0d0d0  69 20 3d 20 25 66 0a 00 20 20 73 74 6e 3a 20 73  i = %f..  stn: s
0d0e0  74 61 72 74 5f 74 5f 6f 66 5f 6e 6f 6d 69 6e 61  tart_t_of_nomina
0d0f0  6c 5f 67 61 69 6e 20 3d 20 25 66 5b 73 5d 0a 00  l_gain = %f[s]..
0d100  20 20 61 7a 74 3a 20 61 7a 69 6d 75 74 68 5f 74    azt: azimuth_t
0d110  61 72 67 65 74 20 3d 20 25 66 5b 72 61 64 5d 0a  arget = %f[rad].
0d120  00 00 00 00 20 20 6e 6d 61 3a 20 6e 5f 6f 75 74  ....  nma: n_out
0d130  70 75 74 5f 6d 6f 76 69 6e 67 5f 61 76 67 20 3d  put_moving_avg =
0d140  20 25 64 0a 00 00 00 00 00 00 b4 42 00 00 b4 42   %d.......´B..´B
0d150  00 00 b4 42 00 00 b4 42 00 00 b4 42 00 00 b4 42  ..´B..´B..´B..´B
0d160  66 66 b3 42 cd cc b2 42 33 33 b2 42 9a 99 b1 42  ff³BÍÌ²B33²B..±B

source
0d0b0  69 6e 2e 4b 64 20 3d 20 25 66 0a 00 20 20 6c 6b
0d0c0  69 3a 20 6c 61 75 6e 63 68 5f 67 61 69 6e 2e 4b
0d0d0  69 20 3d 20 25 66 0a 00 20 20 73 74 6e 3a 20 73
0d0e0  74 61 72 74 5f 74 5f 6f 66 5f 6e 6f 6d 69 6e 61
0d0f0  6c 5f 67 61 69 6e 20 3d 20 25 66 5b 73 5d 0a 00
0d100  20 20 61 7a 74 3a 20 61 7a 69 6d 75 74 68 5f 74
0d110  61 72 67 65 74 20 3d 20 25 66 5b 72 61 64 5d 0a
0d120  00 00 00 00 20 20 6e 6d 61 3a 20 6e 5f 6f 75 74
0d130  70 75 74 5f 6d 6f 76 69 6e 67 5f 61 76 67 20 3d
0d140  20 25 64 0a 00 00 00 00 00 00 b2 42 00 00 b4 42
0d150  00 00 b4 42 00 00 b4 42 00 00 b4 42 00 00 b4 42
0d160  66 66 b3 42 cd cc b2 42 33 33 b2 42 9a 99 b1 42
```

実行バイナリを比較し，データ領域のみが変化していることを調べる

(c) 実行バイナリの差分をツールでチェック

図13　打ち上げ直前に変更が必要なパラメータの組み込み方法
打ち上げ直前にならないと決定できないパラメータ値もある．パラメータ変更前後のバイナリを比較し，コード領域が変わっておらず，データ領域のみ変わっていることを確認する．ソフトウェアのロジックを変更することは許されない

い代物です．

　この性質上，機能変更が受け付けられるのは，打ち上げのかなり前，1.5〜2カ月くらい前までです(図12)．いったん検証が済んだら，二度とコンパイルしたくありません．バイナリが変わってしまうと，検証が全部やり直しになるからです．

　とは言え，どうしても打ち上げ直前でないと決められないパラメータがあります．たとえば姿勢変更の仕方は，打ち上げ時の風(天気予報で調べる)に依存します．そこで，こうしたパラメータの変更だけは，再検証なしに可能となるようなしくみを作っています[注3]．

　たとえば，パラメータ値がコード領域に埋め込まれて最適化しないようにコーディングしておきます．打ち上げ直前にパラメータ値を変更したら，バイナリ差分をとり，コード領域が変わっていないことを確認します(図13)．

　この作業は現在はしなくて済むようになりましたが，これくらいの慎重さが必要な点は変わっていません．

　神経質なようですが，安全の担保やミッション成功のためなら，用心しすぎということはありません．コンパイラは打ち上げの失敗や危険の発生についての責任を取ってくれないからです．自ら確かめたバイナリやハードウェア(実物)の動き以外，信用できるものはありません．

注3：このようなパラメータは現在では大幅に増加し，200個以上を打ち上げ当日に設定するようになっています．

第16章 デバイスと信号処理の実力が成否を分ける

最重要の姿勢センサ「ジャイロ」の基礎知識

森岡 澄夫 Sumio Morioka

MOMOは，温度，圧力，加速度，GNSSなど，さまざまなセンサを搭載しています．本章では，最重要かつ扱いがたいへんな姿勢計測用センサ「ジャイロ」を重点的に採り上げます．ジャイロは，ほかの多くのセンサと違い，出力信号を上手に加工しないと使いものになりません．

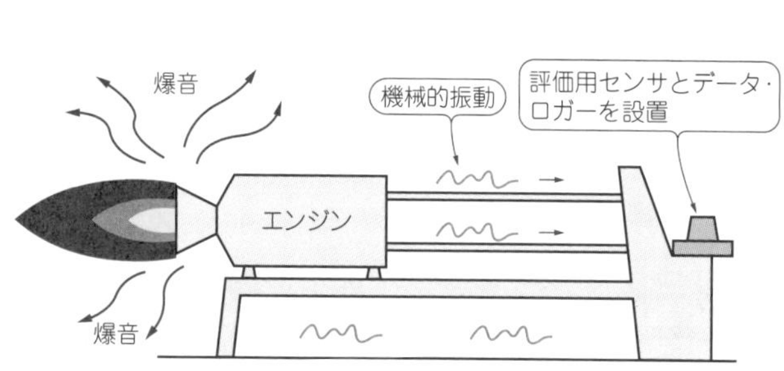

(a) 取り付け場所のイメージ

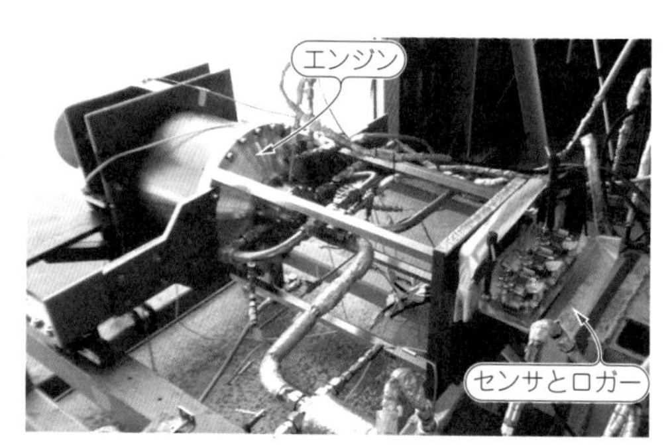

(b) 実験のようす

図1 MOMOの燃焼試験の際，エンジンの近くに市販のジャイロを設置して振動の影響を観察
MOMOで実験に使用しているものとは違うが，入手しやすいLSM9DS1(STマイクロエレクトロニクス)とBNO055(ボッシュ)で実験したデータを本章で示す．ジャイロの出力を2000 dps，952 Hzレートに設定し，それを2 kHzでサンプリングした．約9 g_{RMS}のランダム振動が加わった

LSM9DS1の加速度センサ部とジャイロ・センサ部

加速度-信号処理ブロック
LPF1 → ADC → LPF2 / HPF → HR(0/1) → HPISI(0/1) → 割り込み発生器
FDS(0/1)

角速度-信号処理ブロック
ADC → LPF1 → HPF → HP_EN(0/1) → LPF2 → OUT_SEL / INT_SEL → 割り込み発生器

データ・レジスタFIFO
SRCレジスタ
CFGレジスタ
I^2C/SPI

図2 実験で利用したジャイロ・センサ LSM9DS1(STマイクロエレクトロニクス)の内部ブロック図
図8～図12はこのジャイロのデータを利用

表1 ジャイロ・センサ LSM9DS1のスペック

項　目	値など
測定レンジ	± 245/500/2000 dps
測定レート	最大952 Hz
インターフェース	SPI, I^2C
消費電流	4 mA@3.3 V
使用温度	− 40〜+ 85℃
パッケージ	LGA - 24L
サイズ	3.5 × 3 × 1 mm

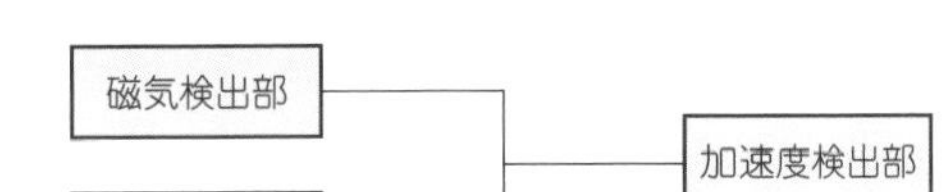
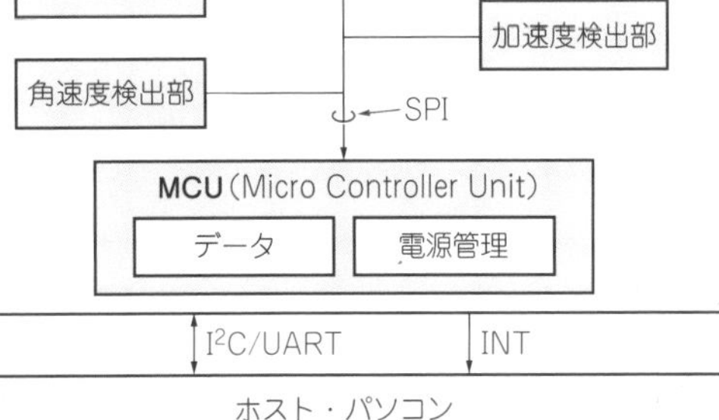

図3 3軸ジャイロ・センサ BNO055（ボッシュ）の内部ブロック図

● エンジン燃焼実験で採取した姿勢角算出信号処理用のジャイロ・データ

ジャイロ・センサのふるまいは，実際のデータを見るのが理解の早道です．

そこで，地上燃焼試験の際に，次の2つのMEMSジャイロ・センサ（MOMO搭載品種とは別）をロケット・エンジンの後ろに設置して，強い振動下でのデータを採りました（**図1**）．

- LSM9DS1（**図2**，**表1**，STマイクロエレクトロニクス）
- BNO055（**図3**，**表2**，ボッシュ）

データはcsvファイルに記録しました．本書のウェブ・サイトからダウンロードできます（コラム1参照）．

column 01 ジャイロ・データ実験のダウンロード・データの扱い方

森岡 澄夫

● 2個の汎用ジャイロによる計測データをcsvで記録

ジャイロ・センサの実験のデータは本書ウェブ・サイトからダウンロードできます．

https://www.cqpub.co.jp/trs/trsp155.htm

その中にある信号処理入力用csvファイルには，2種類のジャイロの出力信号を2 kHz（0.0005秒間隔）でサンプリングしたデータが書き込まれています．ジャイロ自体の出力更新頻度はその半分以下です．csvファイルの1列目は経過時間（単位は秒），2列目はLSM9DS1のx軸出力（dps），3列目はBNO055のx軸出力です．

● グラフ表示用のPythonスクリプト

csvファイルを読み込み解析してグラフ表示するPythonスクリプト・ファイルでは，冒頭に宣言されているパラメータ値部分をコメント・イン/アウトすればグラフの内容を変更できるようにしました．

Pythonの実行環境はLinuxまたはWindowsです．

https://www.python.org/

から最新版をダウンロードしてインストールし，インストール・ディレクトリにパスを通したら，コマンド・ラインから次のように入力すれば実行できます．

```
% python plot_gyro_sum.py
```

私が使ったのはPython - 3.7.0です．実行時にエラーが出るようなら，numpy，pandas，matplotlibの各ライブラリをそれぞれpipコマンドでインストールしてみます．

Pythonスクリプトを実行すると，**図A**に示すグラフが表示されます．

図Aは，ロケット・エンジンを燃焼させているときのジャイロ（LSM9DS1）の出力値です．ジャイロは，試験設備にしっかり固定されています．エンジンの燃焼は約28.2秒にスタートします．この時刻に値が急激に変化しています．

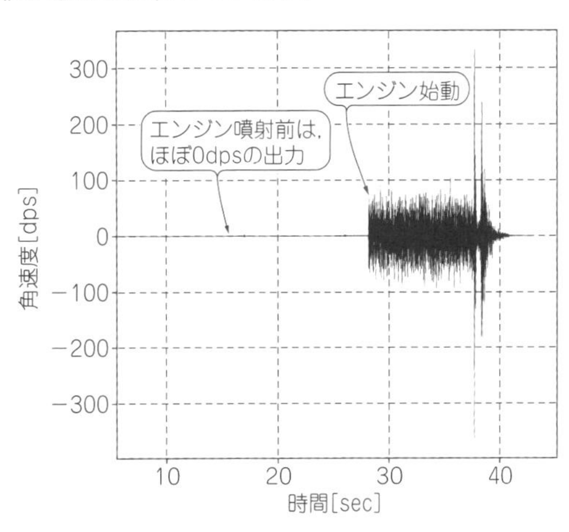

図A 燃焼試験時の汎用ジャイロ（LSM9DS1）の出力値（csvファイル）

表2　ジャイロ・センサ BNO055のスペック

項　目	値など
測定レンジ	±125～2000 dps
測定レート	最大523 Hz
インターフェース	SPI，I²C
消費電流	12.3 mA@3 V
使用温度	−40～+85℃
パッケージ	LGA-28
サイズ	3.5×5.2×1.13 mm

写真1　振動データを採ったときのMOMOの燃焼試験のようす
https://www.cqpub.co.jp/trs/trsp155.htm参照

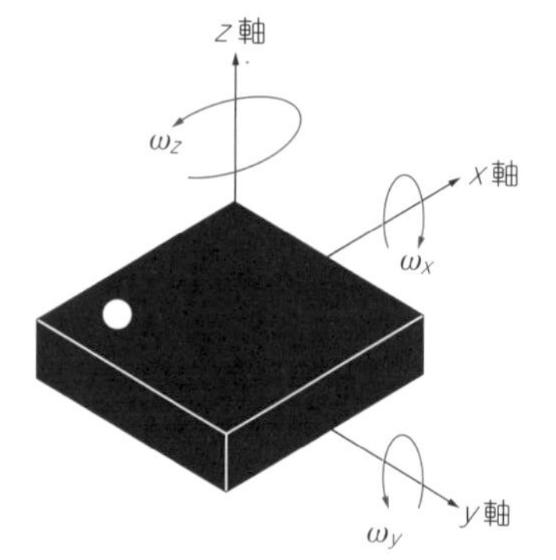

図4　MOMOに搭載しているMEMSジャイロは3軸分の角速度を出力する
数cm角，数十グラムの高グレードのMEMSジャイロ

姿勢計測の定番センサ「ジャイロ」

● 背景…MEMSセンサの進化

ジャイロは，機体姿勢を検知するときに利用するセンサで，航空機やロケットにはその黎明期から使われ続けています．

古くからあるのは機械式のジャイロで，大型で高価です．これは回転するコマが一定の姿勢を保つ原理を利用する物です．最近はスマホの普及で，高性能で小型なMEMS(Micro Electro Mechanical Systems)タイプのジャイロが，数百円で手に入るようになりました．ドローンやゲーム機にも利用されています．

● MOMOのジャイロ・センサ

MOMOに搭載されているジャイロ・センサは，3軸分の角加速度が出力されるMEMS型レート・ジャイロ(Rate Gyroscope)です(**図4**)．レート・ジャイロとは，角速度を検出するタイプを指します．機体に取り付けるときは，ジャイロの*XYZ*軸を機体軸と正確に合わせてから固定します(**図5**)．

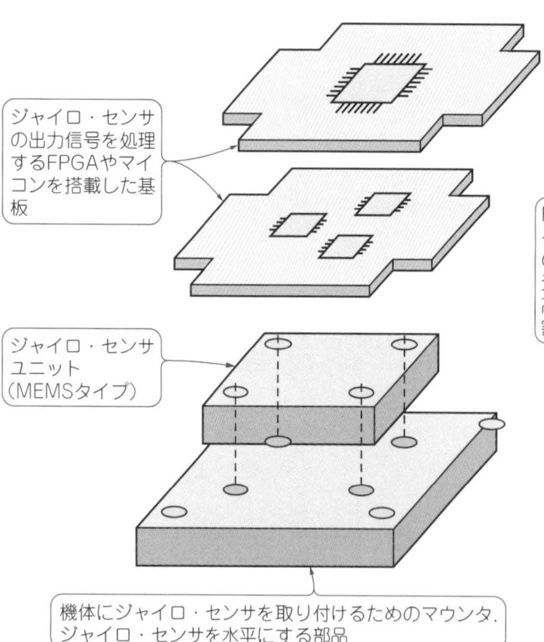

(a) 構造

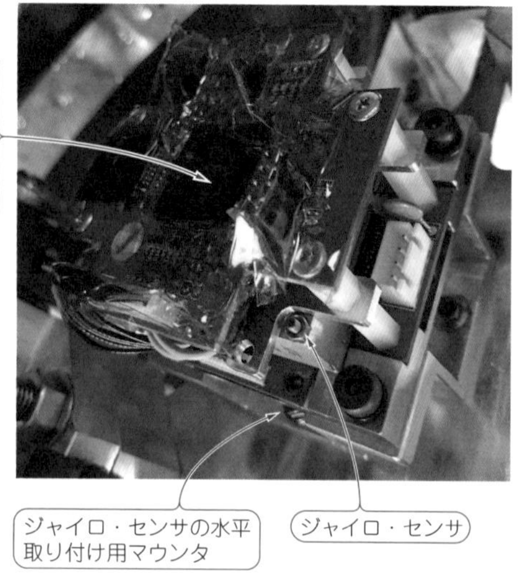

(b) 外観

図5　MOMOへのジャイロの実装方法
角度演算用のFPGAと，機体に正確な角度で取り付ける台座を1ユニットにまとめている

ロケット用ジャイロ・センサの難しさ

● データシートだけでは搭載可能か判断できない

ジャイロが要求精度を満たす性能をもつかどうかは，データシートから見当はつきますが，そこに記載されているスペックはノミナル，または1σ(後述)の値です．

搭載するジャイロの品種を決定するうえで本当に必要な情報は，性能のワースト値，または3σ(かそれ以上)の値です．つまり，データシートに書かれていないワースト値を調べるために，実験と分析を追加で行わなければなりません．

品種を決定した後も，購入した全個体の動作検証を長時間実施し，一度でも要求精度を満たさなかった個体は搭載しません．120秒間加振など，できる限り実フライトに近い事前テストを行い，パスした個体だけを採用します(**図6**)．

● 平均誤差が0.008°/秒以下のジャイロが必要

MOMOでは，120秒間のエンジン燃焼中に許される最大の姿勢測定誤差が各軸2°～3°で，ジャイロ単体では1°未満を目標としています．これは飛行経路がどれだけずれてもよいかという上限から決まります．ここから，1秒当たりの誤差は0.008°(＝1°/120)以下でなければならないとわかります．これに対し，安価なMEMSジャイロの実力は1秒あたりの誤差0.1～1°オーダです．

● ワースト値を知らなければならない

飛行制御に使うセンサは，その性能がフライトの成功/失敗に直結するので，「性能のワースト値」に着目しなければなりません．

データシートに「温度誤差typ. 0.2 %，1σ」とだけ書かれていたら，68.26 %の確率で誤差が0.2 %であり，それより誤差が大きくなる場合ももちろんある，という意味です．最悪でも0.2 %であるという意味ではありません．

しかし，民生MEMSジャイロのデータシートの性能欄には標準値(1σ＝68.26 %)しか示されておらず，ワースト値や3σ(99.73 %)値はまず書いてありません．

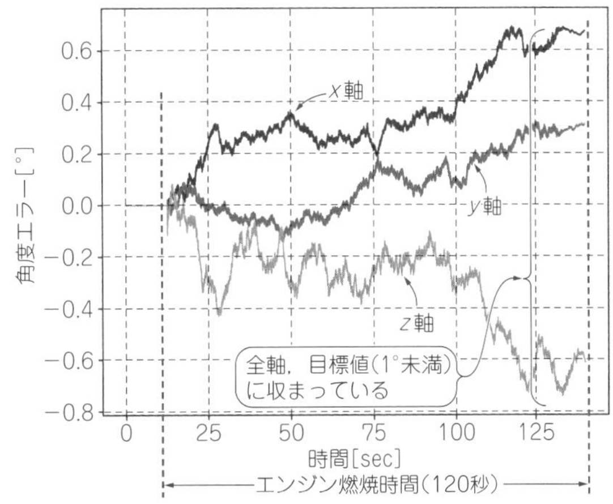

図6 MOMO1号機と2号機に搭載したジャイロの姿勢角度計測データ(実測)
120秒間の加振実験で角度誤差が各軸0.8°以内に収まることを事前確認したものである

ジャイロ・データから姿勢角を算出するフロー

図7に示すのは，MOMOに搭載しているジャイロの信号処理の流れです．

打ち上げ前にジャイロの出力を読み続けて，オフセットをできる限り正確に把握し，打ち上げ後はそれを使って角度を求めます．これはロケットに限らない，ジャイロの一般的な使い方です．

ジャイロの出力信号(角速度)を一定周期で読み取って積分し，初期姿勢から各軸が何度傾いたかをリアルタイムに求めています．MOMOでは，姿勢をクォータニオンで表現していますが，本稿では理解を容易にするため，角度を出力するものとして話を進めます．

ステップ① 移動平均でノイズを除去する

● ジャイロの生の出力は振動しているような信号である

図8(a)に示すのは，エンジンを燃焼させる前，11～16秒のジャイロの出力変化です．ジャイロは静止しているので，真値は0 dps(°/sec)のはずですが，出力信号は−1.2～＋0.2 dpsの範囲で振動しています．ジャイロの出力信号は，加工なしでは使えないことがわかります．

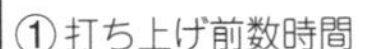

適切な時間幅の移動平均値を計算し続ける（実際にはカルマン・フィルタを使う）

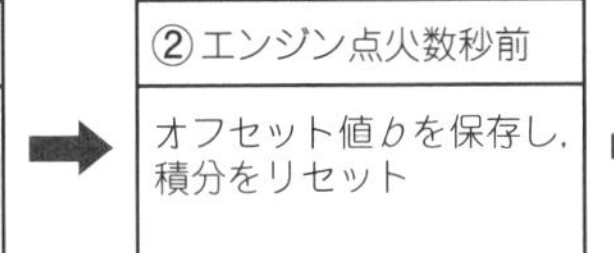

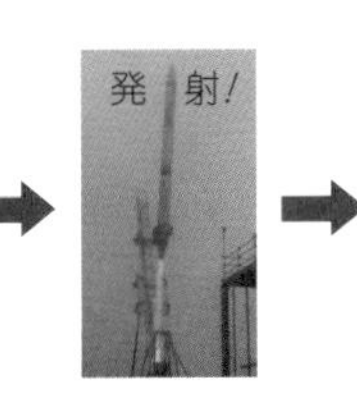

③飛行120秒間

適切なサンプリング・レートで角速度をセンサから読み出して（角加速度−オフセット値b)を補正・積分して，角度を算出する

図7 ロケットに搭載するジャイロの出力信号の処理工程

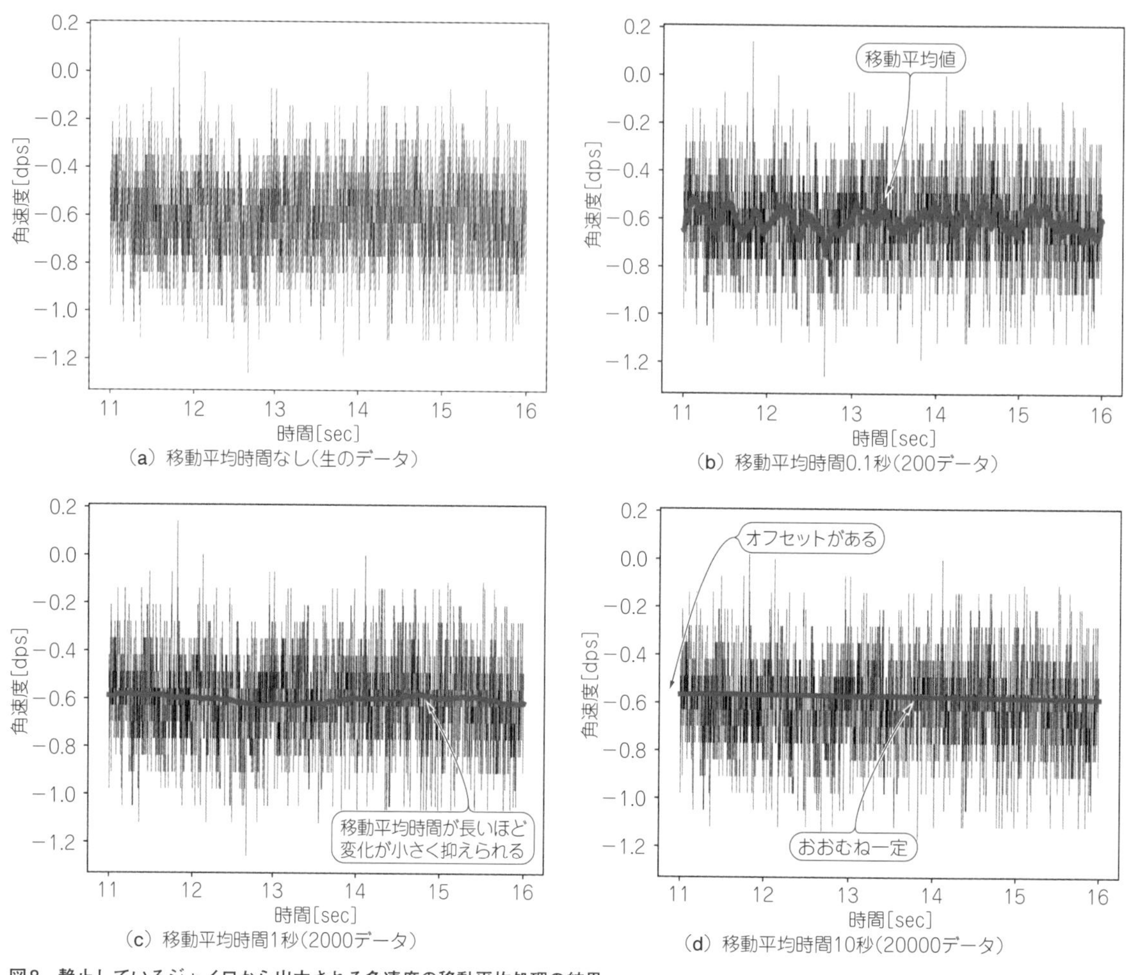

図8　静止しているジャイロから出力される角速度の移動平均処理の結果
Pythonスクリプトでwindow 2を選択して，display_ma = 1，display_angle = 0とすると表示される

● 移動平均を取って雑音を除去する

図8(a)で観測された細かい振動の原因は，熱雑音などです．ジャイロのデータシートにはangular random walk(ARW)などの項目に，そのレベルが記載されています．

このノイズは，移動平均処理によって除去できます．

図8(b)～(d)に示すのは，ジャイロの出力信号に移動平均(0.1秒，1秒，10秒)をかけた結果です．平均時間が長いほどノイズの除去効果が高くなります．ただし長過ぎも良くないようです．

● ロケット・エンジンの燃焼試験のデータを使って計算してみよう

可視化用のPythonスクリプト(**リスト1**)を使って，移動平均をかけた結果を観察します．

リスト1のコード中，表示範囲window 2をコメント・インし，ほかをコメント・アウトします．ライン表示コマンドをdisplay_ma = 1，display_angle = 0に設定して，moving_average_sizeの値を変えてみてください．サンプリング・レートは2 kHzなので，移動平均長2000が1秒に対応します．

ステップ②ある特定時点での移動平均値を0 dpsと読み替えて積分してみる

● 移動平均処理だけじゃだめ

図8からわかるのは，ジャイロが静止しているのに出力はゼロではなく，全体的にマイナス(－0.6 dpsぐらい)のオフセットがあることです．

試しに，静止時に0 dpsになるように，グラフ全体を平行移動して(バイアスして)，数値を読み替えます．つまり，**図8(c)**と**(d)**の移動平均値である－0.6 dpsを0 dpsに読み替えるわけです．

サンプル・データを積分してみましょう．

リスト1の表示範囲(window 2)のコードを，display_ma = 0，display_angle = 1に書き換えて実行してください．

リスト1 ロケット・エンジンの振動データ(csvファイル)を解析してグラフ化するPythonスクリプト(plot_gyro_sum.py)
本書ウェブ・サイトhttps://www.cqpub.co.jp/trs/trsp155.htmからダウンロード可能

```
import numpy as np
import pandas as pd
import matplotlib.pyplot as plt

# 以下の三つは頒布ファイルに固定のパラメータ
data_size          = 86000
t0_index = 56363
sampling_rate  = 2000        # Hz

##################################################
# 以下のパラメータを適宜選択(使うものをコメントイン)

# データを見る範囲の選択

# window 1 (全体)
start_index        = 1
end_index          = data_size
acc_start_index    = t0_index

# window 2 (燃焼前の静かな時)
#start_index       = 22000
#end_index         = 32000
#acc_start_index  = start_index

# window 3 (燃焼時)
#start_index       = 55000
#end_index         = t0_index + sampling_rate * 5
#acc_start_index  = t0_index

###################
# 移動平均の幅の選択

moving_average_size    = 1
#moving_average_size   = 20       # 0.01sec
#moving_average_size   = 200      # 0.1sec
#moving_average_size   = 2000     # 1sec
#moving_average_size   = 20000    # 10sec

###################
# センサの読み取り周期の選択

downsample_rate    =1          # 2000Hz
#downsample_rate   = 10        # 200Hz
#downsample_rate   = 100       # 20Hz
#downsample_rate   = 1000      # 2Hz

###################
# グラフに書く線の選択

display_ma  = 0
#display_ma = 1

display_angle  = 0
#display_angle   = 1

##################################################

step_time     = 1 / sampling_rate

# CSVファイルを読む. ファイル名は適宜変更
dat = pd.read_csv('gyrodata_lsm_bno_tzero56440.
csv', names=['time', 'lsm', 'bno'])
tm_vec= dat['time']
d_vec= dat['lsm']  # LSM9DS1のデータを使う場合コメントイン
#d_vec= dat['bno'] # BNO055のデータを使う場合コメントイン

# ダウンサンプリング(センサ読み取り周期を広げるのと同じ)
data_vec= np.zeros(len(d_vec))
for i in range(0, int(len(d_vec) / downsample_
rate)):
  for j in range(0, downsample_rate):
    data_vec[i * downsample_rate + j]   = d_vec[i *
downsample_rate]

# 移動平均計算
ma_win  = np.ones(moving_average_size) / moving_
average_size
ma_tmp  = np.convolve(data_vec, ma_win, mode='same')
ma_vec  = np.zeros(len(data_vec))
ma_vec[int(moving_average_size / 2) : data_size - 1]
= ma_tmp[0 : data_size - int(moving_average_size / 2)
- 1] # シフト

# 積分
acc_vec  = np.zeros(len(data_vec))
zero_val = ma_vec[acc_start_index]
acc_vec[acc_start_index]    = (data_vec[acc_start_
index] - zero_val) * step_time
for i in range(acc_start_index + 1, end_index):
  acc_vec[i]  = (data_vec[i] - zero_val) * step_time
+ acc_vec[i - 1]

# グラフの表示
print('max movement', max(abs(acc_vec[start_
index:end_index])), 'deg')

plt.plot(tm_vec[start_index:end_index], data_
vec[start_index:end_index], color='black',
linestyle='solid', linewidth=0.15, label='data')
if (display_ma == 1):
   plt.plot(tm_vec[start_index:end_index], ma_
vec[start_index:end_index],  color='green',
linestyle='solid', linewidth=4.0, label='ma')
if (display_angle == 1):
   plt.plot(tm_vec[start_index:end_index], acc_
vec[start_index:end_index], color='red',
linestyle='dotted', linewidth=4.0, label='angle')

fnt = 16
plt.xlabel('Time [sec]', fontsize=fnt)
plt.ylabel('Angular vel. [dps] or Angle [deg]',
fontsize=fnt, x=1)
plt.legend(fontsize=fnt)
plt.tick_params(labelsize=fnt)
plt.subplots_adjust(left=0.16, bottom=0.13,
right=0.99, top=0.99)

plt.savefig('plot.png', dpi=300)
plt.show()
```

計算を実行すると**図9**に示す結果が得られます．11秒時点での移動平均値を0 dpsと読み替え，その後は角速度を時間積分していった結果(単位は度)です．なお，積分するのは移動平均値ではなく，生の(振動している)センサ出力のほうです．

11秒以降の積分結果はずっと0°で安定してほしいのですが，実際には時間とともに誤差が蓄積します．また，移動平均長を長くすれば蓄積誤差が小さくなるかというと，そうでもありません．

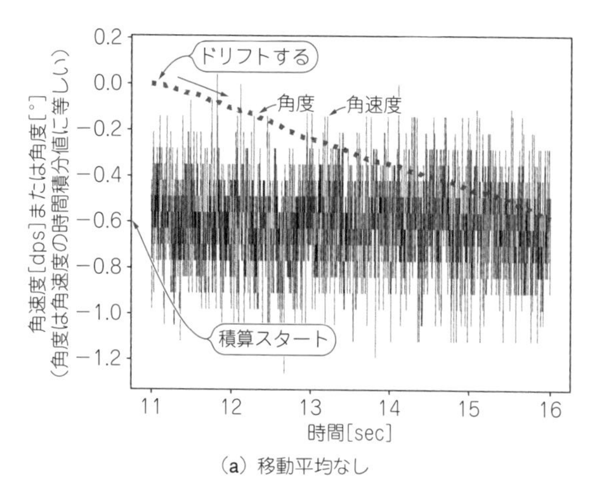

(a) 移動平均なし

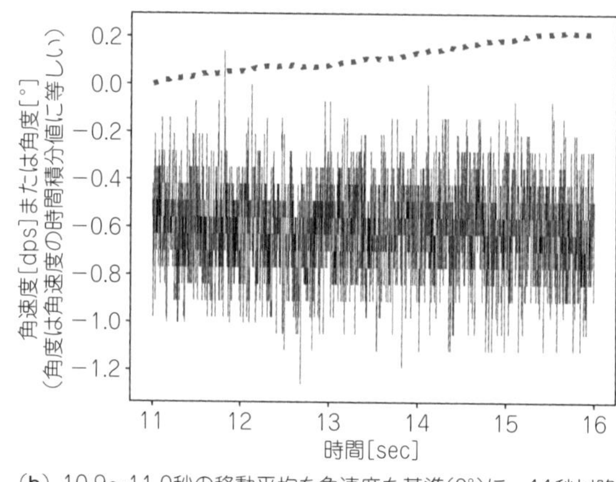

(b) 10.9〜11.0秒の移動平均を角速度を基準(0°)に，11秒以降の角速度を積分した値(角度)の変化をプロット

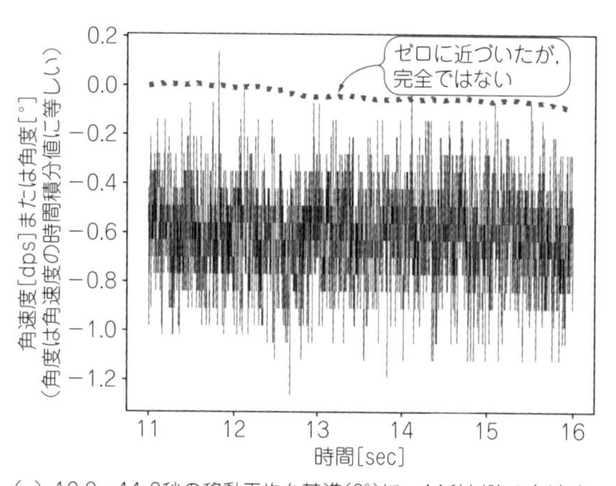

(c) 10.0〜11.0秒の移動平均を基準(0°)に，11秒以降の角速度を積分した値(角度)の変化をプロット

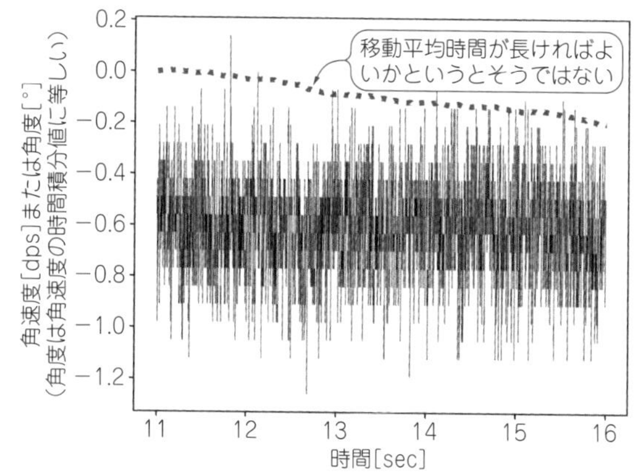

(d) 1.0〜11.0秒の移動平均を基準(0°)に，11秒以降の角速度を積分した(角度)の変化をプロット

図9 11秒時点の移動平均結果を0°として，11秒以降は角速度を積分して角度を求めた結果(11秒以降は移動平均処理はしていない)
ジャイロは静止しているので角度の真値は0dpsである．したがって積分した結果の時間変化はセンサの角度の蓄積誤差を表す．ダウンロード・データに収録されているPythonスクリプトで，window 2，display_ma＝0，display_angple＝1とすれば，移動平均時間を変えることができる

ステップ③積分開始時刻をずらしながら角度誤差の最大値を調べる

● MEMSジャイロの性質から考え直す

MEMSジャイロには次の2つの性質があることが知られています．

(1) ノイズの影響で移動平均値(オフセットの推定値)が時間とともに変動する．移動平均時間が短いほど，その変動は大きい…アンギュラー・ランダム・ウォークという
(2) オフセットは温度などの影響を受けて，ゆっくりと変動する…バイアス不安定性という

図9の11.0秒時点から積分を開始した場合と，11.1秒から開始した場合では，角度誤差の最大値が違います．

積分を始める時刻をずらしながら，蓄積誤差の変化を見てみます．**リスト1**の積分計算を繰り返すように変更したPythonスクリプト(**リスト2**)を実行します．

図10に結果を示します．**図10(a)**は次のように解釈できます．他のグラフも同様です．

「14.9〜15.0秒の角速度の平均(0.1秒間の移動平均)をとり0 dpsとする．15.0秒から10秒間角速度を積分すると，角度誤差は3°強に達する．次に，15.0〜15.1秒の平均をとり0 dpsとする．15.1秒から10秒間角速度を積分すると角度誤差は5°強に達する．これを繰り返すと，15.0〜16.0秒の積分開始範囲では0.2〜5.5°の誤差が発生する」

この実験から，移動平均時間は同じでも，積分を始めるタイミングによって角度誤差が変わることがわかります．ある時刻の測定結果だけを信じることはできません．

MOMOでは，**図10**よりももっと長時間(数十時間)のログ・データで角度誤差の最大値を調べます．**リスト2**のPythonスクリプトそのものではなく，高速化したスクリプトを使っています．

リスト2 図9の積分を始める時刻を変えて角度誤差の最大値を調べるPythonスクリプト(plot_gyro_searchworst.py)
リスト1の積分計算を繰り返すように変更したもの

```
移動平均計算まではリスト1と同じ

# 開始位置をずらしながら積分し結果を記録
maxmov_vec = np.zeros(len(data_vec))
for st in range(start_index, end_index + 1):
  acc_vec    = np.zeros(len(data_vec))
  zero_val   = ma_vec[st]
   acc_vec[st] = (data_vec[st] - zero_val) * step_
time
  for i in range(st + 1, st + measurement_duration):
         acc_vec[i]  = (data_vec[i] - zero_val) *
step_time + acc_vec[i - 1]
  maxmov_vec[st] = max(abs(acc_vec))
  print(st - start_index, ':', maxmov_vec[st])

# グラフの表示
print('worst case', max(maxmov_vec))

plt.plot(tm_vec[start_index:end_index], maxmov_
vec[start_index:end_index], color='black',
linestyle='solid', linewidth=0.15, label='acc')

fnt = 16
plt.xlabel('Time [sec]', fontsize=fnt)
plt.ylabel('Angle [deg]', fontsize=fnt, x=1)
plt.legend(fontsize=fnt)
plt.tick_params(labelsize=fnt)
plt.subplots_adjust(left=0.16, bottom=0.13,
right=0.99, top=0.99)

plt.savefig('plot.png', dpi=300)
plt.show()
```

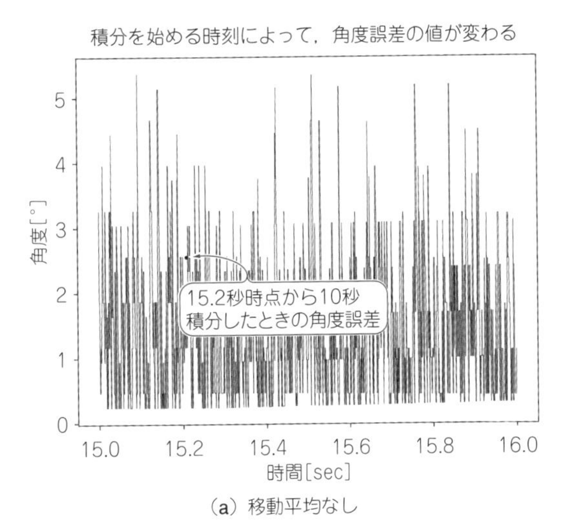

(a) 移動平均なし

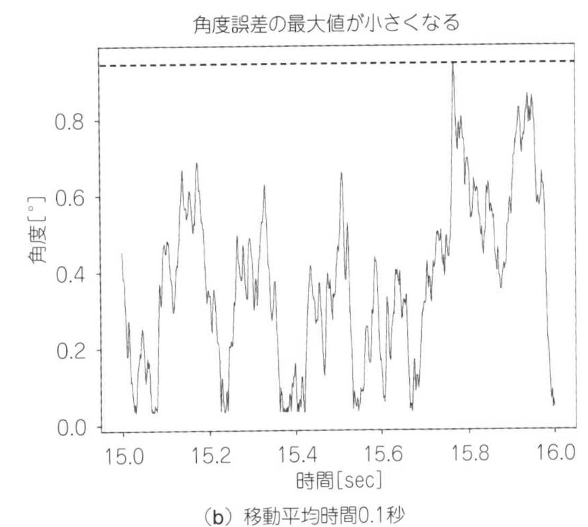

(b) 移動平均時間0.1秒

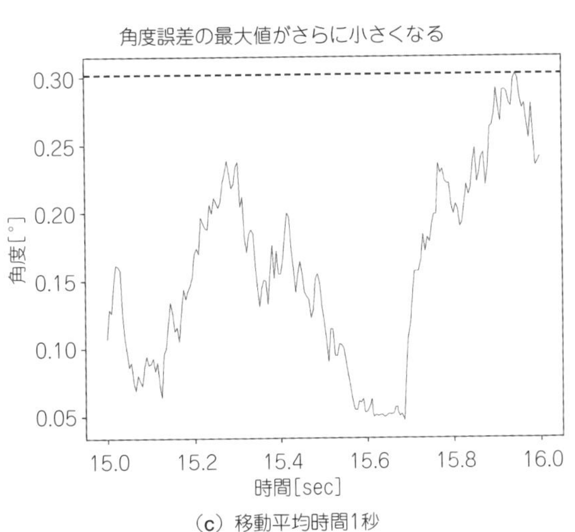

(c) 移動平均時間1秒

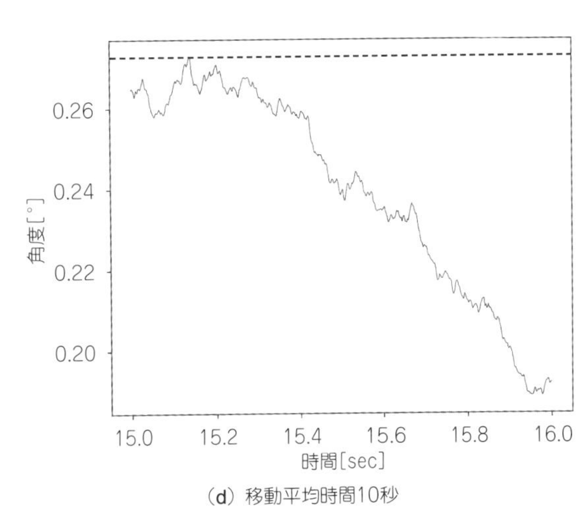

(d) 移動平均時間10秒

図10 移動平均アイドリングの後，オフセット初期化を行い，10秒間角速度を積分した結果．積分を始める時刻を15.0秒から16.0秒まで少しずつずらしていき，角度誤差をプロット
リスト2のPythonスクリプトでwindow 2として移動平均長を変える

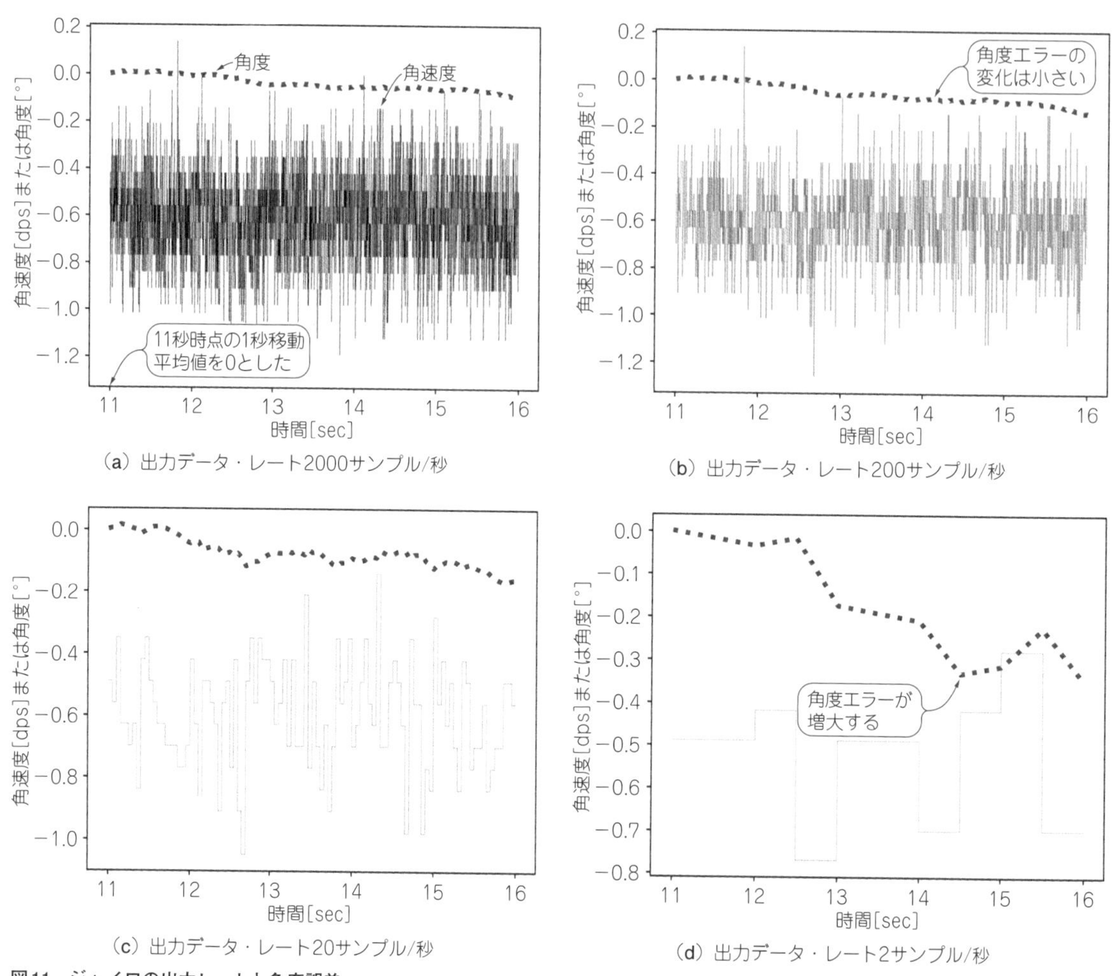

図11 ジャイロの出力レートと角度誤差
出力レートを落とすと誤差が増える．リスト1のPythonスクリプトのwindow 2で，moving_average_size ＝2000，display_ma＝0，display_angle ＝1としてdownsample_rateを変える

わかったこと…汎用MEMSジャイロは精度が足りない

以上の実験から次のことがわかります．

(1)最大角度誤差が一番小さくなる移動平均時間は1秒である．移動平均時間は短すぎるとノイズの影響を除去できず，長すぎると温度などによるオフセット変化に追従できなくなる

(2)1秒間ジャイロを静止させて出力値の移動平均をとってから，オフセット分が見えなくなるようにバイアスする

(3)**図10(c)**では10秒間あたりの最大誤差が約0.3°に達しているので，120秒間では角度誤差が3.6°になりうる．目標の1°以内に収めることはできない．どのようなセンサでも移動平均長は10～1000秒の間に最適値があるようだ

良いジャイロの見極め方

前述の雑音による角度誤差の蓄積以外にも，評価すべき項目はあります．

▶①ジャイロの出力レートと角度誤差

図11に示すのは，csvデータを使って計算した，ジャイロの出力レートと角度誤差の関係です．**図11(d)**からわかるように，レートが足りないと精度が悪化します．出力レートが100 Hz程度で足りるならばマイコン，数kHz以上ならFPGAを利用します．

▶②ジャイロに強い振動が加わったときの角度誤差

実際のフライトでは，強い振動や加速の中で角速度を計測します．**図12**に示すのは，エンジン燃焼中のジャイロ出力(コラム1 **図A**)を使って計算した移動平均時間と角度誤差の関係です．燃焼中はジャイロに約9 g_{RMS}の強い振動が加わり，角度誤差は非燃焼時の

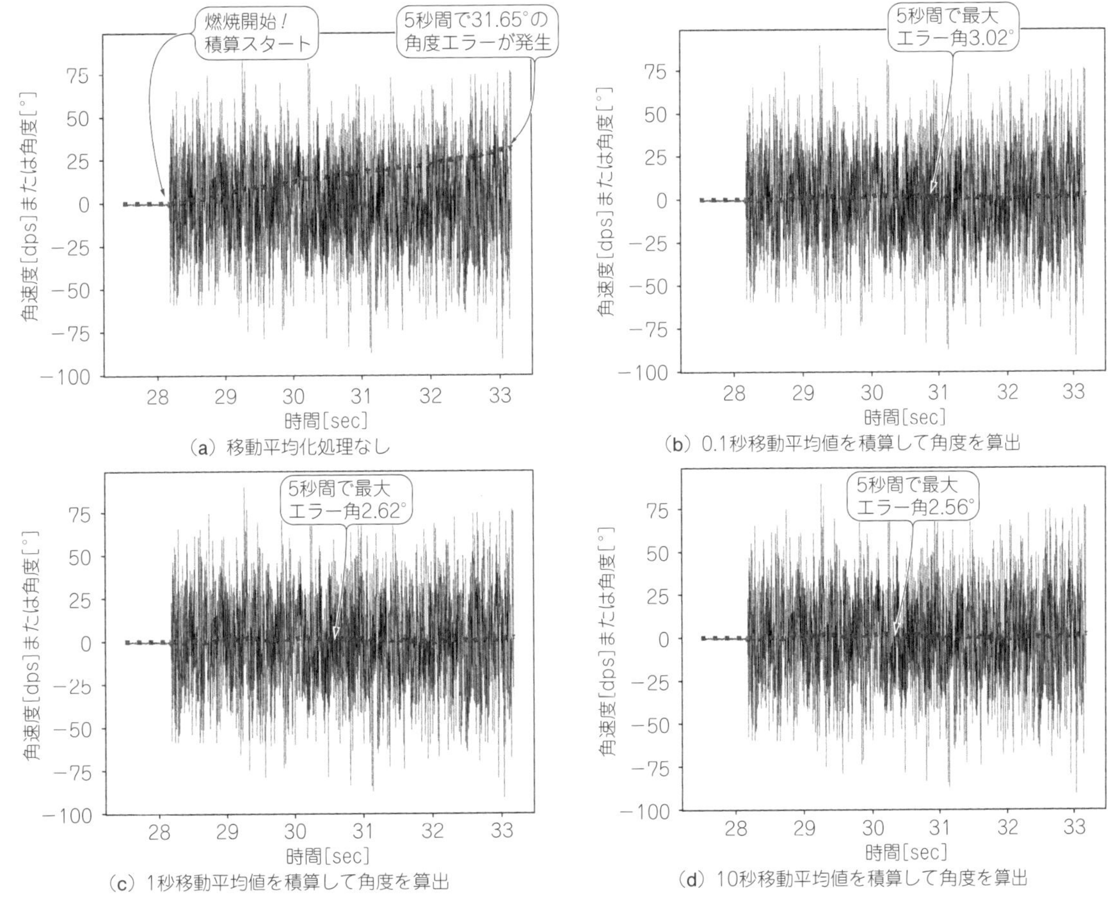

図12 エンジン燃焼による強い振動が加わったときのジャイロの角度誤差
リスト1のPythonでwindow 3を選び，display_ma＝0・display_angle＝1とし，移動平均長を変える

10倍以上に跳ね上がりました．図12(c)から5秒間で，角度エラーは2.62°に達しています．MOMOは120秒間振動が続いても，誤差を1°以内にしなければなりません．実験に使ったジャイロ(LSM9DS1)は，MOMOに使うことができません．

▶③回転する場合

回る速度が校正されている基準回転テーブル(レート・テーブルという)で，いろいろな角加速度を各軸に与え，真値と出力の対応を観察して補正の仕方を決めます．とくに，誤差量は一定なのか，それとも真値に依存するのか，依存するのならリニアなのかそうでないのかなどを把握する必要があります．

▶④加速する場合

MEMSジャイロは加速度の影響を受けます．可能ならば試験でデータを取得し，補正方法を検討します．

▶⑤温度が変わる場合

恒温槽で試験することが可能です．

▶⑥複合条件

振動や加速度を加えながら回転させ，実フライトに近い状態で全軸同時に試験できると理想的です．

MOMOで実際に起きた課題と対策

MOMOは，120秒間の姿勢制御飛行中に角度誤差を1°以内に保たなければなりません．そこで，グレードの高い民生品を採用しています．これまで次のような諸問題に取り組んできています．

● ジャイロの取り付け位置の選定

ジャイロは，MOMOの機体底部，つまりエンジンが取り付けられている頑丈な板(ジンバル・プレート)に取り付けられていました．

この部分は，強烈な振動を受けるだけでなく凍結や水没の可能性もあり，センサにとっては最悪の環境です．かといって，機体上部は振動やたわみの影響を受ける可能性があります．フライト・データを蓄積して，懸念が解消できれば頭部へ移設することができます．何回かのフライト結果の解析を経て，実査に機体上部に移設されました．

● 飛行中の強烈な振動対策

一番重要な対策は，高い振動耐性をもつジャイロを採用することです．角速度試験機(レート・テーブルという)や加振機を使って，これまでかなりの回数の実験と評価を繰り返してきました．

第2の対処法は，前述の実験のようなオフセット推定や角度計算の高精度化など，データ処理をチューンアップすることです．繰り返し議論にのぼるのが，「メカニカル・ダンパ(バネのような素材)を介してジャイロを取り付け，振動対策をする」という案です．この方法は，加速度が加わったときにジャイロが傾く可能性があり，調整や評価試験も難しいのではないかということで，今のところ却下されています．

● 応答速度の確保

機体姿勢制御の周期は100 Hzです．この周期はあまり低くすることができません．

ジャイロの出力から強い雑音を除去しようと強力なLPFをかけてしまうと，角速度の変化に対する応答が悪くなるため，MOMOの飛行中はLPFを使っていません．

● 打ち上げ前の水平度の担保

打ち上げ直前にジャイロが完全に水平でないと，初期姿勢が誤っていることになり，正しい姿勢を計測できません．発射台やジンバル・プレートの水平度を慎重に測っています．ジャイロの取り付け金具なども，所定の寸法精度が保たれるよう製作管理しています．

大型ロケットでは，ジャイロや加速度計で地球の自転の影響を測り，自動的に水平度や方位を導出しています[2]．これをレベリングといいます．MOMOのジャイロは精度が不足しているので，この手法は採用していません．

◆参考文献◆

(1) 森岡 澄夫；複数カメラでラズパイ全方位撮影，インターフェース，2018年7月号，pp.16～27，CQ出版社．
(2) 多摩川精機，ポイント解説 ジャイロセンサ技術，東京電機大学出版局，2011.
(3) ジャイロが道を間違えた，アナログ・デバイセズ．
http://www.analog.com/jp/analog-dialogue/raqs/raq-issue-139.html
(4) MEMS IMU/ジャイロスコープにおけるアライメントの基本，アナログ・デバイセズ．
http://www.analog.com/jp/analog-dialogue/articles/mems-imu-gyroscope-alignment.html
(5) 慣性センサ用語集，シリコンセンシング．
http://sssj.co.jp/information-center/glossary/index.html
(6) 足立 修一，丸田 一郎；カルマン・フィルタの基礎，東京電機大学出版局，2012.
(7) 森岡 澄夫；LSI/FPGAの回路アーキテクチャ設計法，2012，CQ出版社．
https://shop.cqpub.co.jp/hanbai/books/31/31091.html
(8) 森岡 澄夫；高位合成ツールVivado HLSをI/Oデバイス制御回路の作成に活用する，FPGAマガジン No.19，pp.108～118，2017，CQ出版社．

Appendix 4 実装しやすくて大きな誤差に強くなる

MOMOの姿勢角計算に使っているカルマン・フィルタ

森岡 澄夫 Sumio Morioka

● メモリが要らなくて実装しやすい「カルマン・フィルタ」を採用

第16章では，ジャイロの雑音を取り除き，オフセットの初期値を推定するために，移動平均が有効だと説明しました．しかし，MOMOに実際に実装されているのは，移動平均ではなく，カルマン・フィルタ(1)と呼ばれるものです．

最もシンプルな線形1変数のカルマン・フィルタのゲインを低く設定して，移動平均の代わりに使っています．

カルマン・フィルタはメモリが不要なので，マイコンやFPGAに実装しやすいのです．移動平均処理には，ウィンドウ長分のメモリが必要です．たとえば，ジャイロの1つのデータが2バイトのとき，100サンプル/sで200秒分の移動平均を取るためには，約117 Kバイト(＝2×100×200×3軸)のメモリが必要です．

● カルマン・フィルタの効果を体験

リスト1に示すのは，移動平均とカルマン・フィルタによるオフセット推定値をそれぞれ算出するPythonスクリプト(plot_kalman.py)です．市販のジャイロ(LSM9DS1，STマイクロエレクトロニクス)で実測した燃焼試験データ(第16章コラム 図A)を利用して計算します．

リスト1からわかるように，カルマン・フィルタの記述はほんの10行です．変数名は次のとおりです．

- ステート：state
- 事前共分散行列(ただし1×1)：c
- 事後共分散行列：cov
- カルマン・ゲイン：gain
- 観測雑音の分散：sigma2_w
- システム雑音の分散：sigma2_v

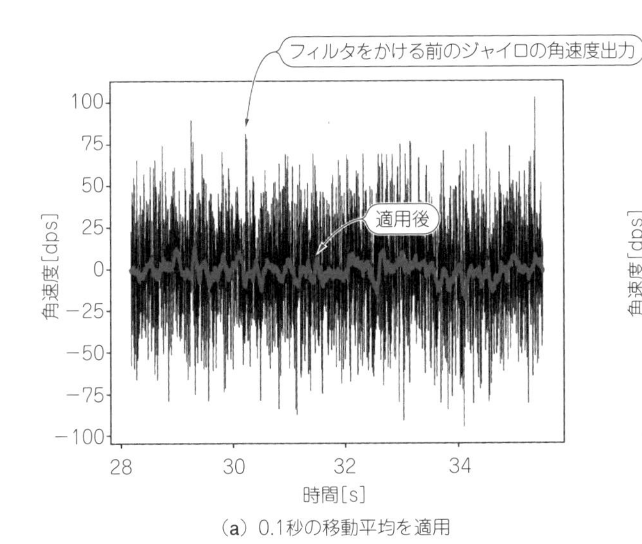

(a) 0.1秒の移動平均を適用

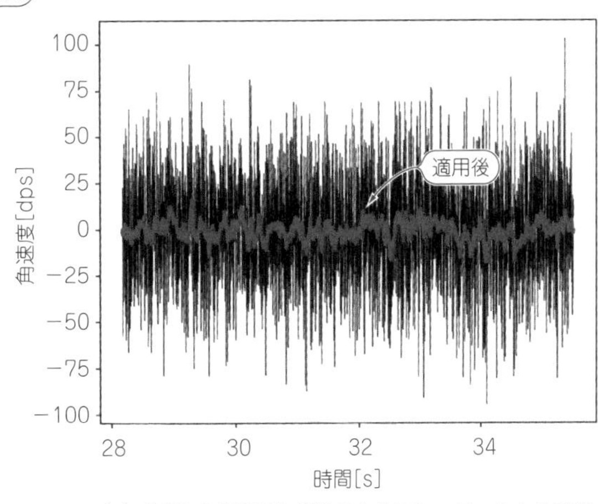

(b) 0.1秒の移動平均相当のカルマン・フィルタを適用

図1 移動平均とカルマン・フィルタの挙動(移動平均時間0.1秒)

リスト1 カルマン・フィルタと移動平均のサンプルPythonスクリプト(plot_kalman.py)

```
import numpy as np
import pandas as pd
import matplotlib.pyplot as plt

# 以下の3つは頒布ファイルに固定のパラメータ
data_size  = 86000
t0_index = 56363
sampling_rate  = 2000       # Hz

################################################################
# 以下のパラメータを適宜選択(使うものをコメントイン)

# データを見る範囲の選択

#start_index   = 10000
start_index = t0_index
#end_index  = t0_index - 1000
end_index  = data_size - 15000

# 移動平均とそれに似た動きのカルマンフィルタ(1つを選択)

# parameter set 1
#moving_average_size = 20
#sigma2_w            = 0.00001
#sigma2_v            = 0.0000001

# parameter set 2
moving_average_size  = 200
sigma2_w             = 0.00001
sigma2_v             = 0.000000001

# parameter set 3
#moving_average_size = 2000
#sigma2_w            = 0.00001
#sigma2_v            = 0.00000000001

################################################################

step_time  = 1 / sampling_rate

# CSVファイルを読む
～省略～

# 移動平均計算
～省略～

# カルマンフィルタを適用
kal_vec  = np.zeros(len(data_vec))
state    = data_vec[1]
cov      = 0
for i in range(1, data_size):
  c       = cov + sigma2_v
  gain    = c / (c + sigma2_w)   # ゲイン計算
  cov     = (1.0 - gain) * c;
  state   = state + gain * (data_vec[i] - state) # ステート更新
  kal_vec[i]  = state;

# データグラフの表示
plt.plot(tm_vec[start_index:end_index], data_vec[start_index:end_index], color='black',
linestyle='solid', linewidth=0.3, label='data')
# 移動平均値の表示
plt.plot(tm_vec[start_index:end_index], ma_vec[start_index:end_index],  color='green',
linestyle='solid', linewidth=3.0, label='ma')
# カルマンフィルタ値の表示
plt.plot(tm_vec[start_index:end_index], kal_vec[start_index:end_index],  color='red',
linestyle='solid', linewidth=3.0, label='kalman')

～以下省略～
```

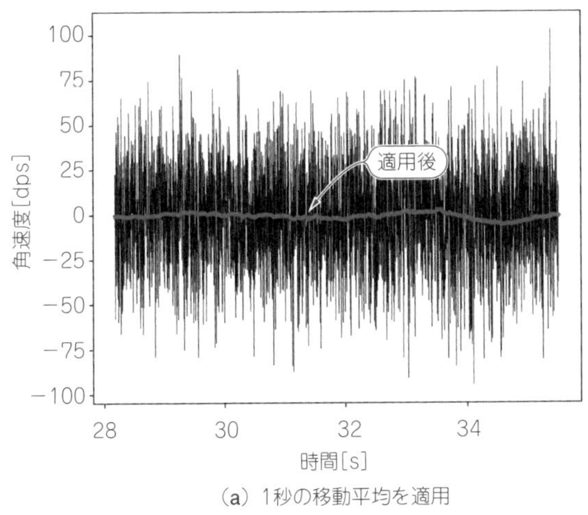

(a) 1秒の移動平均を適用

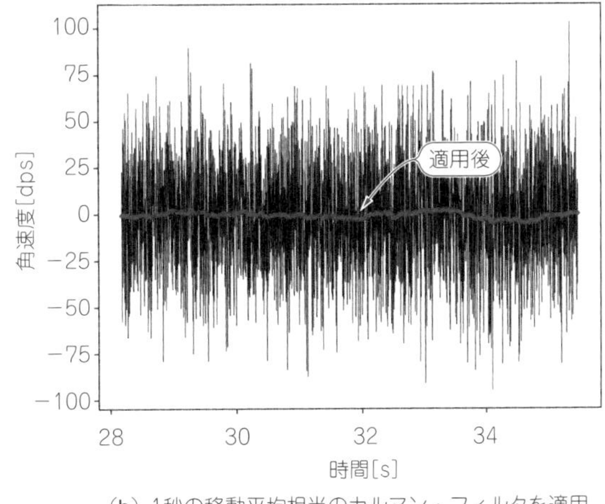

(b) 1秒の移動平均相当のカルマン・フィルタを適用

図2 移動平均とカルマン・フィルタの挙動(移動平均時間1秒)
図1も図2も(a)と(b)は動きが似ている．雑音の分散値を調節してカルマン・ゲインを下げると，移動平均のウィンドウを長くするのと同様の効果が得られる

定義の詳細は稿末の文献(1)を参照してください．上記変数のうち，観測雑音の分散とシステム雑音の分散をパラメータとして，カルマン・ゲインを調整し，移動平均と似た動きをさせます．

リスト1から，共分散行列やカルマン・ゲインは入力データに依存しないので，わざわざforループで回さなくても，事前に計算できます．MOMOのFPGAでは，実際にそのように実装していますが，**リスト1**では教科書どおりの書き方になっています．

リスト1では，ウィンドウ・サイズ20，200，2000の移動平均に似せたカルマン・フィルタ(の雑音パラメータ値)をプリセットしてあります．

▶やってみよう

図1，**図2**は．LSM9DS1の出力に移動平均処理とカルマン・フィルタ処理を行った結果です．

```
% python␣plot_kalman.py⏎
```

カルマン・ゲインを小さくすると強く平滑されます．

● **カルマン・フィルタの性質① 複数のセンサ情報を利用してより確からしい値を得る**

カルマン・フィルタとはどんなものなのでしょうか．ここで直感的な説明をします．

センシングでカルマン・フィルタを使う目的は，センサの直接出力(観測値y)に誤差が含まれるとき，そこから誤差を取り除いた正しい値の推定値$x_h(t)$を，1つ前の時刻の推定値$x_h(t-1)$から算出することです．

センサ出力や推定値は，1つ(つまりセンサが1個)ではなく複数にできます．センサが複数あると，どれかが大きな誤差をもつ値を一時的に出したとしても，ほかのセンサ出力をもとにして補正することができます．これが一般的なカルマン・フィルタの使い方です．

MOMOでは，この方法はまだ採用していません．将来は，GNSS(Global Navigation Satellite System)やINS(Inertial Navigation System)などと，カルマン・フィルタを組み合わせれば，複数の状態変数を使ってジャイロのより確からしい真値を求めることができるでしょう．

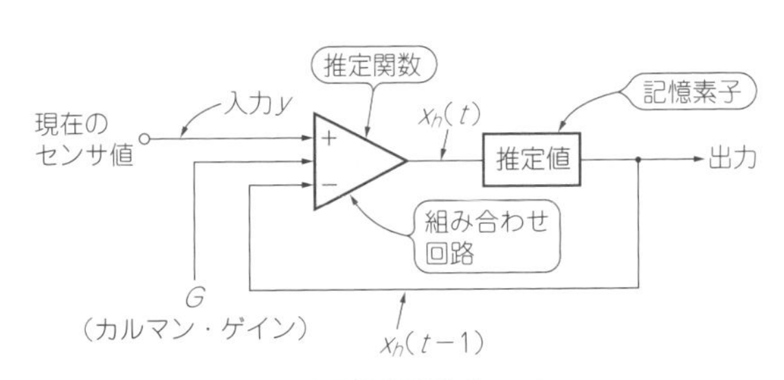

図3 カルマン・フィルタの信号処理ブロック

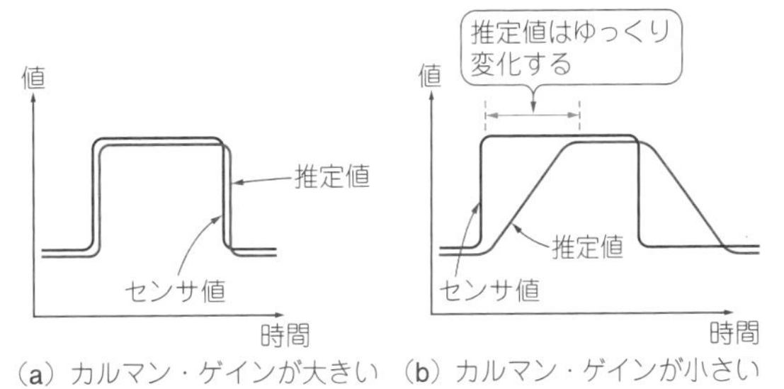

(a) カルマン・ゲインが大きい (b) カルマン・ゲインが小さい

図4 カルマン・ゲインは大きいと速く，小さいとゆっくりと推定値が更新される

● **カルマン・フィルタの性質② 誤差の大きいセンサに引きずられないようにゲインを調整できる**

誤差や値の変動が小さいセンサなら，現観測値yをそのまま推定値として利用できる可能性が高いですが，誤差の大きいセンサは，現観測値が外れている可能性が高くなります．

観測値から推定値を算出する基本式を次に示します（**リスト1**のステート更新部分を参照）．

現推定値$x_h(t)$
＝前推定値$x_h(t-1)$
＋カルマン・ゲインG_x（現観測値y－前推定値$x_h(t-1)$）

ブロック図で書くと**図3**のようになります．つまり，観測値が前回から変化したら，それにカルマン・ゲインを乗じて変化量を調整し，前推定値に加えます．誤差や値変動の大きいセンサほどカルマン・ゲインを小さく設定しておきます．その結果，センサ出力が急に大きく変動しても，引きずられて推定値がぶれるのを抑えることができます．

直感的な意味は「センサ出力の極端に大きな変化は，一時的に発生したノイズとみなし，推定値をあまり変えないようにする」ということです．

ノイズではなく真値が変化したことによってセンサ出力が変わったままになった場合，カルマン・ゲインが大きければ速く，小さければゆっくりと推定値が更新されます(**図4**)．

MOMOは，このフィルタ挙動を平滑化する目的に利用しています．カルマン・ゲインを小さくすれば，センサ値の変動に対してゆっくり反応して強く平滑します．大きくすると弱く平滑化します．主流ではありませんが，これもカルマン・フィルタの使い方の1つです．

◆参考文献◆

(1) 足立 修一，丸田 一郎；カルマン・フィルタの基礎，東京電機大学出版局，2012年．

第17章 手間をかけずにリアルタイム&高精度を実現する

ロケットのジャイロ姿勢角計算の実際

森岡 澄夫 Sumio Morioka

MOMOの制御回路には，処理速度や並列性にメリットがあるFPGA(Field Programmable Gate Array)が利用されています．FPGAは，任意のディジタル・ハードウェアを作り込めるデバイスです．

FPGAの開発にはハードウェア記述言語(Hardware Description Language：HDL)を使うのが一般的です．しかしHDLでの設計は，開発や修正，動作テストに手間がかかります．

そこでMOMOに載せるFPGAは，C言語などのソフトウェア記述をHDLに変換する「高位合成」という手法を使って，開発の手間を減らしています．

本稿では，MOMOにFPGAが使われている理由，C言語を使ったFPGA開発の例，MOMOに使われているFPGA回路例を紹介します． 〈編集部〉

ジャイロ姿勢角計算にFPGAを使う理由

開発手法を紹介する前に，なぜそのような方法を使おうと考えるのか，背景を説明します．

● MOMO電子制御系の基本構成

図1はMOMOに搭載されているアビオニクス(電子制御系)の概要です．多くのセンサ，バルブ，無線機などがCANバスを通して飛行制御コンピュータに結ばれています．CANバスはほぼ機体の全長ぶんの長さがあり，機体の頭から尾部に沿って設置されています．

このシステムでは，マイコンやFPGAといったプ

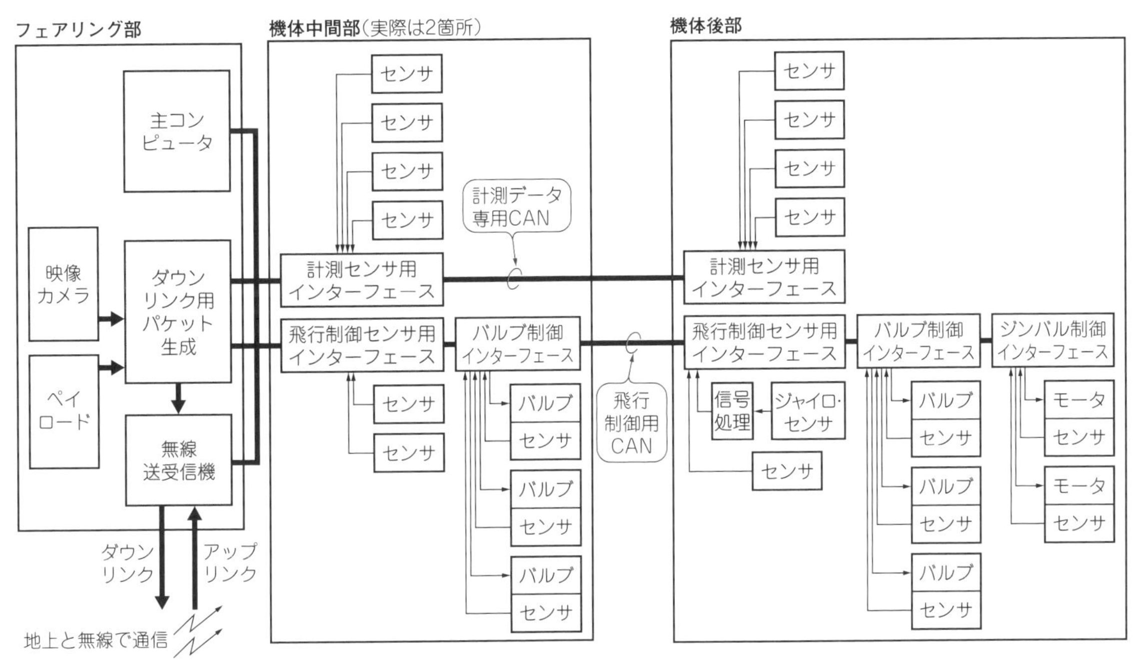

図1 MOMOに搭載されているアビオニクスには何カ所かFPGAを使っている
水色のブロックにFPGAを使っている．高速演算や正確な時間管理が必要なときはマイコンよりFPGAが適する

表1 マイコンとFPGAの比較
性能面ではFPGAに利点があるものの，設計が容易でないことがネックだった．C言語による設計を利用すると，その問題をかなり解消できる

プロセッサの種類	マイコン(Arduino Uno)	マイコン(STM32F405)	ローエンドFPGA(Artix-7, MAX 10など)
クロック周波数	16 MHz	168 MHz	100 MHz以上
I/O数	約20本	最大136本	約60～300本
I/Oのアサイン	シールドに強く束縛される	かなり自由	自由
利用可能なインターフェースの種類	GPIO，UART，SPI，I²C，アナログ	左に加えUSB，イーサネット，CANなど	ディジタルであればほとんど何でも利用できる．アナログ入力は限られた品種で可能
同時利用可能なインターフェース数	2～3個	10個程度	容量の許す限り(約10～50個)
I/Oの実質速度や時間精度	msオーダ	μsオーダ	10 ns～100 nsオーダ
開発言語	C言語	C言語	HDL (Verilog HDLやVHDL)，C言語
開発ツール	Arduino IDE(フリー)	gcc(フリー)や市販コンパイラ	Vivado，Quartus(フリー)
開発難易度	容易	中間程度	従来は難しかったが，だんだん改善されている

ロセッサ(ここではFPGAもプロセッサに含める)が機体各部に分散配置されています．飛行制御用のコンピュータはArmマイコンであるSTM32F405，168 MHz動作です[注1]．

ほとんどのセンサ・デバイスは，UART/SPI/I²Cといった定番のディジタル・インターフェースを持ち，ローカルのマイコンを介してCANバスと接続されています．ローカルのマイコンは，センサやアクチュエータの制御をするだけでなく，飛行制御コンピュータからのコマンドがなくなったりCANバスが断線したりといった致命的故障が起こった場合に，自動的に飛行を中断させる安全確保の機能ももっています．

● 高速性や時間の正確性が必要な部分にFPGAを使う

MOMOには，データ処理や制御を行うプロセッサとして，マイコンだけではなくFPGAもあちこちに使われています．**図1**のうち水色部分はFPGAで実装されています(詳細は後述)．FPGAにもハイエンドからローエンドまでいろいろな品種がありますが，MOMOに使われているのは安価で消費電力も少ないローエンド品です．

マイコンとFPGAの一般的な比較を**表1**に示します．同一クロック周波数のマイコンと比べれば，FPGAは，はるかに速くデータ処理を行うことができ，時間精度が正確であり(1クロック単位で処理を設計できる)，I/Oインターフェースを多数設置できるメリットがあります．

メリットだけをみれば，マイコンを使うことなく全ての設計がFPGAで行われてもよさそうに思えます．そうならないのは，FPGAはハードウェア記述言語HDLを使って開発を行うので，ソフトウェアよりも設計が難しく改修も大変というデメリットがあり，そのデメリットがメリットよりずっと大きいと考えられているからです．

● FPGAが必要な処理1…一定の周期で行うジャイロ信号の演算

FPGAの利用が大変とはいえ，MOMOでは，必要な全機能をマイコンだけで実装することは難しい状況です．

例えば**図2**は，機体を正しく飛行させるうえで欠かせない処理装置であるジャイロ・センサの信号処理ブロック図です．

センサは市販品で，出力されるのは角速度情報のみです．出力値の補正や積分処理[(1)]を行って姿勢を算出する演算装置(**図2**の点線部)を外付けしています．この演算装置の実装にFPGAを使っています．センサへのアクセスは数MHzと比較的速いSPIクロックで行うこと，姿勢計算では正確に一定の周期で多数の倍精度浮動小数点演算(主に四則演算)を実行する必要があることがFPGAを使う理由です(コラム1)．

▶FPGAを使うと信頼性も上がる

FPGAを用いると，各処理が物理的に別々の回路として並列動作するので，一部の動作不具合が全体に波及しにくい，という信頼性上のメリットも生じます．

例えば**図2**では，姿勢計算という主要処理以外にデータ記録やモニタリングなどの付属機能があります．これらの付属機能がI/Oエラーで止まっても，それに影響されて主要処理が止まってしまったり，処理にかかる時間が変動してしまったりするトラブルは起きにくくなります．これに対しマイコン・ソフトウェアで実装する場合は，複数の処理の間で時間的影響が相互に及ばないよう，慎重な設計が求められます．

注1：その後Zynq(ザイリンクス)に置き換えられています．

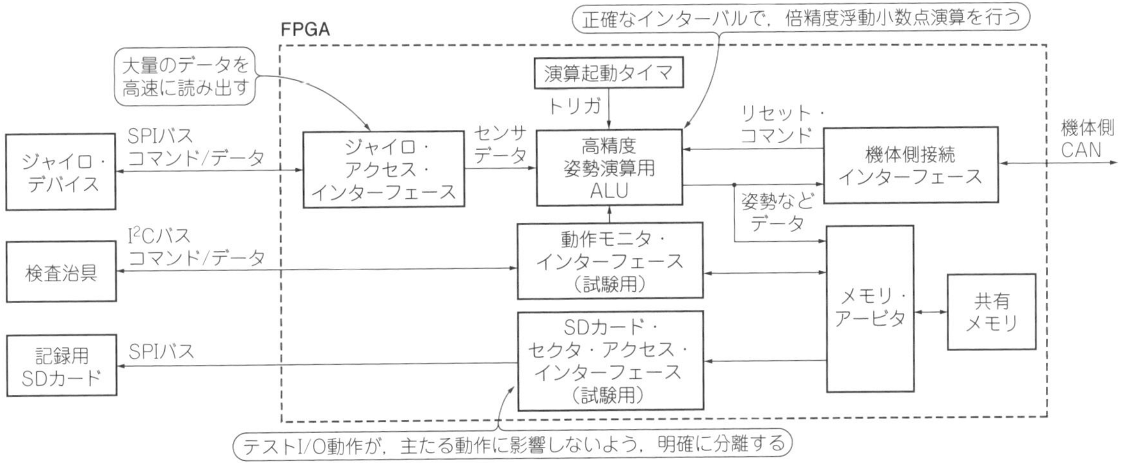

図2 MOMOのジャイロ・センサのインターフェースを行っているFPGA回路の構成
水色で示した部分がC言語による設計を利用．かなり多くのモジュールで使っている

● FPGAが必要な処理2…高速さが要求される無線送信用データ生成

そのほかの代表的なFPGA採用箇所は，**図3**のダウンリンク・データ生成部です．**図1**のCANバス・データや，その他機体内で生成されるデータの大半は，モニタリングと記録のために地上へ無線伝送されます．その送信用データを生成する部分です．ダウンリンクのデータ速度はMOMO 1～4号機では数Mbpsであり，将来的にはもっと速くなる見込みです．

図3の左の各種インターフェースでデータを受け取り，スケジューラで順にパケット化(何のデータであるか付加情報を付け，誤り訂正をかける)して無線機へ送り出します．処理速度が不足していると，機内から来るデータを取りこぼしてしまいます．要求速度の観点でマイコンの採用は厳しく，FPGA実装が必要です．

このダウンリンク・データ生成部についても，ジャイロと同じく，一部の障害が全体へ波及しにくいというメリットが発揮されます．たとえば，カメラ入力のUARTチャネルが何らかの原因でハングアップしてしまっても，CANデータなど他チャネルはそれに全く影響されずに動作し続けることができます．

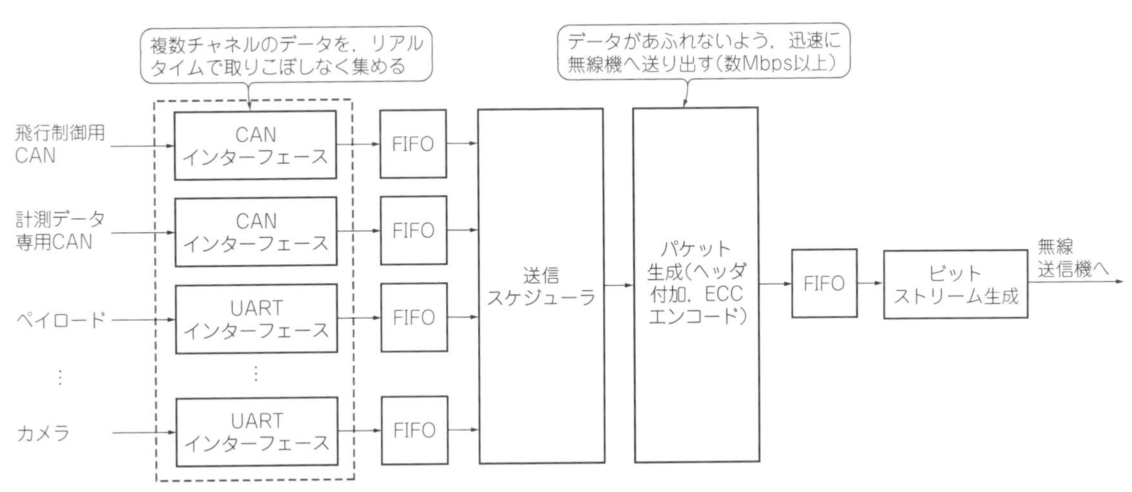

図3 MOMOのダウンリンク通信パケット生成を行っているFPGA回路の構成
C言語による設計を利用したモジュールを水色で示す．多くのチャネルからデータが来るので，それらを取りこぼさないよう並列に処理するためにFPGAを使っている

column 01 FPGA内に構成したジャイロの重い高精度演算用プロセッサ

森岡 澄夫

● マイコンには無理…

ジャイロの信号処理は高い精度が要求されるので，計算はかなり重めです．計算の周期も，機体制御の更新レート(100 Hz)よりも短くなければなりません．さらに，ジャイロのデータ読み出しや演算処理を繰り返す時間間隔が正確でなければなりません．マイコンには荷が重く，並列計算が得意なFPGAの出番です．今のところ，Zyng(ザイリンクス)のFPGA部分(PL部)に搭載しています．

図Aに示すように，MOMOは角度(クォータニオン)の算出までをFPGAで並列演算し，得られた結果を一定周期(100 Hz)で伝送しています．

ジャイロから読み出した3軸ぶんの角加速度値に対し，オフセット分の減算や各種補正を行った後，積分します．積分は角度値ではなくクォータニオン表現で行います．

一連の演算は，高精度演算がしやすい倍精度浮動小数点で行います．理由は2つあります．

(1)演算誤差を小さくしたい
(2)パソコンでのPythonやMATLABとデータ処理結果が等しくなるようにしたい

主コンピュータにFPGAで算出した角度を伝送するときは，値が壊れていないことを確認できるよう，CRCやタイムスタンプの値を付加しています．

● 回路を小規模にするテクニック…FPGAに構成するdouble演算プロセッサ

浮動小数点演算器(double)を演算式どおりにたくさん並べて回路を組むと，FPGAのリソースを大量に消費します．

そこで，回路を小規模にするために，**図B**に示すようにdouble演算のALUを構築しています．つまり，異なる種類の演算器を1個ずつ並べ，それを使いまわして演算を進めます．演算処理は専用のシーケンサでコントロールします．このALU回路の動きは次のとおりです．

(1)データ・メモリから演算の入力(1個または2個)を読み出してレジスタにラッチする
(2)行う演算の種類をレジスタにセットする
(3)一定時間の待機後に出る結果をレジスタにラッチする
(4)さらにデータ・メモリへ書き戻す

(1)～(4)の動きを繰り返します．**図C**に計算の例

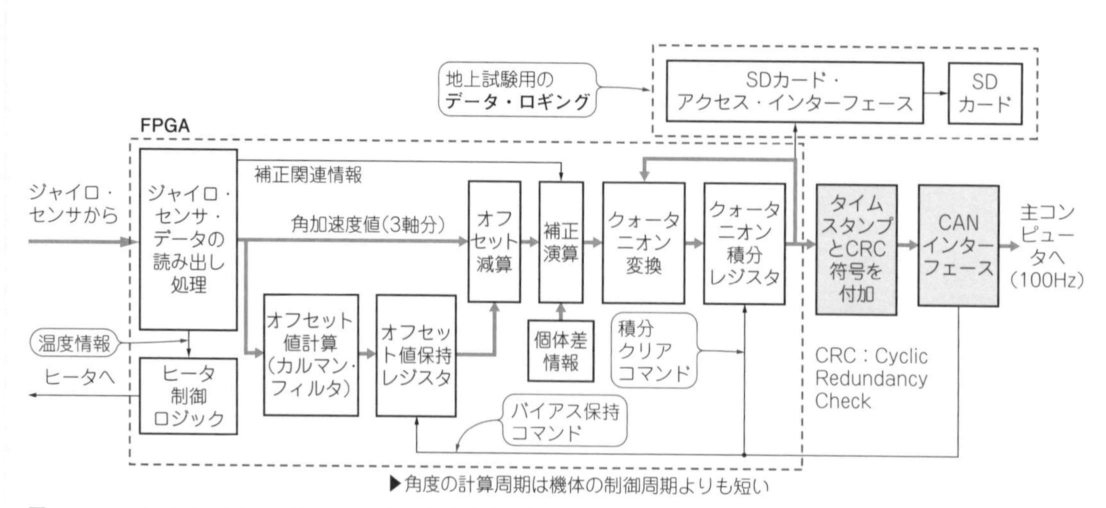

図A　MOMOはFPGAを使ってジャイロの重い信号処理演算を行っている

題と回路の動きを示します.

図Bの倍精度浮動小数点器は，文献(A)で公開・頒布されているコードとまったく同じもので，Verilog HDLで書かれています．IEEE754に準拠しているので，パソコンのソフトウェアなどで計算した場合と同じ結果が得られます．

演算制御シーケンサはVerilog HDLではなく，C言語で書かれているので，高位合成ツールで回路化します[注A]．ジャイロの読み出しやSDカード・アクセスなどのインターフェース制御用回路もC記述＋高位合成で作りました．稿末の文献(B)に実例があります．

◆参考文献◆

(A) 森岡 澄夫：LSI/FPGAの回路アーキテクチャ設計法，2012，CQ出版社．
https://shop.cqpub.co.jp/hanbai/books/31/31091.html

(B) 森岡 澄夫：高位合成ツールVivado HLSをI/Oデバイス制御回路の作成に活用する，FPGAマガジン No.19，pp.108～118，2017，CQ出版社．

注A：高位合成の利用範囲はその後大きく拡大しています．高位合成を使うことで専用ハードの設計バグが激減しており，設計の信頼性向上の効果が高いからです．

数式($(a+b\times0.3)/c$)を計算するときには，

```
mem[0]←a
mem[1]←b
mem[2]←c
mem[3]←0.3
mem[1]←mem[1]×mem[3]
mem[0]←mem[0]＋mem[1]
mem[0]←mem[0]/mem[2]
出力   ←mem[0]
```

というふうに1演算ずつに分解し，入出力データや演算途中結果はメモリに置く．そのうえで，**図C**のデータ・パス上で1つずつ演算を進める．演算の順番はシーケンサで制御

図C 計算の例題と浮動小数点ALU(図B)の動き

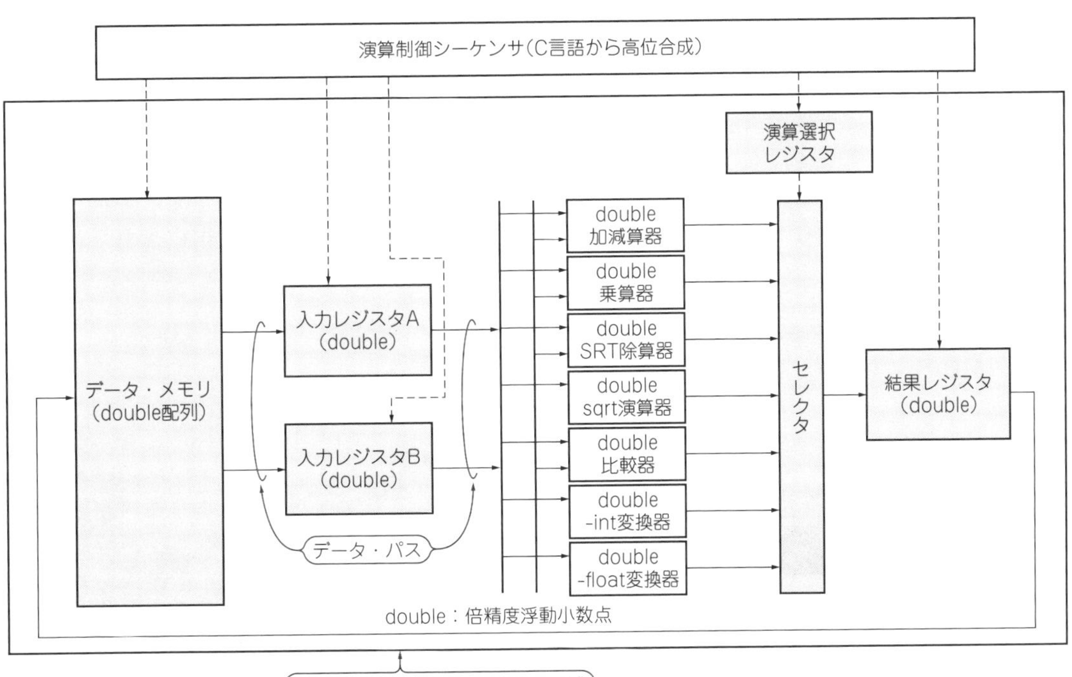

図B MOMOはFPGAでジャイロの信号処理を行っている
浮動小数点演算回路を構成している．1秒に12000回以上，データを処理できる

表2 MOMO実機で使われているFPGA内部回路のうちC言語で設計した部分の規模
C言語ソースでも数百行ある複雑な処理なので，直接HDLで開発するのは難しい．回路規模はHDLで設計したときより大きくなっていると想像できるが問題はないサイズ

機能名	C言語ソースの行数	生成されたRTLの行数	フリップ・フロップ数	ルックアップ・テーブル数	クリティカル・パス遅延
ジャイロ・アクセス・インターフェース	950	6324	2732	3783	6.1 ns
姿勢演算ALU制御	919	5228	6464	3358	5.8 ns
無線パケット生成(ECC含)	1574	12236	4314	20981	10.7 ns
共有メモリ・アービタ	687	3484	1145	2510	4.3 ns
SDカード・セクタ・アクセス	1070	6133	883	3168	7.9 ns
動作モニタI^2Cインターフェース	558	3188	574	2024	4.9 ns
CANインターフェース	851	5012	1164	2717	6.7 ns

ターゲット・デバイスはZynq XC7Z020CLG400-1. MOMOで利用したデバイスとは異なるが同クラス．高位合成ツールはVivado HLS 2018.2を利用．速度制約は10 ns，生成するRTLコードにはVerilog HDLを指定した

FPGA設計にC言語の採用

● C言語なら頻繁に改修できる

FPGAを採用しようとすると，設計の方法論，つまりどのような方法やツールで設計やテストを進めていくかが問題になってきます．

一度作ってしまった後，ずっと設計変更せずに長期使い続けるのであれば，通常のHDL設計でよいかもしれません．しかし実際には，頻繁に設計変更の必要がでてきます．

例えば先述のダウンリンク生成部については，フライト時のエラー発生結果などを元にパケット・フォーマットや誤り訂正コードの見直しを毎回行っています．ジャイロについても，データ補正の方法を変えてみたり，異なる品番のセンサを評価したりといった細かい変更は常時行われています．

このためMOMOでは，設計変更を簡単に行えるようにしつつバグ発生もできる限り抑えるために，C言語によるFPGAの設計を積極的に導入しています．**図2**，**図3**のうち，青色部分がC言語で設計されている箇所です．

● MOMO搭載FPGAにおけるC言語設計の効果

図2，**図3**に示した各ブロック(青色部分)がどれくらいの設計規模であるかを**表2**に示します．

もしHDLで設計した場合，回路規模は同表の数分の10分の1くらいにまで小さくなる可能性があります．しかし設計やテストには1回路あたり数人週以上の工数がかかっても，おかしくありません．C言語による設計を採用することで，同表の回路は，テストも含め1回路あたり数人日の工数で作れています．

● C言語からHDLを生成する「高位合成」

今回紹介する設計フローでは，まずC言語で書いた処理をツールによってHDL(正確にはRTL記述；レジスタ転送レベル記述)へ自動変換します．この操作は高位合成(ハイレベル・シンセシス)または動作合成と呼ばれます．

得られたHDLを通常のFPGA設計と同様にツールにかけ，FPGAプログラミング・ファイルを得ます(**図4**)．

C言語に何をどのように書くか，ツールをどのように使うかは後述しますが，ぎりぎりの性能チューンアップをしようとしない限りはとても簡単です．HDLではとても書きたくないほど複雑な動作をする回路でも，あっという間に作ることができ，デバッグに手間取ることもありません．そうでなければ，わざわざC言語設計を採用する意味がありません．

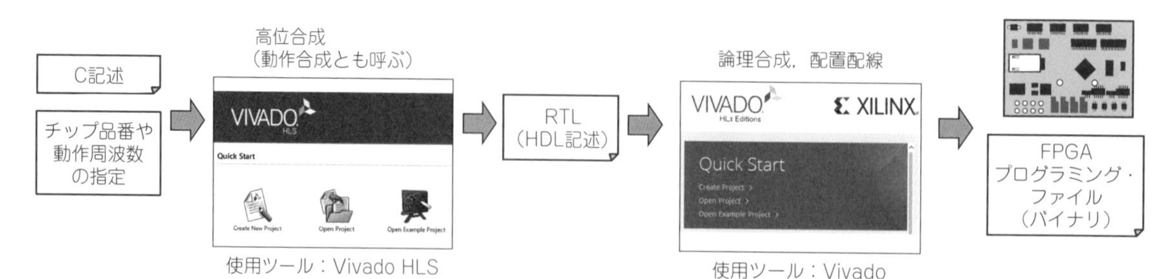

図4 C言語による記述からFPGA内部回路を設計する手順
C言語からHDLを生成するツールを高位合成ツールと呼ぶ．今回は無償版のVivado HLSを使う．生成されたHDLから論理合成ツールでFPGA内部に書き込むバイナリ・データを生成する．論理合成ツールには無償版のVivadoを使う

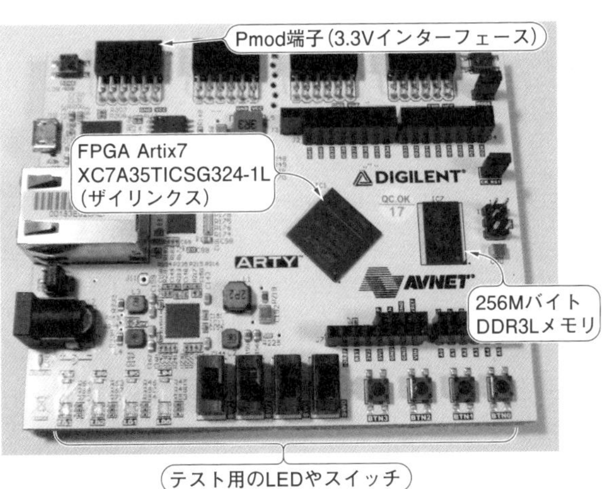

(a) ボード単体

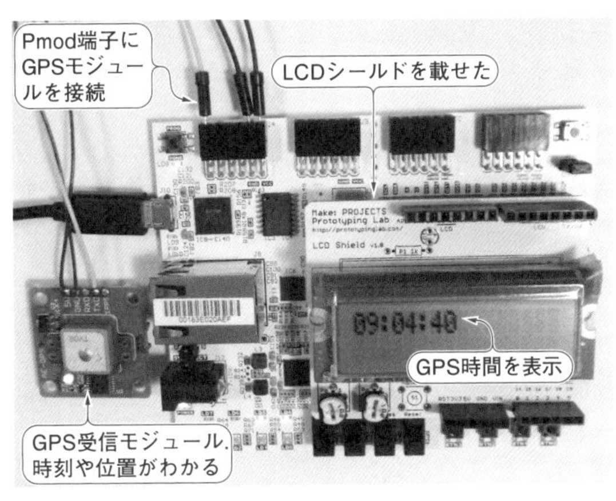

(b) GPS時計動作中のようす

写真1 MOMOに載せているのと同じくらいの規模のFPGA Artix-7が載ったARTY A7-35T(Digilent社)でGPS時計を作ってみる
搭載されているFPGAは，5200スライス(1スライスはルックアップ・テーブル4個とDフリップフロップが8個)，1800KビットSRAM内蔵，クロック100MHzで動作する．ザイリンクス社のFPGAが載っていれば他のボードでも試せる．GPS受信モジュールやLCDも同等品は多い

C言語によるFPGA設計のフロー

● 例題：GPS時計

簡単に試せるわかりやすい例題として，GPS時計を作ってみましょう．

写真1(a)のFPGAボード(Digilent社ARTY A7)[2][3]にGPSモジュール[4]とArduino用16x2キャラクタLCDシールド[5]を接続して，GPS時刻を**写真1(b)**のように表示させる回路です．

結線は**図5**のとおりです．FPGAボードには，ザイリンクス製のFPGA(Virtex-7/Kintex-7/Artix-7/Spartan-7)かSoC(Zynq-7000)が搭載されていれば，他品種でも構いません．LCDも大半のArduino用シールドが使えます．GPSモジュールもほかのもので構いません．

なお，今回の結線では，あくまで実験限定ということで，5V電源で動作するGNSSモジュールを3.3Vで動かしています．ご了承ください．

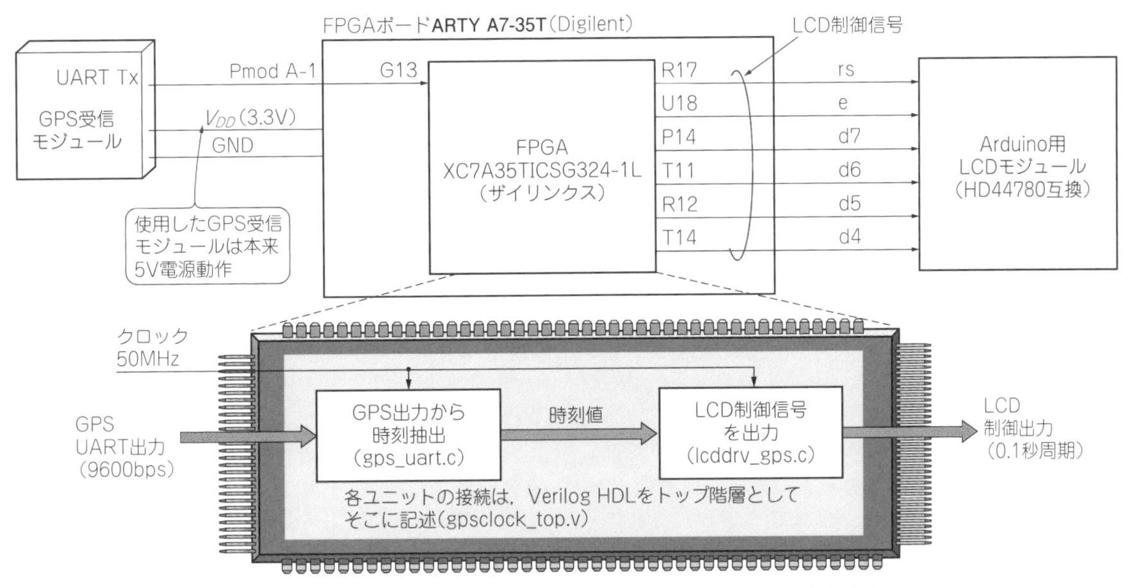

図5 C言語によるFPGA内部回路の開発例として製作するGPS時計の基板間接続およびFPGA内部構成
GPS出力を読む回路とLCD表示を制御する回路をそれぞれC言語で書いて高位合成する．両者の接続は簡単なVerilog HDL記述で行う

● 処理の全体像

通常のGPSモジュールはUART出力(多くは9600 bps)をもっており，NMEAセンテンスという文字列の形で測位データを1～10 Hzの間隔で送ってきます[6]．このうち$GPGGAというヘッダをもつ文の冒頭にUTC時刻が埋め込まれているので，これを読み取ります．

次に，読み取った数値を表示コマンドの形でLCDに送ります．コマンド内容や送信のための端子操作方法は，多くのキャラクタLCDに共通です[7]．

GPSからのデータ受信とLCDへのコマンド送信は別々の回路モジュールで並列に行います(**図5**)．それぞれの処理をC言語で記述し高位合成します．2つのモジュールを相互接続するために，階層トップとしてHDL記述(ごく簡単なもの)を用意します．

● HDLに変換するC言語の記述①…GPS受信部

さっそく実際のCコードを見てみましょう．**リスト1**がGPSデータ受信部分(gps_uart.c)のソースコードです．なお，ソースコードは本書のウェブ・サイトから入手できます．

https://www.cqpub.co.jp/trs/trsp155.htm

リスト1の冒頭から順に説明します．マイコン用ソフトウェアとよく似ています．

冒頭にvolatile属性付きのグローバル変数がいくつかあります．これらが回路モジュールの入出力ポートになります．GPSのUART出力を受ける入力端子と，GPS時刻(時分秒)を出力する端子があります．

最初の関数wait_tmr()は，指定されたクロック期間ぶんだけ待つウェイト関数です．この中で使われているap_wait()という関数は，高位合成ツールVivado HLSに特有のもので，「クロックが来るまで待て」という指示です．ソースコード中の他の場所でも，タイミングの調整に多用しています．ここだけはハードウェア独特の記述です．

次のread_uart_rx()およびuart_receive_byte()は，UARTから1バイトの値を読み取る関数です．UART入力端子を監視してスタート・ビットを見つけ，続いて8ビットぶんのデータを取り込みます．9600 bpsの通信速度になるよう時間待ちを調整してあります．マイコンのソフトウェアであれば，専用UART受信ペリフェラルを使わず，自分でGPIOを読んで受信するのに相当するルーチンです．

最後のgps_uart()は，モジュールの全体処理が書かれた関数です．UARTから1文字ずつ受信して$GPGGAという文字列が来るまで待ちます．それに引き続いて時刻を示す文字列が来るので，それを読み取って数値に変換し出力します．変換はatoi()関数などと同様の処理です．

今回の作例では書いてありませんが，$GPGGA文では時刻情報に続けて緯度経度の情報も来るので，それも読み取るよう改造するのは容易です．

C言語による記述は，HDLで同様の処理を組む場合と比べると，関数やif/while文，算術演算や文字操作などが使えるので，とてもわかりやすいコードになっています．原因が特定しにくいバグが入る可能性は低く，バグを見つけた場合の修正や設計変更も迅速にできます．

処理の下位レイヤにタイミング調整ap_wait()があったり，入出力端子を指定する#pragmaが入っていたりしますが，基本的にソフトウェアと変わらない書き方で済みます．

● HDLに変換するC言語の記述②…LCD表示部

GPS受信モジュールは外部信号を受ける処理でしたが，LCD表示モジュールは外部へ制御信号を出す処理です．こちらもソフトウェアと同様の記述です(**リスト2**)．

下位レイヤに，LCD制御端子を順次操作してコマンドを1つを送る関数lcd_send_cmd()があります．上位レイヤの関数では，それを利用して初期化や表示データ送信を行っています．LCD表示を0.1秒間隔で繰り返すよう，タイマの値を調整してあります．

● 各モジュールを結合するトップ階層

リスト1，**リスト2**のC言語ソースコード以外に，この2つのモジュールの相互接続やFPGA全体の入出力信号との接続を書いたトップ階層のHDLを用意します(**図5**)．HDLとは言っても，2つのモジュールのインスタンスを作成し，その端子に信号を渡すだけの単純なものです(**リスト3**)．HDLを詳しく知らなくても，なんとなく意味の想像がつくのではないでしょうか．

以上に加え，回路全体の入出力端子をFPGAのどのピンにアサインするかを専用の制約ファイルにテキストで記述します(**リスト4**)．これで，FPGAの回路生成に必要なファイルが全て揃います．

● 高位合成を行ってFPGAを動かすまでの手順

以下では，実際に高位合成を行ってFPGA実機を動かすまでの手順を簡単に説明します．

事前準備として，FPGA設計ツールのVivado WebPack Version 2019.1以降[8]をパソコンにインストールします．高位合成ツールと論理合成ツールが両方合わせてインストールされます．ライセンス・ファイルなどは特に必要ありません．ソースコードはプロジェクト・ファイル一式として頒布アーカイブ内に含まれます．

リスト1 GPS出力から時刻を抽出するFPGA内部回路のC言語ソースコード
データ受信モジュールのUART出力から時刻表記部分を取り出す

```
#include <ap_cint.h>
#include <ap_utils.h>
#define CLK_FREQ_MHZ     50
#define CLK_FREQ_KHZ     50000
#define CLK_FREQ_HZ      50000000

// 入出力ポートの宣言(グローバル変数)
volatile uint1  uart_rx;
volatile uint5  gps_time_hour        = 0;
volatile uint6  gps_time_min         = 0;
volatile uint6  gps_time_sec         = 0;

// 高位合成を上手く行うために設けるダミー出力
volatile uint1  dummy_tmr_out    = 0;

#define UART_PULSE   (26042 / (1000 / CLK_FREQ_MHZ))
// 9600bpsの1/4周期(約6us)のクロック数
#define RX_TIMEOUT   (1 * CLK_FREQ_HZ)
// UART受信タイムアウト(1秒)のクロック数

// タイマ関数
void wait_tmr(uint32 tmr)    // unit clk
{
    uint32  t;
    ap_wait();
    for (t = 0; t < tmr; t++) {
        dummy_tmr_out    = 1- dummy_tmr_out;
    }
    ap_wait();
}

// UART Rx端子読み取り
uint1 read_uart_rx(void)
{
    return uart_rx;
}

// UART 1バイト読み取り
uint8 uart_receive_byte(void)
{
    uint4   i;
    uint8   data     = 0;
    uint8   dt;
    uint32  timer;

    do {
        ap_wait();
    } while (read_uart_rx() == 0);

    // スタートビット検出
    for (timer = 0; timer < RX_TIMEOUT; timer++) {
        ap_wait();
        if (read_uart_rx() == 0) {
            ap_wait();
            wait_tmr(UART_PULSE * 2);
            ap_wait();
            if (read_uart_rx() == 0) {
                break;  // continuous L
            }
        }
    }

    ap_wait();
    wait_tmr(UART_PULSE * 3);
    ap_wait();

    // 8ビット受信
    for (i = 0; i < 8; i++) {
        ap_wait();
        wait_tmr(UART_PULSE * 2);
        ap_wait();
        if (read_uart_rx() == 0)
            dt  = 0;
        else
            dt  = 0x80;

        ap_wait();
        data     = (data >> 1) | dt;
        ap_wait();
        wait_tmr(UART_PULSE * 2);
        ap_wait();
    }
    return (data);
}

// メイン関数
void gps_uart(void)
{
// 端子のタイプを指定するpragma
#pragma HLS TOP
#pragma HLS INTERFACE ap_none port=dummy_tmr_out
                                             register
#pragma HLS INTERFACE ap_none port=uart_rx
#pragma HLS INTERFACE ap_none port=gps_time_hour
                                             register
#pragma HLS INTERFACE ap_none port=gps_time_min
                                             register
#pragma HLS INTERFACE ap_none port=gps_time_sec
                                             register

    volatile uint1  val_negative;
    volatile uint32 val_int, val_frac;
    volatile uint8  ch;
    uint5           buf_time_hour;
    uint6           buf_time_min;
    uint6           buf_time_sec;

    wait_tmr(100 * CLK_FREQ_KHZ);
                                    // パワーON後0.1秒待ち
    ap_wait();
    gps_time_hour        = 0;
    gps_time_min         = 0;
    gps_time_sec         = 0;
    ap_wait();

    // メインループ
    while (1) {
        // GPSから受信した文字列から"$GPGGA"を見つける
        if ((ch = uart_receive_byte()) != '$')
            continue;
        if ((ch = uart_receive_byte()) != 'G')
            continue;
        if ((ch = uart_receive_byte()) != 'P')
            continue;
        if ((ch = uart_receive_byte()) != 'G')
            continue;
        if ((ch = uart_receive_byte()) != 'G')
            continue;
        if ((ch = uart_receive_byte()) != 'A')
            continue;
        if ((ch = uart_receive_byte()) != ',')
            continue;

        // その後の文字列がUTC時刻なので,
                        1文字ずつ受信しながら数値を読み取る
        val_int = 0;
        for (ch = uart_receive_byte(); ch != '.'
        && ch != ',' && ch != 0x0A; ch = uart_
        receive_byte()) {
            val_int = val_int * 10  + (ch - '0');
        }
        val_frac     = 0;
        if (ch == '.') {
            for (ch = uart_receive_byte(); ch !=
            ',' && ch != 0x0A; ch = uart_receive_
            byte()) {
                val_frac     = val_frac  * 10 +
                                          (ch - '0');
            }
        }

        buf_time_hour    = val_int / 10000;
        buf_time_min     = (val_int % 10000) / 100;
        buf_time_sec     = val_int % 100;

        // 読み取った時, 分, 秒の値を出力
        ap_wait();
        gps_time_hour        = buf_time_hour;
        gps_time_min         = buf_time_min;
        gps_time_sec         = buf_time_sec;
        ap_wait();
    }
}
```

リスト2　時刻に合わせてLCD制御信号を出力するFPGA内部回路のC言語ソースコード
取り出した時刻を元にLCD表示を更新する

```
// 入出力ポートの宣言(グローバル変数)
// LCDの制御出力信号
volatile uint1  rs      = 0;
volatile uint1  en      = 0;
volatile uint4  data    = 0;
// 表示するデータの入力(GPS時刻)
volatile uint5  gps_time_hour;
volatile uint6  gps_time_min;
volatile uint6  gps_time_sec;

 途中略

// LCDに1コマンドを送出(出力信号を操作)
void lcd_send_cmd(uint1 mode, uint4 wd)
{
    ap_wait();
    en      = 0;
    ap_wait();
    wait_tmr(10 * CLK_FREQ_MHZ);

    ap_wait();
    en      = 0;
    rs      = mode;
    data    = wd;
    ap_wait();
    wait_tmr(10 * CLK_FREQ_MHZ);

    ap_wait();
    en      = 1;
    rs      = mode;
    data    = wd;
    ap_wait();
    wait_tmr(10 * CLK_FREQ_MHZ);

    ap_wait();
    en      = 0;
    rs      = mode;
    data    = wd;
    ap_wait();
    wait_tmr(10 * CLK_FREQ_MHZ);
}

// LCD初期化
void init_lcd()
{
    途中．初期化のためのコマンド群を送る
}

// バイナリ値から文字への変換
uint8 bin2char(uint4 val)
{
    uint8   retval;
    switch (val) {
    case 0:     retval  = '0'; break;
    case 1:     retval  = '1'; break;
    途中略
    }
    return retval;
}

// メイン関数
void lcddrv_gps()
{
 途中略
    init_lcd();                 // 初期化

    while (1) {
        // GPS受信回路の出力(時分秒)を読み取る
        hour    = gps_time_hour;
        min     = gps_time_min;
        sec     = gps_time_sec;
        ap_wait();

        // UTCからJSTへ変換
        hour    += 9;
        if (hour > 23) {
            hour    -= 24;
        }

        // 以下，LCDへ表示コマンド送信
        // 表示開始位置を設定
        lcd_send_cmd(0, 0x8);
        lcd_send_cmd(0, 0x0);

        // 時(2桁)を表示
        dt  = hour / 10;
        dt  = bin2char((uint4)dt);
        lcd_send_cmd(1, (dt >> 4) & 0xF);
        lcd_send_cmd(1, dt & 0xF);

        dt  = hour % 10;
        dt  = bin2char((uint4)dt);
        lcd_send_cmd(1, (dt >> 4) & 0xF);
        lcd_send_cmd(1, dt & 0xF);

        dt  = ':';
        lcd_send_cmd(1, (dt >> 4) & 0xF);
        lcd_send_cmd(1, dt & 0xF);

        // 以下同様に分，秒の表示コマンドを送る
        途中

        // 0.1秒待ち
        ap_wait();
        wait_tmr(5000000);
    }
}
```

リスト4　FPGA内部の信号と外部ピンとの接続を記述する制約ファイル
FPGA内部回路の設計はリスト1～リスト4で終わっている

```
 途中略

set_property -dict {PACKAGE_PIN C2 IOSTANDARD LVCMOS33} [get_ports {rst_n}]

set_property -dict {PACKAGE_PIN R17 IOSTANDARD LVCMOS33} [get_ports {rs}]
set_property -dict {PACKAGE_PIN U18 IOSTANDARD LVCMOS33} [get_ports {e}]
set_property -dict {PACKAGE_PIN P14 IOSTANDARD LVCMOS33} [get_ports {data[3]}]
set_property -dict {PACKAGE_PIN T11 IOSTANDARD LVCMOS33} [get_ports {data[2]}]
set_property -dict {PACKAGE_PIN R12 IOSTANDARD LVCMOS33} [get_ports {data[1]}]
set_property -dict {PACKAGE_PIN T14 IOSTANDARD LVCMOS33} [get_ports {data[0]}]

set_property -dict {PACKAGE_PIN G13 IOSTANDARD LVCMOS33} [get_ports {gps_uart_rx}]

 以下略
```

リスト3　FPGA内部回路の相互接続や外部ピンとの接続を記述したHDLソースコード

```
module gpsclock_top(省略);
// LCD制御端子
output          rs;
output          e;
output [3:0]    data;
// GPS入力端子
input           gps_uart_rx;
// その他(ボードのLEDやスイッチ)
output  [3:0]   led_out;
input   [3:0]   dipsw_in;
input   [3:0]   button_in;
// クロックおよびリセットスイッチ(ボードから供給)
input           rst_n;
input           clk;

 途中略

// gps受信モジュールを置く
gps_uart_gps_uart u1  ( // 注：高位合成の際，モジュール名に
                              接頭辞gps_uart_をつけている

    .ap_clk(sysclk),
    .ap_rst(rst_p_sync),
    .ap_start(1'b1),
    .dummy_tmr_out_i(1'b0),

    // GPS UART入力
    .uart_rx(gps_uart_rx_sync),

    // 表示内容出力
    .gps_time_hour(gps_time_hour),
    .gps_time_min(gps_time_min),
    .gps_time_sec(gps_time_sec)
);

// LCD表示モジュールを置く
lcddrv_gps_lcddrv_gps u2
( // 注：高位合成の際，モジュール名に接頭辞lcddrv_gps_をつけている
    .ap_clk(sysclk),
    .ap_rst(rst_p_sync),
    .ap_start(1'b1),
    .dummy_tmr_out_i(1'b0),

    // LCD制御出力
    .rs(rs),
    .en(e),
    .data(data),

    // 表示内容入力
    .gps_time_hour(gps_time_hour),
    .gps_time_min(gps_time_min),
    .gps_time_sec(gps_time_sec)
);

 途中略
endmodule
```

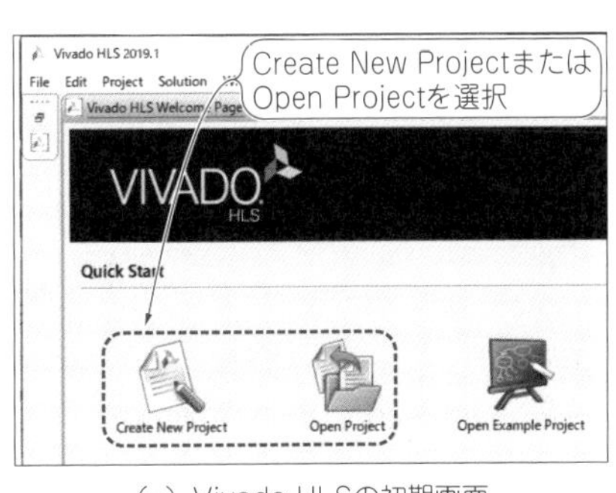

（a）Vivado HLSの初期画面

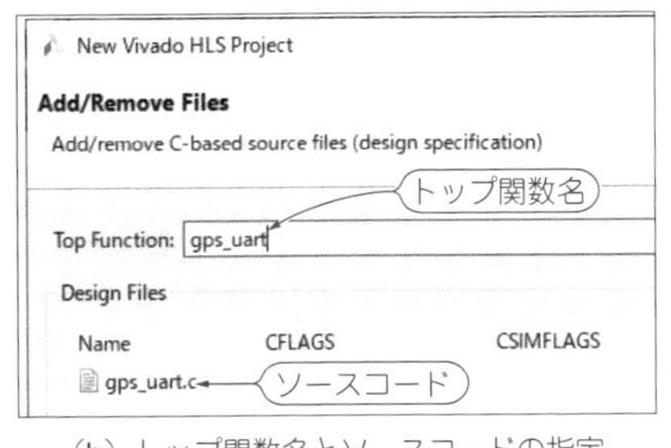

（b）トップ関数名とソースコードの指定

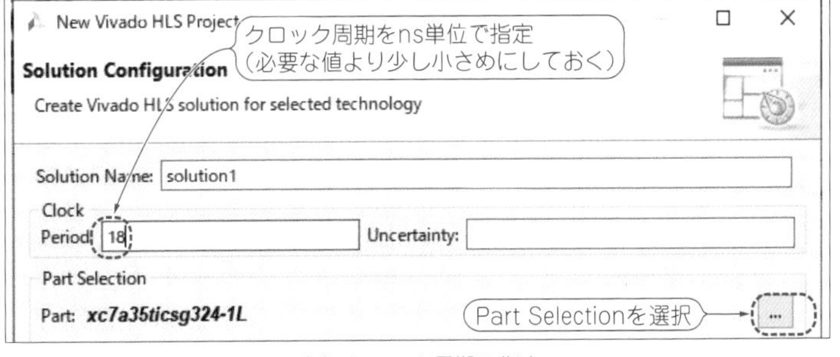

（c）クロック周期の指定

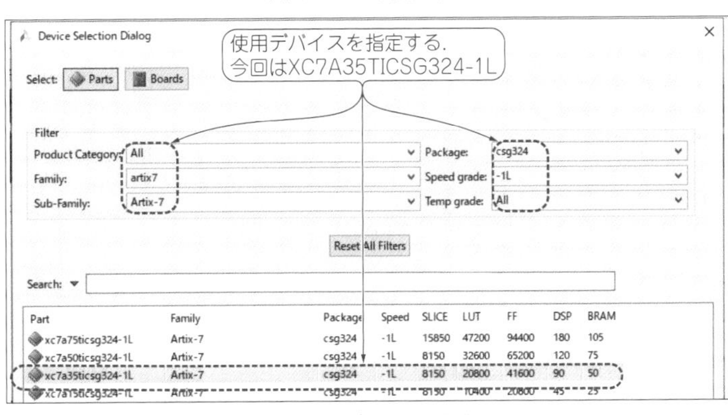

（d）使用デバイスの指定

図6　C言語ソースコードからHDL記述を生成する高位合成の準備（抜粋）

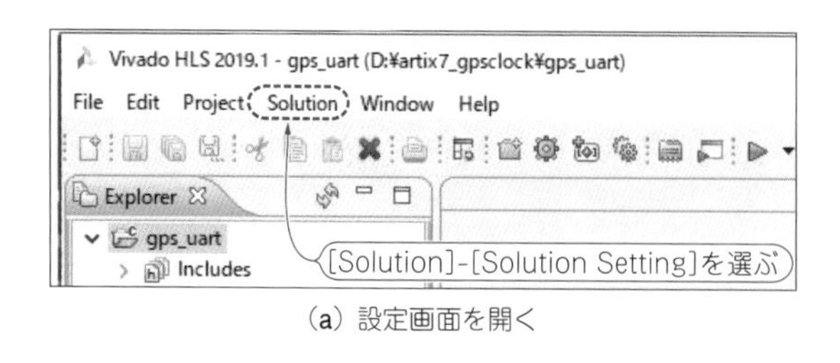

(a) 設定画面を開く

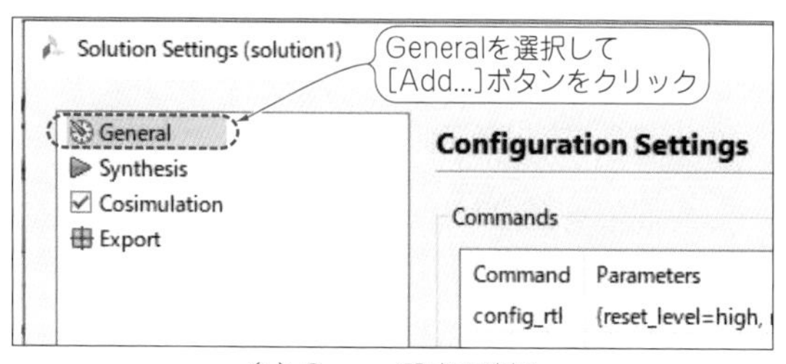

(b) General設定の追加

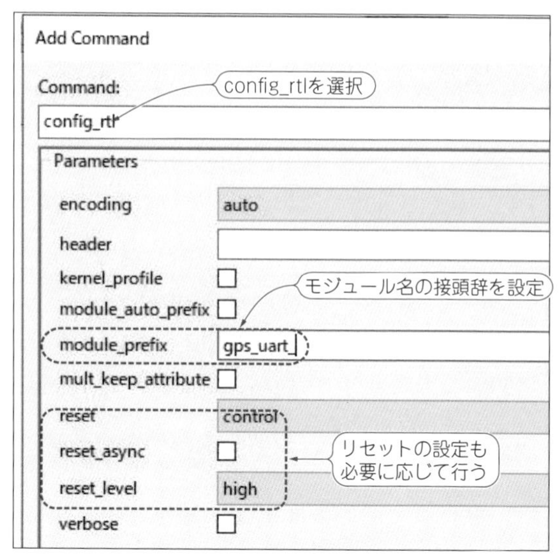

(c) 接頭辞の追加を設定

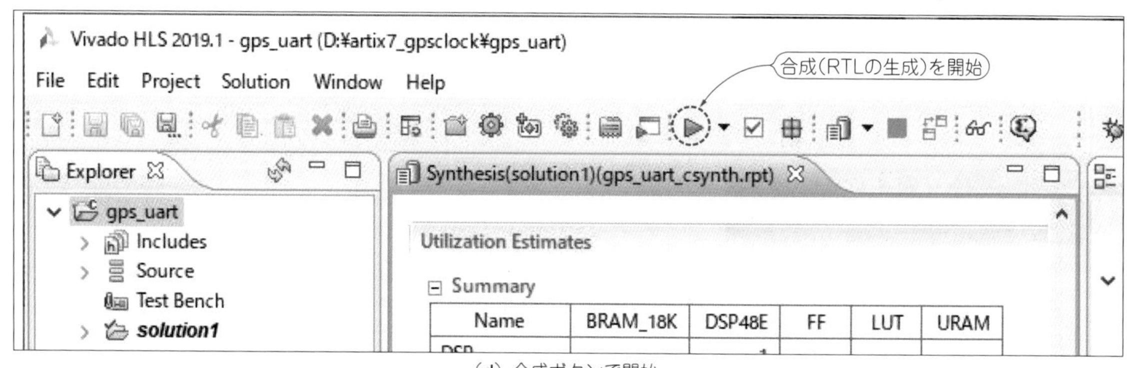

(d) 合成ボタンで開始

図7 C言語ソースコードからHDL記述を生成する高位合成の手順(抜粋)

用意ができたら，以下のように作業を進めます．高位合成と論理合成は別々に進める(ツールも別になっている)ことに留意してください．

▶(1)高位合成の準備

最初に，Vivado HLSを使って，2つのC言語記述(GPS読み取りとLCD制御)をそれぞれ高位合成します．1つのソースに対する高位合成準備のうち，主な作業を抜粋して**図6**に示します．既存プロジェクトをオープンする場合は不要な作業です．

▶(2)高位合成の実行

合成はツール・バーにある三角ボタンを押すだけです(**図7**)．高位合成の実行は非常に短い時間で終わるはずです．

ただし**図7**にもあるように，モジュール名にはそれぞれ任意の接頭辞をつけることを強く勧めます．その理由は，この事例のように複数のC言語ソースを合成して一緒に使う場合，各ソースに同名の関数が含まれていると，同名のHDLモジュールがそれぞれ生成されて，次に行う論理合成でエラーが発生するからです．

この例では，gps_uart.cとldcdrv_gps.cのどちらにも関数wait_tmr()があり，これが重複します．モジュール名(gps_uart_とlcddrv_gps_)をそれぞれ接頭辞にすることで，生成されるHDLではgps_uart_wait_tmrとlcddrv_gps_wait_tmrという別名のモジュールとなります(**リスト3**中のモジュール名称も参照)．

▶(3)論理合成の準備

それぞれの高位合成が完了したら，FPGA全体の論理合成の準備をします(**図8**)．

今度はVivado HLSではなくVivadoを立ち上げ，HDLファイルや制約ファイル，合成対象のFPGAデバイスなどを指定します．高位合成で生成されたHDLファイルは，Vivado HLSのプロジェクト・サブディレクトリsolution1/impl/verilog(またはvhdl)の下にあります．通常，Cの関数ごとに複数個のHDLファイルができています．その全てのHDLファイルを指定します．

▶(4)FPGAのフロー…論理合成・書き込み・動作

論理合成の準備ができたら，**図9**の手順に従って論

(a) Vivadoの初期画面

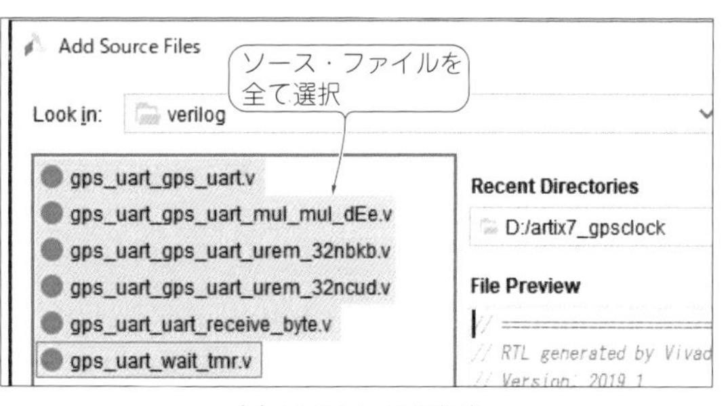

(c) HDLソースを指定

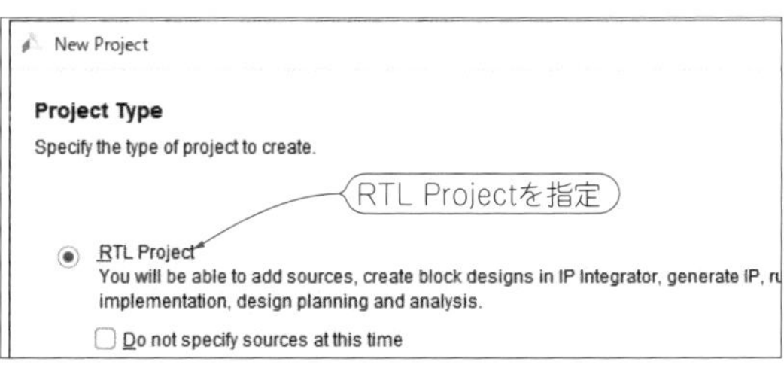

(b) RTL生成を選択

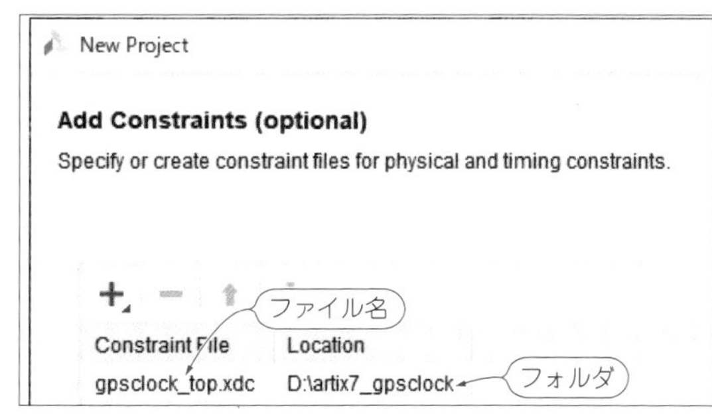

(d) 制約ファイルを指定

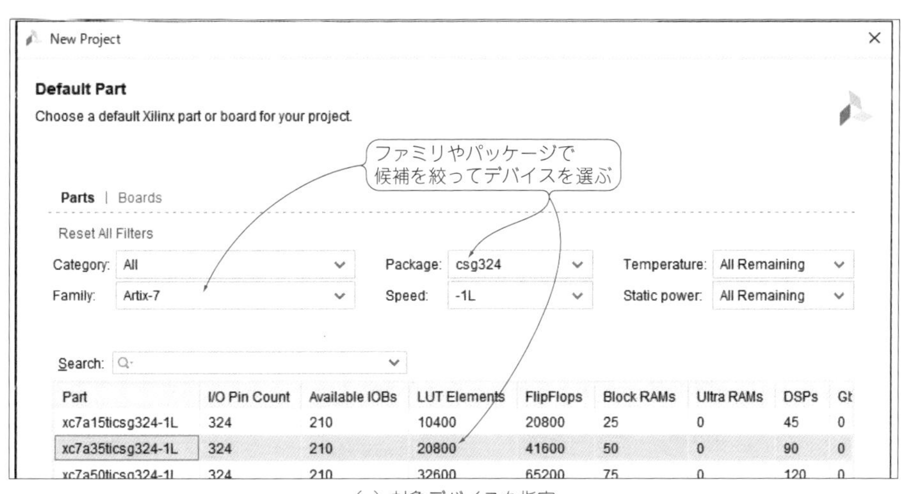

(e) 対象デバイスを指定

図8 HDL記述からFPGA内部回路を生成する論理合成の準備(抜粋)
高位合成で生成されたHDL，トップ階層のHDL，制約ファイルなどを指定する

理合成を行います．

完了したらHardware managerを立ち上げます．そこからFPGAへ書き込めます．ツールの操作は文献(3)も参照してください．書き込みの前にFPGAボードをUSBケーブルでパソコンへ接続しておきます．

書き込みが終わると，**写真1(b)**のようにFPGAに書き込まれた回路が動作します．

MOMO実機で使われている C言語で設計されたFPGA回路

GPS時計の例題で，HDLならば作成に手間取りそうな処理でも，C言語による設計なら簡単に回路化できることを示しました．MOMOでもこの利点を大いに生かしています．

● CANパケットのリアルタイム取得回路

MOMOで実際に利用している，C言語で設計されたFPGA回路の一部を紹介します．

図3の左のCANインターフェース回路を流用し，CANバス上に流れるパケットを受信する部分のデモを頒布アーカイブに同梱します．

▶CANバス・シールドとUSBシリアル変換ボードがあれば動作を試せる

CANコントローラMCP2515が載ったArduino用シ

(a) 設定画面を開く

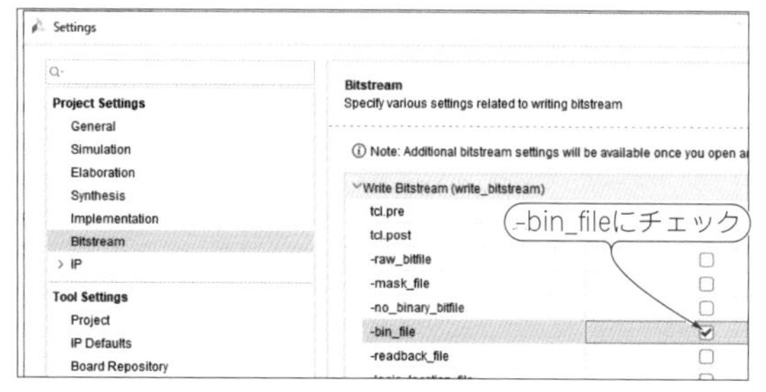

(b) 出力をバイナリ・ファイルに設定

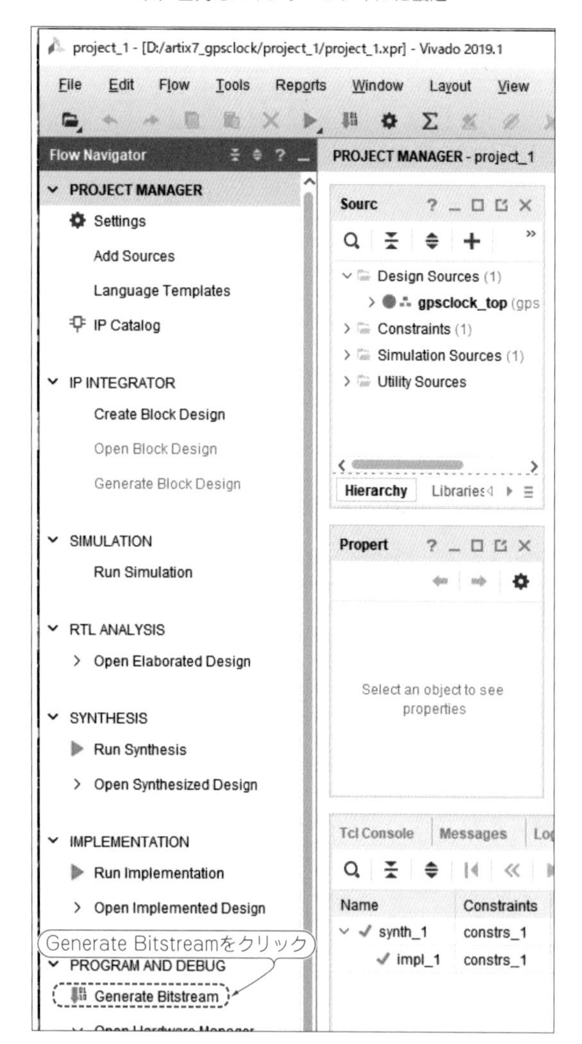

(c) 論理合成を開始

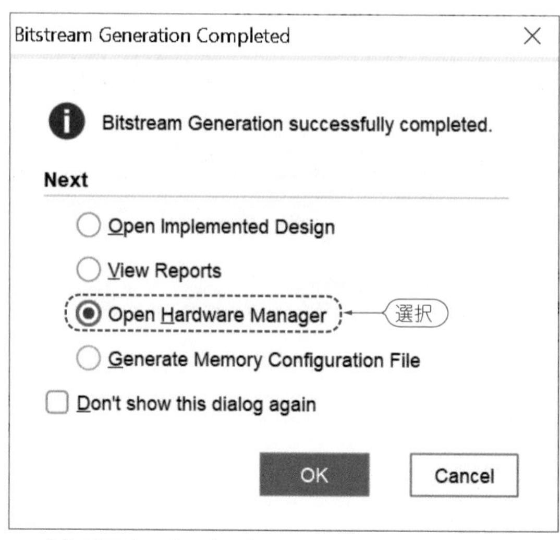

(d) 終了時のポップ・ダイアログで書き込み機能を起動

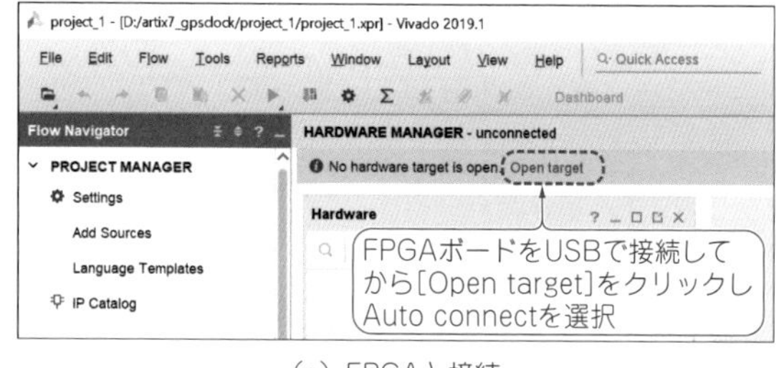

(e) FPGAと接続

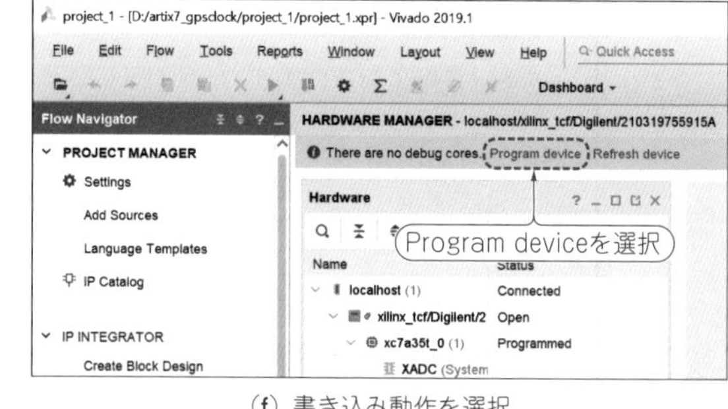

(f) 書き込み動作を選択

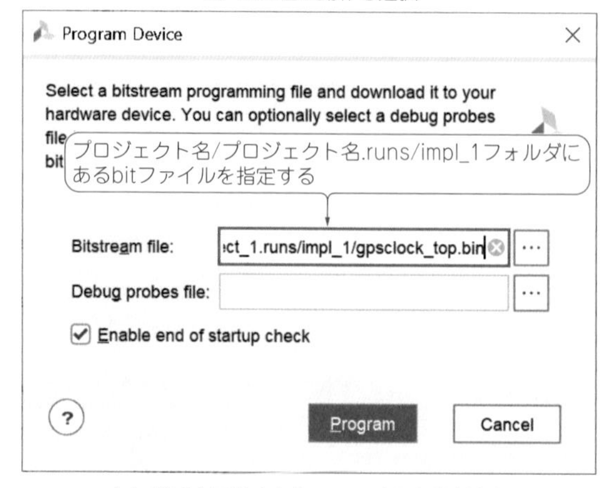

(g) FPGAにバイナリ・ファイルを書き込む

図9 論理合成を実行して生成されたファイルをFPGAへ書き込む手順(抜粋)

ールド[9]とUSB-シリアル変換ボードをFPGAボードに接続します(**写真2**).

このデモを動かすと，CANバスに流れるパケットの内容がLinuxなどのcandumpコマンドと同じフォーマットでUARTに出てきます(**図10**). ビットレートは3 Mbpsです. UART(USB-シリアル変換ボード)をパソコンにつないでおけば，Tera Termなどの受信ソフトウェアを使ってパケットの内容を見られます.

わざわざFPGAを使わなくても，ラズベリー・パイなどで同じ処理ができる，と思うかもしれません. しかしソフトウェア処理ではしばしばパケット取りこぼしが起き，受信時刻の計時もあまり正確ではありません. FPGAを使うと，動作の正確性や安定性が向上します. それはMOMO実機に搭載するうえで重要な要件です.

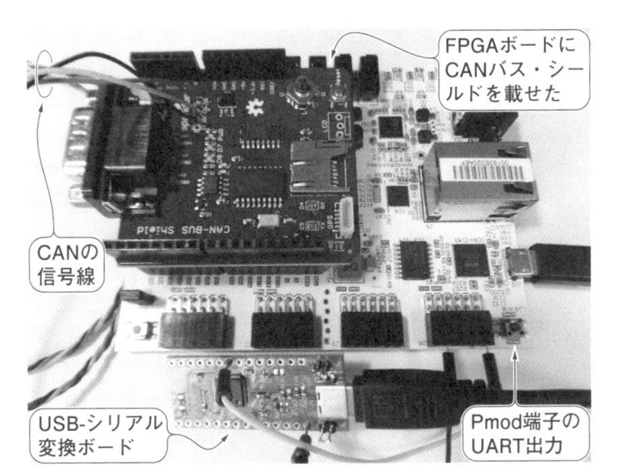

写真2　MOMO実機で使われているCANインターフェースのC言語記述を流用してFPGA内部回路を作ったCAN-UART変換器
candumpコマンドと同一フォーマットで受信データをUARTへ流す. MOMO実機やその試験環境で同一回路を利用している

図10　製作したCAN-UART変換器の動作
ラズベリー・パイなどで受信する場合と異なり，パケットの取りこぼしや一時停止などが起きず，パケット受信時刻の測定もきわめて正確

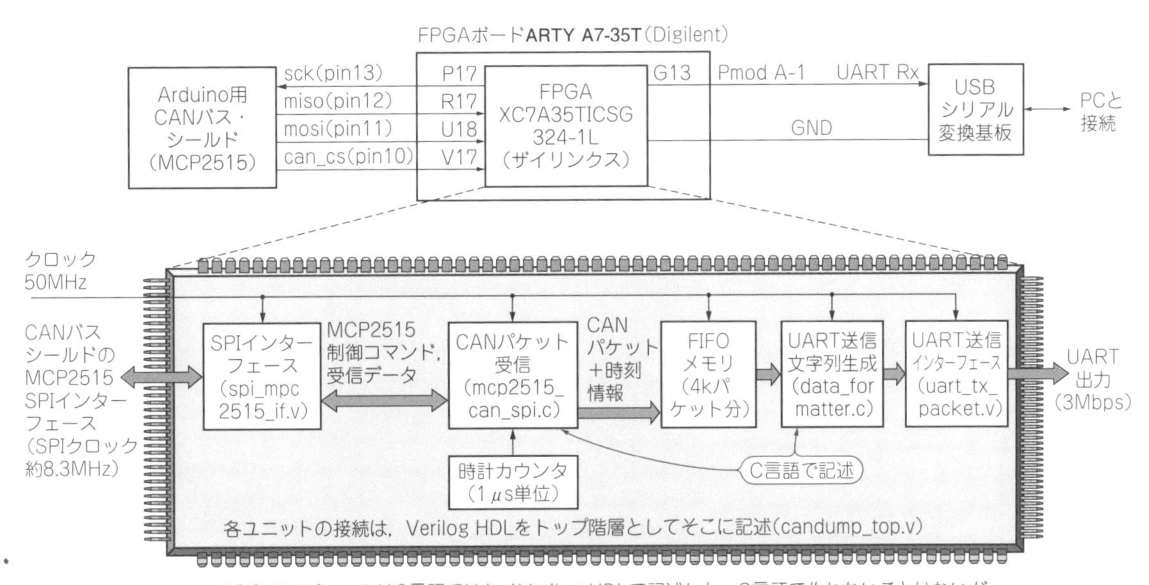

図11　MOMO実機で使われているCANインターフェースのC言語記述を流用して作ったCAN-UART変換器の基板間接続およびFPGA内部回路
CANコントローラIC(MCP2515)やUARTとの通信はスピードが速く，クロック数を細かく調整しないといけないため，HDLで設計している. コントローラICの操作やパケット・データ生成など，交信よりも上位レイヤの処理をC言語で設計している

● HDL記述とC言語記述の使い分けの実際

FPGA搭載回路の構成を図11に示します．CANバスのコントロールは，シールド上のMCP2515(マイクロチップ・テクノロジー)というチップが行います．このチップの初期設定や，チップからのデータ取り出しがFPGAの仕事です．

MCP2515とFPGAの間はSPIバスで結ばれています．SPIバスの信号制御部はC言語ではなくHDLで作成します．SPIクロックをMCP2515の限界(10 MHz)近くまで速くするためです．C言語でもSPIバス制御を組むことはできますが[(10)]，1クロックも無駄にしない水準で速度を追い込むのは不得手です[(11)]．

SPI経由でMCP2515からパケット・データを取り出す上位処理をC言語で設計します．コードの詳細はここでは割愛しますが，GPS時計のコードと同様の内容です．

受信したCANデータはバイナリ値なので，UARTに送信する前にテキスト・データに置き換えます．この処理もC言語で設計します．

生成したテキスト・データは，UART送信回路によって外部へ送られます．UART送信も(C言語で設計することは可能ですが)速度をぎりぎりまで速くするためHDLで設計します．

このようなC言語設計とHDL設計の併用は，MOMO搭載FPGAではごく普通に行っています．

まとめ

● 極端な高速性は必要ないが処理時間が限られる制御回路を作るにはC言語によるFPGA設計が最適

C言語によるFPGA設計は，本稿で紹介したようなコントロール系回路にはきわめて向いており，MOMOでもそのメリットを活用しています．限界に近い高速性が求められるデータ処理回路に対してはあまり相性がよくありませんが[(12)]，そのような処理はMOMO内部にはほとんどないので問題になりません．

● 設計ツールによるバグへの対策

高位合成ツールが間違った回路を出す(これを不正合成という)可能性は常にあり，ゼロにはなりません．これはMOMOのようなロケットの製作にあたって大きな懸念事項です．しかし，マイコンのソフトウェアのコンパイラも全く同じ問題を抱えています．

現実的な範囲での対処として，ツールによる最適化をなるべく使わないようにしたうえで，FPGA実機上で十分なランタイム(テスト時間)を稼ぐことで，対策としています．

◆参考文献◆

(1) 稲川 貴大, 金井 竜一朗, 森岡 澄夫ほか；特集「物理大実験! 宇宙ロケットの製作」，トランジスタ技術2019年1月号，CQ出版社.
(2) ARTY FPGA評価ボード，Digilent.
http://akizukidenshi.com/catalog/g/gM-14484/
(3) ARTY FPGA評価ボードのドキュメント
https://reference.digilentinc.com/reference/programmable-logic/arty-a7/start
(4) GPS受信機キット，秋月電子通商.
http://akizukidenshi.com/catalog/g/gK-09991/
(5) LCDシールド・キット，スイッチサイエンス.
https://www.switch-science.com/catalog/724/
(6) Joe Mehaffey and Jack Yeazel；GPSモジュールが出力する各種センテンス
https://www.gpsinformation.org/dale/nmea.htm#GGA
(7) キャラクタディスプレイモジュールSD1602VBWBとそのマニュアル，Sunlike Display Tech.
http://akizukidenshi.com/catalog/g/gP-02985/
(8) XilinxのFPGA開発ツールVivado WebPackの入手先．高位合成ツールも同梱されている
https://japan.xilinx.com/support/download.html
(9) CANバス・シールド，Spurkfun.
https://www.switch-science.com/catalog/2493/
(10) 森岡 澄夫；「ディジタル・センサ回路あれこれ」，インターフェース，2017年9月号，pp.90-106，CQ出版社.
(11) 森岡 澄夫；「ソフトウェアとして記述したCをハードウェアとして動かすには」，FPGAマガジン，No.18，2017年8月，CQ出版社.
(12) 森岡 澄夫；LSI/FPGAの回路アーキテクチャ設計法，CQ出版社，2012年，初版.
http://www.cqpub.co.jp/hanbai/books/mdd/mddz201206.htm

Appendix 5 面白くてやりがい満点！

ロケット開発エンジニアの仕事

森岡 澄夫 Sumio Morioka

写真1 日本で民間開発されたロケットとしては初めて宇宙に到達した「宇宙品質にシフト MOMO 3号機(以降，MOMO 3号機)」

写真2 ロケットMOMO 1号機の開発メンバ(筆者は右から5人目)
今では人数が数倍に増えているが，誰かが誰かより偉いなんていうのはない

これからのエンジニアは…

● 筆者の仕事

インターステラテクノロジズ(以下，ISTと略)という北海道のベンチャー企業で，民間商用ロケットの開発をしています．2019年5月には，日本の民間企業としては初めて，開発したロケットを宇宙空間に到達させることに成功しました(**写真1**)．

読者の皆さんにこの場で仕事を紹介できることをとても光栄に思います．エンジニアは決して楽ではありませんが達成感の大きい面白い仕事です．

ISTの中で筆者が受け持っている役割は3つあります．1つ目はエンジニアとしてアビオニクス(機体の制御コンピュータ)の全体設計を行い，ハードウェアやソフトウェアの製作をすることです．毎日とまではいきませんが，コーディング，デバッグ，はんだづけなど，日常的に手を動かしています．打ち上げが近づいてくれば，ロケット機体への組み込みや運用リハーサルにも参加します．

2つ目はゼネラル・マネージャとして，開発戦略や会社文化の構築を推進すること，3つ目は社外に出て情報収集や発表などを行い，いろいろな人・会社との連携を促進することです．

● エンジニア視点とマネージャ視点の両立

一般に企業では，上記の役割は別々の役職・人に割り当てられ，若手のうちはエンジニアとして働き，年齢が上がるとマネージャになっていくケースが多いです．しかしISTでは，肩書や年齢にとらわれず「やれる人，やる意欲のある人がやる」が基本です．筆者もあるときはリーダ，あるときはプレーヤと，仕事内容

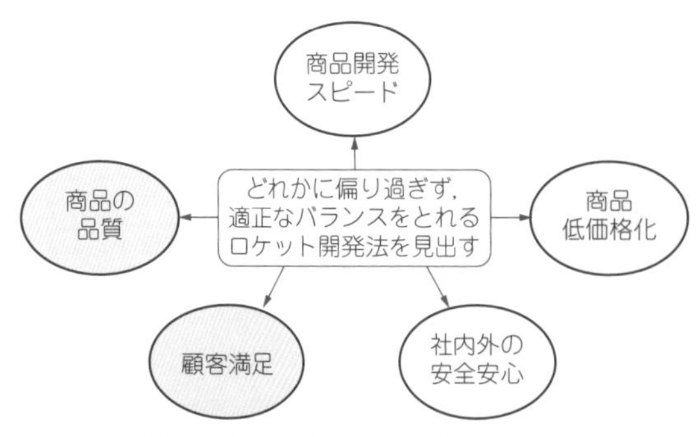

図1　開発で達成しなければならない事項
一般的な製品開発と全く同じだが，ロケットで成功させた事例は数少ない

写真3　ロケットの電装系がさらされる飛行環境は必ずしも特殊ではない

によって動き方を変えています．マネージャがエンジニアより偉いということはありませんし，「誰かが誰かよりも偉い」という意識も希薄です(**写真2**)．

複数の役割を並列にこなすのは頭の切り替えや時間配分の点で大変ではあるのですが，それだけではなく良い相乗効果があります．分かりやすい例として，上位マネジメントだけをやっていると現場の実態や最新技術動向から乖離(かいり)した判断・指示をしてしまいがちです．一方でエンジニアとして物作りだけをしていると，会社運営や事業推進を忘れた技術追及に走ってしまいがちです．そうした両極に陥ることなく会社・開発チームに真に役立つ仕事をする上で，異なった視点を併せ持つことは役に立っています(ベンチャー企業では，1人1人が自分の範囲だけでなく会社全体を見ているかどうかは死活問題)．社会的な流れとしても，年齢によって一律に役割を決めていく単純なやり方は，今後，主流から外れていくのではないでしょうか．

筆者は，現役マネージャとしても現役エンジニアとしても成長し続けられる今の業務スタイルには，両方の仕事の幅が広がる効果があると実感しています．

開発現場で求められること

● 民間ロケット開発では発想の転換が必要

ロケットには多くの技術分野が絡み，事業段階としても研究，設計，試作から製造，運用まで幅広くカバーしなければならないのですが，ここでは本書に合わせて電子情報系に焦点を合わせます．

ロケット開発という言葉からすぐ頭に浮かぶイメージは「絶対失敗しないように極限まで品質を高め，厳しい宇宙環境に耐えるため高価な特殊部品を使って冗長系を組み，試験を積み重ねる」というものではないでしょうか．

しかし，それは半分当たり，半分外れです．ISTのような民間営利企業における開発では，打ち上げが成功すればそれで十分というわけではなく，短期間で開発を進めていくことや商品(ロケット)の価格を抑えることなどが必要です．決して失敗してよいわけではありませんが(特に，周辺地域を危険にさらすような失敗は絶対にしてはいけない)，失敗回避だけに目を奪われてビジネスにならないくらいコストが高騰したり，開発に10年も20年もかかったりすることは許容できません．社員を最初から10000人採用するようなこともできません．

図1は製品開発としてごく当たり前の図式ですが，それをロケット開発で成功させた組織は世界でもごく少なく，レベルの高い課題です．ある程度の失敗は許容して問題箇所を洗い出し，早く開発を進めていくのが合理的だ，といった発想の転換が必要になります．

● よくよく考えると意外と特殊じゃない

また，ロケットの打ち上げの環境は一般に想像されるほど特殊ではなく，飛行時間も数分からせいぜい1時間強でしかありません(**写真3**)．野外IoT機器や車

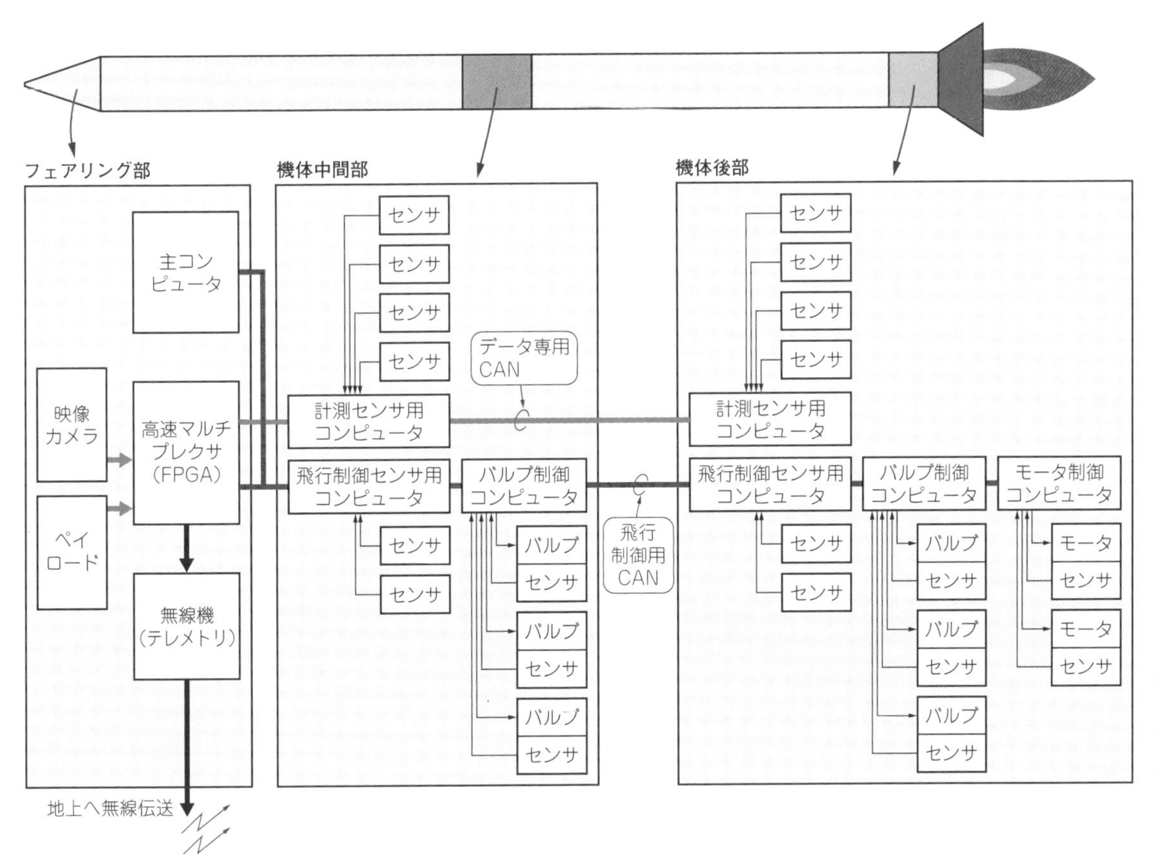

図2　ふつうの部品を使うことがロケット開発ではふつうじゃない
MOMOの電装系アーキテクチャの例．車と同じようにCANバスにマイコンやFPGAが接続された構造をしている．ごく普通に見えてしまうが，宇宙業界の中では新規性の高いアーキテクチャである

載機器などの方が厳しい面もあります．そのため，ロケットとは異なる業界・分野で確立し実用化されている部品・技術手法を導入しよう(スピン・インという)という戦略も出てきます．

これらの戦略のもとでは，利用する部品やシステム構成についても，なるべく一般的な商用製品で確立しているやり方を使っていこうという判断になります．

図2のシステム構成は車載電装系と似ていますし，**写真4**に示す通り，皆さんが日ごろよく使っているマイコンやFPGAを多用しています．特殊な部品やあまりに旧式な部品を(枯れているという理由で)採用すると，単に価格が高いだけではなく，部品が入手できなくなったときに打ち上げ事業を継続できなくなってしまうからです．本当に特殊性があるのは一部の航法用センサくらいです．

● ふつうの部品を使うという挑戦

意外に思われるかもしれませんが，読者にとっては当たり前の構成を取ることが，宇宙業界では非常識なことがあります．開発に取り組むにあたって，当然の

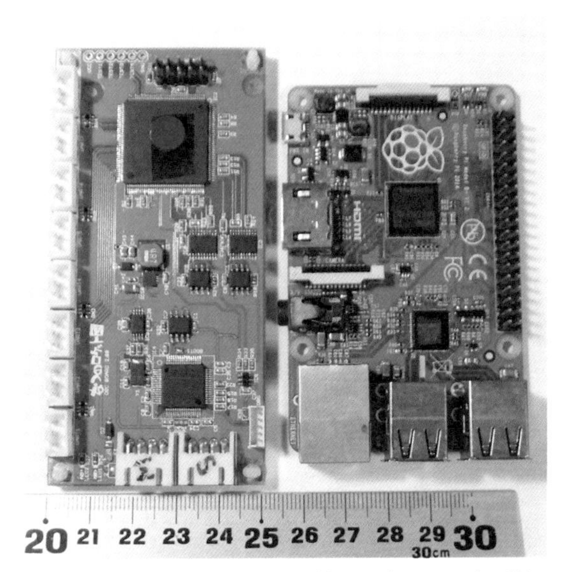

写真4　MOMOの主コンピュータ(左)**とラズベリー・パイ**(右)
旧版ではマイコンSTM32F405(STマイクロエレクトロニクス)やFPGAのMAX 10(インテル)が載っているが，新版では集積度を上げ基板種類を減らすためにZynq(ザイリンクス)へ置き換えている

ことながら宇宙業界での「常識・標準」を調べるのですが，それと違ったことをするのは非常に勇気が要ります．先人が数多くの試行錯誤を積み重ねたうえで常識・標準ができているわけですから，ひっくり返すのはおかしいと思うのが自然です．

しかし常識・標準ができてきた背景状況をよく考えたうえで，従来と違うことも思い切ってしていかなければ**図1**の課題はクリアできません．エンジニアには，ただ既存の方法や標準通りに物作りをするだけでなく，どのようなやり方(戦略)をするか，既存の方法や標準をどう変えるか(テーラリングともいう)という点で創意工夫をすることが求められています．

● 楽をするとミスが起きる

このように開発の方向性や方法論といった大きい部分では破壊的とも言える転換が要ります．しかしフライトに使うソフトウェアやハードウェア(**写真5**)の実物の製作では，奇をてらうことなく，細心の注意を払ってミスをしないようにする必要があります．

ほんのちょっとしたバグや組み立てミスで，あっという間にフライトが失敗してしまいます．不思議なことに，試験やリハーサルをすり抜けて本番にミスが露呈します．

「過去の実績もあるこのコード/部品をそのまま使おう」，「ここは技術的に難しいことをしていないから改めて試験しなくても大丈夫だろう」などと考えて工数を省いたところが，本番で必ずトラブルを起こすというジンクスもあります．非科学的ではありますが多くのエンジニアが異口同音に唱えることです．

ロケットのように異分野(例えば電気系と機械系)の技術者が集まると，お互いの常識や言語の違いでミス・コミュニケーションを起こすこともしばしばです．エンジニアだから対人スキルは重要ではないといったことはなく，むしろ逆です．

写真5 MOMO 1機に搭載される全アビオニクスの物量
なるべくシンプルになるよう設計しているがそれでも数十枚の基板があり，数人で作るのは大変．もちろんバグや故障があってはいけない

日々感じること

● どれだけ経験しても怖いと思ってものを作る

最も大切なのは，ソフトウェアやハードウェアを製作して動かす行為を，心底怖いと思うことです．筆者は小学生のころから電子情報分野になじんできたのでキャリアだけは数十年あるのですが，ミスを一切しなくなったということはありません．ソフトウェアを書けばバグがあるし，ハードウェアを組み立てれば配線ミスをします．いくらよく考えてコーディングをしたつもりでも，走らせると予想していなかったバグが発覚します．新人のころは怖いもの知らずでしたが，経験を積めば積むほど，自分はいろいろ間違えるし，物事を考え切れていない，との認識が深まってきました．

ロケットであれば，自分のミスによってあらぬ方向へ飛んでいって事故になる可能性が現実問題として存在します．また，ISTでロケットに関わる以前の職場では，LSI設計者として億近い個数が出荷される製品に関わりました．もし自分がLSIに重大なバグを入れこんでリコールにでもなれば(FPGAと違ってLSIは製造してしまったら修正できない)，巨大な損害になっていたでしょう．どちらも，自分のキャリアが失われる程度では済まない本当に恐ろしい事態ですし，起きてしまうと取り返しがつきません．

世の中に自分の製作物を出すのは，自分の腕試しをしたり自分が楽しんだりする機会とは違う，ということを自分自身が忘れないよういつも気にしています．

● 仕事の中で見いだす楽しみ

以上のような話を書くと仕事がまるで苦行のようですが，実際には多くの喜びや楽しさを感じながらやっています．

すべての原点となっているのは，ものがうまく動いたときの喜びです(**写真6**)．打ち上げが成功したときは言うまでもありませんが，製作したボードが動いた，書いたソフトウェアが動いた，というようなときも，いまだに喜びを感じます．簡単に解決しそうにないやっかいなバグが発生したときも，なぜか喜んでいる自分がいます(筆者の周りにもそのような人たちが多くいる)．登山家が厳しいチャレンジを好むのに似ているのかもしれません．

それとは違う楽しみとして，自分が知らなかった分野，世界の話を聞くことや，それを自分でも体験してみることが挙げられます．こうした機会はロケット開発に関わりだしてから顕著に増えました．冒頭でも触れた通りロケットは機械，材料，電気，その他多くの技術の塊です．それぞれのエンジニアの話を聞けば「なるほど，素人目には簡単に思えても，こんな難しい話

写真6　エンジニアとして最も達成感あった瞬間の1つ「MOMO 3号機の宇宙到達」
自分が関わった製品が街で店舗に並んでいるのを見たときも同じような達成感があった．自分の作った物が人や社会にとって価値があった，自分の努力が無駄ではなかったということは嬉しいもの．ISTによる打ち上げ公開画像は，https://www.youtube.com/watch?v=iAAV4miS0dE

だったのか，こんなに工夫をしていたのか」と感じることがたくさんあります．とても良い職場にいるなと思うことしきりです．

心がけていること

● 長期的には自分のやりたいことを最優先する

人生論のようなものを述べるのは気が引けますが，筆者は子供のころから一貫してコンピュータやロケットを好んでおり，それができることを最優先に仕事や就職先を決めてきました．簡単に会社を変えられないとか，経済事情や家庭状況などのしがらみはありますが，やりたいことを諦めなかったのは結果的に良かったと思います．

● 短中期ならばやりたくないことも経験する価値がある

世の中の変化が速く企業の栄枯盛衰も激しいため，同じ会社の中で自分の好きなことだけをやり続けていくのは至難の業です．筆者も現職に就く前，所属会社が半導体事業から撤退し専門の転換を迫られるなど，進退を考える局面を何度も経験しました．また，管理職としてマネジメント業務や新事業開拓なども命じられてきましたが，自ら進んでやりたかったわけではなく，最初は嫌だと感じていたくらいです．

しかし今では，それらはすべて視野の広がる価値ある経験だったと考えています．ロケット開発に対してより貢献したり，いろいろな人の話を理解したりするうえで本当に役立っています．自分のやりたいことを諦めさえしなければ，多少の回り道はあってもよいのではないでしょうか．

● 自分だけの楽しみから人や社会へ貢献することへ

エンジニアになった原点が自分の楽しみであったとしても，だんだんそれでは物足りなくなってきます．やはり，自分の考えたアイデア(発明)や自分の作った製品が世の中で使われているのを見聞きしたときの喜びは，ずっと大きなものです．ましてや，自分が深く関わった技術や開発で世の中が良い方向へ変わっていくならば，それ以上にうれしいことはありません．ロケット開発にはそのような気持ちで関わっていますが，まだ道半ばといったところです．

もりおか・すみお
Facebook：Sumio Morioka

第5部

小型宇宙ロケットの管制系

第5部 小型宇宙ロケットの管制系

第18章 安全な打ち上げを実現するために

ロケットと地上局との無線交信システム

森岡 澄夫，森 琢磨，植松 千春(コラム3) Sumio Morioka, Takuma Mori, Chiharu Uematsu

本章では，安全にロケットを宇宙へ届けるためにMOMOに採用した，無線交信システムのしくみを紹介します(**写真1**，**図1**)．

安全確保の要(かなめ)…ロケットの無線交信システム

●「宇宙に行くこと」よりも大事な「安全確保」

無線システムがなくては，ロケットを飛ばすことができません．

私たちが開発した宇宙ロケットMOMOが無線システムを採用する第1の目的は「安全確保」です(**図2**)．

ロケットを飛ばすにあたっては，ミッション成功(宇宙に行くこと)よりも，制限区域外に危害を及ぼす事故を絶対に起こさないことや，危険の可能性を周囲が感じなくて済むようにすることのほうが優先されます．よってMOMO 1号機やMOMO 2号機のように制限区域内に落下するのは許容されます．

ペイロードや画像，その他観測データを地上管制局

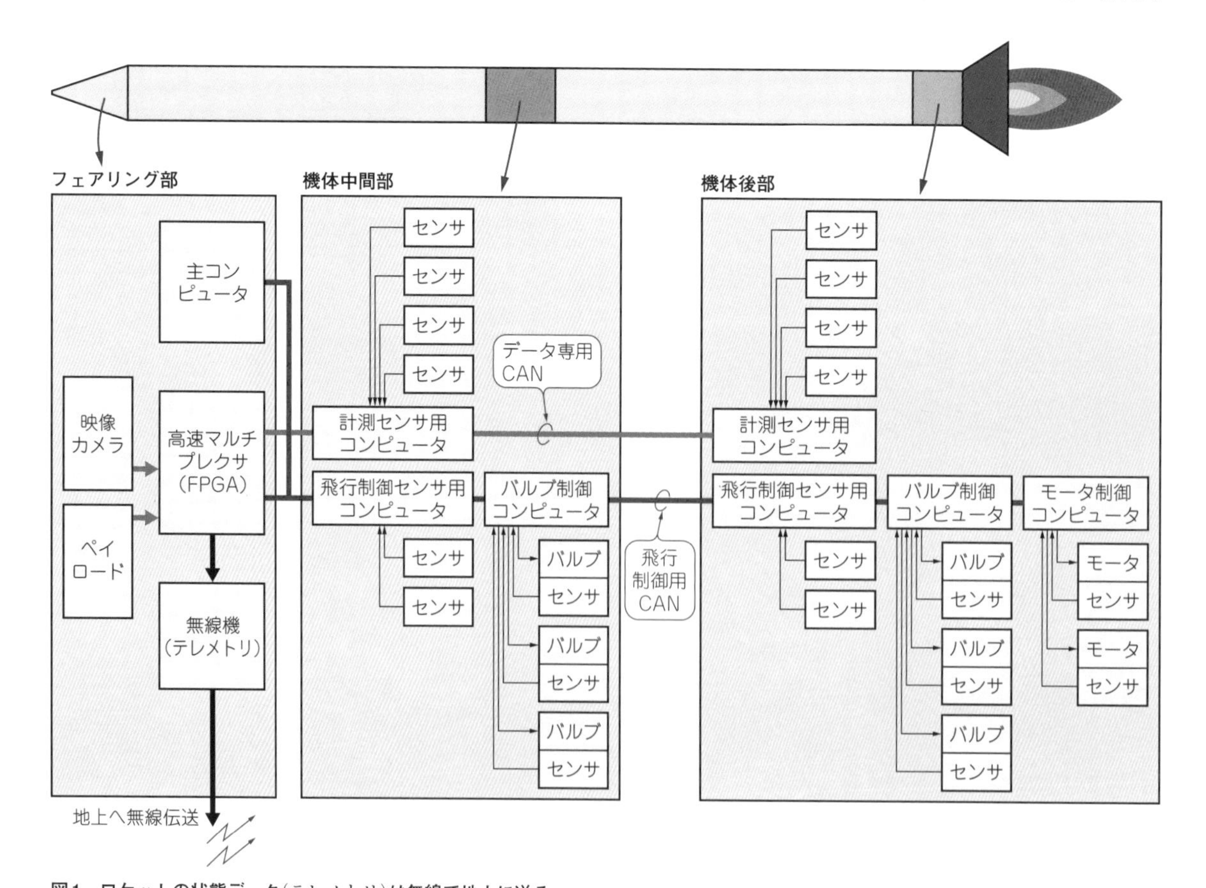

図1　ロケットの状態データ(テレメトリ)は無線で地上に送る
MOMOの電子機器搭載部のイメージ．飛行制御用と測定データ用の2系統のCANバスが機体内を走っている．ローカル・マイコンは複数のI/Oデバイスを受けもち，バス・ブリッジの役割を果たす

(a) MOMO 2号機打ち上げ

(b) MOMO 2号機打ち上げ失敗(2018年6月30日早朝，衝撃映像として話題になった)

写真1 ロケットはもし打ち上げに失敗したとしても安全を確保しないといけない

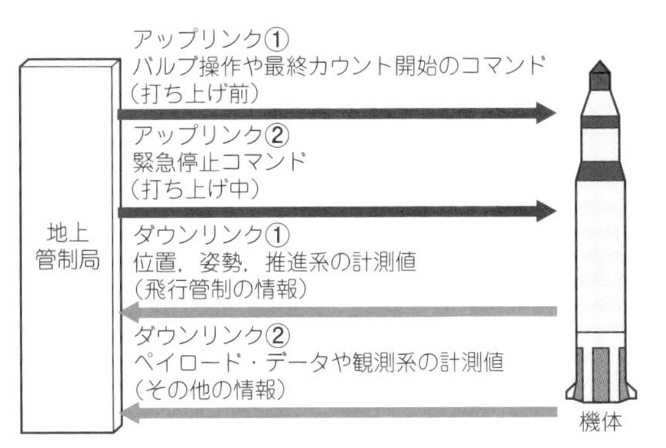

図2 地上局との無線交信は飛行を安全に実施するうえで欠かせない
地上からコマンドを送り，機体からは計測情報を送る．ただし地上から無線で操縦をしているわけではない

へ送ったりすることも無線システムの仕事ですが，それは安全よりは1段下の要求です．

● ロケット無線交信システムならではのこと

ロケットの無線システムは，本体側の装置だけを指すものではなく，地上管制局側の装置を含めて1つのシステムとして考える必要があります．

地上(ほぼ海岸沿い)から見ると，ロケットは急激に高度を上げながら海へ出ていくので，**図3**や**図4**に示すように，地上管制局からロケットの見える方角が急速に変わります．

方角の変化だけではなく，地上管制局からロケットのアンテナを見上げる角度(トータル・ルック・アン

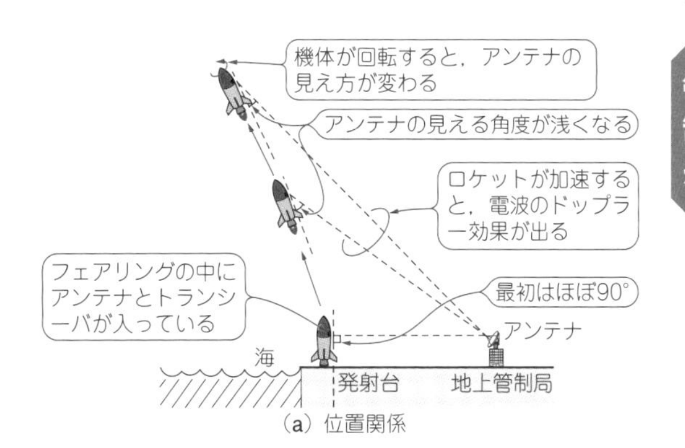

(a) 位置関係

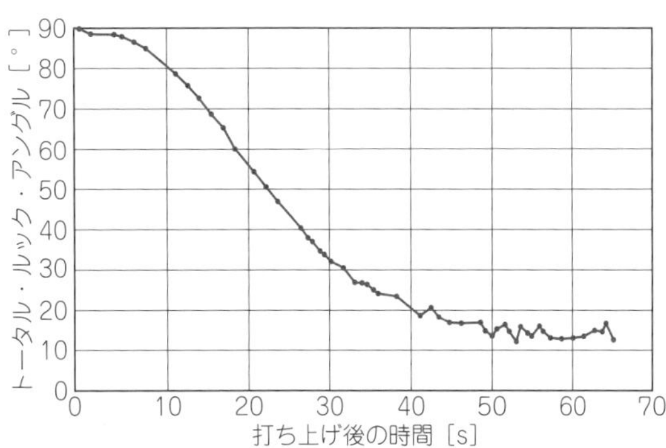

(b) 地上管制局から見えるMOMOの高さ方向の角度変化

図3 ロケットと地上管制局との距離や見上げ角度の変化は急速である
無線系に対する要求事項の一種．ロケットの飛行につれて地上との相対角度が急速に変わるので，それに対応できなければならない．ドップラー・シフトやノイズなど精密な状況を事前調査しにくい事項もある

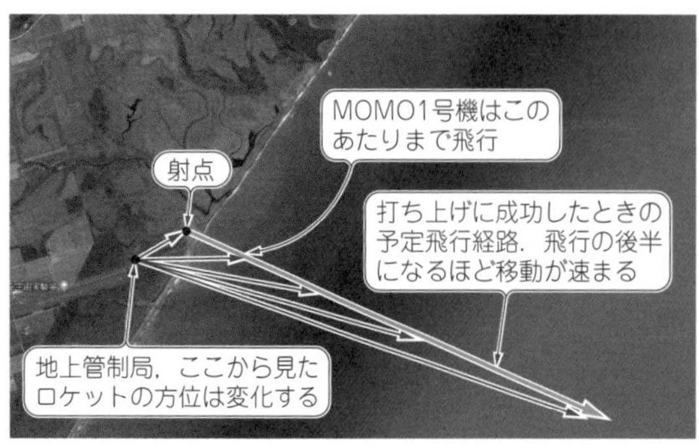

(a) MOMOと地上管制局を結ぶ無線通信路のベクトルは時々刻々と変化する

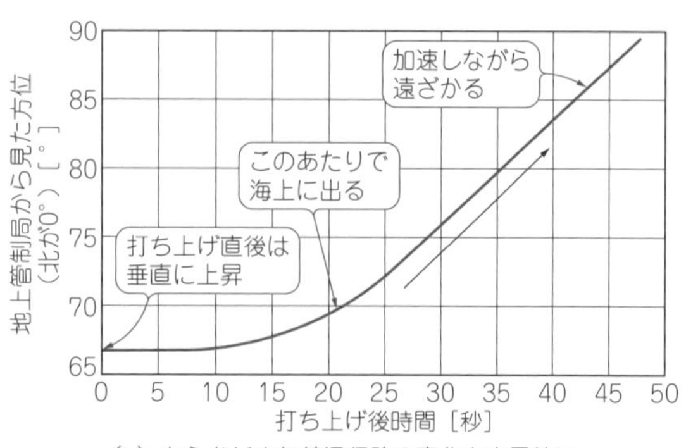

(b) あらかじめ無線通信路の変化を定量的に予測しておくことが大切

図4 地上の無線システム設計はロケットの飛翔経路と密接に関連している
地上からどちらの方向・距離に見えるかをロケット基本設計の際に算出し，それに合わせて受信設備を作る必要がある

グル)や，アンテナが見える角度(ロール・ルック・アングル)も変わります．

ロケットと地上管制局との通信距離は100 kmを超えるので，ドップラー・シフトの影響も受けながら，受信強度は減衰していきます．ロケットと地上管制局をつなぐ無線システムは，こうした状況下でも交信状態を保てるように設計する必要があります．

● 地上管制局の設置場所

地上管制局をどこに設置できるかという条件も，視界や電波環境が変わるため無線システム設計に影響します．

土地・経費・免許などの都合で，地上管制局は必ずしも無線技術上最適な場所には置けません．それはMOMOでは深刻な問題とはなっていませんが，人工衛星の打ち上げでは重要な要検討課題となります(**図5**)．

● 求められる通信帯域＆応答時間

安全確保を目的とした場合，通信帯域は数kbps以下でも大きな問題は起こりません．しかし，コマンド伝達時間を検討することはとても重要です．

たとえば，地上管制局で緊急停止ボタンを押した後にパケット再送などを繰り返し，1分後にロケットが反応を始めては手遅れになります．高速で飛ぶロケットが制限区域外へ行かないようにするためには，どれだけ通信状況が悪くても2秒以内にロケットが反応を完了しなければなりません．これは，機械応答なども含めた時間ですが，無線のプロトコル設計や送受信機回路設計にも効いてきます．

● 交信が途切れたときの動作

無線システムというと「いかに安定して交信するか」や「いかに広帯域を実現するか」といった工夫点に関心が集まります．しかし現実的な問題としては，交信が断続的/継続的に切れてしまう状況は発生します．プロトコルの設計ミスからハードウェアの故障，ノイズに至るまで多数のトラブル原因があり，交信が切れる可能性をゼロにすることはできません．

それゆえ「交信が途切れた場合でも，安全が脅かされないこと」が無線システム設計の範ちゅうに含まれます．

通信トラブルによるミッションの失敗は仕方ありませんが，危険の発生は許容できません．MOMOでは，交信が途切れた場合には，速やかに飛行を停止させるという設計思想をとっています．

ダウンリンク：ロケット側の送信処理

● 処理①…送信データをひとまとめにする

ロケットの機体から地上管制局に向けてデータを送

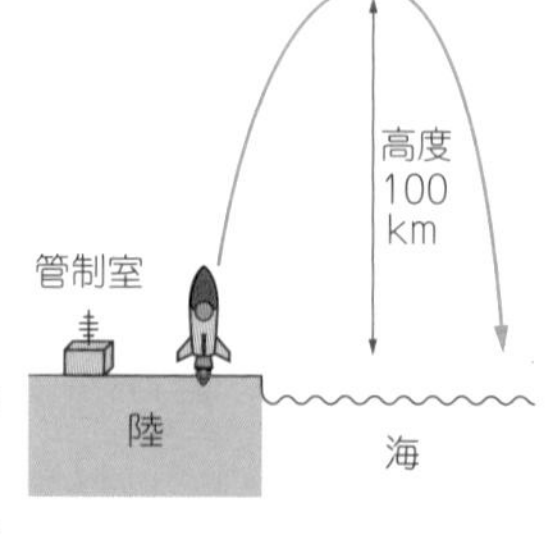

(a) MOMOの場合

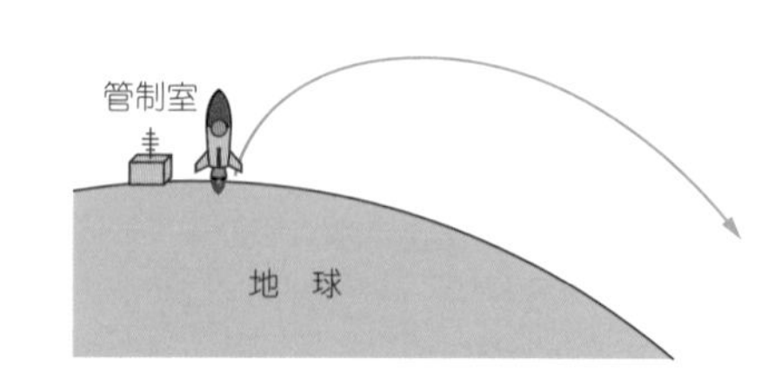

(b) 人工衛星打ち上げの場合

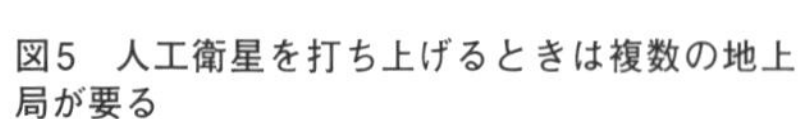
図5 人工衛星を打ち上げるときは複数の地上局が要る
MOMOでは弾道飛行で近距離なので地上局は1つ．人工衛星打ち上げの場合は水平線の向こうへ消えていくので，通常は複数の地上局が要る

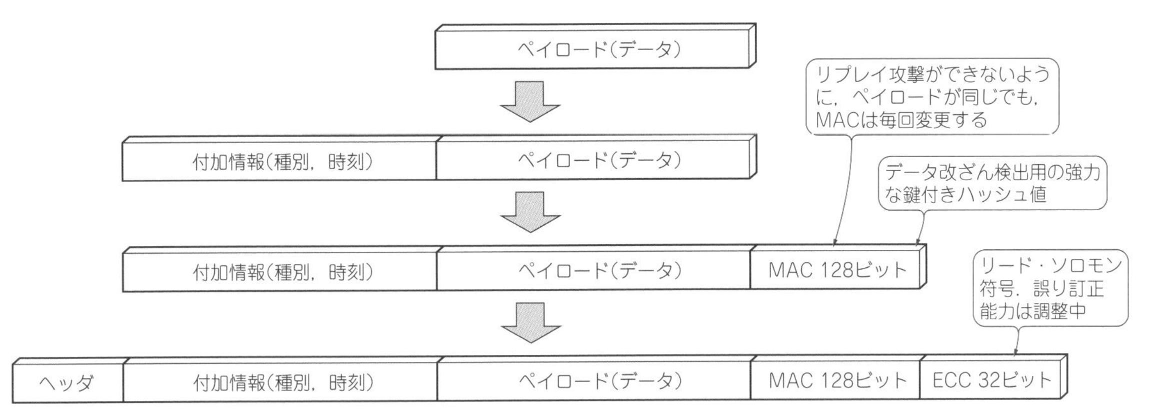

図6 データ本体以外にもヘッダや付加情報が必要
パケット生成の典型的なやり方(データにもより，すべてがこの処理ではない)．情報を判別するためのヘッダ付加や，MACやECCの適用などが行われる

信する「ダウンリンク」の際に行われる，機上でのデータ加工と地上管制局でのデータ復元の処理について順を追って解説します(アップリンクはデータの向きが逆になるだけでもう少し簡素)[注1]．

通信部分の場合，機上では通信レイヤを下っていきますが，地上ではレイヤを昇っていく順番で処理されます．

ロケットの機体内部のあちこちに設置されているセンサが，計測データを生成します．その中には，GPSによる位置データのような重要なものから，外壁温度のような参考程度のものまでが混在します．これから行いたいのは，地上管制局側でデータがきちんと判別できるように整理してから無線伝送することです．

MOMOでは，一般的な通信と同じようにパケットを作っています．1パケット内に1つのセンサ・データだけを入れることも，複数のセンサ・データをまとめることもできますが，まずは「いつ生成された何のデータなのか」の情報を付加します(**図6**)．

● 処理②…誤り・改ざんを確実に検出

次にMAC(Message Authentication Code；メッセージ認証コード)を付加します．MACは，受信側でデータが壊れていないかどうかをチェックできるようにするための数値です(**図7**)．

パリティ(CRCなど)やハッシュ(SHA-256など)と同じように，データから算出したうえで合わせて送信します．ただし，MACの計算には「鍵」が必要です．それを知らないアタッカ(悪意を持った第3者)が偽のデータを作ろうとしても，正しいMACを算出できません．つまり，攻撃対策としても機能する点がパリティやハッシュと異なります．

一般的にMACは，データ改ざんの検出を主目的として使われますが，ここでは，むしろ(攻撃を受けていなくても)データ・エラーを確実に検出する目的のほうが重要です．なぜなら，データ・エラーの発生を検出できずにロケット側が打ち上げ実行などの重大コマンドが来たと勘違いしたり，地上管制局側でロケットの位置を見誤ったりすれば，大変なことになるからです．

MACはエラーを見逃す確率を天文学的に低く抑えられ(正確にはデータ長によるが，$1/2^{128}$，極めて信頼性が高い方式です．

● 処理③…パケットに優先度を付けて流れを調整する

ロケットの機体各部で生成されたデータをマルチプレクサ(**図8**)に全部集めたうえで，優先度の高い姿勢や位置などのデータから順にパケット化して無線機に送り出します．

MOMOの場合，このマルチプレクサは，FPGA上の専用回路として組まれています．回路ブロックを**図9**に示します．設計にとくに変わった点はありませんが，それぞれの回路ブロック(IPコア)は，C言語からの高位合成で作成されています．これは，デバッグや回路の改良を短期間で行えるようにするためです．

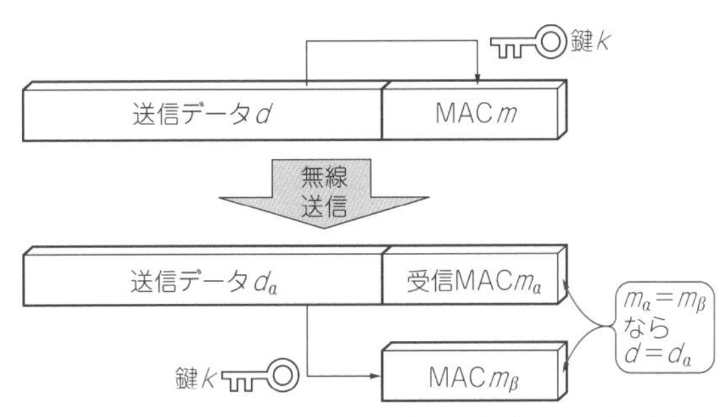

図7 MAC(メッセージ認証コード)は受信データの誤り有無を調べられる値
目的はパリティと同じだが，鍵値を知らないと計算できないので，データを偽造するアタックの検出機構にもなる

注1：MOMOで利用している周波数帯は非公開である．本文での説明も骨子部分であり，MOMOの実装そのままではない．

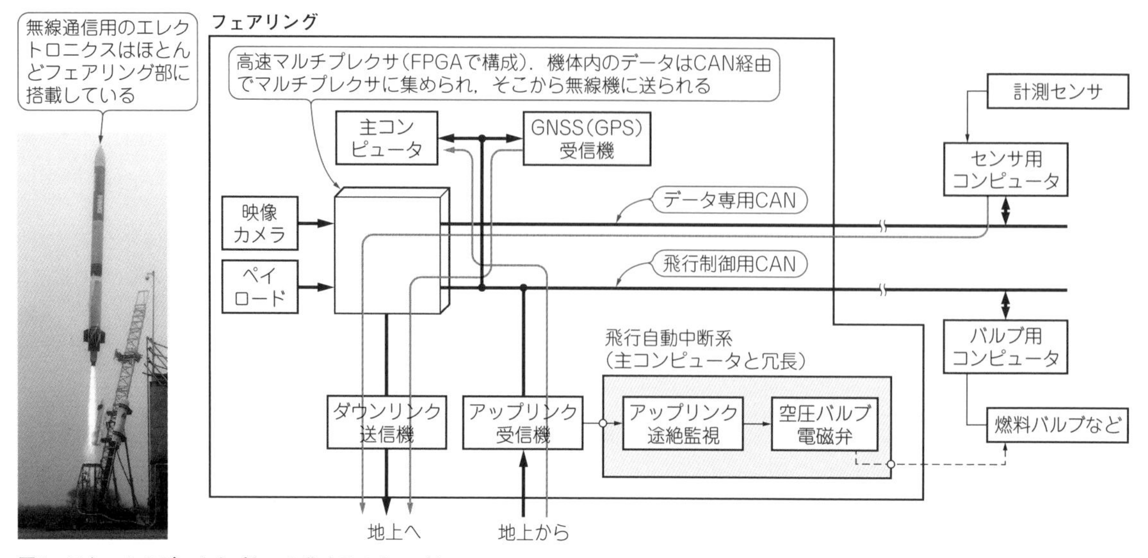

図8　ロケットのデータをパケット化するメカニズム
MOMO内のあちこちでデータが生成されるが, それらはCANで集められた後, FPGAで優先度をつけてパケット化され, 送信機へ送られる. 飛行制御にかかわるデータは, 映像など他のデータよりも高優先度で送信機へ送られる

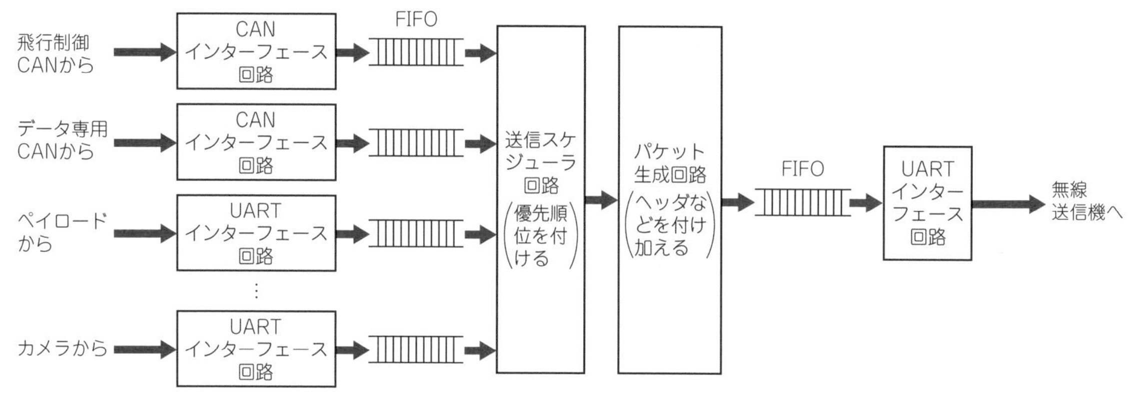

図9　通信パケットを生成するためのマルチプレクサの構成
機内のいろいろな経路から来たデータは, このブロック図の回路を搭載したFPGAでパケット化され, 送信機へビット・ストリームとして送られる. 重要性の高いデータから高優先度で送られ, 低優先度のデータの送信は後回しにされる. MOMOでは主コンピュータと同じ基板上にFPGAが載っている

● 処理④…受信機の都合を考えずに一方的にデータを送る

MOMOの場合, 相手と対話的に交信を進める手続きである「通信プロトコル」は,実質的にないに等しいです.

アップリンクとダウンリンクのいずれについても, 送り手が受け手の状態を感知せず, 一方的にパケットを送り続けるからです［**図10(b)**］.

一般的な通信では, 確実に相手にパケットを届けることが要件の1つに含まれるので, 双方向のやり取りをして相互に状態を確認し合います［**図10(a)**］.

ロケットでは, 突如通信に障害が発生することは十分予想されるので, 双方向のプロトコルでは相手からの応答がなくなったときにデッドロックに陥る可能性があります.

デッドロックで通信がハングアップしてしまうと, 重大なトラブルになります. 相手にデータが届いたのかを確認しようとしている間にも状況はどんどん変化していくので, 相手を待つ必要はありません. そこで, 強力な誤り検出機能付きのデータをひたすら送信し続けているだけの方式としています. 〈森岡 澄夫〉

● 処理⑤…シンプルな変調をかける

「処理④」までの工程で, 送信ビット・ストリームができたので, 変調をかけて電波の形で送出します(**図11**). 具体的なやり方はいろいろありますが, 100 km以上彼方へ飛んで行く宇宙ロケットに, 地上で使っているような特定小電力無線モジュールなどは利用できません.

MOMOの場合, 打ち上げ実験はアマチュア業務から外れるので, アマチュア無線も利用できません. 利用する送信機ごとに無線免許を取得しています.

送信モジュールやアンプは, カスタム・メイドですが, 変調は単純な$\pi/4$シフトQPSKなどで済ませて

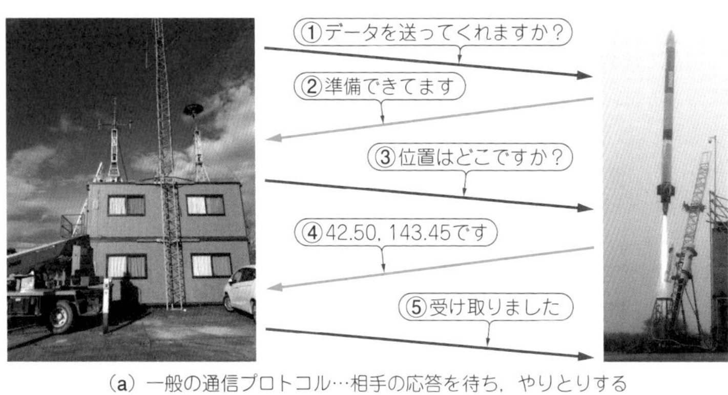

(a) 一般の通信プロトコル…相手の応答を待ち，やりとりする

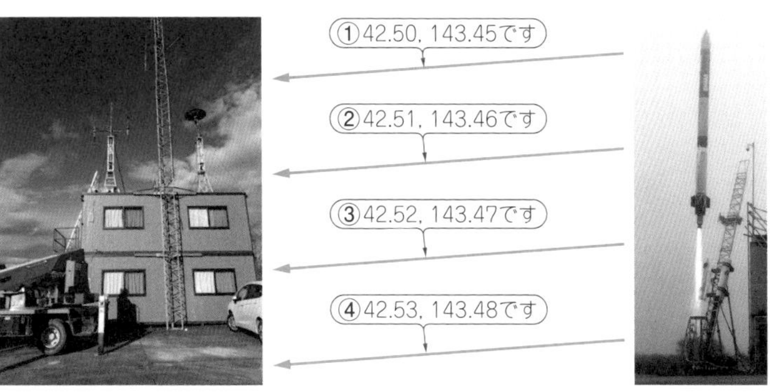

(b) MOMOの通信プロトコル…一方的に相手に話しかけ続ける

図10 アップリンクもダウンリンクも送信側が一方的にデータを送り続けるだけ
一般の通信と異なり，受信側を待つようなことはしない．デッドロックを起こしたくなく，送信データの内容もどんどん変わるからである

います[1]．

帯域効率だけを見れば，テレビ放送やLANなどで多用されているOFDM変調などの優れた方式が存在します．しかし，冒頭で述べたようにドップラー・シフトの影響があるうえ，飛行中にどのような他の現象があるかも完全には確認できていません．そこで現時点ではトラブルの発生を抑え，問題発生時の対処を容易にするために，QPSKのような汎用的でシンプル方式を使っています．

今後，フライトで起こる問題点が細かく洗い出されれば，そこで変調方式を改良する予定です．安全用途で無線を使うという観点から，方式のメリットよりもリスク最小化を優先しているのです．

ダウンリンク：地上側の受信処理

● 機体の飛行軌道に合わせて地上局アンテナを準備

地上管制局では，ロケット側とは逆の過程でパケットを再生します．まずはアンテナで電波を受けますが，地上管制局から見たロケットの飛行範囲は広く(**図3**，**図4**)，周波数帯によっては，1つのアンテナだけではカバーできません．

通常このような場合には，アンテナをモータなどで動かして追尾させます．MOMOの追尾機構はまだ開発中なので，複数のアンテナを別々の向きで設置することによって代替しています(**写真2**)．受信アンテナは地上管制局と同じ場所に設置されています．

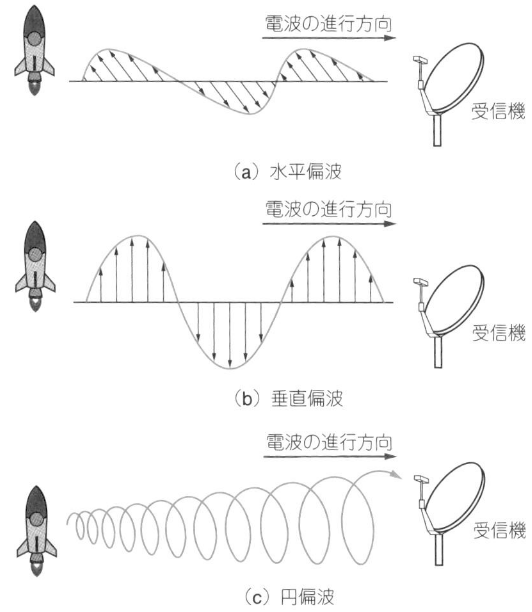

図11 向きが変動するので円偏波を主に考える
トータル・ルック・アングルなどが大きく変動し，機体姿勢がフライト前の予想と異なってくる可能性もあるので，円偏波をおもに考える

● 復調におけるSDR利用とパケットの切り出し

アンテナで受けた信号は，BPF(Band Pass Filter)

とプリアンプを経て復調装置に入ります．RFトランシーバでI/Q出力を生成したうえで，データ・ビットストリームを再生します(**図12**)．装置の製作にあたっては，信号処理ブロックをソフトウェアで開発できるSDR(Software Defined Radio)の1つであるGNU Radioを使いました．

その後は，パケット切り出し，誤り検出と破損パケットの棄却，パケットからのデータ取り出し，データ種別の仕分け(デマルチプレクス)の順に加工が進み，管制局に情報が表示されます(**写真3**)．以上の一連の受信処理は一般の通信と同じです．ロケットに特有な処理は今のところありません．

アップリンク：地上からロケットへ

● 基本はダウンリンクと逆になるだけ

アップリンクは，ダウンリンクのロケットと地上管制局が逆になるだけで，データの処理手順もほとんど

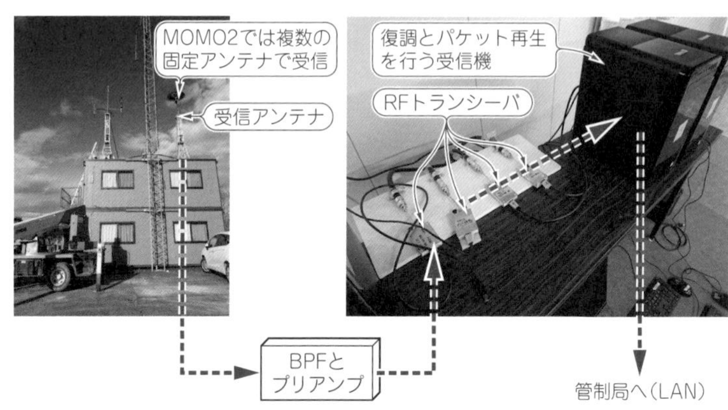

写真2　追尾の代替としてまずはロケットの予定軌道範囲に向けて複数の受信アンテナを設置している地上局側では，送信側のロケットとは逆の手順でパケット再生を行う．本来はロケットを追尾できるアンテナを使用する

column 01 MOMOと地上管制局の極秘ホットライン

森岡 澄夫

MOMOと地上管制局でデータを通信するときは，同じ意味のコマンド/データであっても毎回必ず違うビット列を送信し，過去に使われたビット列を再び使うことがないよう工夫します(**図A**)．そうしないと，過去に傍受されたビット列(例：過去の別のフライトで送られたことのある飛行停止コマンド)がそのまま送信された場合に，MACが合っているために受理されてしまうからです．これをリプレイ・アタックと呼びます．また，データには，プリアンブルなどのヘッダと誤り訂正符号ECCのパリティを付加(本文の**図6**)します．ECCにはいろいろな種類があり，MOMOでは暫定的にリード・ソロモン符号をかけていますが，今後，通信のBER(ビット・エラー・レート)などが詳しく調査できてくれば，異なるECCに変更される可能性はあります．

本文で述べたように，データの通信エラーを直すよりも，エラーを確実に発見・排除するほうに重要さがあるのが，ロケットのユニークな点です．

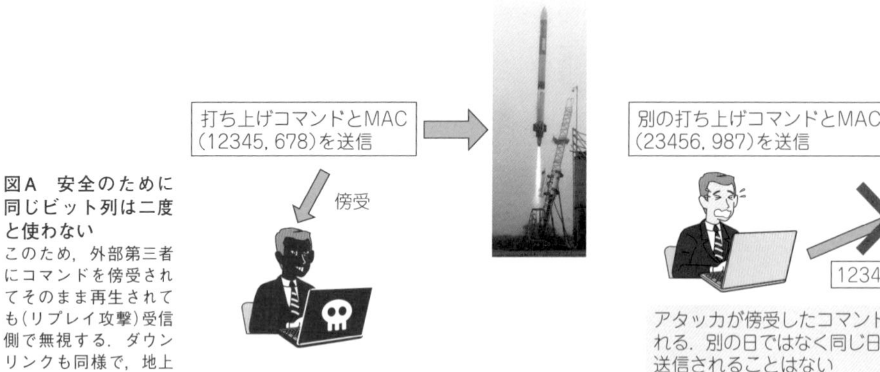

図A　安全のために同じビット列は二度と使わない
このため，外部第三者にコマンドを傍受されてそのまま再生されても(リプレイ攻撃)受信側で無視する．ダウンリンクも同様で，地上管制卓に偽造データを送ることはできない

同じです．ただしMOMOでは，機体側での受信にはSDRを使わず，市販のICチップを使っています．

● 送信アンテナの注意…ダウンリンク受信アンテナから十分に離す

アップリンクの送信出力は比較的大きいので，ダウンリンク受信への影響を避けるために，離れた場所にアンテナを設置します(**写真4**)．実際に，両者のアンテナをすぐ近くに置いてみると，異なる周波数帯ではあるものの，ダウンリンク受信に障害が出ました．

〈森 琢磨〉

◆参考文献◆

(1) 森 琢磨，森岡 澄夫；特集1部Appendix 3，SDRのおかげ！民間宇宙ロケットMOMOの無線システム開発，トランジスタ技術，2018年9月号，CQ出版社．

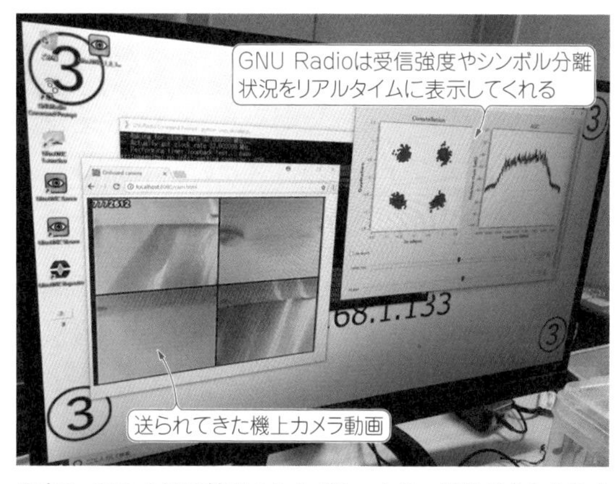

写真3 SDRを経て抽出されたパケットは，誤りがあるものを廃棄したうえで，データ種類ごとに仕分けして各管制卓に送られる

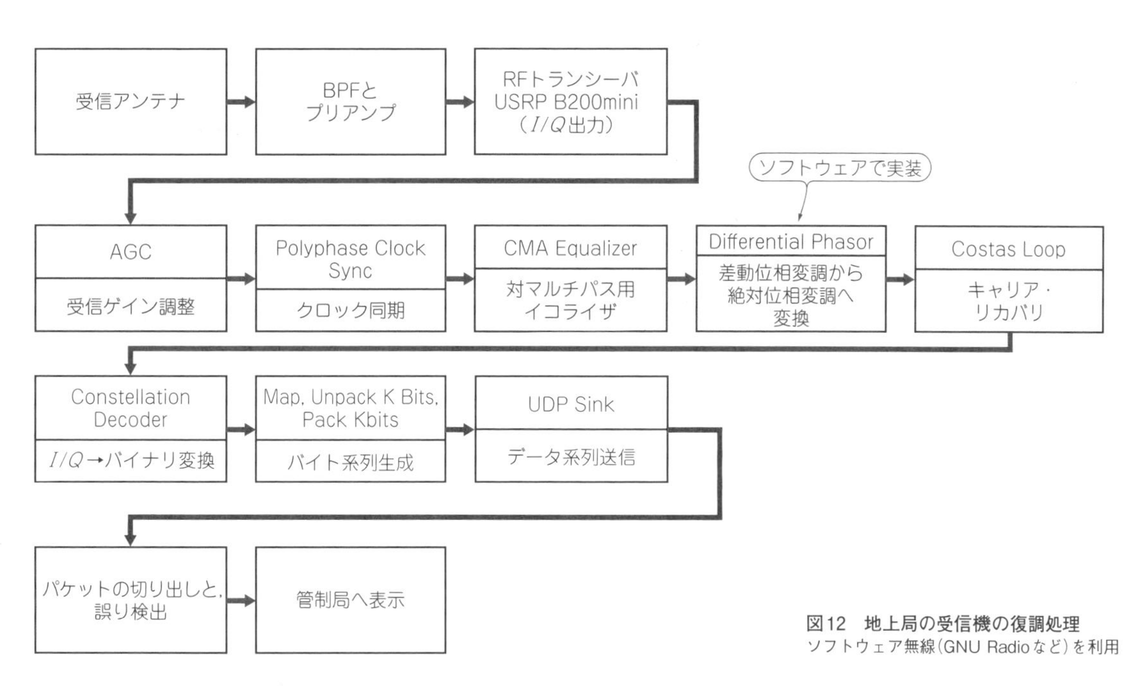

図12 地上局の受信機の復調処理
ソフトウェア無線(GNU Radioなど)を利用

写真4 アップリンクとダウンリンクのアンテナはできるだけ離す
アップリンクの送信アンテナは出力が大きいため，ダウンリンクの受信アンテナへの影響(受信の抑圧)を避けるため，射点付近に設置されている．管制所と送信機の間は有線ネットワークで結ばれている

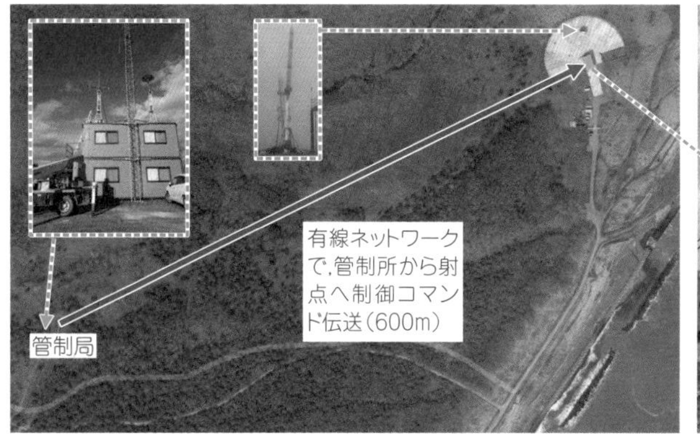

(a) 射点に設置したアップリンク送信用アンテナと地上管制局の間は通信が確実な有線でつなぐ

(b) アップリンク送信アンテナは管制局ではなく射点に設置する

column 02 無線系どうしの干渉にも気をつける

森 琢磨

地上からロケットを見たときの角度は大きく変化していきます．このため，指向性の弱いアンテナと，円偏波の利用が向いています(本文の**図11**)．

MOMOでは，**写真A**と**図B**に示すように，4つのパッチ・アンテナを機軸回りに設置しています．この設計は確定したものではなく，アンテナ・パターンの測定実験(**写真B**)をしながらいろいろなアンテナを調査しています．

ほかの重要な注意点としては，異なる無線機間の干渉が挙げられます．MOMOでは**写真C**に示すように，アップリンク受信機，GNSS受信機，ダウンリンク送信機などがフェアリング内に同居しているので，シールドを施したうえで，相互に悪影響を及ぼさないかどうかを確認する試験を行っています．無線送信機の発熱が他の部品に悪い影響を及ぼさないかについても試験しています．

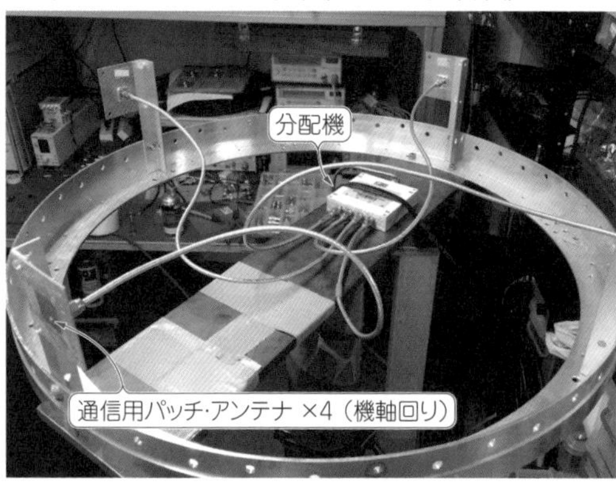

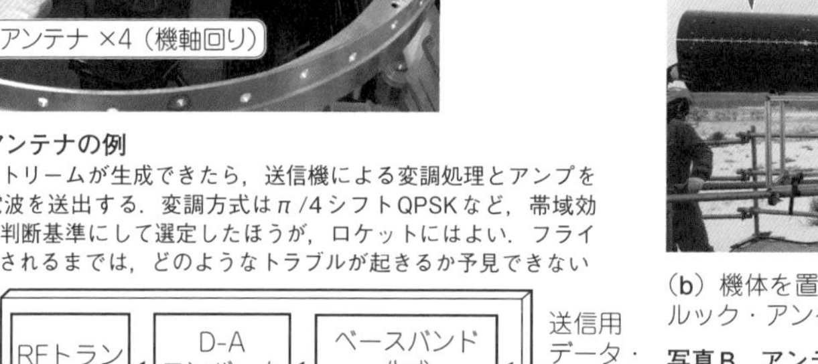

写真A　MOMOのアンテナの例
パケットのビット・ストリームが生成できたら，送信機による変調処理とアンプを経て，アンテナから電波を送出する．変調方式はπ/4シフトQPSKなど，帯域効率よりはシンプルさを判断基準にして選定したほうが，ロケットにはよい．フライト・データが十分蓄積されるまでは，どのようなトラブルが起きるか予見できない

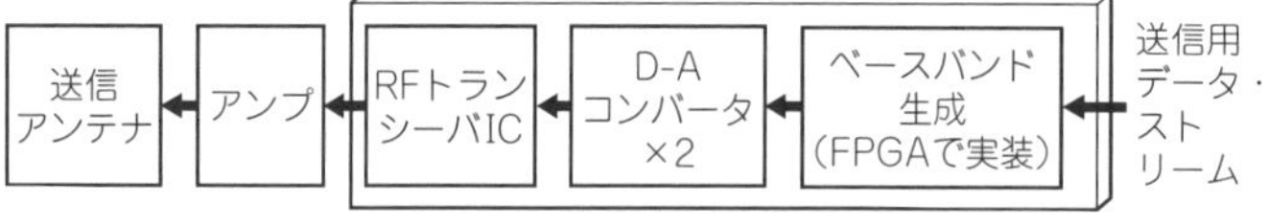

図B　機上に搭載されるダウンリンク用送信機の信号処理ブロック

(a) ロール・ルック・アングルを変えてアンテナ・パターンを測定

(b) 機体を置く角度を手で変えて，トータル・ルック・アングルの変化を模擬

写真B　アンテナの設計は模索が続く
機体のトータル・ルック・アングルやロール・ルック・アングルがさまざまに変わることを想定し，屋外でフェアリングを回したりダミー機体の傾きを変えたりしつつ地上局と通信させ，アンテナ・パターンを調査する

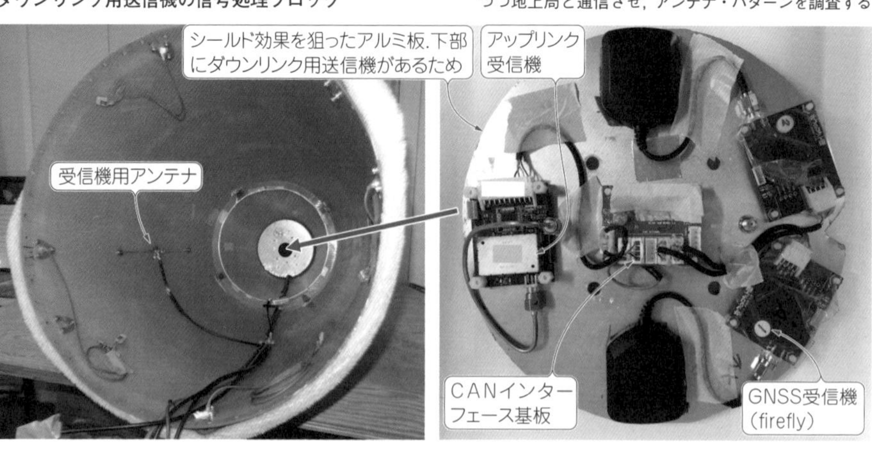

(a) フェアリングの中　(b) フェアリング先端部に取り付ける無線システム

写真C　フェアリングの内部は干渉を調査したシールドを設置している
機体の無線システムは大半がフェアリング内部にある．アンテナも設置されているが，アップリンク用受信機とダウンリンク用送信機，およびGNSS受信機などが近傍にあるため，干渉の調査やシールド設置をしている

column 03 ロケットのコントローラの実際

植松 千春

管制局にあるロケット打ち上げ用のコントローラって，どんなものだと想像しますか？ 100個以上のボタンがずらりと並んで，緊急停止専用のボタンはガラス張りの中にあって….

実際のコントローラ・ボックスを**写真D**に示します．これ1つで，ロケットと地上設備のすべてを操作します．「人間は常に間違う生き物である」というコンセプトで作りました．各ボタンの機能は次のとおりです．

- ロケットを操作するボタン(14個)
- 発射台の操作(5個)
- 地上からのガス供給設備(4個)

機器の構成と手順は極力シンプルにすることが，ミスを減らすためにきわめて重要です．ラダー図も数十行しかありません．

あえて自動化することはせず，打ち上げ直前までは手動で操作し，打ち上げ20秒前から自動シーケンスに移行するしくみになっています．MOMO 1号機と2号機のコントロール業務を経験しましたが，強い緊張を感じました．

保安上，きわめて重要な次の3つのボタンは，正しい手順を踏まないと動かないフェイル・セーフ機能を搭載しています．

(1)点火ボタン　(2)燃料ボタン
(3)発射台操作ボタン

コントローラの内部にはPLC(Programmable Logic Controller)を搭載しており，KV-7500(キーエンス製)をメイン・コントローラに採用しています．高い信頼性を確実に得る近道は，実績が担保された産業用機器を使うことです．

図Cに，ボタンを押してからロケットに指令用のデータ・パケットが送信されるまでの流れを示します．

(1)ボタンの操作を検知
(2)押されているボタンに応じてパケットを生成
(3)RS-232-Cでパケット送信
(4)RS-232-CのパケットをTCP/IPに変換，リモート送信局に送信
(5)リモート送信局でTCP/IPパケットを受信，RS-232-Cに復元
(6)送信機から操作パケットを送信

コマンド送信局の出力は50 Wです．ロケットからのテレメトリ受信設備がある地上局近辺で50 Wを送信すると受信障害が起きます．そこで，コマンド送信局は射点付近に設置して，射点ネットワークを介してパケットを送信しています．

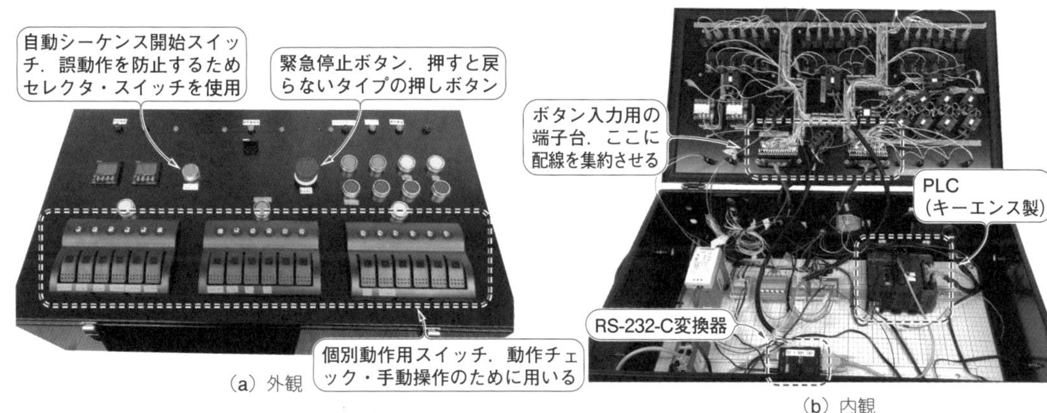

写真D　ロケットのコントローラは安全で確実に動作しないといけない
これ1つでロケットと地上設備のすべてを操作できる

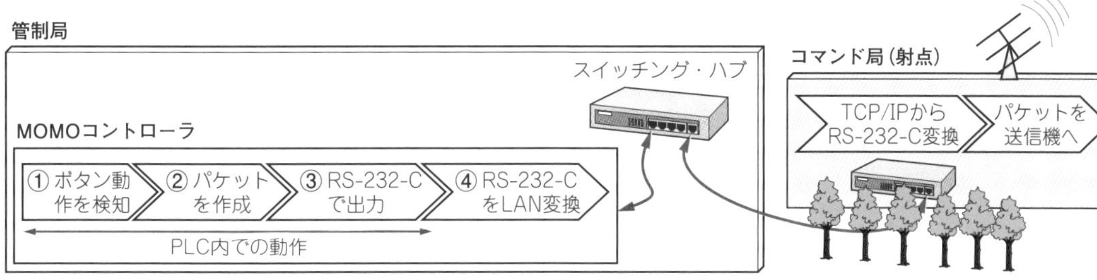

図C　ボタンを押してからロケットに指令用のデータ・パケットが送信されるまでの流れ

第19章 地球の果てまでリアルタイムに追いかける

搭載ペイロードと交信する パラボラ自動追尾システム

今村 謙之 Noritsuna Imamura

ロケットは，荷物(ペイロード)を宇宙へ運ぶために打ち上げられます．実際，MOMO 3号機には高知工科大学のインフラサウンド・センサが載っていました．

本稿では，この搭載したペイロードのデータを受信するための無線システムの地上局(以下，地上局)について紹介します．**写真1**のようなパラボラ・アンテナを使用しました．

写真1 すでに各地に設置されている人工衛星用のアンテナをロケット向けに利用できると便利
大樹町にあるパラボラ・アンテナ

ロケットには制御用と別に搭載ペイロード用の無線交信システムが必要

今回紹介する無線システムは，以前に解説したMOMOの制御に必要なテレメトリやコマンドなどを送受信するシステムではなく，それ以外の搭載したペイロードの各種観測データなどを取得するための通信システムです(**図1**)．

なぜ，観測データ用通信システムが必要かといえば，ロケットはただ宇宙に行くだけはではなく「ペイロード(私たちにとってのお客様)」を載せて，何らかのミッションを行うものだからです．

ミッションによっては，取得したデータを地上まで送信します(物理メディアに記録してロケットから放出，回収する場合もある)．

そのため，MOMO(ロケット)にはテレメトリ以外に，ペイロード向けのデータ送受信装置を設けます．本システムがそれを担います．

搭載ペイロード用の無線システムに求められること

● ペイロードによって要望が異なるので柔軟な対応ができるシステムが欲しい

このペイロード向け無線システムに対する要求は，

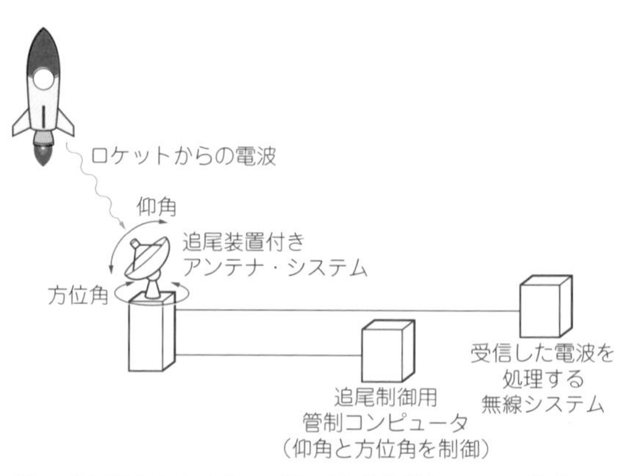

図1 今回紹介するペイロード向け無線通信システムの構成

ロケット打ち上げ業者側(私たち)とペイロード側とで異なるため，それぞれを列挙しておきます．

ペイロード側の要求から考えると，さまざまな要望がある点がシステムを設計する上での一番の課題となります．

誰もが思い付く要望は，高解像度の動画撮影，すなわち高データ・レート転送でしょう．これも，ただデータ・レートを上げればいいというわけではありません．その理由は，のちほど無線機の変調方式について検討するときに説明します．

ほかにも，電波強度の相関をとりたい，ロケット-地上局間の遅延を測りたい，などという要望があれば，無線機自体に手を加えなくてはなりません．

そのため，ペイロード向けの無線システムは柔軟な対応ができる必要があります．

● **データを確実に取得したい**

ロケット打ち上げ業者からみると，お客様のデータなので，万が一にもデータを取得できない状況は避けなければいけない，という点が一番の課題です．簡単な解決策は，複数台による冗長構成をとることです．

● **海外設置も含め複数になる**

もう1つ，今後重要になる課題として，軌道投入ロケットZERO向けの地上局は1カ所で済まないという問題があります．

軌道投入用ロケットとなると，可視範囲外(地平線の向こう)へ飛んでいきます(**図2**)．そうなると，地上局が1か所では全ての受信ができません．複数個所の地上局が必要です．

そうなった場合，各地上局に無線設備を設置することになります．そして，さきほど説明した失敗しないための冗長構成も考えると，十数台の無線機が必要です．これらを各地に設置し，設定することは非常に大変な作業となります．

そのため，ペイロードに合わせた変更への対応も考慮すると，リモートでシステム内容をアップデートできるような仕組みが必須です．

● **周波数帯は自由に選べない**

さらに，使用する周波数帯は国際周波数調整の手続きに基づいて申請を行い，割り当ててもらう必要があります[2]．

当然，人気の周波数帯は激戦区となるため，そう簡単に取得できません．そのため，まずは取得できる周波数帯で妥協することもあります．希望の周波数帯に空きが出た場合には，システムを変更することも視野に入れます．しかし，周波数の変更には，無線機やアンテナなどの機器の変更が伴います．

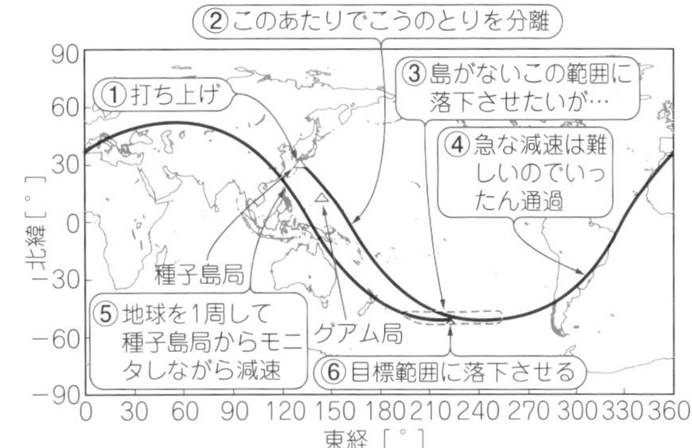

図2[1] **衛星打上げロケットHII-Bの飛行経路と地上局の設置場所**

特に問題となるのが，地上局を間借りする場合，アンテナ変更の要望には応えてもらえない可能性が高い点です．この無理難題といえることにも，対応しなくてはいけません．

対策①…ソフトウェア無線の採用

上記の課題をまとめると，下記の3点になります．

(1)柔軟に処理内容を変更できる
(2)リモートで操作やアップデートできる
(3)周波数(アンテナ)を変更できる

課題の(1)と(2)は，無線機の構成に大きく依存しています．

無線機は，大きくハードウェア無線機とソフトウェア無線機の2種類に分けられて，**表1**のような特性があります．表の中にある「柔軟性」や「メンテナンス性」とはどういうことでしょうか．

「柔軟性」とは，いろいろな周波数や変調方式，エラー訂正に対応させられることを指します．さらに「電波の状態」と「データ」を結び付ける機能もあります．これらの機能がハードウェアで固定的に実装されているものをハードウェア無線機，ソフトウェアで定義されているため変更可能なものをソフトウェア無線機と呼びます．

ソフトウェア無線機は，SDR(Software Defined Radio)と呼ばれ，その多くはパソコン上でソフトウェアを動かします．リモートで操作，メンテナンス，アップデートする仕組みも比較的簡単に用意できます．

これらのことから，MOMOの地上局用無線機としては，ソフトウェア無線機を選択しました．

対策②…周波数帯の考察

課題の(3)への対策を考えるため，まず，周波数帯の特性を考察します．

電波で使われる周波数帯は上から下までいろいろです．例えば，数十MHz帯はFMラジオで，900 MHz

表1 ハードウェア無線機とソフトウェア無線機の比較

比較項目	ハードウェア無線機	ソフトウェア無線機
柔軟性	×	○
メンテナンス性	×	○
小型・省電力	○	×
安定性	○	△
開発費	×	○

帯は最近はやりのIoT向け無線のLoRaで，2 GHz帯や5 GHz帯は無線LANで使われています．もっと上の数十GHz帯は，最近話題の第5世代(5 G)携帯や車のレーダなどに使われます．

● MHz帯かGHz帯のどちらかを選択

データ通信に適しているのは，数百M～20 GHz帯です．まず検討するのは，大雑把に，MHz帯かGHz帯のどちらを選ぶかです．なぜなら，**表2**のように大きくアンテナの特性が変わるためです．

表2の項目を簡単に解説すると，「半値角」は「追尾のしやすさ」と等価です．半値角が鋭角(周波数が高くなると鋭角になる)になるほど，追尾が難しくなり，受信失敗の可能性が高くなります．

ゲインは高いほど電波効率が良いので，同じ電力でもデータ・レートを上げることができます．

もう1つ考慮すべき点として「占有周波数帯域幅」があります．データを載せる帯域です．占有周波数帯域幅が広いほど，データ・レートを上げられます．

高い周波数帯のほうが広い帯域をとれます．データ・レートを上げたければ，できる限り高い周波数帯を選びたくなります．しかし，高い周波数帯は半値角が鋭角で，受信失敗の確率が高くなるため，ここを見極める必要があるのです．

● ロケットや衛星で使う周波数は概ね決まっている

実は宇宙機(ロケットや人工衛星)で使う周波数帯はある程度決まっています．そのため，その周波数帯に合わせておけば，既存の地上局の設備はある程度そのまま使えることが多いのです．

表2 周波数帯の違いによるアンテナ特性の違い

周波数帯域	MHz帯	GHz帯
主なアンテナ形状	八木	パラボラ
半値角	数十度	数度以下
ゲイン(ゲイン)	限界がある	上げやすい
開発費(新規建造)	数十万円	数千万円
開発費(アンテナ変更)	数万円	数万円

そこで，パラボラ・アンテナで対応可能な周波数帯(GHz帯)にターゲットを絞って対応することにしました．そのかわり，ある問題が浮上したのですが，それは後述します．

ソフトウェア無線機の検討

● 回線設計

実際に設計をしていきましょう．最初は回線設計です．通信が専門でなければ，なじみのない単語だと思います．

無線LANでいえば，何m離れたところまで通信可能とか，*xxx*Mbpsの通信速度が出るとか書いてあるものです．それをもう少し真面目に書くと，**表3**のようになります．

網掛けになっている値は変更できます．「回線マージン」は，どれだけ余裕をもって受信できるのか，つまり受信性能を決めます．

回線マージンは，「送信出力」を上げれば増えますし，「変調方式」を多ビットにしたり「ビット・レート」を上げたりすれば減ります．

「占有周波数帯域幅」を増やすと「ビット・レート」を上げられます．すなわち，一番単純にデータ・レートを上げるには，高送信出力&広占有周波数帯域幅で電波を送信すればよいのです．

しかし，電波は公共の資源のため，送信出力も占有周波数帯域幅も厳しく制限されていて，実質的に変更できません．送信出力を上げたり，占有帯域幅を広げたりする以外の方法でデータ・レートを上げる必要があります．

そのためには，「変調方式」と「エラー訂正方式」を変更することになります．それぞれ「帯域幅の利用効率向上」と「出力向上」の役割を果たします．

表3 回線設計の例

項　目	値
周波数	12.0 GHz
電波型式	G7W
変調方式	QPSK
送信出力	1 W
占有周波数帯域幅	10 MHz
ビット・レート	13 Mbps
アンテナ・ゲイン	24 dBi
最大通信距離	100 km
損失	−150 dB
S/*N*(信号雑音比)	4.4 dB
回線マージン	10 dB

● 帯域幅の利用効率を決める変調方式の検討

まずは変調方式から見ていきましょう．代表的なディジタル変調方式と選定のポイントとなる点を**表4**にまとめました．

「信号点と判定面の最小距離」が大きいほどビットの判定がしやすく，エラーが起きにくくなります．すなわち，回線マージンが高いということになります．

データ・レートを上げるため2 bpsから4 bpsにする場合，どんなに良くても回線マージンは半分になってしまいます．もし高データ・レートが不要な場合は，より低いデータ・レートで通信することも検討します．

4 bpsにする場合でも，2種類の方式があります．単純に考えるなら，16 QAM(直交振幅)変調を選択すべきとなるのですが，ロケットの場合はそう単純にはいきません．

PSK(位相偏移)変調は位相のみを利用しているのに対して，QAM変調は振幅と位相の両方，すなわち，PSK変調とASK(振幅偏移)変調を組み合わせた方式です．ASK変調とは聞きなれないかもしれませんが，ディジタル変調版のAM(振幅)変調のことです．振幅を使う変調は，AMラジオを聞くとわかるように，ノイズに非常に弱い変調方式です．PSK変調に比べれば，QAM変調のほうがノイズに弱いのです．

そして，MOMO(ロケット)はノイズの塊といって良いくらいです．16 PSK変調と16 QAM変調のどちらが良いのかは，慎重な検討が必要です．

表4[3] 代表的な変調方法

変調方式	bps (bit per symbol)	コンスタレーション図	信号点と判定面の最小距離
QPSK	2	信号を右上のシンボルと判定する領域 シンボル点 半径1 Q I O	0.7804
16PSK	4	シンボル16点 信号を中央の点と判定する領域 Q I O	0.1951
16QAM	4	信号を中央の点と判定する領域 Q I O	0.3162

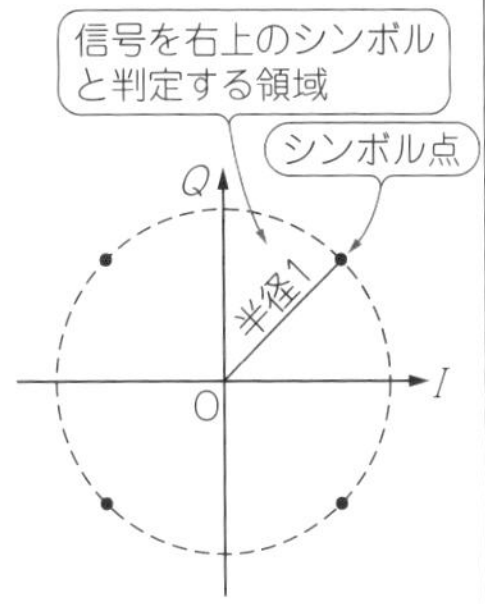

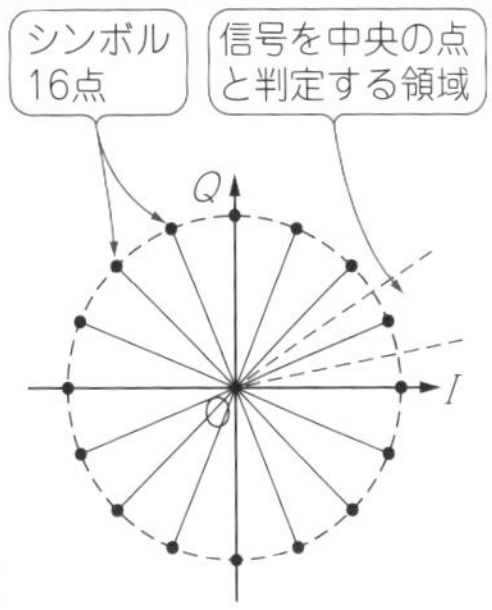

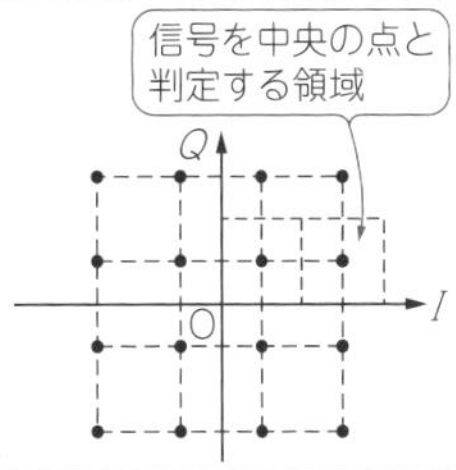

● エラー訂正方式の検討

続いて，エラー訂正方式の検討です．

「シャノン限界」というビット・レートの理論上の限界値があります．これとほぼ同性能のエラー訂正方式は，すでに地上デジタル放送のエラー訂正方式として実用化されています．LDPC符号というものです．

すなわち，LDPC符号がエラー訂正率としてはベストの方式です．では，これをそのまま採用すればよいかというと，そんなに単純な話ではありません．

▶強力なエラー訂正は転送レートが下がる

エラー訂正方式を表すには，たとえば「リード・ソロモン(255, 239)符号」という記述をします．リード・ソロモン符号を使って，239バイトのデータに16バイトのパリティ符号を付加し，255バイトの送信データにする，という意味です．リード・ソロモン符号の場合，パリティ長の1/2が訂正能力なので，8バイトのエラーまで訂正可能です．

より強力なエラー訂正をすると，送信データの1/2や2/3がパリティ符号となっていきます．すなわち，エラーがなかった場合は，データ・レートの半分を無駄なパリティ符号で使ってしまい，逆にデータ・レートが落ちる結果になります．

▶エラー・レートに合わせて訂正方式を選びたい

そのため，どのくらいのエラー・レートになるかを回線設計から割り出し，それに合わせて最適なエラー訂正方式を選択する必要があります．

しかしロケットの場合，刻々と地上局から遠ざかっていくため，当然，エラー・レートも刻々と変わっていきます．そのため，エラー訂正方式の選定は非常に難しい問題となります．

実際にMOMOを打ち上げて，いろいろなデータを取得しないと，ベスト・チョイスは難しいので，検討項目を柔軟に変更するためにソフトウェア無線機を利用します．

● SDRを制御するソフトウェアの検討

ソフトウェア無線機を検討するうえで，信号処理ソフトウェアの選択は避けて通れません．

SDRは，**図3**のように電波をアナログ - ディジタル変換して，パソコンでソフトウェア処理(信号処理)し

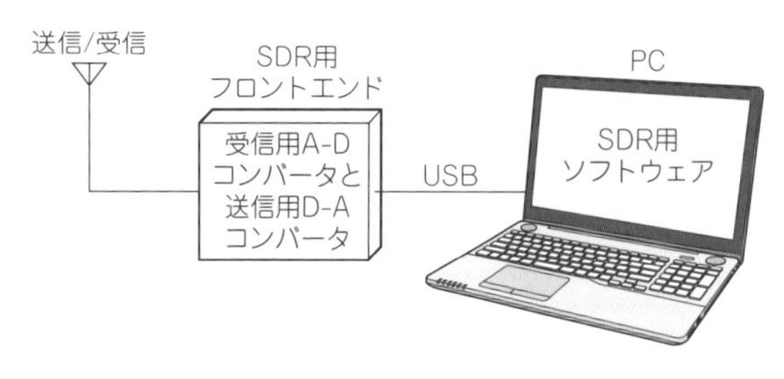

図3　ソフトウェア無線機の一番シンプルな構成図

表5[4][5][6]　代表的なSDR信号処理ソフトウェア

種別	GNURadio（オープンソース）	MATLABやLabView（商用製品）
対応SDRの数	○	×
ソースコード	○	×
ドキュメント	×	○
FPGA化	△	○
安定性	×	○

ているだけだからです．代表的なSDR信号処理ソフトウェアの特徴を**表5**にまとめました．

表5の中に「FPGA化」という項目があります．SDRの信号処理は負荷が高いのですが並列化しやすいため，ASICやFPGAで処理させることがよくあります．そこで，ソフトウェア処理の一部をFPGA化する機能をもっているかが，ここでいう「FPGA化」の有無です．ただ，一般的な信号処理であれば，各FPGAベンダも設計データ（IPコア）をもっているので，それを利用するのも手です．

ここで私たちが重視したのは「対応SDR」と「ソースコード」で，GNURadioを選択しました（**図4**）．要求に合わせて柔軟な対応を可能にするためです．

SDR用ソフトウェアGNURadioのメリット/デメリット

● 課題1：エラー・チェック機能がなかった

ソフトウェア無線機システム（主にGNURadioによる）を作成した際のトラブルをいくつか紹介しておきます（執筆時点）．

まずは「クラッシュ」です．信号処理は非常に重いので，GNURadioでは最高性能を出すためか，エラー・チェックが省略されている箇所が散見されます．エラー・チェックについて，コーディング規約などに記載はありませんが，一般的なソフトウェアは要所要所でチェックを入れる方針で実装されているようです．

ハードウェア的な信号処理なら問題なくても，ソフトウェア的に信号処理する場合は「ここでしきい値のチェックを行うべき」といった項目が出てきます．さもないと，処理途中のエラーでクラッシュします（**リスト1**）．

GNURadioのフロー・プログラミングは，「ハードウェア的な信号処理の知識」と「プログラミングの知識」の両方の視点から行わないと，思わぬクラッシュ・トラブルに見舞われることがありました．

● 課題2：単純なバグが残っていることがある

GNURadioのUDP処理のバグもありました．

Linux上でUDPのブロードキャストをする場合は，「SO_BROADCAST」オプションを有効にしなくてはいけないのですが，それが有効になっておらず，エラーが出て起動できない，というトラブルです．

単純なバグであり，本来ならすでに修正されていてもおかしくないレベルです．しかし，GNURadioにおいては，問題の報告さえありませんでした．

● 利用人数が少なくバグが多いのはデメリット

なぜ，こんなことになっているのかを考察してみることにします．

まず，GNURadioの信号処理ソフトウェアとしての知名度はどうでしょうか．グーグルが主催するGSoC（Google Summer of Code）[8]というイベントがあります．グーグルが指定したフリー・ソフトウェアやオープン・ソースのプロジェクトを利用した課題が与えられ，その夏の間にクリアした数百人の学生に賞金を支払う制度があります．このターゲット・プロジェクトの1つとしてGNURadioも選ばれているので，十分な知名度があるといえます．

では，他の有名プロジェクトと比べて，開発にかかわっている人数を比べてみるとどうでしょうか．

▶比較対象に難易度が近そうなRubyを見てみる

比較対象のプロジェクトは，Ruby言語としてみました．Rubyは言語なのに対して，GNURadioは信号処理ソフトウェアである点や，リリース年数も違うため，ソフトウェアの規模や複雑度などは一概には判定できないところです．しかし，言語も信号処理も，同程度の専門性が必要であり，さらにGNURadioのフロー・グラフを実行する部がインタープリタ動作になっている点など，複雑度はほぼ同じではないかと思われるため，比較対象としました．

▶開発者も利用者も大幅に少ない･･･

まず，執筆時点のGitHubのコミッタ人数を比べてみると，GNURadio[9]は18名，Ruby[10]は68名となっています．利用者の比較として，どちらも年1回の公式カンファレンスが開かれているため，その参加者を並べてみたものが**表6**です．

大雑把に言って，GNURadioの開発者と利用者は，ともにRubyの1/3くらいの規模となっています．こ

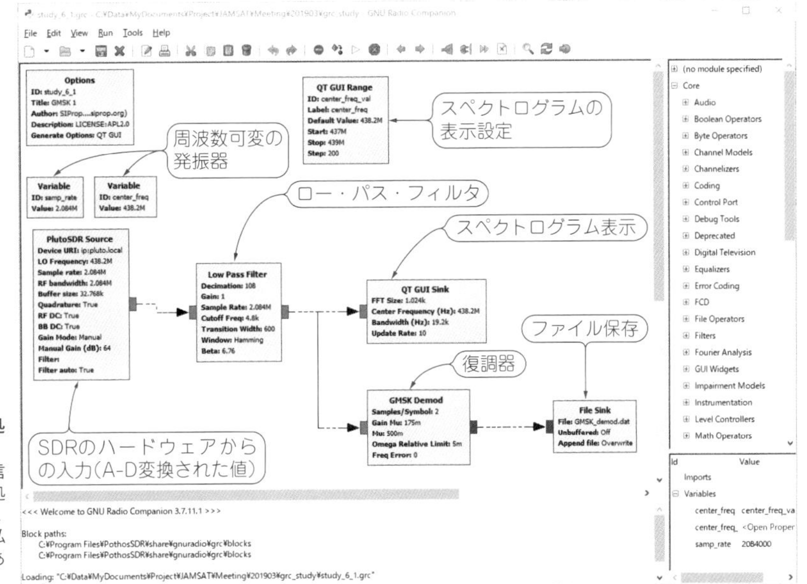

図4 ソフトウェア無線の受信信号処理のイメージ
GNURadioによる一番簡単なデータ受信信号処理のフロー図．このような形で信号処理を「プログラミング」していく．GNURadioについては参考文献(7)に，私が書いた初心者向けのチュートリアルがあるので，チャレンジしてみてほしい

リスト1 エラー・チェックがないためにプログラムが動作を停止することがある

```
python: gnuradio/src/gnuradio/gnuradio-runtime/include/gnuradio/
buffer.h:179: unsigned int gr::buffer::index_add(unsigned int,
unsigned int): Assertion `s < d_bufsize' failed.
```

(a) エラー・メッセージ

```
#0  0x00007f27ddf9d188 in gr::buffer_reader::get_tags_in_
range(std::vector<gr::tag_t, std::allocator<gr::tag_t> >&, unsigned
long, unsigned long, long) (this=0x564406c9d0b0, v=std::vector of
length 0, capacity 0, abs_start=23475564, abs_end=23475562, id=4)
```

(b) ログ・ダンプ

ログ・ダンプを見るとabs_startがabs_endより2だけ大きい値になっています．buffer_reader::get_tags_in_range関数から(unsigned long - 2)個のバッファを取り出す，という命令になっているので，バッファあふれでエラーが起き，動作が停止します．

なぜこんな値になっているかというと，AGC(Auto Gain Control)に異常信号が入ってきたときのチェックがなく，そのまま制御しようとしてデータを破壊してしまっているようです．ハードウェア的にAGCを実装するなら，そのようなデータは物理特性上カットされます．

の人数の少なさが，そのままプログラムの安定性やバグに直結し，まだまだ成熟していない＝枯れていないのではないかと推測します．バグがまだまだ潜んでいることを前提として，試験をしっかりと行うことが重要です．

● 改良しやすいのは代えがたいメリット

ここまで，マイナス点を書いてきましたが，実際に利用する場合，これらのことを踏まえていれば，非常に利用価値の高いソフトウェアです．

なぜなら，今回の解析をして得られた知見として，GNURadioが比較的シンプルに信号処理を記述してあるため，改良しやすいという点があります．

この改良が容易であるという点こそが，ペイロード(お客様)の無茶ともいえる要望に応えるために非常に重要な要素であり，まさに私たちが求めていたものであるからです．

表6[11][12] ソフトウェア無線GNURadioはRuby言語の1/3くらいの規模
公式カンファレンスの参加者数より

年度	GRCon	RubyKaigi
2014	150人	751人
2015	232人	823人
2016	250人	970人
2017	330人	886人

GHz帯通信に使うパラボラ・アンテナ

● 大樹町にある人工衛星追尾用アンテナをロケットに利用

MOMOの打ち上げでは，東京大学中須賀研究室との共同研究として，地元(北海道大樹町)に設置されている4m級パラボラ・アンテナ[13]を利用できること

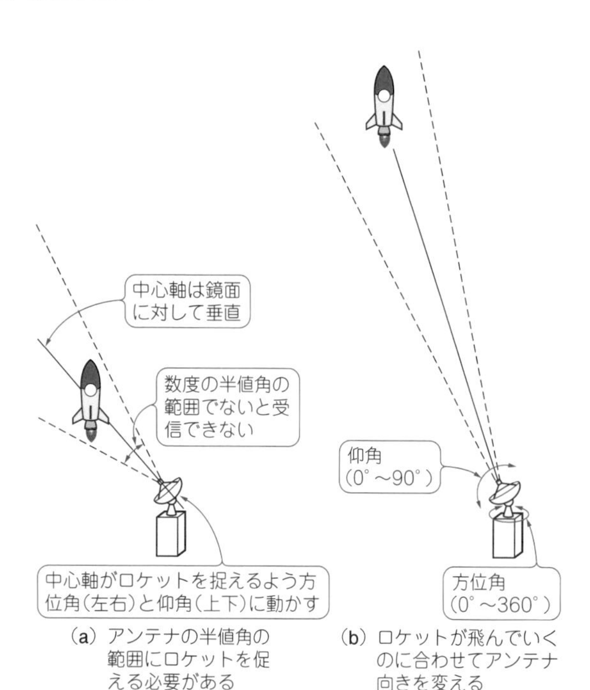

(a) アンテナの半値角の範囲にロケットを捉える必要がある

(b) ロケットが飛んでいくのに合わせてアンテナ向きを変える

図5　アンテナの半値角にロケットが入るように追尾する

になりました(**写真1**).

もともとは衛星追尾用のパラボラ・アンテナですが,各地にあるパラボラ・アンテナも大半は衛星追尾用なので,まさに,将来の各地に地上局を設置することになった場合のテストも兼ねられる,最適なアンテナといえます.

● ロケットを追いかけて向きを変えていく「追尾」

パラボラ・アンテナでは追尾が必要です.「追尾」と言われても,一般的にはなじみが薄いと思うので,簡単に解説します.

周波数帯の考察のときに「半値角」という値が出てきました.送信側と受信側のアンテナの中心のズレによりゲインが半分になってしまう角度を半値角といいます(**図5**).半値角から外れてしまうと,回線設計が破綻し,通信ができなくなります.

すなわち,どんどんと移動していってしまうMOMO(ロケット)に対して,パラボラ・アンテナの向きを数度以内で合わせていく必要があります.このことを「追尾」と呼んでいます.

パラボラ・アンテナを使うための苦労

● 衛星追尾用のパラボラ・アンテナをロケットに使うときの課題

パラボラ・アンテナを使うには,主に物理的な作業が必要になりました.これが一筋縄ではいかなかったので,紹介します.

- MOMO用にパラボラ・アンテナの特性を合わせる
- MOMO用の追尾パラメータを設定する

● 課題①…アンテナの特性を合わせる

パラボラ・アンテナを使うには,まずアンテナの特性を合わせます.これまた,なじみがないと思います.

具体的には,パラボラ・アンテナの受信部にあるアンテナをMOMO用に変更するか,あるいはMOMO用のアンテナを追加で取り付けることになります.

受信部とは,BS/CS用のパラボラ・アンテナであればアーム先端部のことです.あそこにBS/CS用のアンテナが入っています.お皿の部分は反射板であり,アンテナではありません.

パラボラ・アンテナを間借りする場合,すでに取り付け済みのアンテナを利用するしかない場合もありますが,専用アンテナを取り付け可能な場合もあります.

今回はあえてアンテナ取り付け作業をしてみました.取り付け作業自体は,問題なく終了しました(**写真2**).

▶追加アンテナの取り付けが問題ないかを確認するには数km～数十km離れて通信テストが必要

問題は,本当に想定した特性が出ているのかを測定して確認する方法です.

4 m級のパラボラ・アンテナの特性を測る場合,送

(a) 表からは見えないアンテナ本体

(b) 高所作業車による付け替え作業

写真2　パラボラ・アンテナのアンテナ部分と付け替え作業

信機とパラボラ・アンテナの間を数km～数十kmくらい離さなければなりません．なぜなら，送信機が近いと，電波の入射角がパラボラ・アンテナの反射面に対して平行にならないからです(**図6**)．

しかし，そのような環境を用意することは困難なので，一般的には小さく縮尺を変えたパラボラ・アンテナを用意して特性を測定します．MOMOにおいては，小さなパラボラ・アンテナを製作する時間が取れなかったため，実測を行うことにしました．

▶山の中でアンテナを見通せる場所を探すことに

パラボラ・アンテナからの見通し距離が数十kmの山に登り，そこから実験を行おうとしましたが，これが非常に難航しました．

パラボラ・アンテナが町中にあるため，地図上では見通し可能なように見えても，実際には建物の陰になってしまうのです．現地まで行って，望遠鏡などでパラボラ・アンテナを視認可能かを確認しなくてはなりませんでした(**写真3**)．パラボラ・アンテナの特性測定が登山になるのは想定外でした．

● 課題②…追尾パラメータの設定

利用させてもらったパラボラ・アンテナの追尾システムは，もともと衛星用に作られたものです．そのため「決まっている軌道」を「等速直線運動(8 km/s)」する物体を追尾することが前提となっています．

しかしMOMO(ロケット)の場合，当日の天候や風により「軌道は変化」しますし，速度も「加速度運動(0 km/hからマッハ4まで)」のため，位置も速度も刻々と変化します．そのため，追尾システムは実質，一からの作り直しとなりました．

追尾システムは，以下のような手順でパラボラ・アンテナの向きを求めます．

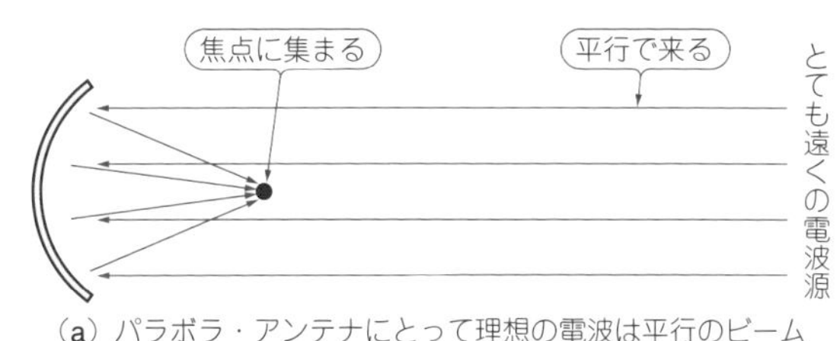

(a) パラボラ・アンテナにとって理想の電波は平行のビーム

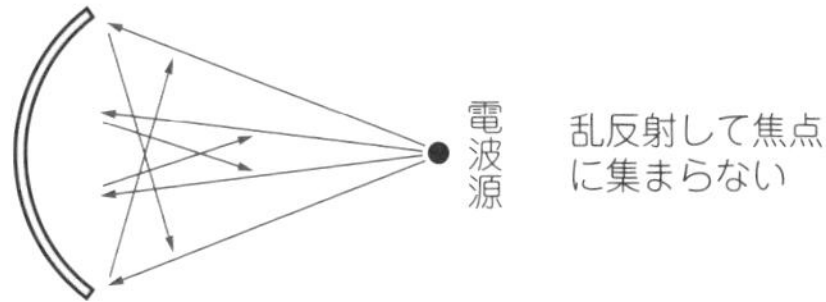

(b) 電波源が近すぎる場合

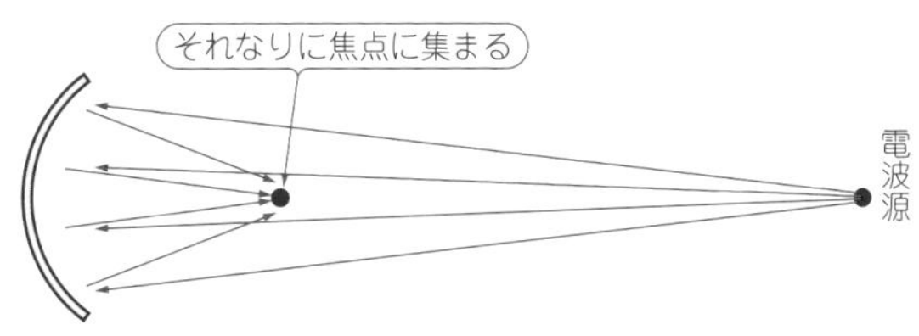

(c) 数十km以上離れた電波源

図6 電波の平行性

(1) MOMOからの現在のテレメトリ，すなわち位置情報(緯度・経度・高度)を取得する
(2) 過去の位置情報から現在の加速度を計算する
(3) 現在の位置情報と過去の加速度から未来(数十ms～数s)の加速度を計算する
(4) 現在の位置情報と未来の加速度から未来の位置を計算する
(5) 未来の位置へパラボラ・アンテナを向ける

(a) 望遠鏡でパラボラ・アンテナが建物の影に入ってないかどうかを確認

(b) 送信機を置いて受信テスト

写真3 パラボラ・アンテナが見通せる場所を探して実験

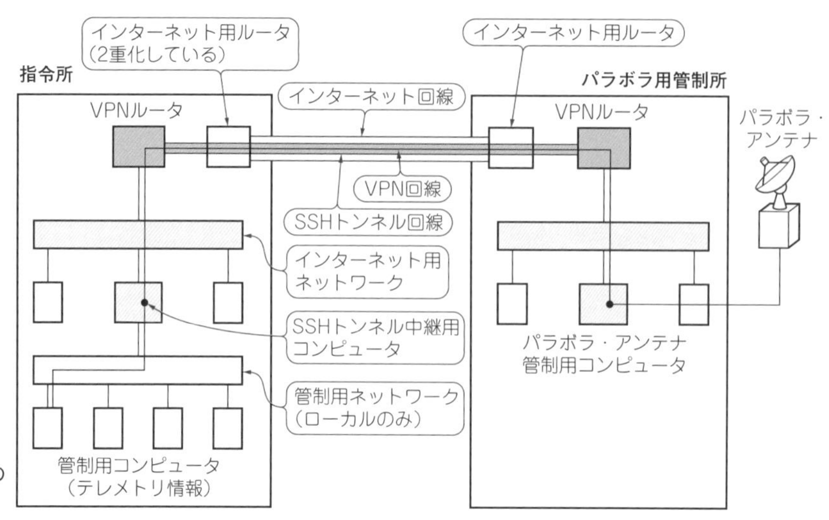

図7 追尾システムのネットワーク図

● 管制用コンピュータからパラボラ・アンテナへロケットの位置データをどうやって送るか？

ここでも問題が発生しました．それは「MOMOからの現在のテレメトリをどのようにリアルタイムで取得するか」です．

MOMOのテレメトリ情報は，指令所の管制用コンピュータによって管理，保持されています．管制用コンピュータはセキュリティなどの都合上，インターネットに接続されていません．

パラボラ・アンテナは指令所と数十kmレベルで離れているため，何らかの方法でテレメトリ取得用の伝送路を確保しなくてはなりません．すなわち，下記の3点を満たす伝送路を確保する必要があるのです．

- セキュアであること
- リアルタイム処理のため低遅延であること
- 失敗は許されないため冗長構成であること

専用のインターネット回線を2系統，指令所に導入し，VPNとSSHトンネルによる2重トンネルによりセキュリティを確保しつつ，許容範囲内の遅延に収めました(**図7**)．

ここまで見ていただくとわかるように，パラボラ・アンテナに関わるトラブルは，物理的なものがほとんどです．ほかにも，湿気でコネクタが錆びてしまい特性が落ちることも，よくあるトラブルです．

そのため，すでにあるものを極力利用することが重要になってくるのです．

表7 MOMO 5号機フライト時のイベント時系列
2020年06月14日5時15分に打ち上げ，70秒後にテレメトリ情報で機体の落下予測地点と姿勢角が基準値を超えたことを確認したため，手動で緊急停止コマンドを送信し，飛行を中断した

時間T [s]	MOMOF 5号機のイベント/状態	追尾システムの状態	備考
+0	・MCC点火 ・離昇	・追尾待機 ・テレメトリ情報受信開始	可視範囲でないため待機
+38	・エンジン・ノズル破損 ・ノミナル軌道ではなくなる	・追尾待機	
+40	・エンジン燃焼中 ・加速中	・追尾開始	
+70	・緊急停止コマンド送信 ・慣性飛行開始	・追尾継続	
+78	・最高高度到達：11.5 km ・落下開始	・追尾継続 ・落下軌道	
+99	・テレメトリ情報送信停止	・予測による追尾開始	16 s間のみ
+115	・落下中	・予測による追尾停止	

実際のロケット追尾

追尾システムを，このパラボラ・アンテナの製造元であるエルム(https://www.elm.jp/)協力のもと実装し，観測ロケットMOMO 5号機で実際に追尾を行いました．MOMO 5号機のフライト履歴を**表7**に，実験の構成を**図8**に示します．

パラボラの追尾装置の追尾データが**図9**，**図10**です．

図9と**図10**から，パラボラの追尾装置の物理位置とテレメトリ情報(緯度・経度・高度)によるMOMOの位置のズレが2°程度に収まっています．ロケットの位置テレメトリのやりとりや加速度計算が，想定通り行えています．

また，$T = +99 \sim +115$で，パラボラの追尾装置の予測による追尾も行えています．

これにより，各地にすでに設置されている人工衛星

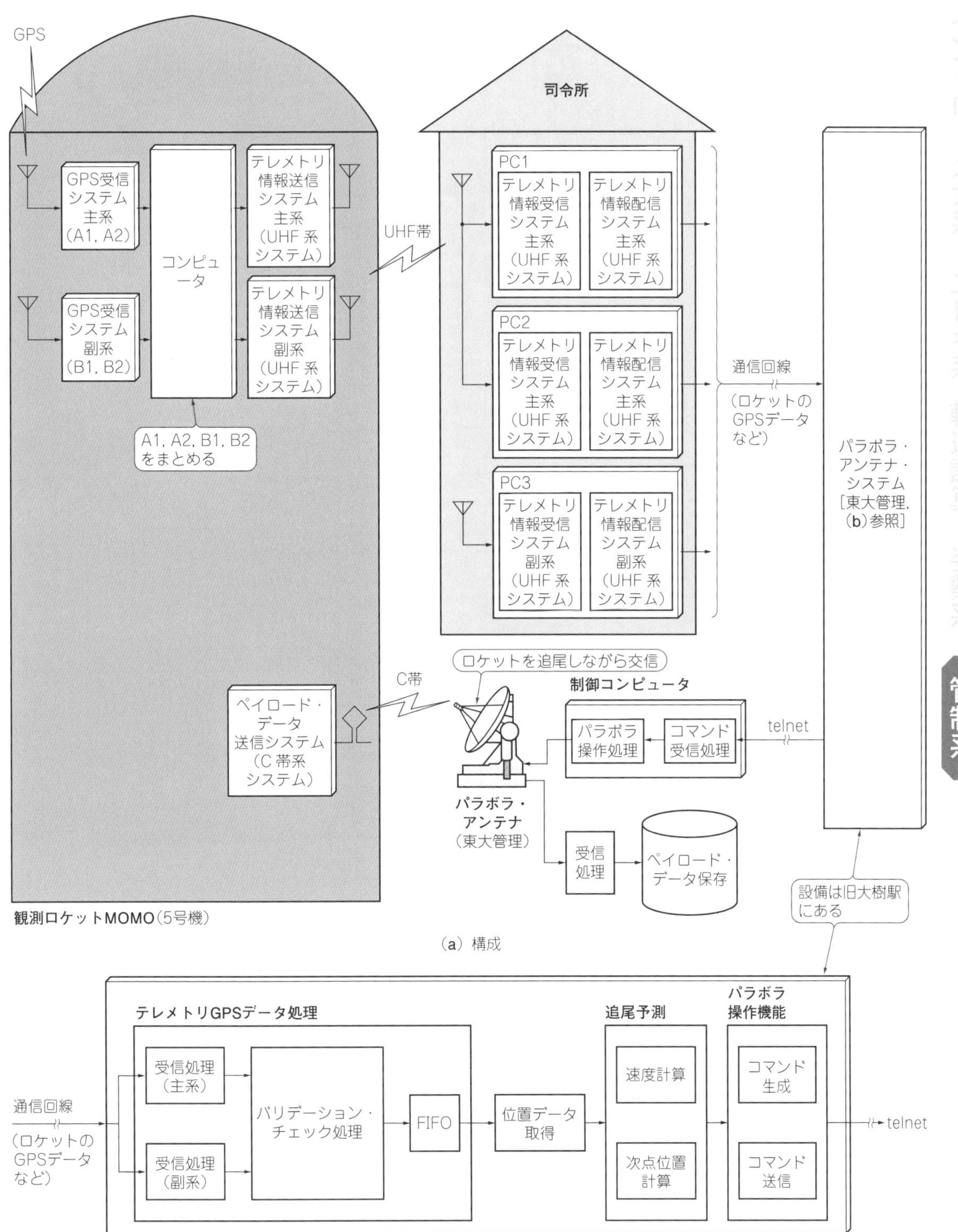

図8 飛行するロケットをアンテナで追尾して搭載ペイロードのデータを受信する

向けの追尾システムをロケット向け追尾システムに転用できるめどが立ったことになります．安価なロケット・システムを開発する上で，非常に大きな一歩です．

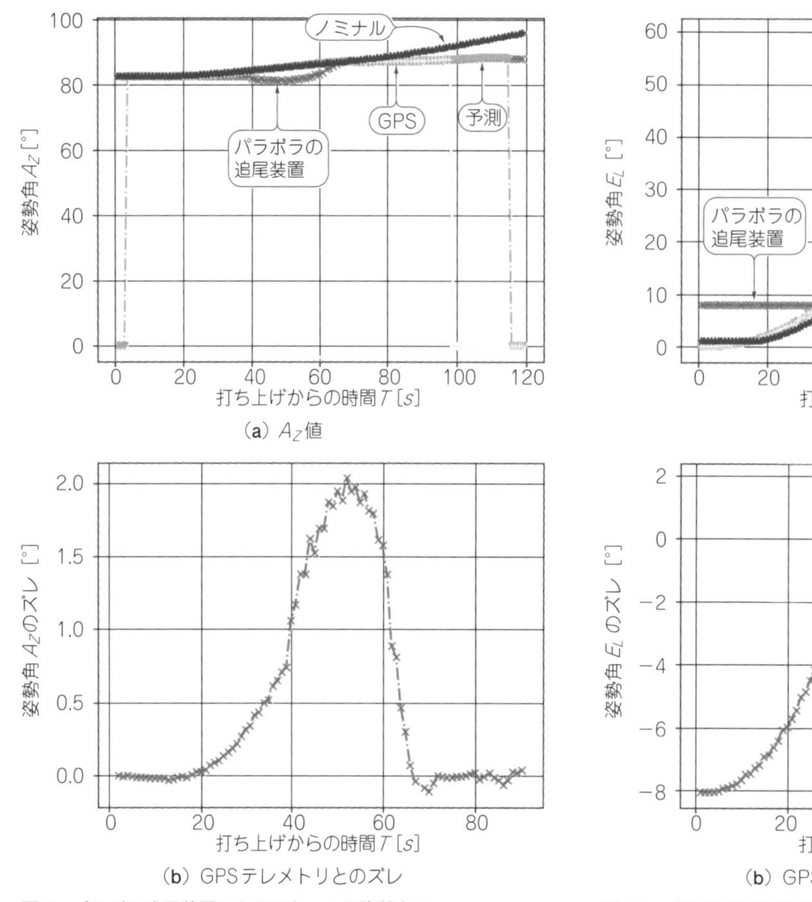

図9 パラボラ追尾装置によるロケットの姿勢角A_Z

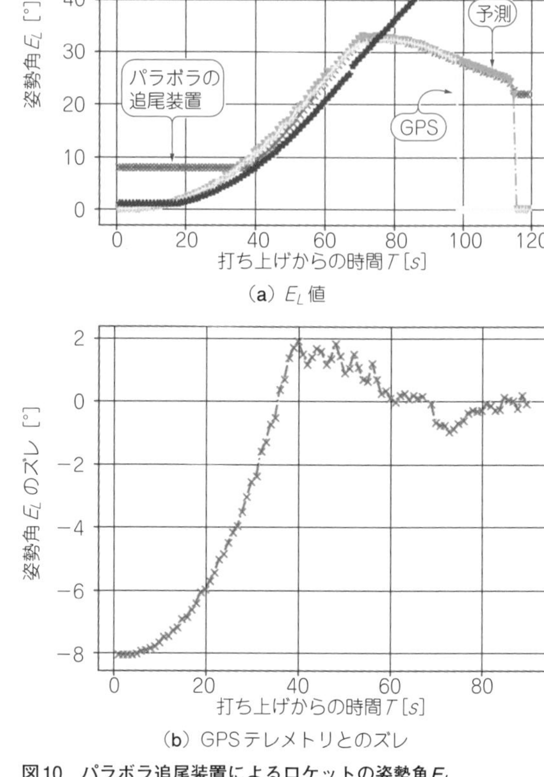

図10 パラボラ追尾装置によるロケットの姿勢角E_L

◆参考文献◆

(1) H-IIBロケット第2段による制御落下実験の成功
https://www.mhi.co.jp/technology/review/pdf/484/484017.pdf
(2) 小型衛星通信網の国際周波数調整手続きに関するマニュアル
https://www.tele.soumu.go.jp/resource/j/freq/process/freqint/001.pdf
(3) 多値変調-高速データ通信のために
http://www.mobile.ecei.tohoku.ac.jp/opencampus/2011open/2011open02.pdf
(4) GNURadio
https://www.gnuradio.org/
(5) MATLAB
https://jp.mathworks.com/products/matlab.html
(6) LabView
https://www.ni.com/ja-jp/shop/labview/labview-details.html
(7) 今村 謙之；次世代アマチュア衛星受信のスタンダード「SDR + GNU Radio」演習
https://www.slideshare.net/noritsuna/gnu-radio-study-for-super-beginner
(8) GSoC 2018: GNU Radio is in！
https://summerofcode.withgoogle.com/
https://www.gnuradio.org/news/2018-03-05-gsoc-2018/
(9) GitHubのGNURadioリポジトリ
https://github.com/gnuradio/
(10) GitHubのRubyリポジトリ
https://github.com/ruby/
(11) GNURadioConference
https://wiki.gnuradio.org/index.php/GNURadioConference
(12) RubyKaigi(日本Ruby会議)
https://github.com/ruby-no-kai/official/wiki/Rubykaigi
(13) 大樹町；平成23年度 航空宇宙に関する活動等報告書
http://www.town.taiki.hokkaido.jp/soshiki/kikaku/kikaku/report.data/H23.report.pdf

著者紹介

稲川 貴大 (Takahiro Inagawa)

インターステラテクノロジズ(株) 代表取締役社長
1987年生まれ．東京工業大学大学院機械物理工学専攻修了．学生時代には人力飛行機やハイブリッドロケットの設計・製造を行う．修士卒業後，インターステラテクノロジズ(株)へ入社，2014年より現職．経営と同時に技術者としてロケット開発のシステム設計，軌道計算，制御系設計なども行う．「誰もが宇宙に手が届く未来を」実現するために小型ロケットの開発を実行．日本においては民間企業開発として初めての宇宙へ到達する観測ロケットMOMOの打ち上げを行った．また，同時に超小型衛星用ロケットZEROの開発を行っている．

森岡 澄夫 (Sumio Morioka)

インターステラテクノロジズ(株) 開発部長，アビオニクス開発
1968年名古屋生まれ，博士(工学)．NTT，日本IBM，SONY，NEC，NEC Europeの各研究所やImperial College LondonでLSI設計技術の研究，プレイステーションポータブルなどの量産LSI開発，スマート・シティーの新事業開発などを行った後，2016年からインターステラテクノロジズ(株)．開発部長として会社運営やアビオニクス開発に従事．1996年からCQ出版社の各雑誌に130本以上を寄稿．著書「LSI/FPGAの回路アーキテクチャ設計法」など．

金井 竜一朗 (Ryuichiro Kanai)

インターステラテクノロジズ(株) 推進系開発
1987年北海道弟子屈町生まれ．北海道大学大学院工学院機械宇宙工学専攻修了．学生時代に能代宇宙イベントの運営などを経験し，2015年にインターステラテクノロジズ(株)に入社．以来，姿勢制御実験機「HOP」から観測ロケットMOMOの新規開発および改良開発，また現在開発中の超小型衛星用ロケットZEROまで推進システムの設計・試験に従事．推進システムにおける社外との共同研究開発フロントマンも務める．

今村 謙之 (Noritsuna Imamura)

インターステラテクノロジズ(株) 無線システム開発
1977年静岡生まれ．2006年に(独)情報処理推進機構(IPA)の未踏ソフトウェア創造事業に採択されたのを機に，OSS(オープンソース・ソフトウェア)やOpen Hardware界隈を活動の場とし，日本Androidの会の立ち上げやLinaroプロジェクトへの参画，台湾を拠点として各国Maker Faireにおける展示を行う．2019年からインターステラテクノロジズ(株)．無線システムや地上局，追尾システムの開発に従事．

植松 千春 (Chiharu Uematsu)

インターステラテクノロジズ(株) プロジェクトマネージャ
2016年3月 東海大学航空宇宙学科卒
2016年4月に新卒でインターステラテクノロジズ(株)に入社．試験設備の構築および運用や初号機から2号機まで射点電気設備系の責任者として観測ロケット「MOMO」の打ち上げを支えた．
2018年8月より観測ロケット「MOMO」プロジェクトマネージャとして開発の全体を指揮し，国内初の民間単独での宇宙到達ロケットを成功に導いた．2019年8月より現職．
また，入社当時から渉外担当として関連省庁や周辺ステークホルダーとのタフなネゴシエーションを行い，これまで前例がなかった民間での観測ロケットの打ち上げフローを確立した．

森 琢磨 (Takuma Mori)

インターステラテクノロジズ(株) アビオニクス開発
1978年栃木県生まれ．2000年にソフトハウスを共同起業，2009年からフリーランス．2013年にインターステラテクノロジズの前身の「なつのロケット団」に参加し，以後機体搭載アビオニクスのソフトウェア・ハードウェア両面をサポート．2016年からインターステラテクノロジズ(株)で現職．

宇宙ロケット開発入門

著　者　インターステラテクノロジズ
（稲川 貴大，森岡 澄夫，金井 竜一朗，今村 謙之，植松 千春，森 琢磨），thgrace（イラスト）
発行人　小澤 拓治
発行所　CQ出版株式会社
〒112-8619　東京都文京区千石4-29-14
電　話　編集 03-5395-2148
広告 03-5395-2131
販売 03-5395-2141

2021年7月1日発行

定価は裏表紙に表示してあります
乱丁，落丁本はお取り替えします
編集担当者　上村 剛士
DTP・印刷・製本　三晃印刷株式会社
Printed in Japan